高等学校"十三五"规划教材

大学化学实验

第二版

任健敏　赵三银　主编

化学工业出版社

·北京·

《大学化学实验》(第二版)精选了120个实验项目,包括了基础性实验、提高性实验、综合性实验和设计性实验,实验项目由浅入深,由易至难,由简到繁,由单技能到组合技能训练,实验内容与四大化学的理论课程配合度高,内容贴近实际,有助于学生灵活运用所学理论知识指导实验。

《大学化学实验》(第二版)可作为理工科化学、环境、材料、食品、农业、生命以及医学类等各专业本科生的教材,也可供其它理学、工学、农学和医学等相关专业学生参考。

图书在版编目(CIP)数据

大学化学实验/任健敏,赵三银主编.—2版.—北京:化学工业出版社,2018.8(2024.8重印)
高等学校"十三五"规划教材
ISBN 978-7-122-32421-4

Ⅰ.①大… Ⅱ.①任…②赵… Ⅲ.①化学实验-高等学校-教材 Ⅳ.①O6-3

中国版本图书馆CIP数据核字(2018)第129882号

责任编辑:宋林青　　　　　　　　　　文字编辑:刘志茹
责任校对:王　静　　　　　　　　　　装帧设计:关　飞

出版发行:化学工业出版社(北京市东城区青年湖南街13号　邮政编码100011)
印　　装:三河市双峰印刷装订有限公司
787mm×1092mm　1/16　印张19¼　彩插1　字数483千字　2024年8月北京第2版第5次印刷

购书咨询:010-64518888　　　　　　　　售后服务:010-64518899
网　　址:http://www.cip.com.cn
凡购买本书,如有缺损质量问题,本社销售中心负责调换。

定　　价:45.00元　　　　　　　　　　　　　　　　　　　　版权所有　违者必究

《大学化学实验》编写组

主　　编　　任健敏　　赵三银

副 主 编　（以姓氏笔画为序）

　　　　　　　王小兵　　丘秀珍　　洪显兰　　郭会时

　　　　　　　焦琳娟　　彭翠红　　曾宪标

编写人员　（排名不分先后）

　　　　　　　任健敏　　赵三银　　李灵芝　　王小兵

　　　　　　　洪显兰　　高　岐　　徐永群　　曾宪标

　　　　　　　彭翠红　　郭会时　　周　悦　　叶　芳

　　　　　　　黄冬兰　　丘秀珍　　王少玲　　焦琳娟

前言

自 2011 年本教材出版以来，已进行多次印刷，教师学生使用得心应手，教学效果良好，得到广大师生好评。教材将传统的无机化学、分析化学、仪器分析、有机化学和物理化学实验重组为一门"大学化学实验"课程，建立了基础性实验、提高性实验、综合性实验、创新与设计性实验四个教学层次，形成"一体化、多层次"的大学化学实验课程体系，密切联系应用型人才培养的目标定位。编写组教师在使用多年的基础上，根据自己的教学体会和目前的教学改革，多方征求意见并参阅国内外同类院校优秀教材，对第一版教材进行修改。教材的主要特色：

1. 在保留第一版的优势外，删除了一些陈旧过时的实验仪器，对实验内容进行修改和补充，实验项目增加至 120 个，进一步完善了基础性实验、提高性实验、综合性实验、创新与设计性实验四个教学层次，使四大化学实验"一体化"的系统性和实用性更强，能恰当反映当今科技发展的新成果。

2. 实验项目由浅入深，由易至难，由简到繁、由单技能到组合技能训练，基本配合四大化学的理论课程教学，使学生的学习循序渐进，能灵活地运用所学理论知识指导实验，实验基本技能训练贯穿于整个课程。本教材既考虑了学科之间相互交叉渗透的特点，同时又满足大学化学实验和技术知识系统化和少学时教学的需要。

3. 教材反映了编者长期积累的丰富教学经验，实验内容及仪器设备符合地方性院校培养应用型人才的要求，可作为理工科化学、环境、材料、食品、农业、生命以及医学类等各专业学生的化学实验教材，也可供其他理学、工学、农学和医学等相关专业学生参考。

由于第一版编写人员中部分教师退休，因此本版编写人员有所调整。本书由韶关学院化学与环境工程学院任健敏、赵三银担任主编，王小兵、丘秀珍、洪显兰、郭会时、焦琳娟、彭翠红、曾宪标担任副主编。编写过程中，得到了"广东省现代分析与测试专业综合改革项目"的支持；同时也得到学校和学院领导以及广大教师的大力支持，在此向所有支持者表示最衷心的感谢！

限于编者水平，书中疏漏之处难免，敬请读者批评指正。

编者
2018 年 4 月

第一版前言

Preface

化学是一门实践性很强的学科，可以说没有实验就没有化学。大学化学实验课程在化学课程教学中处于极其重要的地位，是化学、环境、食品、生物、农业及医学等相关专业人才培养的一门重要的基础课程。化学实验教学的改革更加强调学生动手能力、科学思维、协作精神、创新意识以及实事求是科学精神的培养。

2006 年以来，韶关学院化学与环境工程学院对原有实验课程的设立和实验教材的内容进行了重组和改革，并组织了《大学化学实验》教材的编写工作。将传统的无机化学、分析化学、仪器分析、有机化学和物理化学实验重组为一门"大学化学实验"课程，建立了基础性实验、提高性实验、综合性实验、设计性实验四个教学层次，形成了"一体化、多层次"的大学化学实验课程体系。在保证原四大化学实验基本教学要求的基础上，对实验内容进行了优化，内容贴近实际，反映教学改革成果。

编写组教师集多年无机化学、分析化学、仪器分析、有机化学和物理化学实验教学经验，在已试用多年的"大学化学实验"讲义的基础上，经过优化、整合、提高，并参考部分国内外优秀化学实验教材、相关文献和资料，编写了这本大学化学实验教材。本教材精选了 110 个实验项目，实验项目由浅入深，由易至难，由简到繁，由单技能到组合技能训练，基本配合四大化学的理论课程教学，使学生的学习循序渐进，能灵活地运用所学理论知识指导实验，实验基本技能训练贯穿于整个课程。考虑了学科之间相互交叉渗透的特点，同时满足大学化学实验与技术知识系统化和少学时教学的需要。

本书由韶关学院任健敏、赵三银、高岐、徐永群、洪显兰、曾宪标、刘宏文、王少玲、彭翠红、李灵芝、彭珊珊、曾懋华、周悦、叶芳、黄冬兰、丘秀珍等老师参加编写。编写过程中，得到了广东省高等教育教学改革工程项目（地方高校化学化工类实验教学新平台的研究与实践）和韶关学院高等教育教学改革研究项目（基础化学实验课程体系的改革研究）的支持；同时也得到学校和学院领导以及许多老师的大力支持，在此向所有支持者表示最衷心的感谢！

本书可作为理工科化学、环境、材料、食品、农业、生命以及医学类等各专业本科学生的化学实验教材，也可供其它理学、工学、农学和医学等相关专业学生参考。

限于编者水平，书中疏漏之处敬请读者批评指正。

编者
2011 年 3 月

目录

1 绪论 … 1

- 1.1 大学化学实验课程简介及教学目标 … 1
  - 1.1.1 大学化学实验课程简介 … 1
  - 1.1.2 大学化学实验课程教学目标 … 1
- 1.2 大学化学实验课程学习方法 … 2
  - 1.2.1 大学化学实验课程学习方法及要求 … 2
  - 1.2.2 实验报告示例 … 2
- 1.3 实验室学生守则 … 6
- 1.4 实验室安全技术基本规程 … 7
- 1.5 实验室危险药品的分类、性质和管理 … 9
- 1.6 实验室意外事故的处理 … 9
- 1.7 实验室三废的处理 … 10

2 化学实验的基本知识和基本技术 … 12

- 2.1 实验室用水规格 … 12
- 2.2 常用玻璃仪器及其它制品 … 12
  - 2.2.1 常用玻璃仪器 … 12
  - 2.2.2 标准磨口玻璃仪器 … 16
  - 2.2.3 其它制品 … 17
  - 2.2.4 常用玻璃仪器的洗涤及干燥 … 18
- 2.3 化学试剂 … 20
  - 2.3.1 化学试剂的分类和规格 … 20
  - 2.3.2 化学试剂的使用 … 20
- 2.4 分析天平 … 21
  - 2.4.1 分析天平的类型 … 21
  - 2.4.2 电子分析天平的结构和使用方法 … 22
- 2.5 分离操作技术 … 24
  - 2.5.1 离心分离 … 24
  - 2.5.2 过滤分离 … 25

2.5.3	沉淀分离	27
2.5.4	结晶和重结晶分离	27
2.5.5	蒸馏、分馏分离	28
2.5.6	萃取分离	33
2.5.7	升华分离	34
2.5.8	色谱分离	35

2.6 加热与冷却 ... 39
- 2.6.1 加热 ... 39
- 2.6.2 冷却技术 ... 42

2.7 滴定分析基本操作 ... 43
- 2.7.1 滴定管 ... 43
- 2.7.2 容量瓶 ... 47
- 2.7.3 移液管和吸量管 ... 48
- 2.7.4 容量器皿的校准 ... 49
- 2.7.5 容量分析仪器的选用原则 ... 50

2.8 常用分析仪器 ... 50
- 2.8.1 紫外-可见分光光度计 ... 50
- 2.8.2 红外光谱分析仪 ... 52
- 2.8.3 分子发光分析仪 ... 54
- 2.8.4 原子吸收分析仪 ... 55
- 2.8.5 原子发射光谱分析仪 ... 57
- 2.8.6 酸度计 ... 60
- 2.8.7 离子计 ... 63
- 2.8.8 自动电位滴定仪 ... 65
- 2.8.9 电导率仪 ... 66
- 2.8.10 电化学分析仪/工作站 ... 67
- 2.8.11 气相色谱仪 ... 68
- 2.8.12 高效液相色谱仪 ... 69

3 基础性实验 73

- 实验一 天平的使用和称量练习 ... 73
- 实验二 溶液的配制 ... 74
- 实验三 酸碱反应与缓冲溶液 ... 77
- 实验四 配合物与沉淀溶解平衡 ... 79
- 实验五 氧化还原反应 ... 81
- 实验六 气体常数的测定 ... 83
- 实验七 化学反应速率和活化能的测定 ... 85
- 实验八 弱电解质醋酸解离常数的测定 ... 88
- 实验九 粗食盐的提纯及纯度检验 ... 89
- 实验十 转化法制备硝酸钾 ... 91

实验十一	主族金属（碱金属和碱土金属）	92
实验十二	主族非金属元素（氧、硫）	95
实验十三	主族非金属元素（氯、溴、碘）	96
实验十四	过渡元素	100
实验十五	常见阴离子的分离与鉴定	102
实验十六	常见阳离子的分离与鉴定	105
实验十七	升华操作——樟脑的提纯	107
实验十八	蒸馏操作和沸点的测定	108
实验十九	熔点测定及温度计校正	111
实验二十	重结晶和过滤	116
实验二十一	萃取	119
实验二十二	有机物质纸色谱与薄层色谱	121
实验二十三	从茶叶中提取咖啡因	128
实验二十四	环己烯的制备	130
实验二十五	1-溴丁烷的制备	132
实验二十六	正丁醚的制备	134
实验二十七	环己酮的制备	135
实验二十八	己二酸的制备	137
实验二十九	肉桂酸的制备	138
实验三十	苯甲酸乙酯的制备	139
实验三十一	乙酰乙酸乙酯的制备	141
实验三十二	Cannizzaro 反应——苯甲酸和苯甲醇的制备	142
实验三十三	Beckmann 反应——己内酰胺的制备	144
实验三十四	7,7-二氯双环[4.1.0]庚烷	146
实验三十五	羟醛缩合反应——苯亚甲基苯乙酮的合成	147
实验三十六	α-苯乙胺的合成	148
实验三十七	NaOH 和 HCl 溶液的配制及比较滴定	150
实验三十八	NaOH 和 HCl 标准溶液浓度的标定	152
实验三十九	食用白醋中总酸度的测定	154
实验四十	混合碱的分析（双指示剂法）	155
实验四十一	EDTA 标准溶液的配制及标定	156
实验四十二	水总硬度的测定	158
实验四十三	铅铋混合液中铅铋的连续配位滴定	160
实验四十四	铝盐中铝含量的测定	161
实验四十五	高锰酸钾标准溶液的配制和标定	162
实验四十六	高锰酸钾法测定过氧化氢的含量	164
实验四十七	$SnCl_2$-$TiCl_3$-$K_2Cr_2O_7$ 法测定铁矿石中铁的含量	165
实验四十八	$Na_2S_2O_3$ 溶液的配制和标定	166
实验四十九	间接碘量法测铜盐中的铜含量	167
实验五十	直接碘量法测定维生素 C 的含量（半微量滴定分析法）	168
实验五十一	钡盐中钡含量的测定（灼烧法）	170

实验五十二　钡盐中钡含量的测定（微波法） …………………………………… 172
实验五十三　邻二氮菲分光光度法测定试样中微量铁 …………………………… 174
实验五十四　高碘酸钠光度法测定合金钢中锰量 ………………………………… 175

4 提高性实验　　178

实验五十五　分光光度法测定混合物中铬和钴的含量 …………………………… 178
实验五十六　有机化合物的紫外光谱及溶剂性质对吸收光谱的影响 …………… 179
实验五十七　紫外吸收光谱测定蒽醌试样中蒽醌的含量和摩尔吸光系数 ……… 180
实验五十八　红外光谱测定有机化合物的结构 …………………………………… 182
实验五十九　分子荧光法测定奎宁的含量 ………………………………………… 183
实验六十　　火焰原子发射光谱法测定水中 K^+、Na^+ ……………………… 184
实验六十一　电感耦合等离子体发射光谱测定废水中镉、铬含量 ……………… 186
实验六十二　火焰原子吸收光谱法测定自来水中钙、镁的含量 ………………… 187
实验六十三　石墨炉原子吸收光谱法测定水样中锰含量 ………………………… 189
实验六十四　离子选择性电极测定水中氟含量 …………………………………… 191
实验六十五　硫酸铜电解液中氯离子的自动电位滴定 …………………………… 193
实验六十六　循环伏安法测定电极反应参数 ……………………………………… 194
实验六十七　阳极溶出伏安法测定水样中的微量镉 ……………………………… 196
实验六十八　混合物的气相色谱分析 ……………………………………………… 198
实验六十九　酒精饮料中各成分的分离和分析 …………………………………… 199
实验七十　　高效液相色谱法测定苯和甲苯 ……………………………………… 200
实验七十一　固相萃取-高效液相色谱法测定废水中的痕量苯酚 ……………… 201
实验七十二　溶液表面张力的测定 ………………………………………………… 202
实验七十三　恒温槽性能的测试 …………………………………………………… 204
实验七十四　黏度法测定高聚物相对分子质量 …………………………………… 206
实验七十五　$Fe(OH)_3$ 溶胶的制备和电泳 ……………………………………… 209
实验七十六　蔗糖水解反应速率常数的测定 ……………………………………… 212
实验七十七　燃烧热的测定 ………………………………………………………… 214
实验七十八　凝固点降低法测定萘的分子量 ……………………………………… 218
实验七十九　中和热的测定 ………………………………………………………… 220
实验八十　　纯液体饱和蒸气压的测定 …………………………………………… 222
实验八十一　双液系气-液平衡相图的绘制 ……………………………………… 224
实验八十二　二组分固-液相图的绘制 …………………………………………… 226
实验八十三　碳钢阳极极化曲线的测定 …………………………………………… 229
实验八十四　电导法测定难溶盐的溶解度 ………………………………………… 231
实验八十五　电极制备和电池电动势的测定 ……………………………………… 233

5 综合性实验　　236

实验八十六　四氧化三铅组成的测定 ……………………………………………… 236

实验八十七	一种钴（Ⅲ）配合物的制备	237
实验八十八	$CuSO_4 \cdot 5H_2O$ 的制备、提纯及纯度检验	239
实验八十九	阿司匹林的制备与表征	242
实验九十	阿司匹林药片中主成分的含量测定与结构分析	244
实验九十一	局部麻醉剂——苯佐卡因的合成	246
实验九十二	乙酰苯胺的制备及重结晶	248
实验九十三	磺胺药物的合成	250
实验九十四	植物生长调节剂——2,4-二氯苯氧乙酸的合成	252
实验九十五	金属有机化合物——二茂铁的合成	253
实验九十六	双酚 A 的制备	255
实验九十七	安息香缩合反应——1,2-二苯乙醇酮的合成	256
实验九十八	甲基橙的制备	259
实验九十九	水泥熟料中 SiO_2、Fe_2O_3、Al_2O_3、CaO、MgO 的系统分析	260
实验一百	萃取光度法测定合金钢中的微量铜	265
实验一百零一	人发中铁、铜、锌、钙含量的测定	266
实验一百零二	肉制品中亚硝酸盐和硝酸盐的测定	268
实验一百零三	$CuSO_4 \cdot 5H_2O$ 脱水过程热分析实验	271
实验一百零四	胶体的制备和性质	275
实验一百零五	植物中可溶性还原糖的测定	277
实验一百零六	酱油中氨基酸态氮含量的测定	278
实验一百零七	乙酸乙酯皂化反应速率常数的测定	279

6 设计性实验　　282

实验一百零八	硫酸亚铁铵的制备及其组分分析	282
实验一百零九	混合酸（或碱）中各组分的测定	283
实验一百一十	胃舒平药片中 Al_2O_3 和 MgO 含量的测定	284
实验一百一十一	铁矿石中铁元素的形态分析	285
实验一百一十二	环境水样中重金属离子的测定	285
实验一百一十三	酱油的鉴别检验	286
实验一百一十四	硫酸银溶度积和溶解热的测定	287
实验一百一十五	利用废电池中的锌片制备硫酸锌及锌含量的测定	287
实验一百一十六	钢渣的 EDTA-碱溶液浸提液中钙、镁、铁、铝含量的测定	288
实验一百一十七	苯酚相转移催化合成水杨醛及香豆素	289
实验一百一十八	各类有机化合物的性质	290
实验一百一十九	原电池电动势的测定与应用	290
实验一百二十	从铅锌尾矿中回收铅、锌及含量的测定	291

7 附录　　292

参考文献　　302

1 绪 论

1.1 大学化学实验课程简介及教学目标

1.1.1 大学化学实验课程简介

大学化学实验是在分别开设的无机化学实验、有机化学实验、分析化学实验、物理化学实验基础上优化重组而成的,它既是一门独立的实验课程,又与相应的无机化学、有机化学、分析化学(含仪器分析)、物理化学理论课程紧密联系。因此,大学化学实验课程在教学组织上基本配合四大化学的理论课程教学,由浅入深、由简到繁、由单技能到组合技能训练,使学生的学习循序渐进,能灵活地运用所学理论知识指导实验。

《大学化学实验》以学生基本操作和技能训练为主线,建立了基础性实验、提高性实验、综合性实验、设计性实验四个教学层次,形成了"一体化、多层次"的大学化学实验课程体系。

基础性实验主要涵盖无机化学实验、有机化学实验、分析化学实验的内容,在进行实验基本操作技能训练的同时,加深学生对各理论课程的理解和记忆;提高性实验主要涵盖物理化学实验、仪器分析实验的内容,在掌握基本操作技能的基础上,进一步提高仪器设备的应用和操作能力,加强分析及解决问题的能力训练;综合性实验强调化学各学科间以及化学与材料、环境、食品等科学的交叉融合,培养学生的综合应用能力;创新与设计性实验强调学生会查阅文献资料,设计实验方案,并进行实验研究。

1.1.2 大学化学实验课程教学目标

学生通过大学化学实验课程的学习将达到以下目标:

(1) 熟练掌握化学实验的基本操作和基本技能,能正确使用相关仪器设备,准确采集实验数据;

(2) 具有正确记录、处理数据和表达实验结果的能力,能认真观察实验现象并进行分析判断、归纳总结,从感性认识上升到理性认识;

(3) 具有自我获取知识、提出问题、分析问题和解决问题的独立工作能力;

(4) 具有实事求是、精益求精的科学态度,勤俭节约的优良作风,相互协作的团队精神,勇于开拓的创新意识。

大学化学实验的教学目标,不只是培养学生的基本实验技能,更重要的是培养学生的科学创新能力和独立的思维与研究能力,培养学生的综合素质。

1.2 大学化学实验课程学习方法

1.2.1 大学化学实验课程学习方法及要求

大学化学实验课程和其它课程的学习方法不尽相同,总结归纳如下。

(1) 实验前充分预习。预习时应做到认真阅读实验教材和理论课本中有关内容,明确实验目的、基本原理、操作步骤及注意事项等,弄清实验要做什么,怎么做,为什么要这样做,不照样做会有什么影响。如果实验中有特殊的仪器或装置,应了解其使用方法或装置原理以及操作注意事项。实验内容后面所附的思考题,可查阅资料初步解决。

(2) 写好预习报告。预习报告包括实验目的、原理、简单步骤,设计好记录数据和现象的表格,以便实验时及时准确记录测得的数据和观察到的现象,进入实验室做到胸有成竹。

(3) 实验中认真操作。实验时严肃认真,善于观察,勤于思考,手脑并用,统筹计划,做到紧张有序地工作,不能只是"照方配药"式地被动做实验。实验过程中应保持肃静,桌面始终保持整齐、清洁,养成良好的实验习惯。若有疑难问题,同学之间可以互相小声讨论或询问教师,力争自己解决。实验失败,要查找原因,经教师同意后可重做。

(4) 实验中认真做好原始记录。实验中的现象和数据应及时如实地记入记录本,这部分称原始记录,不允许记在零碎纸片上,以防丢失或转抄时发生错误。实验的原始数据不得用铅笔填写,更不能随意涂改拼凑和伪造数据,如发现数据测错、读错或算错而需要改动时,可将该数据用一横线划去,并在其上方写上正确的数字。

(5) 实验后认真完成实验报告。实验结束后,及时总结、分析实验现象,整理和处理实验数据,结合理论课程学习的知识,分析得出实验结论,并对实验提出自己的改进意见或建议,独立、认真地完成并按时提交实验报告。

1.2.2 实验报告示例

实验报告是根据实验原理、现象、数据和问题等,对实验进行概括和分析总结的书面报告。一般应包括:实验题目,实验日期,实验目的,实验原理,仪器与试剂,实验步骤,实验数据和现象,实验结果或结论,问题讨论等项。

实验数据处理应写出计算公式,并注明公式所用的已知常数的数值,注意各数值所用的单位。作图必须使用坐标纸,图要端正地粘贴在报告上。有条件的话,最好使用计算机作图和处理实验数据。实验报告应力求数据齐全、图表清晰、文字简练、表达准确、书写整洁、结论明确。

1.2.2.1 化合物性质与化学平衡类实验报告示例

实验四 配合物与沉淀溶解平衡

一、实验目的

1. 加深对配合物与沉淀溶解平衡原理的理解。
2. 学习利用配合物与沉淀溶解平衡原理分离混合阳离子。
3. 学会离心机的使用和固-液分离操作。

二、实验原理(略)

三、实验仪器与试剂（略）

四、实验简单步骤、实验现象、有关反应方程式、解释和结论列于下表

实验编号		加入主要试剂	实验现象	解释或方程式
1. 配合物的形成与颜色变化	(1)	$FeCl_3$ 中加入 KSCN 再加 NaF	血红色 血红色褪去	$Fe^{3+} + nNCS^- \rightleftharpoons [Fe(NCS)_n]^{3-n}$ $[Fe(NCS)_n]^{3-n} + 6F^- \rightleftharpoons [FeF_6]^{3-} + nNCS^-$
	(2)	$K_3[Fe(CN)_6]$ 加 KSCN $NH_4Fe(SO_4)_2$ 加 KSCN	颜色不变 血红色	$K_3[Fe(CN)_6]$ 中 Fe^{3+} 很少 $Fe^{3+} + nNCS^- \rightleftharpoons [Fe(NCS)_n]^{3-n}$
	(3)	$CuSO_4$ 加 $NH_3·H_2O$ 过量后 分两份分别加 NaOH $BaCl_2$	开始有蓝色沉淀产生,后沉淀逐渐溶解,溶液蓝色加深 无沉淀 白色沉淀	$2Cu^{2+} + SO_4^{2-} + 2NH_3·H_2O \rightleftharpoons Cu_2(OH)_2SO_4\downarrow + 2NH_4^+$ $Cu_2(OH)_2SO_4 + 2NH_4^+ + 6NH_3 \rightleftharpoons 2[Cu(NH_3)_4]^{2+} + SO_4^{2-} + 2H_2O$ Cu^{2+} 形成了 $[Cu(NH_3)_4]^{2+}$ $Ba^{2+} + SO_4^{2-} \rightleftharpoons BaSO_4\downarrow$
2. 略	(1)	略	略	略

五、思考题与问题讨论

可以根据思考题回答问题，也可以对实验结果或实验过程中发现的问题，加以分析讨论。

1.2.2.2 物质提纯与制备类实验报告示例

实验九　粗食盐的提纯及纯度检验

一、实验目的

1. 学会用化学方法提纯粗食盐的过程及原理。
2. 练习台秤的使用、常压过滤、减压过滤、蒸发浓缩、干燥等基本操作。
3. 学习食盐中 Ca^{2+}、Mg^{2+}、SO_4^{2-} 的定性检验方法。

二、实验原理（略）

三、实验仪器与试剂（略）

四、实验简单步骤及结论见下表

1. 粗食盐的提纯步骤及结果	称粗食盐质量/g	溶解	SO_4^{2-} 的除去	Ca^{2+}、Mg^{2+}、Ba^{2+} 的除去	调节 pH	结晶、减压过滤、干燥	提纯食盐外观及质量/g	产率
2. 产品纯度检验		检验项目		检验方法		实验现象		结论
		SO_4^{2-}		加 $BaCl_2$ 溶液				
		Ca^{2+}		加 $(NH_4)_2C_2O_4$ 饱和溶液				
		Mg^{2+}		加 NaOH 溶液、镁试剂				

五、思考题及问题讨论（略）

1.2.2.3 有机合成类实验报告示例

实验二十七　环己酮的制备

一、实验目的

1. 了解由环己醇氧化制备环己酮的原理和方法。
2. 进一步掌握分液漏斗的使用方法。

二、实验原理及主要反应式

$$\text{环己醇} \xrightarrow[H_2SO_4]{Na_2Cr_2O_7} \text{环己酮}$$

三、主要试剂及其物理化学常数

名称	相对分子质量	性状	折射率 n_D^{20}	相对密度 d_4^{20}	熔点/℃	沸点/℃	溶解度/g·100mL^{-1}
环己醇	100.16	无色液体	1.4648	0.9493	22~25	161.5	5.67
环己酮	98.14	无色液体	1.4507	0.9478	—	155.65	2.4

四、实验内容(步骤)及现象记录

步骤	现象及数据记录
将10.4g $Na_2Cr_2O_7 \cdot 2H_2O$ 完全溶于6mL水中,备用	成红棕色溶液
在圆底烧瓶中加入60mL冰水,慢慢加入10mL浓 H_2SO_4,混匀	
加入10.5mL环己醇,混合均匀,溶液中插入温度计,冷却到<30℃	开始时分层,摇动后慢慢成溶液
将约1mL备用的重铬酸钠溶液加入圆底烧瓶中,摇动,观察现象	混合液升温,冷却后为50℃,溶液由红棕色变为草绿色
反应液由橙红色变为墨绿色后,将剩余的重铬酸钠溶液分多次加入圆底烧瓶中,不断振摇烧瓶,控制滴加速度,保持烧瓶内反应液温度在55~60℃。超过此温度时,立即在冰水浴中冷却	最后红棕色不全消失,温度降为30℃
加0.5g草酸于圆底烧瓶中,振荡	混合液变成墨绿色
加50mL水于圆底烧瓶中,加沸石,装成蒸馏装置,蒸馏,直至馏出液不再浑浊后再多收集约10mL馏出液	95℃时开始有馏分,馏分浑浊 收集馏出液体积为45mL
转移约45mL馏出液到分液漏斗中,加8g食盐,振摇、静置分层、分液	上层为有机层,下层为水层
称取无水 K_2CO_3 干燥有机层	无水 K_2CO_3 5g开始浑浊,后为澄清透明溶液
过滤,蒸馏精制	150℃前馏分极少,接收155~156℃馏分
观察产品外观	无色透明液体
称重(或量体积)	瓶重20.40g,共26.25g(体积6.1mL)

五、仪器装置图(略)

六、产物的提纯过程及原理

环己醇, 环己酮, H_2SO_4, Na_2SO_4, Cr_2O_3, CrO_3, HOOCCOOH, H_2O

↓

Na_2SO_4, Cr_2O_3, CrO_3, $(CO_2H)_2$, H_2SO_4, H_2O, 环己醇

环己醇, 环己酮, H_2SO_4, H_2O

↓

环己醇, H_2O, H_2SO_4, NaCl   环己酮, H_2O

↓ K_2CO_3

环己酮

七、注意事项

1. 配制氧化剂溶液时要注意加料顺序，难全溶时可适当加热溶解，溶完后放置冷却。
2. 本实验是一个放热反应，必须严格控制反应温度，以避免反应过于剧烈。必要时立即在冰水浴中冷却。
3. 水的馏出量也不宜过多，否则会造成少量环己酮溶于水中而损失掉。

八、实验数据处理及产率的计算

$m_{环己醇}$/g	$m_{环己酮}$		产率/%
	实际产量/g	理论产量/g	
10.5×0.9493	5.75	9.77	58.9

有关公式：$m_{环己酮}(理论) = \dfrac{m_{环己醇} M_{环己酮}}{M_{环己醇}}$，产率 $= \dfrac{m_{环己酮}(实际)}{m_{环己酮}(理论)} \times 100\%$

九、实验总结或问题讨论（略）

1.2.2.4 测定类实验报告示例

实验三十七　NaOH 和 HCl 溶液的配制及比较滴定

一、实验目的

1. 掌握酸式、碱式滴定管的使用操作技术。
2. 掌握酸、碱标准溶液的配制方法。
3. 掌握利用指示剂变色确定滴定终点的判断方法。

二、实验原理（略）

三、实验仪器与试剂（略）

四、实验简单步骤

1. $0.10\ mol·L^{-1}$ NaOH 溶液的配制

称取约 1g NaOH 固体──→烧杯──→加 250mL 水溶解搅匀。

2. $0.10\ mol·L^{-1}$ HCl 溶液的配制

量取浓 HCl 约 2.1mL──→烧杯──→加 250mL 水搅匀。

3. 酸碱溶液的相互滴定（以甲基橙为指示剂）

简单步骤：准备酸式和碱式滴定管──→调节溶液的液面在"0"刻度附近并记录初读数 V ──→放出 NaOH 溶液 25mL 左右于锥形瓶中＋甲基橙 1～2 滴──→用 HCl 溶液滴定至溶液由黄色变成橙色（如滴定过量，溶液颜色为红色，此时可在锥形瓶中滴入少量 NaOH 溶液，溶液由红色变成黄色，再滴加少量 HCl 溶液，使溶液由黄色变成橙色）──→记录终读数 V ──→如此反复练习滴定操作。平行滴定 2～3 次。

改用以酚酞为指示剂练习。

五、实验结果及数据处理

$0.1\ mol·L^{-1}$ HCl 滴定 $0.1\ mol·L^{-1}$ NaOH（甲基橙指示剂）数据记录及测定结果见下表

序　号	1	2	3
V_{HCl}终读数/mL	21.15	21.14	21.16
V_{HCl}初读数/mL	0.00	0.00	0.00
V_{HCl}/mL	21.15	21.14	21.16
V_{NaOH}终读数/mL	21.08	21.10	21.10
V_{NaOH}初读数/mL	0.00	0.00	0.00
V_{NaOH}/mL	21.08	21.10	21.10
V_{HCl}/V_{NaOH}			
V_{HCl}/V_{NaOH}平均值			
偏差 d_i			
平均偏差 $\bar{d}$			
相对平均偏差 $\bar{d}_r$/%			

有关计算公式：

$$\bar{d}_r = \frac{\bar{d}}{\bar{x}} \times 100\% = \frac{|x_1 - \bar{x}| + |x_2 - \bar{x}| + |x_3 - \bar{x}|}{3\bar{x}} \times 100\%$$

六、思考题或问题讨论（略）

1.3　实验室学生守则

（1）实验前必须认真预习，明确实验目的和要求，了解实验的基本原理和方法，了解实验安全措施及注意事项。若发现学生预习不够充分时，教师有权令其暂停实验重新预习，符合要求后方可继续实验。

（2）实验时遵守实验纪律，不得迟到、早退，保持室内安静。实验室内禁止吸烟及饮食，不准用实验器皿作茶杯或餐具。实验室内的一切物品（仪器、药品和产物等）不得带离实验室。

（3）进实验室后，先清点仪器，再将所需用的仪器洗净、摆齐在桌面上。如发现有缺少或破损，应向指导教师报告，按规定办理手续进行补领。如果在实验过程中，损坏了仪器，应按价赔偿，领取新仪器。

（4）实验时，必须在指定的位置上进行实验，未经教师同意不能擅自更换位置，更不允许实验时擅自离开岗位。

（5）实验时，听从教师指导，遵守操作规则，认真操作，仔细观察，如实认真记录各种实验现象和测量数据，独立完成规定的实验内容。

（6）实验时，注意节约用水、电和化学药品，保持桌面和实验室的整洁。实验中的残渣、废液应倒入指定的废物桶内，不得随意倒入水槽中。

（7）实验时，要小心使用仪器和设备，注意操作安全。使用精密仪器时，必须严格按照操作规程操作，若发现异常情况或出现故障，应立即停止使用，报告教师，找出原因，排除故障。

（8）实验完毕后，必须将仪器洗涤干净，放回原处，整理并擦净实验台面，如有破损仪器，按手续登记补领。最后将实验的原始记录交给指导教师审阅后方可离开实验室。

（9）实验完毕后，值日的同学应整理好试剂，把桌面、地面和水槽打扫干净，将废液桶中废液倒入指定的地方，关好水龙头、电闸和门窗，经指导教师同意方可离开实验室。

1.4 实验室安全技术基本规程

在进行化学实验时，经常接触到水、电、仪器和许多化学试剂，特别在化学试剂中有不少是易燃、易爆、有腐蚀性和毒性的。因此在化学实验时，首先必须在思想上十分重视安全问题，决不能麻痹大意；其次，在实验前应充分了解安全注意事项，在实验过程中要集中注意力，严格按照操作规程进行实验，以免发生意外。

（1）加热试管中反应液时，不要将试管指向自己或对着别人。不要俯视正在加热的液体，以免液体溅出受到伤害。取下正在加热至近沸的水或溶液时，应先用烧杯夹将其轻轻摇动后才能取下，防止其爆沸，飞溅伤人。使用酒精灯，应随用随点，不用时盖上灯罩。切忌用已点燃的酒精灯去点燃别的酒精灯，以免酒精流出而失火。

（2）嗅闻气体时，鼻子不能直接对着瓶口或试管口，只能用手轻拂气体，扇向自己后再嗅。开启易挥发的试剂瓶（如：乙醚、丙酮、浓盐酸、浓氨水等）时，尤其在夏季或室温较高的情况下，应先经流水冷却后盖上湿布再打开，且不可将瓶口对着自己或他人，以防气液冲出引起事故。对于易燃试剂（乙醚、丙酮、甲苯、二甲苯、甲醇、乙醇、异丙醇、环氧丙烷、环氧乙烷等），在使用时应尽可能使其远离火焰。使用大量低沸点易燃物时，室内禁忌明火。

（3）检查煤气管是否漏气应用肥皂水，切不可用火试验。实验室停止供煤气、供电、供水时应立即将气源、电源及水源开关全部关上，以防恢复供气、供电、供水时由于开关未关而发生事故。离开实验室时应检查门、窗、水、电、煤气及各种压缩气管道是否安全。

（4）浓酸、浓碱、溴、洗液具有很强的腐蚀性，使用时要小心，切勿洒在桌面、地面、皮肤和衣服上，特别注意不要溅入眼睛内。浓硫酸与水混合时必须边搅动边将浓硫酸徐徐注入存有冷水的耐热玻璃器皿中，不得将水倒入浓硫酸中，否则将引起液体沸腾飞溅。凡在稀释时能放出大量热的酸、碱，都应按此规定操作。

（5）制备或反应中能产生有害的气体（如 H_2S、HCN、NO_2、CO、CO_2、SO_2、Cl_2、Br_2、F_2、NH_3 等）、烟雾或粉尘的操作，必须在良好的通风橱内进行。

（6）进行蒸馏易燃物时，一次量不得超过 500mL，冷凝器中必须先通入冷却水，蒸馏低沸点易燃试剂时，不得用电炉直接加热，应用水浴或砂浴间接加热，蒸馏瓶中加入少许玻璃球以防过沸，并随时注意蒸馏是否正常，人离开时要撤去热源。

（7）高温物体（如刚由高温炉中取出的坩埚等）要放在耐火石棉板上或磁盘中，附近不得有易燃物。需称量的坩埚待稍冷后方可移至干燥器中冷却。

（8）实验室内每瓶试剂必须贴有明显的与内容相符的标签，标明试剂名称及浓度。不允许任意混合化学药品，如乙醇与浓 HNO_3、$KMnO_4$ 与甘油（或硫等）、氧化剂与有机物，某些强氧化剂（如 $KClO_3$、KNO_3、$KMnO_4$ 等）或其混合物不能研磨，以免引起爆炸。银氨溶液不能留存，因其久放后会变成 Ag_3N 而容易发生爆炸。

（9）实验室任何药品，特别是有毒试剂（如重铬酸钾、钡盐、铅盐、铊盐、砷化合物、汞化合物、无机氰化物）不得误入口内或接触伤口。也不能将有毒试剂随便倒入下水道，时刻保持环保意识。

(10) 乙醚在化学分析中常用作萃取剂，试样加工中用作去油溶剂，因其沸点低（34.6℃），极易挥发，闪点低（-45℃），极易着火，使用时要特别小心。空气中含1%～40%（体积分数）的乙醚，遇火即可爆炸。H_2、C_2H_2、CS_2等与空气或氧气混合，皆可因火花导致爆炸。

(11) 氢氟酸烧伤较其它酸碱烧伤更危险，如不及时处理，将使骨骼组织坏死。使用氢氟酸时需特别小心，最好戴医用手套，操作后必须立即洗手，以防止造成意外烧伤。

(12) 热的浓高氯酸是强氧化剂，与有机物或还原剂接触时产生剧烈爆炸，使用时必须注意以下几点。

① 浓高氯酸（70%～72%）应存放在远离有机物及还原物质（如：乙醇、甘油、次磷酸盐等）的地方，以防止高氯酸与有机物或还原物质有接触的可能，使用高氯酸的操作不能戴手套。

② 高氯酸烟与木材长期接触易引起木材着火或爆炸，因而对经常冒高氯酸烟的木质通风橱应定期用水冲洗（一季度不少于一次）。在使用高氯酸的通风橱中不得同时蒸发有机溶剂或灼烧有机物。

③ 破坏试液中的滤纸和有机试剂时，必须先加足够量的浓硝酸加热，使绝大部分滤纸及有机试剂破坏，稍冷后再加入浓硝酸和高氯酸冒烟破坏残余的碳化物，过早加入高氯酸或加入的硝酸量不够，在冒高氯酸烟时即有发生剧烈爆炸的危险。

④ 热的浓高氯酸与某些粉状金属作用时因产生氢气可能引起剧烈爆炸，因而溶样时应先用其它酸或同时加入其它酸低温加热直到试样完全溶解，防止高氯酸单独与金属粉末作用。

(13) 原子吸收光度法用乙炔气瓶要放在通风良好、温度不超过35℃的地方，为了防止气体回流，应装上回流阻止器。如发现乙炔气瓶开始有发热情况，表明乙炔已经自发分解，应立即关闭气门，并用水冷却，最好将气瓶移至户外安全地方。乙炔导气管不得用纯铜管连接，因乙炔与铜作用可产生易爆炸的乙炔铜化合物。

(14) 实验室内不得存放大量碳化钙，因碳化钙遇水即生成乙炔，与空气混合后即有爆炸危险〔爆炸极限为2.5%～80.0%（体积分数）〕。

(15) 氢气因密度小，易漏气，且扩散速度快，易和其它气体混合，因此要检查氢气导管是否漏气，特别是连接处一定要用肥皂水检查。氢气与空气混合后极易爆炸〔爆炸极限为4.0%～74.2%（体积分数）〕。

(16) 氧气是强烈的助燃气体。氧气瓶一定要严防与油脂接触，开启气瓶的扳手不得沾有油脂。

(17) 一氧化二氮（N_2O，亦称笑气）有毒，具有兴奋麻醉作用，使用时要特别注意通风，燃烧时严禁从原子吸收分光光度计的喷雾室的排水阀吸入空气，否则会引起爆炸。

(18) 各种装有压缩气体的气瓶在贮运、安装及使用时不可使气瓶受到震动和撞击，以防爆炸。气瓶不得与电线接触或放在靠近加热器、明火或暖气附近，也不要放在有阳光直射的地方，以防气体受热膨胀引起爆炸。开启压力表的阀门时要缓慢，气流不可太快，以防仪器被冲坏或引起着火爆炸。

(19) 带有放射性的样品，其放射强度超过规定时，严禁在一般化学实验室操作。使用放射性物质的工作人员需经过特殊训练，按防护规定配置防护设备。

(20) 实验完毕，应关好水龙头、电闸、门窗，洗净双手，方可离开实验室。

1.5 实验室危险药品的分类、性质和管理

危险药品是指受光、热、空气、水或撞击等外界因素的影响，可能引起燃烧、爆炸的药品或具有强腐蚀性、剧毒性的药品。常用危险药品按危害性可分为以下几类来管理。

(1) 爆炸品　如硝酸铵、苦味酸、三硝基甲苯等，它们遇高热、摩擦、撞击会引起剧烈反应，放出大量气体和热量，产生猛烈爆炸。注意存放于阴凉、低温处。使用时注意轻拿、轻放。

(2) 易燃品　包括易燃液体(丙酮、乙醚、甲醇、乙醇、苯等有机溶剂)、易燃固体(赤磷、硫、萘、硝化纤维等)、易燃气体(氢气、乙炔、甲烷等)、遇水易燃品(钾、钠)、自燃品(黄磷、白磷)。这类危险品大多数是沸点低，燃点低，易挥发，受热、摩擦、撞击或遇火或遇氧化剂，可引起剧烈连续燃烧、爆炸。注意存放于阴凉处，远离热源。使用时注意通风，不得有明火。钾、钠保存于煤油中，切勿与水接触。黄磷、白磷保存于水中。

(3) 氧化剂　如硝酸钾、氯酸钾、过氧化氢、过氧化钠、高锰酸钾等，这类试剂具有强氧化性，遇酸，受热，与有机物、易燃品、还原剂等混合时，因反应引起燃烧或爆炸。不得与易燃品、爆炸品、还原剂等一起存放。

(4) 剧毒品　如氰化钾(钠)、三氧化二砷、升汞等，此类物品剧毒，少量侵入人体(误食或接触伤口)引起中毒，甚至死亡。需要专人、专柜保管，现用现领，用后的剩余物，不论是固体或液体都要交回保管人，并应设有使用登记制度。

(5) 腐蚀性药品　如强酸、氟化氢、强碱、溴、酚等，具有强腐蚀性，触及物品造成腐蚀、破坏，触及人体皮肤，引起化学烧伤。不要与氧化剂、易燃品、爆炸品放在一起。

1.6 实验室意外事故的处理

在实验过程中接触到玻璃仪器、电和许多化学试剂，假如由于各种原因而引起了事故，切不要惊慌，应立即采取有效措施处理事故。

(1) 创伤　伤处不能用手抚摸，也不能用水洗涤。若是玻璃创伤，应先把碎玻璃从伤处挑出。轻伤可用3% H_2O_2 清洗后涂上碘酒，必要时洒上消炎粉并用纱布包扎。也可贴上"创可贴"，能立即止血，且易愈合。伤口较深、出血过多时，可用云南白药止血或扎止血带，并立即送医院救治。

(2) 烫伤　勿用冷水洗涤伤处。轻度烫伤可在伤处敷烫伤药膏（如 ZnO 药膏、万花油、甘油等）；如伤势较重，可用蘸有饱和高锰酸钾溶液的棉花或纱布贴上，不要把烫出的水泡挑破，然后到医院处理。

(3) 酸腐蚀伤　先用大量水冲洗，再用饱和碳酸氢钠溶液或稀氨水、肥皂水冲洗，最后再用水冲洗。如果酸液溅入眼中，必须用大量水冲洗持续15min，随后立即到医院检查。

(4) 碱腐蚀伤　先用大量水冲洗，再用2%醋酸溶液或饱和硼酸溶液冲洗，最后再用水冲洗。如果碱液溅入眼中，用3%硼酸溶液冲洗。

(5) 溴灼伤　这是很危险的。被溴灼伤的伤口一般不宜愈合，必须严加防范。一旦有溴沾到皮肤上，立即用20%硫代硫酸钠溶液冲洗，再用大量水冲洗干净，包上消毒纱布后就医。

(6) 白磷灼伤　用1%的硝酸银溶液、1%的硫酸铜溶液或高锰酸钾溶液冲洗后进行包扎。

(7) 吸入有害气体　可吸入少量酒精和乙醚的混合气体，然后立即到室外呼吸新鲜空气。

(8) 毒物进入口内　把5～10mL的稀硫酸铜溶液加入一杯温水中，内服后用手伸入喉部，促使呕吐，吐出毒物，再送医院治疗。

(9) 起火　不慎起火时，切勿惊慌，应根据不同的着火情况，采用不同的灭火措施。有机试剂引起着火时，应立即用湿布、石棉布或砂子等扑灭，也可用四氯化碳灭火器或二氧化碳泡沫灭火器，但不可用水扑救。如遇电气设备着火，应先拉下电闸，并用四氯化碳灭火器灭火，也可用干粉灭火器灭火。

(10) 触电　首先切断电源，然后在必要时进行人工呼吸。

1.7　实验室三废的处理

实验室的三废（废气、废渣和废液）种类繁多，如果对其不加处理而任意排放，就可能污染周围空气、水源和环境，造成公害。因此，对废气、废渣和废液要经过一定的处理后，才能排弃。

(1) 实验室的废气　实验室中凡可能产生有毒气体的操作都应在通风橱中进行，通过排风设备将少量有毒气体排到室外（使排出的气体在外面大量空气中稀释），以免污染室内空气。产生有毒气体量大的实验都必须备有吸收或处理装置，如二氧化氮、二氧化硫、氯气、硫化氢、氟化氢等可用导管通入碱液中，使其大部分吸收后排出；一氧化碳可点燃转成二氧化碳。

(2) 实验室的废渣　实验室产生的有害固体废渣虽然不多，但决不能将其与生活垃圾混倒。固体废物经回收、提取有用物质后，其残渣仍是多种污染物的存在状态，对少量（如放射性废弃物等）高危险性物质，可将其通过物理或化学的方法进行（玻璃、水泥、岩石的）固化，再进行深地填埋。

土地填埋是许多国家作为固体废物最终处置的主要方法。要求被填埋的废弃物应是惰性物质或可经微生物分解成为无害物质。填埋场地应远离水源，场地底土不透水、不能穿入地下水层。

(3) 实验室的废液　化学实验室产生的废弃物很多，以废液为主。

① 废浓酸、浓碱严禁倒入水池，以防堵塞和腐蚀水管。应经稀释后或中和，调pH至6～8即可排出。少量废渣可埋于地下。

② 废洗液可用高锰酸钾氧化法使其再生后使用。少量的废洗液可加废碱液或石灰使其生成$Cr(OH)_3$沉淀，将沉淀埋于地下即可。含有六价铬的废液应先将铬还原成三价后再稀释排放。

③ 氰化物是剧毒物质，含氰废液必须认真处理。少量的含氰废液可先加氢氧化钠，调pH至8～10，再加入几克高锰酸钾使CN^-氧化分解。大量的含氰废液可用碱性氧化法处理：先用碱调至pH>10，再加入漂白粉，使CN^-氧化成氰酸盐，并进一步分解为二氧化碳和氮气。或加入氢氧化钠使呈强碱性（pH>12）后倒入硫酸亚铁溶液中（按重量计算，1份硫酸亚铁对1份氰化钠）生成无毒的亚铁氰化钠后排入下水道。

④ 含汞盐废液应先调 pH 至 8~10 后，加适当过量的硫化钠，生成硫化汞沉淀，再加硫酸亚铁生成硫化亚铁沉淀，从而吸附硫化汞沉淀下来。静置后分离，再离心，过滤，清液含汞量可降到 $0.02\text{mg}\cdot\text{L}^{-1}$ 以下，之后排放。少量残渣可埋于地下，大量残渣可用焙烧法回收汞，但注意一定要在通风橱内进行。

⑤ 含重金属离子的废液，最有效和最经济的处理方法：加碱或加硫化钠把重金属离子变成难溶性的氢氧化物或硫化物沉积下来，过滤分离，少量残渣可埋于地下。

⑥ 大量有机溶剂废液不得放入下水道，应尽可能回收或集中处理。过氧化钠的废料不得用纸或类似可燃物包裹后丢于废料箱内，应用水冲洗排入下水道，以免自燃引起火灾。

不论是现在还是在将来从事的化学和化工等生产中，同学们一定要增强环保意识，提倡绿色化学，要用我们所学的知识，研究先进的化学工艺和技术，减少和消除那些对人类健康、生态环境有害的原料、试剂和溶剂的生产和应用，同时在生产过程中不产生有毒有害污染物，实现废物"零排放"，从源头上根除污染。

2 化学实验的基本知识和基本技术

2.1 实验室用水规格

在化学实验中，水是最常用的溶剂和洗涤剂。由于实验的任务和要求不尽相同，则对水的质量要求也不相同。我国已颁布了实验室用水的国家标准（GB 6682—92），规定了实验室用水的技术指标、制备方法和检验方法，该标准参照了国际标准（ISO 3696—1987），将实验用水分为三个等级，见表 2-1。实验室中常用的水有蒸馏水、去离子水和电导水，它们在 298K 时的电导率分别为 $1mS·m^{-1}$、$0.1mS·m^{-1}$ 和 $0.01mS·m^{-1}$。

表 2-1 实验室用水的级别及主要指标

指标名称		一级	二级	三级
外观		无色透明液体		
pH 范围（25℃）		—	—	5.5~7.5
电导率（25℃）/$mS·m^{-1}$	≤	0.01	0.10	0.50
可氧化物（以 O 计）/$mg·L^{-1}$	<	—	0.08	0.40
吸光度（254nm，1cm 光程）	≤	0.001	0.01	—
可溶性硅（以 SiO_2 计）/$mg·L^{-1}$	<	0.01	0.02	—

2.2 常用玻璃仪器及其它制品

2.2.1 常用玻璃仪器

常用玻璃仪器及其应用范围见表 2-2。

表 2-2 化学实验常用玻璃仪器

名称	规格	主要用途	注意事项
试管 离心试管	分硬质试管、软质试管、普通试管和离心试管，普通试管以试管口外径/mm×长度/mm 表示；离心试管以仪器容积/mL 表示	普通试管用作少量试剂的反应器，便于操作和观察。离心试管除用作离心外，还可用作定性分析的沉淀分析	盛试液不能超过其容量的 1/2。可以加热至高温（硬质试管），但不能骤冷，加热时用试管夹夹持，管口不能对人，且不断摇动试管，使其受热均匀

续表

名　称	规　格	主要用途	注意事项
烧杯	有玻璃和塑料的,以容积/mL 表示,如 1000、400、250、100、50、25 等	常温或加热条件下用作反应容器,反应物易混合均匀,也可以用来配制溶液	可以加热至高温,加热时,将外壁擦干放置在石棉网上,使之受热均匀,不可烧干
锥形瓶(三角瓶)	以容积/mL 表示,如 1000、500、250、100、50、25 等	反应容器,振荡方便,适用于滴定操作或做接收器	可以加热至高温,加热时,将外壁擦干放置在石棉网上,使之受热均匀,不可烧干,磨口锥形瓶加热时要打开塞
碘量瓶	以容积/mL 表示,如 250、100、50 等	用于碘量法或其它生成挥发性物质的定量分析	塞子及瓶口边缘的磨砂部分勿擦伤,以免产生漏隙
烧瓶	有平底和圆底之分,以容积/mL 表示,如 500、250、100、50 等	用作反应容器	可以加热,加热时,放置在石棉网上或加热套中,使之受热均匀,不可烧干
洗瓶	有塑料和玻璃的,以容积/mL 表示	用蒸馏水洗涤沉淀和容器时使用,塑料洗瓶使用方便、卫生,故使用广泛	不能加热
蒸馏烧瓶　克氏蒸馏烧瓶	以容积/mL 表示	用于液体的蒸馏,也可用于制取少量气体,克氏蒸馏烧瓶最常用于减压蒸馏实验	加热时应放在石棉网上
量筒　量杯	以其量度的最大容积/mL 表示,如 250、100、50、20、10 等	用于液体体积的计量	不能加热,沿壁加入或倒出溶液
表面皿	以直径/cm 表示,如 15、12、9、7 等	盖在蒸发皿上或烧杯上,以免液体溅出或灰尘落入	不能用火直接加热,直径要略大于所盖容器
容量瓶	以容积/mL 表示,如 1000、500、250、100、50、25、20 等	用于配制准确体积的标准溶液或被测试液	不能用火直接加热,不能在其中溶解固体,漏水不能用,非标准的磨口要保持原配

续表

名　称	规　格	主要用途	注意事项
滴定管及滴定管架	分酸式(a)和碱式(b),无色和棕色,以容积/mL表示,如50、25等	用于滴定操作或精确量取一定体积的溶液,滴定管架用于夹持滴定管	碱式滴定管用于盛碱性或还原性溶液,酸式滴定管用于盛酸性或氧化性溶液,二者不能混用,棕色滴定管用于盛见光易分解的溶液
(a)移液管　(b)吸量管	以其量度的最大容积/mL表示。移液管:如50、25、10、5等　吸量管:如25、10、5、2、1等	用于精确量取一定体积的液体	不能加热
滴管	由尖嘴玻璃管与橡胶乳头构成	用于吸取或滴加少量(数滴或1~2mL)液体,吸取沉淀上层清液以分离沉淀	滴加时保持垂直,避免倾斜,尤忌倒立,以免溶液流入橡胶头内。管尖嘴不可接触其它物体,以免沾污
称量瓶	分矮形(a)、高形(b),以外径×高表示。如矮形50mm×30mm;高形25mm×40mm等	用于准确称量一定量固体样品,矮形用作测定水分或在烘箱里烘干物质;高形用作称量基准物质或样品等	不能用火直接加热,盖与瓶身配套,不能互换
试剂瓶	有玻璃或塑料的,分广口(a)、细口(b),无色或棕色。以容积/mL表示,如1000、500、250、125等	广口瓶盛放固体试剂,细口瓶盛放液体试剂,棕色瓶盛放见光易分解的试剂	不能加热
滴瓶	有无色和棕色之分,以容积/mL表示,如125、60等	用于盛放每次使用数滴的液体试剂	棕色瓶盛放见光易分解的试剂,碱性试剂用橡皮塞滴瓶盛放,使用时,切忌"张冠李戴",其它同滴管
长颈漏斗　漏斗	以口径/mm大小表示,如60、40、30等	长颈漏斗用于定量分析时过滤沉淀,短颈漏斗用于一般的过滤	不能用火直接加热

续表

名　　称	规　　格	主要用途	注意事项
梨形、球形、滴液、分液漏斗	以容积/mL（形状有球形、梨形）表示，如100mL球形分液漏斗等	往反应体系中滴加较多的液体,分液漏斗用于分离互不相溶的液体	不能加热,漏斗塞子、活塞不得互换,活塞应用皮筋系于漏斗颈上或套以小橡皮圈,防止滑落
直形、空气、球形冷凝管	以口径/mm 表示	直形冷凝管适用于蒸馏物质的沸点在140℃以下,空气冷凝管适用于蒸馏物质的沸点高于140℃,球形冷凝管适用于加热回流	
研钵	以铁、瓷、玻璃、玛瑙制作,以口径/cm 表示,如12、9等	用于研磨固体物质	不能加热,不能做反应容器,按固体性质和硬度选用不同研钵
干燥器	以直径/cm 表示,如18、15等,有无色和棕色	用于存放样品,以免吸水或其它气体,定量分析时,将灼烧过的坩埚放置其中冷却	灼烧过的物体放入干燥器前温度不能过高,使用前,要检查器内干燥剂是否失效,磨口处涂适量凡士林
抽滤瓶	以容积/mL 表示,如250、125等	用于减压过滤	不能用火直接加热
热水漏斗	由普通玻璃漏斗和金属外套组成,以口径/mm 大小表示,如60、40、30等	用于热过滤操作	加水不能超过其容积的2/3
蒸发皿	有瓷、铂、石英等制品,分有柄和无柄,以容积/mm 表示,如125、100、35等	蒸发液体用,还可以用作反应器	可直接加热,但高温时,不能骤冷,根据液体性质,选用不同性质的蒸发皿
熔点测量管(b形管)	以口径/mm 大小表示	用于测定固体化合物的熔点	内装石蜡油、硅油或浓硫酸

2.2.2 标准磨口玻璃仪器

常用标准磨口玻璃仪器,如图 2-1 所示。

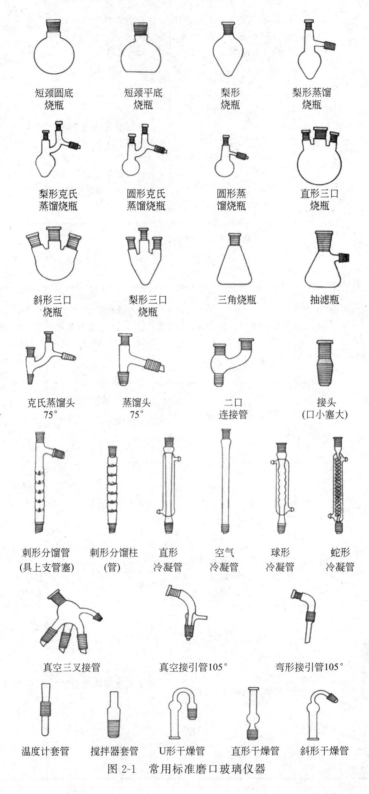

图 2-1 常用标准磨口玻璃仪器

2.2.3 其它制品

表 2-3 给出了一些化学实验室中常用的其它制品。

表 2-3 化学实验常用制品

名称	规格	主要用途	注意事项
点滴板	瓷质,分白色、黑色,十二凹穴、九凹穴、六凹穴等	用于点滴反应,尤其是显色反应	白色沉淀用黑色板,有色沉淀或溶液用白色板
水浴锅	有铜制和铝制,水浴锅上的圆圈适用于放置不同规格的器皿	用于要求受热均匀而温度不能超过 100℃ 的物体的加热	所选圆圈环正好使所加热器皿侵入锅中 2/3。不要让锅中水烧干,用完后将锅擦干保存
坩埚	有瓷、石英、铁、镍、银、铂等制品,以容积/mL 表示,如 50、40、30 等	用于灼烧固体物质	忌骤冷、骤热,依试剂性质选用不同材质坩埚
泥三角	由瓷管和铁丝制成,有大小之分	用于承放加热的坩埚和小蒸发皿	灼烧的瓷管上不要滴上冷水,以免破裂
石棉网	以铁丝网边长表示,如 15cm × 15cm,20cm × 20cm 等	承放加热器皿,使之受热均匀	不要与水接触,以免铁丝网锈蚀、石棉脱落
铁架台 1—铁夹;2—铁环;3—铁架		用于固定放置反应容器,铁环上放石棉网可用于放被加热的烧杯等器皿	
布氏漏斗	瓷质材料	用于减压过滤	
三脚架	铁制品	用于放置较大或较重的加热容器	

续表

名　称	规　格	主要用途	注意事项
坩埚钳	铁或铜合金材料，表面常镀镍、铬	夹持坩埚和坩埚盖	不要和化学药品接触，以免腐蚀；放置时，头部朝上，以免沾污；夹高温坩埚时，钳嘴要预热
试管夹	竹、铁丝制	用于夹持试管	防止烧损（竹质）或锈蚀
移液管架	硬木或塑料制	用于放置各种规格的移液管及吸量管	
试管架	硬木、塑料或金属制	用于放置试管	
比色管架	塑料或木制	用于放置比色管	
漏斗架	木制品，有螺丝可固定于支架上，可移动位置调节高度	过滤时承放漏斗	

2.2.4　常用玻璃仪器的洗涤及干燥

为了使实验时能及时用到洁净、干燥的仪器，要养成仪器用后及时清洗的习惯。

2.2.4.1　常用玻璃仪器的洗涤

（1）刷洗　对于水溶性污物，一般可直接用水冲洗，冲洗不掉的物质，选用合适的毛刷刷洗，以除去仪器上面的灰尘、其它不溶性和可溶性杂质。

（2）用去污粉、肥皂或合成洗涤剂（洗衣粉）洗　洗去油污和有机物质。若仍洗不干净，可用热的碱液洗。

（3）用铬酸洗液（简称洗液）洗　对于较难清除的污物或形状较特殊的仪器，可用洗液洗涤。洗液具有强酸性、强氧化性，去污能力较强，但对衣服、皮肤、桌面、橡皮等的腐蚀性很强，使用时要特别小心。由于Cr(Ⅵ)有毒，故洗液尽量少用或不用。一般仅用于容量瓶、吸量管、移液管、吸管、滴定管、比色管、称量瓶等的洗涤。

用洗液清洗仪器时，一般向仪器内倒入约 1/5 体积的洗液，使仪器倾斜并慢慢转动，让内壁全部被洗液润湿，如能浸泡一段时间或用热的洗液，则效果会更好。使用洗液时应注意以下几点。

① 洗涤的器皿不宜有水，以免洗液被稀释而降低性能。洗液可以反复使用，用后倒回原瓶。

② 当洗液的颜色由深棕色变成绿色时，重铬酸钾被还原为硫酸铬，洗液失效。

③ 装洗液的瓶口要密闭，以免吸水失效。

(4) 用浓盐酸洗　可洗去附着在器壁上的一些氧化剂及多数不溶于水的无机物，如二氧化锰等。

除上述洗涤方法外，在具体清洗仪器时，还应根据污物的性质针对性地选择洗涤方法。如盛过奈斯勒试剂的瓶子常有碘附着在器壁上，可用 1mol·L^{-1} KI 溶液洗涤；AgCl 沉淀附着在器壁上，可用氨水清洗；硫化物沉淀，可用硝酸加盐酸清洗；水溶性污物，可直接用水冲洗；碱性污物，可用盐酸或硫酸清洗；酸性污物，可用碱溶液（NaOH、Na_2CO_3）清洗；氧化性污物，可用还原性洗涤剂清洗；还原性污物，可用氧化性洗涤剂清洗。对于精密玻璃量器、标准磨口玻璃仪器的洗涤，要注意不能用具有机械磨损作用的去污粉和硬质毛刷洗涤。

洗净的玻璃仪器应清洁透明，内壁被水均匀润湿，不能挂有水珠；切记不能再用布或纸擦拭，否则，布或纸上的纤维及污物会沾污仪器。

化学实验室中常用洗液的配制如下。

(1) KOH-乙醇溶液　一般配制成 30%～40% KOH-乙醇溶液，适合于洗涤被油脂或某些有机物沾污的器皿。

(2) HNO_3-乙醇溶液　用于洗涤被油脂或有机物沾污的结构较为复杂的容器，洗涤时先加入少量乙醇于容器中，再加入少量浓硝酸，即可将有机物氧化而除去。

(3) $NaOH$-$KMnO_4$ 溶液　取 $KMnO_4$ 10g 溶于少量水中，缓缓加入 100mL 10% NaOH 溶液。用于洗涤被油污及有机物沾污的器皿，洗后玻璃壁上附着的 MnO_2 沉淀，可用粗亚铁盐或 Na_2SO_3 溶液洗去。

(4) 铬酸洗液　取 20g $K_2Cr_2O_7$（工业纯）于 500mL 烧杯中，加入 40mL 水，加热溶解，冷后缓缓加入 320mL 浓硫酸，边加边搅拌。配制好的溶液呈深红色，储于磨口细口瓶中，用于洗涤油污及有机物。

2.2.4.2　常用玻璃仪器的干燥

(1) 晾干　洗净的仪器，倒置在仪器架上，让其自然晾干。

(2) 用烘箱烘干　一般用带鼓风机的烘箱。烘箱温度保持在 100～120℃，鼓风可加速仪器的干燥。仪器放入烘箱前，尽量将水倒净，并将仪器口向上，以免水滴滴到受热的仪器上造成破裂。要用坩埚钳或戴上棉纱手套从烘箱中取出干燥好的仪器，将其放在干燥器中、仪器架上或石棉板上。注意别让热的仪器接触冷水或冷的金属，以免炸裂。计量玻璃仪器（容量瓶、移液管、滴定管等）不可在烘箱中干燥。分液或滴液漏斗，要拔去塞子和旋塞并擦去凡士林后，再放入烘箱进行烘干。

(3) 用气流干燥器吹干　仪器洗净后，将其内部水甩干，再将其套到气流干燥器的多孔金属管上，如图 2-2 所示。调节热空气流的温

图 2-2　气流干燥器

度，将仪器吹干。

（4）用有机溶剂加电吹风干燥　体积小的仪器急需干燥时，可用此法。洗净的仪器，先用少量酒精洗涤，再用丙酮洗涤，最后用电吹风机先冷风后热风将其吹干（用过的溶剂应回收）。根据情况，也可只用有机溶剂或只用电吹风机进行干燥。

带刻度的计量仪器，不能用加热的方法进行干燥。

2.3 化学试剂

2.3.1 化学试剂的分类和规格

按试剂的用途或化学组成，可将其分为十大类：无机分析试剂、有机分析试剂、特效试剂、基准试剂、标准物质、指示剂和试纸、仪器分析试剂、生化试剂、高纯物质和液晶等。

按试剂的纯度及杂质含量，还可分为基准试剂、光谱纯试剂、色谱纯试剂等。基准试剂的纯度相当于（或高于）一级品，常用作滴定分析的基准物，也可用于配制标准溶液。光谱纯试剂（符号SP）的杂质含量用光谱分析法测定不出或其低于某一限度，主要用于光谱分析的标准物质，但不能将其当作化学分析的基准试剂。

世界各国对化学试剂的分类和级别的标准不尽一致。我国化学试剂的纯度标准有国家标准（GB）、化工部标准（HGB）（目前部级标准已归纳为行业标准）及企业标准（EB）。我国生产的化学试剂的分级见表 2-4，化学试剂的纯度级别及其类别和性质，一般在标签的左上方用符号注明，规格则在标签的右端，并用不同颜色的标签加以区别。

表 2-4　我国生产的化学试剂规格及用途

级别	中文名称	英文标志	标签颜色	主要用途
一级	优级纯	GR	绿	精密分析和科学研究
二级	分析纯	AR	红	一般的分析和科学研究
三级	化学纯	CP	蓝	一般定性及化学制备
四级	实验试剂	LR	棕色或黄色	实验辅助试剂
生化试剂	生化试剂及生物染色剂	BR	咖啡色;染色剂:玫瑰红	生物化学实验

2.3.2 化学试剂的使用

为了保证试剂的质量和使用安全，在使用试剂前，要了解试剂的性质，如酸碱的浓度，试剂的溶解度、沸点、毒性及其它化学性质。

取用试剂前，应看清标签。取用时，先打开瓶塞，将瓶塞反放在实验台上。如果瓶塞上端不是平顶的，可用食指和中指将瓶塞夹住或放在清洁的表面皿上，决不可将它横置桌上，以免沾污。不能用手接触化学试剂。试剂取用完后立即将瓶盖盖好，以保持密封，防止试剂被沾污或变质，切不可将瓶塞张冠李戴，然后将试剂瓶放回原处。应根据用量取用试剂，用多少取多少，不可多取，这样既能节约药品，又能取得好的实验结果。另外，不可直接去嗅试剂的气味，更不可用舌头品尝试剂。嗅觉试剂气味时，将瓶口远离鼻子，用手在试剂瓶上方扇动，使气味流向自己而闻出。

2.3.2.1 固体试剂的取用

固体试剂一般用洁净、干燥的药匙取用。药匙材质有牛角、塑料、不锈钢等，两端有大小两个勺，分别用来取大量固体和少量固体。药匙要做到专匙专用。用过的药匙必须洗净擦干后方可再使用。取用强碱性试剂后的药匙应立即洗净，以免腐蚀。不要超过指定用量取药，多取的不能倒回原瓶，可放在指定的容器中供他人使用。取用一定量的试剂时，可将试剂放在称量纸、表面皿等干燥洁净的玻璃容器或称量瓶内，根据要求称量。具有腐蚀性或易潮解的试剂不能放在纸上，应放在表面皿等玻璃容器内。向试管（特别是湿试管）中加入固体试剂时，可用药匙或将取出的药品放在对折的纸条上，伸进试管的2/3处倒入。如固体颗粒较大，应放在洁净干燥的研钵中研碎，研钵中的固体量不要超过研钵容量的1/3。有毒药品应在教师指导下取用。

2.3.2.2 液体试剂的取用

从细口瓶中取用液体试剂时，可用倾注法。先将瓶塞取下，反放在实验台面上，为防止液体流出腐蚀标签，用手握住试剂瓶上贴标签的一面，逐渐倾斜瓶子，让液体试剂沿着洁净的器壁或玻璃棒流入接收器中，操作见图2-3(a)、(b)。倒出所需量后，将试剂瓶口在容器上靠一下，再逐渐竖起瓶子，以免遗留在瓶口的药液流到瓶的外壁。

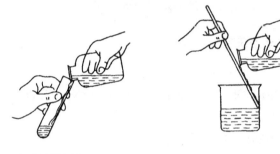

(a) 往试管中倒取液体试剂　　(b) 往烧杯中倒入液体试剂　　(c) 往试管中滴加液体试剂

图2-3　液体试剂的取用操作

从滴瓶中取用液体试剂时，需用附置于该试剂瓶旁的专用滴管取用。滴瓶要定位，不要随便拿走。使用时拿起滴管，用手指捏紧滴管上部的橡皮头，排去空气，再把滴管伸入试剂瓶中吸取试剂。吸有药品的滴管不得横置或滴管口向上斜放，以免液体流入滴管的橡皮帽中。往试管中滴加试剂时，只能把滴管尖头垂直放在管口上方滴加，滴管决不能伸入所用的容器中，以免接触器壁而沾污药品，操作见图2-3(c)。使用完的滴管随即放入原滴瓶，不要插错。

定量取用液体时，要用量筒或移液管（或吸量管）取。量取液体时，使视线与量筒内液体的弯月面的最低处保持水平，偏高或偏低都会读不准而造成误差。

2.4　分析天平

2.4.1　分析天平的类型

分析天平类型多种多样，这些天平的构造和使用方法不完全相同，但其基本原理是相同的。早期使用的天平是结构简单的指针标牌天平（通常称为摇摆天平）。在指针摆动过程中读数，再通过计算求出天平的平衡点。后来，给天平加上了空气阻尼器，使横梁摆动能很快停止，此类天平称阻尼天平，天平的平衡点采用静止读数。为了提高读数的精确度，又在指针尖上装置微分标牌，并装设光电放大读数装置，从而提高了天平的准确度和灵敏度。在操作砝码时，也把用手摄取砝码改进为机械加减砝码，提高了称量速度。较为普遍使用的是半机械（自动）或全机械（自动）加砝码的电光天平。随着科学技术的发展，出现了各种形式的称量仪器，如电子天平、电子秤、自动天平等，如表2-5所示。

表2-5 分析天平类型

类型	最大称量	最小分度值
架盘天平	100～5000g	100～1000mg
半自动电光分析天平	100～200g	小于(最大)称量的 10^{-5}
全自动电光分析天平	100～200g	小于(最大)称量的 10^{-5}
半微量天平	20～100g	小于(最大)称量的 10^{-5}
微量天平	3～50g	小于(最大)称量的 10^{-5}
超微量天平	2～5g	小于(最大)称量的 10^{-6}
电子分析天平	100～200g	小于(最大)称量的 10^{-5}

下面就目前最为常用的电子分析天平的使用方法及注意事项做一介绍。

2.4.2 电子分析天平的结构和使用方法

2.4.2.1 电子分析天平的结构

电子分析天平的种类很多，但其结构大同小异，图2-4为FA 1604型电子分析天平的外形图。

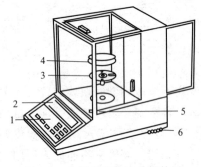

图2-4 电子天平外形及部件图
1—功能键界面；2—显示屏；
3—盘托；4—秤盘；
5—水平仪；6—水平调节

各功能键的作用如下。

(1) ON 开启显示器键 轻按ON键，显示器全亮，对显示器功能检查后，进入称量模式。

(2) OFF 关闭显示器键 轻按OFF键，显示器熄灭。若长时间不使用天平，应拔去电源线。

(3) CAL 天平校准键 因存放时间、位置移动、环境变化或为了获得精确测量，天平在使用前，需进行校准，校准操作按说明书进行。

(4) TAR 清零、去皮键 将容器置于秤盘上，显示容器质量，然后轻按TAR键，出现全零状态，即去除了皮重。当取出容器，显示器显示容器质量的负值，再轻按TAR键，显示器为全零，即天平清零。

(5) UNT 量制单位转换键 按住UNT键不松手，显示器不断循环显示，当显示所需量制单位时，松手即可。

(6) INT 积分时间调整键 积分时间有4个依次循环的模式可供选择，按下该键，当显示器显示所需模式时，松手即可。

(7) ABS 灵敏度调整键 灵敏度也有依次循环的4个模式，选定方法同UNT键。

(8) PRT 输出模式设定键 按住PRT键，也有4个模式循环出现，可随意选择。

(9) RNG 称量范围转换键 在FA/JA系列天平中，有的有两个称量范围，即0～30g；0～160g。在0～30g范围内，读数精度为0.1mg，若质量超过30g，天平就自动转为1mg

的读数精度。选择时，需按住 RNG 键，当显示器显示所需范围时即松手，随即出现等待状态，最后出现称量状态。

2.4.2.2 电子分析天平的使用方法

（1）称量前取下天平布罩，叠好后放在天平箱上面。首先检查天平是否水平，方法是观察水平仪，如水平仪水泡偏移，需调整水平调节脚，使水泡位于水平仪中心。然后，打开电源，轻按 ON 键，显示器全亮，预热 30min 后，进入称量模式。

（2）天平在使用前，需轻按 CAL 天平校准键进行校准，校准操作按说明书进行。

（3）称量时，把被称量的物品放在调好零点的分析天平的中央，观察显示屏的数字，待稳定后读数，记下物体质量。为了避免被称量的物品超过天平的最大负荷，可以先在台秤上试重。

（4）称量完毕后，取出物体，轻按 OFF 键，显示器熄灭。清扫天平盘，关好天平边门，罩好天平外罩，若长时间不使用天平，应拔去电源线。将坐凳放回原位，填写好天平使用记录簿，经老师允许后，离开天平室。

2.4.2.3 称量方法

（1）直接称量法　先称出干燥洁净的表面皿（或称量纸）的质量，按去皮键 TAR，显示"0.0000"后，打开天平门，缓缓往表面皿中加入试样，当达到所需质量时，停止加样，关闭天平门，显示平衡后，记录试样的质量。

（2）差减称量法　此法常用于称取连续多份吸水、易氧化或易与空气中 CO_2 反应的物质。称量时，先将试样装入称量瓶中，称取试样时，左手用纸条套住的称量瓶，如图 2-5(a) 所示，将其放在天平托盘中央，取下纸条，准确称量后再用纸条套住称量瓶，从天平中取出，举在要放试样的容器（烧杯或锥形瓶）上方，右手用小纸片夹住瓶盖柄，打开瓶盖，将称量瓶慢慢向下倾斜，用瓶盖轻轻敲击瓶口上方，使试样缓缓落入所盛容器内，注意不要撒在容器外，如图 2-5（b）所示，当倾出的试样接近所要称取的质量时，将称量瓶慢慢竖起，同时用称量瓶盖继续轻敲瓶口，使黏附在瓶口的试样落入瓶内，再盖好瓶盖。然后再将称量瓶放回分析天平上称量，两次称量之差即为试样的质量。按上述方法连续递减，可称取多份试样。第一份试样重 $\Delta m_1 = m_1 - m_2$，第二份试样重 $\Delta m_2 = m_2 - m_3$……

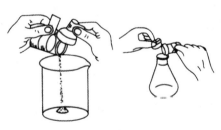

（a）称量瓶拿法　　　　（b）倾出试样的方法

图 2-5　差减称量法的操作

也可以在称出称量瓶（装有试样）的质量后，按去皮键 TAR，再取出称量瓶，向容器中敲出一定质量的试样，再将称量瓶放在天平上称量，如天平所示质量（是"-"号）达到要求范围，即可记录数据。再按去皮键 TAR，称取第二份试样。

注意：称量瓶使用前须洗干净后，放在 105℃ 左右的烘箱内烘干后，放入干燥器内冷却。烘干后的称量瓶不能用手直接拿取，而要用干净的纸条套取（或带指套、手套拿取），取盖时应垫上干净纸片。用差减法称量，在倒出试样时尽量要一两次就成功，避免多次反复或倒出过多，若倒出过多，只能弃去重称。

2.4.2.4 电子天平使用的注意事项

（1）电子天平的开机、通电预热、校准均由实验室技术人员负责完成。学生称量时只需按 ON 键、TAR 键及 OFF 键操作，其它键不允许乱按。

（2）电子天平较轻，容易被碰撞移位，造成不水平从而影响称量结果。所以，使用时要特别注意，动作要轻、缓，并要经常检查水平仪。

（3）称重的物体必须与天平箱内温度一致，不能把过热、过冷的物体放在天平中称量，以免引起空气对流使称量的结果不准确，为了防潮，天平箱内放有吸湿用的干燥剂（如硅胶、无水氯化钙等）。

（4）天平载重绝对不能超过天平的最大负荷，否则易损坏天平。

（5）称量的数据应及时记录在记录本上，不能记在纸片或其它地方，以免遗失，前功尽弃。

（6）称量完后，必须检查天平是否关闭，称量物是否已取出，两个侧门是否关好，罩上天平罩，切断电源。

（7）天平使用后，必须认真填写使用记录，交老师验收签字后，方能离开天平室。

2.5 分离操作技术

最常用的分离提纯方法有过滤、沉淀、结晶及重结晶、蒸馏、萃取、升华、色谱等。

2.5.1 离心分离

2.5.1.1 离心分离操作

离心分离主要用于半微量样品的沉淀分离。将溶液放入离心试管（见表 2-2）中，加入沉淀剂，每加一滴都要混合均匀，沉淀完全后，放入离心机（见图 2-6）中，使沉淀离心沉降，取出离心管，在上层清液中滴加一滴沉淀剂，如没有浑浊，则说明沉淀已经完全。如需检查溶液的 pH 值，应将剪成小块的试纸放在白瓷板或表面皿上，用玻璃棒蘸少量溶液滴在试纸上，观察颜色，确定 pH 值。

图 2-6 电动离心机

沉淀在离心机上离心沉降后，沉降于离心管的尖端，上层清液可用滴管吸出，即先挤压滴管上端的橡皮乳头，排出空气，把离心管倾斜，将滴管尖端伸入液面下，且不可触及沉淀；慢慢放松橡皮乳头，溶液则被吸入滴管。

2.5.1.2 离心机的使用

（1）离心机管套底部应垫上柔软物质，如棉花、橡皮垫等，以防旋转时离心管被碰破。

（2）离心管放入离心机套管时，管口应稍高出管套，离心管应对称放入，如果只有一只离心管溶液需离心，则应取一支装入等量水的离心管放在其对称位置，以保持离心机平衡，避免转动时震动，损坏离心机。

（3）放好离心试管后，盖好盖子。启动离心机时，应由最低挡、慢速开始，待运转平稳后再开到快速。

(4) 转速与转动时间由被分离物质的性质所决定。晶形沉淀以转速为 1000r·min^{-1}，离心 1~2min 为宜；非晶形沉淀沉降较慢，转速可提至 2000r·min^{-1}，离心 3~4min 为宜。

(5) 关机后，应待离心机自动停止，不能用手阻止其旋转。不得用手指插入离心管中拔取离心管，应捏住离心管口边缘将其取出或用镊子夹取。

2.5.2 过滤分离

过滤是分离固液混合样品的常用方法。当溶液和结晶（沉淀）的混合物通过过滤器（如滤纸）时，结晶（沉淀）就留在过滤器上，溶液则通过过滤器而漏入接受的容器中。可根据需要选择取舍。溶液的黏度、温度、过滤时的压力、过滤器孔隙的大小和沉淀状态都会影响过滤的速度。如溶液的黏度越大，过滤越慢。热溶液比冷溶液容易过滤等等。过滤时要全面考虑各种因素来选用不同的过滤方法。常见的过滤方法有三种：常压过滤、减压过滤和热过滤。

2.5.2.1 常压过滤

常压过滤是最为常见和简单的分离方法，其重力是唯一引起液体通过过滤器的动力。所用仪器主要是过滤器（漏斗和滤纸组成）和漏斗架（也可用带有铁圈的铁架台代替）。如用滤纸过滤，则滤前应按固体物料的多少选择合适的漏斗，并由漏斗的大小选用滤纸的大小（滤纸的边缘比漏斗边缘低 0.5~1cm）。圆形滤纸两次对折，拨开一层即折成圆锥形，放于漏斗中。为保证滤纸与漏斗密合，第二次对折时不要折死，先把圆锥形滤纸拨开，放入洁净且干燥的漏斗，如果上边缘不十分密合，可以稍稍改变滤纸折叠的角度，直到与漏斗密合为止。用手轻按滤纸，将第二次的折边折死，所得圆锥体的半边为三层，另半边为一层，如图 2-7 所示。

为了使滤纸和漏斗内壁紧贴而无气泡，可将滤纸圆锥形三层那边的外两层撕去一小角（若是通过灼烧沉淀后称量的定量分析，则撕去一小角用于最后擦拭烧杯内壁可能附着的沉淀后，与沉淀一并放入坩埚中进行灼烧），然后用食指把滤纸按在漏斗内壁上，用少量蒸馏水润湿滤纸，再用玻璃棒轻压滤纸四周，赶去滤纸与漏斗壁间的气泡，使滤纸紧贴在漏斗壁上，而下部与漏斗内壁形成隙缝。然后，用洗瓶加水至滤纸边缘，这时空隙与漏斗颈内应全部被水充满，当漏斗中的水全部流尽后，颈内水柱仍能保留且无气泡。

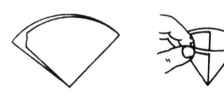

图 2-7　滤纸折叠方法

过滤时漏斗要放在漏斗架上，并调整好高度，使漏斗末端紧靠在接收器内壁。先采用倾注法，即烧杯中的沉淀下降以后，将上面清液沿玻璃棒先倾入漏斗中，以免沉淀堵塞滤纸上的空隙，影响过滤速度。暂停倾注溶液时，烧杯应沿玻璃棒使其嘴向上提起，渐使烧杯直立，以免使烧杯嘴上的液滴流失，如图 2-8 所示。

倾注法将清液完全转移后，应对沉淀作初步洗涤。洗涤时，用洗瓶每次约 10mL 洗涤液吹洗烧杯四壁，使黏附的沉淀集中在烧杯底部，每次的洗涤液同样用倾注法过滤。如此洗涤 3~4 次，再用少量洗涤液与沉淀混合均匀，用玻璃棒将其一并移至漏斗中。最后按图 2-9 所示方法，将烧杯壁附着沉淀吹洗至烧杯中。

倾倒溶液时，应使玻璃棒下端靠近三层滤纸处，漏斗中的液面高度应略低于滤纸边缘。

沉淀全部转移到滤纸上后，应对它进行洗涤，以除去沉淀表面所吸附的杂质和残留的母液。其方法如图 2-10 所示。洗瓶的水流从滤纸的多重边缘开始，螺旋形地往下移动，最后到多重部分停止，这样可使沉淀洗得干净且可将沉淀集中到滤纸底部。为了提高洗涤效率，应按"少量多次"的原则洗涤。通过检验最后流出滤液中的离子，判断沉淀是否洗涤干净。

图 2-8　倾注法过滤操作　　　　图 2-9　沉淀的冲洗　　　　图 2-10　漏斗中沉淀的洗涤

2.5.2.2　减压过滤

减压过滤（或称抽滤）可加快滤速，使结晶和溶液快速分离。其装置如图 2-11 所示。水泵借助水流作用带走装置内的空气，致使吸滤瓶减压，布氏（或玻璃砂芯）漏斗液面上下方产生压力差，从而加快了过滤速度。安全瓶可防止自来水倒吸至吸滤瓶内，如果滤液有用，则会被污染。

布氏漏斗通过橡皮塞与吸滤瓶相连接，橡皮塞与瓶口间必须紧密不漏气。吸滤瓶的侧管用橡皮管与安全瓶相连，安全瓶与水泵的侧管相连。停止抽滤或需用溶剂洗涤沉淀时，先将吸滤瓶侧管上的橡皮管拔开与大气相通，再关闭水泵，以免水倒流入吸滤瓶内。布氏漏斗的下端斜口应正对吸滤瓶的侧管。滤纸要比布氏漏斗内径略小，但必须全部覆盖漏斗的小孔；滤纸也不能太大，否则边缘会贴到漏斗壁上，使部分溶液不经过滤，沿壁直接漏入吸滤瓶中。抽滤前用同一溶剂将滤纸润湿后抽滤，使其紧贴于漏斗的底部，然后再向漏斗内转移溶液。转移溶液时，沉淀与溶液沿着玻璃棒倒入漏斗中，玻璃棒下端对着下面无小孔的滤纸处。抽滤时，漏斗中的溶液不要超过漏斗容量的 2/3。

热溶液和冷溶液的过滤都可选用减压过滤。若为热过滤，则过滤前应将布氏漏斗放入烘箱（或用电吹风）预热，抽滤前用同一热溶剂润湿滤纸。

析出晶体与母液的分离，常用布氏漏斗进行减压过滤操作。为了更好地将晶体与母液分开，最好用清洁的玻璃塞将晶体在布氏漏斗上挤压、抽气，以尽除去母液。结晶表面残留的母液，可用很少量的溶剂洗涤，这时抽气应暂时停止。把少量溶剂均匀地洒在布氏漏斗内的滤饼上，使全部结晶刚好被溶剂覆盖为宜。用玻璃棒或不锈钢刮刀搅松晶体（勿把滤纸捅破），使晶体润湿。稍候片刻，再抽气把溶剂抽干。如此重复两次，就可把滤饼洗涤干净。从漏斗上取出结晶时，为了不使滤纸纤维附于晶体上，常与滤纸一起取出，待干燥后，用刮刀轻敲滤纸，结晶即全部下来。

过滤少量的晶体，可用玻璃钉漏斗或小型多孔板漏斗，以吸滤管代替吸滤瓶，如图 2-12 所示。对玻璃钉漏斗，滤纸应较玻璃钉的直径稍大；对多孔板漏斗，滤纸应以恰好盖住小孔为宜。滤纸先用溶剂润湿，再用玻璃棒或刮刀挤压使滤纸的边沿紧贴于漏斗上，然后进行过滤。

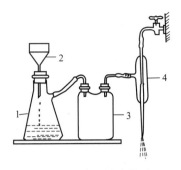

图 2-11 减压过滤装置
1—吸滤瓶；2—布氏漏斗或玻璃砂芯漏斗；
3—安全瓶；4—水吸滤泵

图 2-12 少量物质的减压过滤装置

注意，减压过滤不宜过滤胶状沉淀和颗粒太小的沉淀。因为胶状沉淀在快速过滤时易透过滤纸；颗粒太小的沉淀易在滤纸上形成一层密实的沉淀，滤液不易透过。

2.5.2.3 热过滤

如果溶液的溶质在温度降低时易结晶析出，而我们不希望它在过滤过程中留在滤纸上，这时需用热过滤方式处理。

热过滤是用保温漏斗，见图 2-13（a）。保温漏斗是金属套内安装一个长颈玻璃漏斗而形成的可减少散热的夹套式漏斗。漏斗套的夹层中装有热水，必要时还可用灯具加热（如溶剂易燃，过滤前务必将火熄灭）。漏斗中放入多折折叠滤纸❶，其向外的棱边应紧贴于漏斗壁上。使用前先用少量热溶剂润湿滤纸，以免干燥的滤纸吸附溶剂使溶液浓缩而析出晶体，把热溶液分批倒入漏斗中。不要倒得太满，也不要等滤完再倒，未倒的溶液和保温漏斗用小火加热，保持微沸。热过滤时一般不要用玻璃棒引流，以免加速降温；接收滤液的容器内壁不要贴紧漏斗颈，以免滤液迅速冷却析出晶体，晶体沿器壁向上堆积，堵塞漏斗口，使之无法过滤。

若操作顺利，只会有少量结晶在滤纸上析出，可用少量热溶剂洗下。若结晶较多，可将滤纸取出，用刮刀刮回原来的瓶中，重新进行热过滤。滤毕，将溶液加盖放置，自然冷却。若只有少量热溶液过滤，可选用一颈短而粗的玻璃漏斗放在烘箱中预热后使用。装置见图 2-13(b)。进行热过滤操作要求准备充分，动作迅速。

2.5.3 沉淀分离

沉淀分离法是根据物质溶解度的不同，在溶液中加入适当的沉淀剂，借助形成沉淀，经过滤分离而将混合物分离、达到提纯的一种方法。

2.5.4 结晶和重结晶分离

从溶液中析出晶体的过程称为结晶。结晶时，溶液浓度必须是过饱和。重结晶是将晶体溶解进行再次结晶的过程。

---

❶ 多折滤纸的折叠方法如图2-14，将圆滤纸折成半圆形，再对折成圆形的四分之一，以1对4折出5，3对4折出6，如图（a）；1对6和3对5分别再折出7和8，如图（b）；然后以3对6，1对5分别折出9和10，如图（c）；最后在1和10，10和5，5和7，……，9和3间各反向折叠，稍压紧如同折扇，见图（d）；打开滤纸，在1和3处各向内折叠一个小折面，如图（e）。折叠时在近滤纸中心不可折得太重，因该处最易破裂，使用时将折好的滤纸打开后翻转，放入漏斗。

图 2-13 热过滤装置

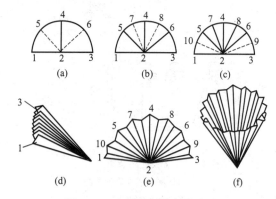

图 2-14 多折滤纸的折叠方法

重结晶是用来纯化在室温下是固体化合物的一种常用方法。利用固体化合物在溶剂中的溶解度随温度而改变的性质（一般温度升高溶解度增加，反之则溶解度降低）把固体化合物在较高温度下溶于适当溶剂中制成饱和溶液，在较低温度下就会有结晶析出。然后利用溶剂对被提纯物质和杂质的溶解度的不同，使杂质在热过滤时被滤除或冷却后留在母液中与结晶分离，从而达到提纯的目的。

重结晶适用于提纯杂质含量在 5% 以下的固体化合物。杂质含量多的话，常需先用其它方法如水蒸气蒸馏、萃取等手段先将粗产品初步纯化，然后再用重结晶法提纯。

有关重结晶的原理、溶剂的选择及操作见本书实验二十的重结晶和过滤。

2.5.5 蒸馏、分馏分离

2.5.5.1 普通蒸馏

蒸馏是加热物质至沸腾，使之汽化，再冷凝蒸气，并于另一容器中收集冷凝液的操作过程。它是分离和提纯液态有机化合物最常用的方法之一。应用这一方法不仅可以把挥发性物质与不挥发性物质分离，还可以把沸点不同的液体混合物分离。由于纯液态化合物在一定压力下具有固定的沸点，所以蒸馏法还可以用于测定物质的沸点，检验物质的纯度。

有关普通蒸馏原理、装置及操作见实验十八蒸馏操作和沸点的测定。

由于某些物质能形成共沸混合物，因此，具有固定沸点的物质不一定都是纯物质，几种常见共沸物见表 2-6。

普通蒸馏仅在混合液体沸点有显著不同（至少 30℃ 以上）时，才能实现有效分离。当一个二元或三元互溶的混合溶液各组分的沸点差别不大，而又希望得到较好的分离效果时，就必须进行分馏。

2.5.5.2 分馏

当液体混合物中各组分沸点相差足够大时，可用普通蒸馏法将其分开。若相差不大，普通蒸馏只能得到低沸点组分含量稍高的馏出液，而不能得到满意的结果，此时，可采用分馏的方法进行处理。

分馏是采用分馏柱达到分离和提纯目的的方法。这种技术可以有效地分离沸点差别不大的液体混合物，但不能分离共沸混合物。对于共沸混合物的分离，只有采用其它方法先破坏共沸组分后，再进行蒸馏或分馏，从而达到分离的目的。

表 2-6　几种常见的共沸混合物

组成(沸点/℃)		共沸混合物	
		沸点/℃	各组分质量分数/%
二元共沸混合物	$H_2O(100)$ $C_2H_5OH(78.5)$	78.2	4.4 95.6
	$C_2H_5OH(78.5)$ $C_6H_6(80.1)$	67.8	32.4 67.6
	$CH_3COCH_3(56.2)$ $CHCl_3(61.2)$	64.7	20.0 80.0
三元共沸混合物	$H_2O(100)$ $C_2H_5OH(78.5)$ $C_6H_6(80.1)$	64.6	7.4 18.5 74.1
	$H_2O(100)$ $n\text{-}C_4H_9OH(117.4)$ $CH_3COOC_4H_9(126.5)$	90.1	29.0 8.0 63.0

(1) 基本原理　分馏是利用分馏柱将多次汽化-冷凝过程在一次操作中完成的方法。混合液受热沸腾后，混合蒸气沿分馏柱上升，由于柱外空气的冷却作用，部分蒸气被冷凝。冷凝液在下降途中与上升的蒸气接触，二者进行热交换，蒸气中高沸点组分被冷凝，低沸点组分仍呈蒸气上升；而冷凝液中低沸点组分受热汽化，高沸点组分仍呈液态下降。结果，上升蒸气中低沸点组分含量增多，而下降的冷凝液中高沸点组分增多。如此经过多次气-液两相间的热交换，就相当于连续多次的普通蒸馏过程，以致低沸点组分蒸气不断上升而被蒸馏出来，而高沸点组分则不断流回烧瓶中，从而达到分离的目的。

分馏柱的分馏效率取决于下列几个因素。

① 分馏柱的高度　分馏柱越高，上升蒸气和冷凝液接触的机会愈多，效率愈高。但要选择适当，过高时，馏出液量少，分馏速度慢。

② 填充物　在柱中放入填充物可以增大蒸气和回流液的接触面积，接触面积愈大，愈利于分离。填充物的品种和式样很多，效率各异。填装时要使填充物之间保留一定空隙，不能过于紧密。填充物若用玻璃管（长约 20mm）或玻璃球效率较低；用绕成固定形状的金属丝，则效率较高。

③ 分馏柱的绝热性能　如果分馏柱的绝热性能差，即热量向柱周围散失过快，则气液两相之间的热平衡受到破坏，分离将不完全。为了提高绝热性能，通常将柱身上裹上石棉绳、玻璃布等保温材料。

④ 蒸馏速度　如果蒸馏速度太快，会破坏气液两相之间的平衡，使分离不能完全。

分馏柱的种类很多，一般实验室常用的简易分馏柱有韦氏（Vigreux）分馏柱、双球分馏柱等。

(2) 操作步骤　主要包括两部分。

① 仪器装置　简单的分馏装置如图 2-15 所示。装配原则基本上和蒸馏装置相同。所不同的是在圆底烧瓶和蒸馏头间加一分馏柱。

② 分馏操作　分馏操作方法与蒸馏相似，先将待分馏液体加入烧瓶中，放入 2~3 粒沸石，然后安装仪器。缓慢通入冷却水后，点火加热。当蒸气到达柱顶后，调节加热速度，使蒸馏速度以每 2~3s 1 滴为宜。收集所需温度范围的馏分，并做好记录。

要达到较好的分馏效果，应注意以下几点。

a. 分馏要缓慢进行，要控制好恒定的蒸馏速度。

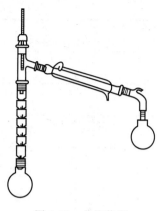

图 2-15 分馏装置

b. 要选择合适的回流比。

c. 尽量减少分馏柱的热量散失，保持稳定的热源。

2.5.5.3 水蒸气蒸馏

水蒸气蒸馏的操作是将水蒸气通入不溶或难溶于水、但有一定蒸气压的有机物中，使有机物在低于100℃温度下，随着水蒸气一起蒸馏出来的过程。

水蒸气蒸馏是用来分离和提纯有机物质的重要方法之一。要求被提纯的物质不溶或难溶于水，不与水发生化学反应，且在100℃具有一定的挥发性。此法常用于下列情况。

a. 含有大量树脂状或不挥发性杂质，采用普通蒸馏或萃取等方法都难以分离的混合物。

b. 从较多固体反应物中分离出被吸附的液体。

c. 某些在常压下蒸馏可与杂质分离，但其本身易被破坏的高沸点有机物。

d. 从某些天然物中提取有效成分。

(1) 基本原理　在物质微溶或不溶于水的情况下，通入水蒸气，则组成该混合物的各组分都具有一定的蒸气压。根据道尔顿分压定律，整个体系的总蒸气压 $p_{总}$ 等于水的蒸气压 p_{H_2O} 与待蒸馏物质蒸气压 p_A 之和。即：

$$p_{总} = p_{H_2O} + p_A$$

当总蒸气压与外界气压相等时，混合物沸腾。显然，混合物的沸点低于其任何一个组分的沸点。因此，常压下应用水蒸气蒸馏，能在低于100℃的情况将高沸点组分与 H_2O 一起蒸馏出来。

馏出液中有机物的质量 m_A 与 H_2O 的质量 m_{H_2O} 之比，在理论上应等于两者的分压 p_A 和 p_{H_2O} 与各自的摩尔质量 M_A 和 M_{H_2O} 乘积之比。即

$$\frac{m_A}{m_{H_2O}} = \frac{M_A p_A}{M_{H_2O} p_{H_2O}}$$

式中，p_{H_2O} 可通过手册查出；p_A 可近似地以大气压 $p_{大气}$ 与 p_{H_2O} 的差值计算（$p_A = p_{大气} - p_{H_2O}$）；$p_{大气}$ 由气压计直接读出。

(2) 操作步骤　主要包括两部分。

① 仪器装置　水蒸气蒸馏装置如图2-16所示，主要由水蒸气发生器、蒸馏部分、冷凝部分和接收部分组成。

水蒸气发生器一般用金属制成，也可用1000mL圆底烧瓶代替。使用时其盛水量不得超过容器的3/4，一孔插入长约1m、内径约5mm的玻璃管（插入距圆底烧瓶底部1cm处）作为安全管，以调节水蒸气发生器内部的压力；另一孔插入内径约8mm的水蒸气导出管。导出管与一个T形管相连，T形管的支管套一短橡皮管，并用螺丝夹夹住；T形管的另一端与蒸馏部分的水蒸气导入管相连（这段水蒸气导入管应尽可能短些，以减少水蒸气的冷凝）。

利用T形管可以放掉蒸气导出管中的冷凝水；在操作中，如果发生不正常现象，可立即打开螺旋夹，使与大气相通，排除故障。

水蒸气导入管要几乎达到蒸馏瓶底部（距瓶底8～10mm），蒸馏瓶要倾斜45°，以防飞溅起的液体进入馏出液导出管。蒸馏瓶中的液体不得超过容量的1/3。馏出液导出管与冷凝器相连。

② 蒸馏操作　加热水蒸气发生器前，先打开T形管橡皮管上的螺旋夹。大量水蒸气产生后，再用螺旋夹夹紧T形管上的橡皮管，让蒸气导入蒸馏瓶中，与此同时，接通冷凝水，用锥形瓶收集蒸出物。开始蒸馏后不久就有馏液流出，调节T形管橡皮管上的螺旋夹的松紧程度以及水蒸气发生器的加热速度，以使烧瓶内的混合物不至于飞溅得太厉害，控制馏出液的速度为每秒钟2～3滴。

在蒸馏过程中，要注意：a. 由于水蒸气的冷凝而使蒸馏瓶液体增加时，可将蒸馏瓶隔石棉网用小火加热；b. 为防导入管堵塞或冷凝水过多地进入蒸馏瓶中，还应随时从T形管处放出冷凝下来的水；c. 必须随时检查安全管中的水位是否发生不正常的上升现象，有无倒吸现象。一旦有，

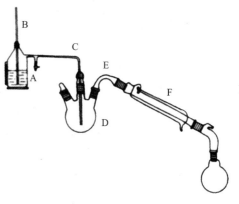

图 2-16　水蒸气蒸馏装置
A—水蒸气发生器；B—安全管；
C—水蒸气导管；D—三口圆底烧瓶；
E—馏出液导管；F—冷凝管

应立即打开螺旋夹，移去火源，找出发生故障的原因，排除故障后，才能继续蒸馏。

水蒸气蒸馏完毕，先打开T形橡皮管上的螺旋夹，然后再停止加热，以免蒸馏瓶中的液体吸入水蒸气发生器中。一般是当馏出液非常清澈，水中看不出有油状物，即为蒸馏完毕的标志。

2.5.5.4　减压蒸馏

(1) 基本原理　液体化合物的沸点是指它的蒸气压等于外界大气压时的温度，因此，液体的沸点随外界压力的降低而降低。若将容器内液体表面上的压力降低，即可使液体在较低的温度下沸腾而被蒸馏出来。

在低于大气压下进行蒸馏的操作过程称为减压蒸馏。减压蒸馏是分离和提纯液体或低熔点固体有机物的一种主要方法。

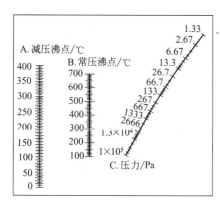

图 2-17　有机液体沸点-压力经验计算图

许多有机化合物的沸点较高，难以通过蒸馏将其分离、提纯，有些有机物在达到其沸点温度之前就可能发生分解、氧化、聚合或分子重排等变化，故常常需要通过减压蒸馏的方法进行分离。

一般高沸点（250～300℃）的有机物，当压力降到 2666Pa 时，其沸点比常压（101.325kPa）下低 100～125℃。不同压力下的沸点可查阅有关化合物的压力-温度关系曲线图，也可用经验曲线进行粗略的估算（见图 2-17）。在常压沸点、系统压力及减压后沸点的三个数据中，只要知道其中任意两个，便可由图推测出第三个数据。例如，已知某化合物的常压沸点为 t，系统压力为 p，只需在图中B线找到 t 点，在C线找到 p 点，将两点连接并延伸，其延长线与A线相交处便是该化合物减压后的沸点。

(2) 操作步骤

① 仪器装置　减压蒸馏装置由蒸馏、减压（抽气）以及它们之间的保护和测压装置三部分组成。

a. 蒸馏部分　蒸馏的装置与普通蒸馏基本相同❶，只是为了防止因暴沸或产生泡沫使反应液进入冷凝管而通常采用克氏蒸馏头（或克氏烧瓶）；为了平稳地蒸馏，避免液体过热而产生暴沸溅跳现象，可在克氏蒸馏头正对烧瓶的颈口插入一根末端拉成毛细管的玻璃管，毛细管口要细，距瓶底 1～2mm。玻璃管的另一端套上一段橡皮管，用螺旋夹夹住，用于调节进入烧瓶中的空气量，以防暴沸或产生泡沫，另一方面防止引入大量空气而达不到减压蒸馏的目的。在克氏蒸馏头的侧颈口中插入温度计，监控馏出液温度。

蒸馏装置中的接收管一定要带支管，该支管与抽气系统相连。在蒸馏中若要收集不同馏分，则可用多头接收管。蒸馏少量物质或 150℃ 以上的物质时，可用克氏蒸馏头的支管直接作为冷凝管，即接收管与蒸馏头的支管直接相连；蒸馏 150℃ 以下的物质时，接收管前应连接水冷凝管（如图 2-18 所示）。接收器可用圆底烧瓶、吸滤瓶等耐压器皿，但不能用锥形瓶。

b. 减压部分　实验室通常用水泵或油泵减压。若不需要很低的压力时可用水泵，如果水泵的构造好且水压又高时，在室温下，水泵可以把压力减低到 0.9～3.3kPa。这对一般减压蒸馏已经足够了。油泵可以把压力顺利地减低到 267～533Pa，好的油泵甚至能抽到 13.3Pa。

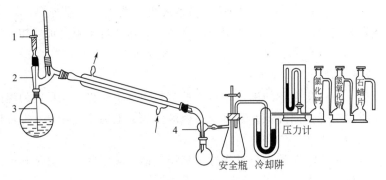

图 2-18　减压蒸馏装置
1—螺旋夹；2—克氏蒸馏头；3—毛细管；4—真空接收管

c. 保护及测压装置　保护装置一般包括缓冲用的安全瓶❷（简称缓冲瓶）、冷却阱（多用冰-水或冰-盐等为冷却剂）和吸收塔等，用于冷凝、吸收水蒸气和挥发性的有机溶剂，以防止污染泵油、腐蚀油泵机件、降低油泵抽气时的真空度。用水泵则不用冷却阱与吸收塔。

实验室通常采用水银压力计来测量减压系统的压力。图 2-19（a）为开口式水银压力计，两臂汞柱高度之差即为大气压与体系压力之差，因此蒸馏系统内的实际压力（真空度）应是大气压力减去这一汞柱差。图 2-19（b）为封闭式水银压力计，两臂液面高度之差即为蒸馏系统中的压力。测定压力时，可将管后木座上的滑动标尺的零点调整到右臂的汞柱顶端线上，这时左臂的汞柱顶端线所指示的刻度即为系统的压力。

也有的水泵，如水循环真空泵，可以直接从其上面的仪表上读出水泵抽的真空度，系统的实际压力就是大气压减去真空度读数。

② 减压蒸馏操作

---

❶ 减压蒸馏的蒸馏部分主要仪器与普通蒸馏相似，由于减压蒸馏的特殊要求，也有不同之处。第一要求仪器必须是耐压的。第二为防止液体由于沸腾而冲入冷凝管，因此蒸馏液不能装多，一般约占烧瓶容积的 1/3～1/2。
❷ 安全瓶的作用是使仪器装置内的压力不发生突然变化，以防止水泵内的水倒吸或油泵内油倒吸。

a. 蒸馏前的压力检查　装置完毕后，在克氏烧瓶中装入不超过 1/2 量的蒸馏物质❶。关闭缓冲瓶上旋塞和夹紧毛细管上端的螺旋夹，然后用泵抽气，观察能否达到要求的压力、是否漏气。若减压效果不好，应恢复正常压力后才能修理（即旋开缓冲瓶上的活塞，使内外压力相等）。反复操作直到装置无误为止。

b. 蒸馏阶段　蒸馏进行时，关闭缓冲瓶旋塞，抽气减压，调节螺旋夹，控制毛细管导入的空气量，从毛细管进入的空气量一般以冒出一连串气泡为宜。当达到要求压力时，便开始用油浴加热克氏烧瓶❷，烧瓶球形部分浸入油浴的体积为 2/3 左右。用液体石蜡作为油浴加热，控制蒸馏速度以每秒 0.5～1 滴为宜。在蒸馏过程中应随时注意水银压力计的读数，记录压力计读数、液体沸点、油浴温度、蒸馏速度等数据。

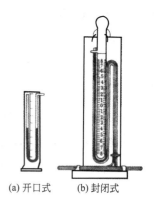

(a) 开口式　(b) 封闭式

图 2-19　水银压力计

c. 蒸馏结束　蒸馏完毕，撤去热源。拧开橡皮管上的螺旋夹，再慢慢打开安全瓶上的两通活塞（打开时一定要小心，否则引入空气太快，水银柱急剧上升，会损坏压力计），使仪器装置与大气相通；待仪器内的压力与大气压力相等后，再关闭真空泵，以防水泵内的水倒吸入系统内或油泵中的油倒吸入干燥塔内，最后拆卸仪器。

2.5.6　萃取分离

萃取是提取或提纯有机物的常用方法之一。萃取的方法随物质的状态不同，可分为从溶液中提取（液-液萃取）、从固体中提出（抽提、液-固萃取）和从混合物中去除杂质等。

2.5.6.1　液-液萃取

利用某物质在两种互不相溶的溶剂中溶解度的不同，使其从一种溶剂转移到另一种溶剂而与杂质分离的过程，称为液-液萃取。

液-液萃取通常在分液漏斗❸中进行。操作时应选择容积较溶液体积大 1～2 倍的分液漏斗，在活塞上涂少许凡士林，转动活塞使其均匀透明。将分液漏斗顶端的玻璃塞与下端活塞用细绳套扎在漏斗上，并检查玻璃塞与活塞是否紧密。然后将分液漏斗放在固定的铁环中，关好活塞，装入待萃取物和溶剂，盖好玻璃塞，振荡漏斗，使液层充分接触，振荡方法是先把漏斗倾斜，使上口略朝下，如图 2-20 所示。活塞部分向上并朝向无人处，右手捏住上口颈部，并用食指压紧玻璃塞，左手握住活塞。握持方式既要防止振荡时活塞转动或脱落，又要便于灵活地旋动活塞。振荡后，令漏斗仍保持倾斜状态，旋开活塞，放出因溶剂挥发或反应产生的气体，使内外压力平衡。如此重复数次，然后将分液漏斗静置于铁环上，使乳浊分层❹，然后旋转顶端玻璃塞，对好放气孔，再慢慢旋开下端活塞，将下层液体自活塞放出。

---

❶ 当待蒸馏物中含有低沸点物质时，应先进行普通蒸馏后再进行减压蒸馏。

❷ 不能用火直接加热，应根据实际情况选用不同的热浴。浴液温度应控制在比烧瓶中液体预期沸点高 20～30℃。

❸ 使用分液漏斗前必须检查：①分液漏斗的玻璃塞和活塞有没有橡皮筋绑住；②玻璃塞和活塞接触是否紧密。如有漏水现象，按下述方法处理：脱下活塞，擦净后用玻璃棒蘸取少量凡士林，先在活塞靠近手端抹上一层凡士林，再在活塞孔槽内也抹上一层凡士林，插上活塞，反时针旋转至透明。

❹ 如果由于剧烈振摇发生乳化，静置又难以分层时，可按下述方法处理：①较长时间静置；②加入少量电解质（如氯化钠），利用盐析作用以破坏，加入氯化钠同时还可增加水相的密度，有利于分层；③因碱性物质存在而产生的乳化现象，可加入少量稀硫酸或采用过滤等方法来消除。如果事先已知有发生乳化的倾向，则应改变操作方法，缓缓地旋摇进行萃取，而不要振摇，或者用分液漏斗慢慢翻转数次的办法进行。

当液面的界线接近活塞时，关闭活塞，静置片刻或轻轻振摇，这时下层液体往往增多，再把下层液体小心地放出。然后将上层液体从分液漏斗上口倒出。切不可经活塞放出，以免被漏斗活塞所附着的残液污染。

在萃取中，上下两层液体都应该保留到实验完毕，以防止中间操作发生错误，无法补救。使用分液漏斗时，应防止几种错误：用手拿住分液漏斗进行液体的分离；上层液体经漏斗的下端放出；上口玻璃塞未打开就旋开活塞。

分液漏斗若与 NaOH 或 Na$_2$SO$_4$ 等碱性溶液接触后，必须冲洗干净，若较长时间不用，玻璃塞需用薄纸包好后再塞入，否则易粘在漏斗上而打不开。

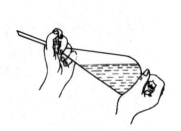

图 2-20　分液漏斗的振荡方法

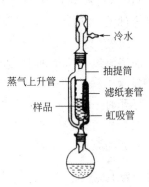

图 2-21　索氏提取器

2.5.6.2　液-固萃取

液-固萃取用于从固体混合物中物质的提取。利用溶剂对样品中待提取物和杂质溶解度的不同来达到分离提取的目的。

实验室中常用索氏（Soxhlet）提取器进行液-固萃取。索氏提取器由烧瓶、抽提筒、回流冷凝管三部分组成，装置如图 2-21 所示。

索氏提取器是利用溶剂的回流及虹吸原理，使固体物质每次都被纯的热溶剂所萃取，减少了溶剂用量，缩短了提取时间，因而效率较高。萃取前，应先将固体物质研细，以增加溶剂浸溶的面积。然后将研细的固体物质装入滤纸筒❶内，再置于抽提筒中。烧瓶内盛溶剂，并与抽提筒相连，抽提筒上端接冷凝管，溶剂受热沸腾，其蒸气沿抽提筒侧管上升至冷凝管后冷凝为液体，滴入滤纸筒中，并浸泡筒内样品。当液面超过虹吸管最高处时，即虹吸流回烧瓶，从而萃取出溶于溶剂的部分物质。如此多次重复，把要提取的物质富集于烧瓶内。提取液经浓缩除去溶剂后，即得产物，必要时可用其它方法进一步纯化。

2.5.7　升华分离

升华是纯化固体有机物的方法之一。某些物质在固态时有较高的蒸气压，当加热时，不经过液态而直接气化，蒸气遇冷又直接冷凝成固体，这个过程叫做升华。利用升华可除去不挥发性杂质，或分离不同挥发度的固体混合物。升华常可得到纯度较高的产品，但操作时间

---

❶　滤纸筒的直径要略小于抽提筒的内径，其高度一般要超过虹吸管，但是样品不得高于虹吸管。如无现成的滤纸筒，可自行制作。其方法为：取脱脂滤纸一张，卷成圆筒状（其直径略小于抽提筒内径），底部折起而封闭（必要时可用线扎紧）后装入样品，上口盖以滤纸或脱脂棉，以保证回流液均匀地浸透待萃取物。

长，损失也较大，在实验室里只用于较少量（1～2g）物质的纯化。

2.5.7.1 基本原理

为了深入了解升华的原理，首先应研究固、液、气三相平衡，如图2-22所示。图中曲线 ST 表示固相与气相平衡时固相的蒸气压曲线；TW 是液相与气相平衡时液体的蒸气压曲线；TV 为固相与液相的平衡曲线，三曲线相交于 T。T 为三相点，在这一温度和压力下，固、液、气三相处于平衡状态。三相点与物质的熔点（在大气压下固-液两相处于平衡时的温度）相差很小，通常只有几分之一摄氏度，因此在一定的压力下，TV 曲线偏离垂直方向很小。

在三相点以下，物质只有气、固两相。若降低温度，蒸气就不经过液态而直接变成固态；若升高温度，固态也不经过液态而直接变成蒸气。因此，一般的升华操作在三相点温度以下进行。若某物质在三相点以下的蒸气压很高，则气化速率很大，这样就很容易地从固态直接变成蒸气，而且此物质蒸气压随温度降低而下降，稍降低温度，即可由蒸气直接变成固体，则此物质在常压下较容易用升华法来纯化。

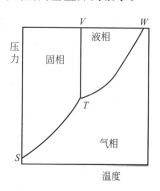

图2-22 物质三相平衡曲线

2.5.7.2 操作步骤

实验室中进行升华通常可分为常压升华与减压升华。升华技术的关键：一是被升华的物料事先要尽量研细；二是不要让被升华物蒸气泄漏；三是加热要均匀，且升温要慢，以便升华的蒸气能及时得到冷却。

（1）常压升华 常用的常压升华装置如图2-23所示。

一般情况下，被升华物料量少时多采用蒸发皿配漏斗，见图2-23（a），将预先粉碎好的待升华物质均匀地铺于蒸发皿中，上面覆盖一张穿有许多小孔的滤纸，然后，将与蒸发皿口径相近的玻璃漏斗倒扣在滤纸上，漏斗颈口用玻璃棉塞住，以减少蒸气外逸。隔石棉网或用油浴、砂浴等缓慢加热蒸发皿，控制浴温低于待升华物质的熔点，使其慢慢升华。蒸气通过滤纸孔上升，冷却后凝结在滤纸上或漏斗壁上。必要时漏斗外可用湿滤纸或湿布冷却。被升华物料量多时，则采用装了冷凝水的圆底烧瓶加烧杯［见图2-23(b)］，升华物凝结于烧瓶外底部。

在空气或惰性气体气流中进行升华的装置见图2-23(c)。

当物质开始升华时，通入空气或惰性气体，以带出升华物质，遇冷（或用自来水冷却）即凝结于烧瓶壁上。

（2）减压升华 减压升华装置如图2-24所示。将固体物质放于吸滤管中，然后将装有"冷凝指"的橡皮塞严密地塞住吸滤管口，用水泵或油泵减压。接通冷凝水流，将吸滤管浸在水浴或油浴中加热，使之升华。升华结束后慢慢使体系与大气相通，以免空气突然冲入而把"冷凝指"上的晶体吹落。小心取出"冷凝指"，收集升华后的产品。

升华实验操作具体见实验十七升华操作——樟脑的提纯。

2.5.8 色谱分离

色谱法又称色层法、层析法，是分离、提纯和鉴定化合物的重要方法之一。早期此法仅用于带颜色化合物的分离，由于显色方法的引入，现已广泛应用于有色和无色化合物的分离和鉴定。

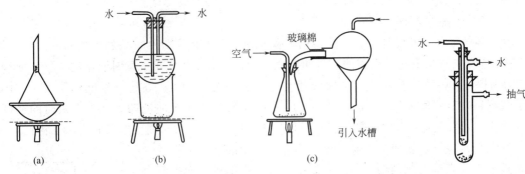

图 2-23 常压升华装置　　　　　　　图 2-24 减压升华装置

色谱法是一种物理的分离方法，其基本原理是利用混合物各组分在某一物质中的吸附或溶解性能（分配）的不同，或其亲和性能的差异，使混合物的各组分随着流动的液体或气体（称流动相），通过另一种固定不动的固体或液体（称固定相），进行反复的吸附或分配作用，从而使各组分分离。根据其分离原理，色谱法可分为分配色谱、吸附色谱、离子交换色谱和排阻色谱等；根据操作条件的不同，又可分为柱色谱、纸色谱、薄层色谱、气相色谱及高效液相色谱等。本节主要介绍柱色谱、纸色谱和薄层色谱的分离。

2.5.8.1 柱色谱

柱色谱按其分离原理可分为吸附色谱、分配色谱、离子交换色谱等。

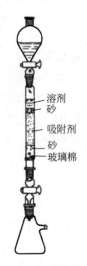

图 2-25 柱色谱装置

（1）吸附柱色谱分离　装置如图 2-25 所示，吸附柱色谱通常在玻璃管（色谱柱）中填入表面积较大、经过活化的多孔或粉状固体吸附剂（固定相），如 Al_2O_3、硅胶等。从柱顶加入样品溶液，当溶液流经吸附柱时，各组分被吸附在柱的上端，然后从柱上方加入洗脱剂（溶剂），由于各组分吸附能力不同，在固定相上反复发生吸附-解析-再吸附-再解析的过程，各物质结构的不同，随着溶剂向下移动的速度也不同，于是形成了不同色带。继续用溶剂洗脱，已经分开的溶质可以从柱中分别洗出收集。对于柱上不显色的化合物分离时，可用紫外线照射后所呈现的荧光来检查，也可通过其它方法逐个鉴定。

色谱柱的大小要根据处理量和吸附剂的性质而定，柱的长度与直径比一般为 7.5∶1，吸附剂用量一般为待分离样品的 30～40 倍，有时还可再多些。

装柱之前，先将空柱洗净干燥，柱底铺一层玻璃棉或脱脂棉，再铺一层 0.5～1cm 厚的砂子，然后将吸附剂装入柱内。装柱方法有湿法和干法两种：湿法是先将溶剂倒入柱内约为柱高的 3/4，然后再将一定量的溶剂和吸附剂调成糊状，慢慢倒入柱内，同时打开柱下活塞，使溶剂流出（控制 1 滴·s^{-1}），吸附剂逐渐下沉。加完吸附剂后，继续让溶剂流出，至吸附剂不再下沉为止；干法是在柱的上端放一漏斗，将吸附剂均匀装入柱内，轻敲柱管，使之填装均匀。加完后，加入溶剂，使吸附剂全部润湿。在吸附剂顶部盖一层 0.5～1cm 厚的砂子，再继续敲柱身，使砂子上层成水平。在砂子上面放一张与柱内径相当的滤纸。无论采用哪种方式装柱，都必须装填均匀，严格排除空气，吸附剂不能裂缝，否则将影响分离效果。一般说来，湿法比干法装得紧密均匀。

装好色谱柱后,当溶剂降至吸附剂表面时,把已配好的样品溶液,小心地加到色谱柱顶端(样品集中在柱顶端尽可能小的范围),开启下端活塞,使液体慢慢流出。当溶液液面与吸附剂表面相齐时,再用溶剂洗脱,控制流速 $1\sim2$ 滴·s^{-1},分别收集各组分洗脱液。整个操作过程中,都应有溶剂覆盖吸附剂。

(2) 离子交换色谱分离　离子交换分离是利用离子交换剂与溶液中的离子发生交换反应而实现分离的方法。这种方法有着很好的分离效果,不仅用于正、负离子的分离,还可用于带相同电荷的离子之间的分离。同时还广泛用于微量组分的富集和高纯物质的制备。

以阳离子交换树脂分离为例,当树脂 R—H 与含有 M^+ 金属阳离子的溶液接触时,则 M^+ 将与树脂上的 H^+ 发生交换反应:

$$R—H + M^+ \rightleftharpoons R—M + H^+$$

由于树脂对不同离子的亲和力不同,在进行离子交换时,树脂就具有一定的选择性。当溶液中各离子的浓度大致相同时,总是亲和力大的离子先被交换到树脂上;而在洗脱时,亲和力较小的、后被交换到树脂上的离子,又总是先被洗脱进入溶液相。这样经过反复的交换和洗脱达到离子彼此分离的目的。

例如,用阳离子交换树脂分离 K^+ 和 Na^+ 混合溶液,当混合溶液从交换柱的上方进入交换柱时,由于树脂对 K^+ 的亲和力大于对 Na^+ 的亲和力,K^+ 首先被交换到树脂上,然后 Na^+ 才交换上去,故在交换柱中,K^+ 层在上,Na^+ 层在下。但由于树脂对 K^+ 和 Na^+ 的亲和力相差不是很大,故有一段交换柱为 K^+ 和 Na^+ 重叠层(见图 2-26 上部)。然后用稀 HCl 作洗脱液进行洗脱,K^+ 和 Na^+ 被洗脱进入水相后又与柱的下层未交换过的树脂进行交换。当新的洗脱液流过时,它们又被再次洗脱,随着洗脱液不断地从柱上方加入,K^+ 和 Na^+ 在树脂相与水相之间反复进行交换和洗脱,经过一定柱长后它们就被洗脱液从交换柱的上方带到下方。

由于树脂对 K^+ 的亲和力大于对 Na^+ 的亲和力,所以 K^+ 比 Na^+ 更易从水相被交换到树脂相,而更难从树脂相被洗脱进入水相。因此,K^+ 向下移动的速度较 Na^+ 慢,因而,K^+ 在柱中的位置就要比 Na^+ 高。这样本来混在一起的 K^+ 和 Na^+ 就会在离子交换柱中分为明显的两层(见图 2-26 下部)。用两个容器分别接收,先接收到的为 Na^+ 溶液,后接收到的为 K^+ 溶液,从而达到 K^+ 和 Na^+ 分离的目的。

离子交换树脂是由人工合成的具有网状结构的高分子化合物,通常为颗粒状,性质稳定,不溶于酸、碱及一般有机溶剂。在网状结构的骨架上有许多可与溶液中某种离子进行交换的活性基团。根据活性基团的不同,常用的离子交换树脂可分为以下两类。

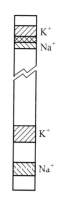

图 2-26　交换柱中分层示意图

① 阳离子交换树脂　阳离子交换树脂是指含有酸性活性基团的树脂,如含有磺酸基(—SO_3H)、羧基(—COOH)、酚羟基(—OH)等。这种基团上的 H^+ 能与阳离子发生交换作用,根据活性基团在水中解离出 H^+ 能力的大小,阳离子交换树脂又可分为强酸性和弱酸性两种。

由于磺酸基在水中表现为电离度很大的强酸性,所以,含磺酸基的为强酸性阳离子交换树脂,以 R—SO_3H 表示(R 代表树脂中网状结构的骨架部分),如国产 732 型树脂;含羧基或酚羟基的为弱酸性阳离子交换树脂,如国产 724 型树脂。强酸性树脂的应用较广,它在酸性、中性和碱性溶液中都能使用。由于其网状结构的网眼疏而大,与简单的、复杂的、无机的和有机的阳离子都可以发生交换，但选择性较差。

弱酸性树脂由于对 H^+ 的亲和力大，在酸性溶液中不宜使用，羧基在 $pH>4$、酚羟基在 $pH>9.5$ 时才具有离子交换能力。其网状结构的网眼密又小，只容许小体积的离子进入，因此选择性高，且易于用酸洗脱。

强酸性阳离子交换树脂与阳离子 M^+ 发生交换反应，可用下式表示：

$$n R\text{—}SO_3H + M^{n+} \rightleftharpoons (R\text{—}SO_3)_n M + nH^+$$

这种离子交换过程是可逆的，已使用过的树脂用酸处理时，反应便向逆向进行，这一过程称为洗脱或再生。再生后的树脂可再次使用。

② 阴离子交换树脂　阴离子交换树脂是指含有碱性活性基团的树脂，如含季铵基（$\equiv N^+Cl^-$）、伯氨基（$-NH_2$）、仲氨基（$=NH$）和叔氨基（$\equiv N$）等。具有季铵基活性基团的为强碱性阴离子交换树脂，以 R—Cl 表示，其中 Cl^- 可以被其它阴离子交换，所以也称 Cl^- 型阴离子交换树脂，如国产 717 型树脂。这类树脂如以 NaOH 处理，则可以交换转变为 OH^- 型交换树脂。由于 Cl^- 型比 OH^- 型更稳定，一般都以 Cl^- 型树脂出售，这类树脂能在酸性、中性和碱性溶液中使用，对于强酸根和弱酸根离子都能发生交换作用，应用较为广泛。含伯氨基、仲氨基、叔氨基的为弱碱性阴离子交换树脂，如国产 701 型树脂。这些树脂在水中溶胀发生水合作用后都含有可被交换的 OH^-，但由于其对 OH^- 的亲和力大，所以在碱性溶液中不宜使用。

离子交换色谱分离操作时一般按下面步骤进行。

① 选择和处理树脂　在离子交换分离中，应用最多的是强酸性阳离子交换树脂和强碱性阴离子交换树脂。根据分离任务选择适当的树脂。市售的树脂往往颗粒大小不够均匀，且含有杂质，故使用时应先过筛，再放在 $4mol·L^{-1}$ 的 HCl 中浸泡 1~2 天，以溶解除去树脂中的杂质。若浸出的溶液呈较深的黄色，应换新的盐酸再浸泡一些时间，然后用去离子水洗涤呈中性，这样处理得到的阳离子交换树脂是 H^+ 型，阴离子交换树脂是 Cl^- 型。如需要其它型式的树脂，例如，Na^+ 型或 SO_4^{2-} 型，则分别用 NaCl、H_2SO_4 处理，然后用去离子水洗净，浸泡在去离子水中备用。

② 装柱　离子交换分离一般在交换柱中（亦可是交换床）进行。常用的交换柱如图 2-27 所示。图 2-27(a) 的装置比图 2-27(b) 稍复杂些，它的优点是流出口高于树脂层上部，柱中溶液不会流干，使离子交换树脂始终浸没在液面下。在装柱前先在柱的下端铺一层玻璃棉，倾入少量去离子水，然后倾入带水的树脂，树脂自动下沉而形成交换层。装柱时要注意勿使树脂层干涸而混入气泡。装柱完毕后，在树脂层上面也铺一层玻璃棉，以防加入试液时，树脂被冲起。

③ 柱上操作

a. 交换　将欲交换的试液倾入交换柱中，用活塞控制一定的流速，使试液缓慢流过树脂层。如果柱中装的是阳离子交换树脂，试液中的阳离子与树脂上的 H^+ 交换后留在树脂上，阴离子不交换而存在于流出液中。如果柱中装的是阴离子交换树脂，试液中的阴离子将交换而留在树脂上，阳离子不交换而存在于流出液中。借此，阳离子和阴离子得到分离。

b. 洗涤　交换完毕后应进行洗涤，通常用去离子水作洗涤液，以洗下残留在交换柱中的溶液及交换时所形成的酸、碱或盐类。合并流出液和洗涤液，分析测定其中的阳离子和阴离子。

c. 洗脱　洗净后的交换柱再进行洗脱，控制一定的流速，以洗下交换在树脂上的离子，

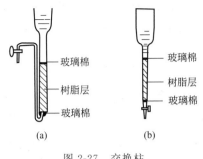

图 2-27 交换柱

直到洗脱液中没有被交换的离子为止。对于阳离子交换树脂，常用 HCl 溶液作为洗脱液，经过洗脱后树脂转为 H^+ 型，对于阴离子交换树脂，常用 NaCl 或 NaOH 溶液作为洗脱液，经过洗脱之后树脂转为 Cl^- 型和 OH^- 型。这样，洗脱之后的树脂已得到再生，用去离子水洗净后可再次使用。

2.5.8.2 纸色谱

纸色谱是以滤纸作为载体，让样品溶液在滤纸上展开而达到分离目的的分离方法。

2.5.8.3 薄层色谱

薄层色谱（薄层层析）是近年来发展起来的一种微量、快速、简便的分析分离方法。它兼有柱色谱和纸色谱的优点。薄层色谱不仅适用于小量样品（1～100μg，甚至 0.01μg）的分离，也适用于较大量样品的精制（可达 500mg），特别适用于挥发性较小或在较低温度下易发生变化而又不能用气相色谱分离的化合物。

有机物质的纸色谱与薄层色谱分离见实验二十二。

2.6 加热与冷却

许多化学反应在室温下反应很慢甚至不能进行，常需在加热条件下加快反应，一般情况下温度每升高 10℃，反应速率就会增加一倍；也有一些反应，因反应非常剧烈，常释放出大量热能而使反应难以控制，或者反应产物在常温下容易分解，需控制在室温或低于室温条件下进行，这时，就需要对反应体系进行冷却。除此之外，许多操作如蒸馏、重结晶等也都需要加热或冷却。所以加热和冷却技术是化学实验中十分普通而又非常重要的实验技术。

2.6.1 加热

实验中常用的加热方式有直接加热（如酒精灯、煤气灯、电炉、电热套等加热）和间接加热（使用各种热浴如水浴、油浴等）。玻璃仪器容易受热不均而破裂，所以使用酒精灯或喷灯加热烧杯或烧瓶时，要使用石棉网隔离。如果要控制温度，或尽量使反应物受热均匀，避免局部过热而分解时最好是用热浴间接加热。实验室常用的加热装置如图 2-28 所示。

为了避免直接加热可能带来的问题，根据具体情况，可选用下列间接加热的方式。

(1) 空气浴加热　利用热空气间接加热，实验室中常用在石棉网上加热和用电热套加热。

把容器放在石棉网上加热，注意容器不能紧贴石棉网，要留 0.5～1.0cm 间隙，使之形成一个空气浴，这样加热可使容器受热面增大，但加热仍不很均匀。这种加热方法不能用于回流低沸点、易燃的液体或减压蒸馏。

电热套是一种较好的空气浴，它是由玻璃纤维包裹着电热丝织成碗状半圆形的加热器，有控温装置可调节温度。由于它不是明火加热，因此可以加热和蒸馏易燃有机物，但要注意，蒸馏过程中，随着容器内物质的减少，会使容器壁过热而引起蒸馏物的炭化。故要选择适当大一些的电热套，蒸馏时不断调节电热套的高低位置，以避免炭化。

(2) 水浴加热　水浴用于加热温度低于 80℃ 的体系。加热器皿可用铜质或铝质锅，也可用烧杯。将容器浸在水中（水的液面要高于容器内液面），但切勿使容器接触水浴底，调节火焰，把水温控制在所需要的温度范围内。如果需要加热到接近100℃，可用沸水浴或蒸汽浴加热。

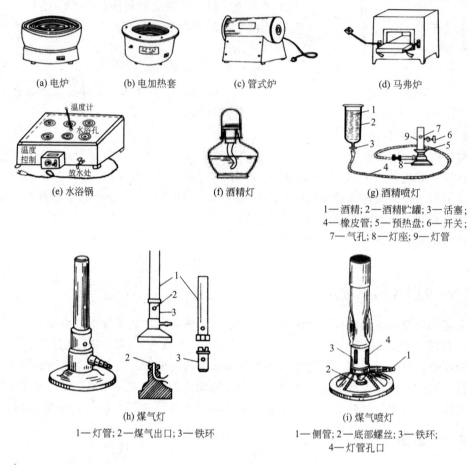

图2-28 常用加热装置

（3）油浴加热　油浴加热温度范围一般为100～250℃，其优点是温度容易控制，容器内物质受热均匀。油浴所达到的最高温度是取决于所用油的品种。实验室中常用的油见表2-7。甘油适用于反应温度140～150℃的加热，温度过高，甘油易分解。植物油如豆油、菜子油、蓖麻油等加热温度一般为200～220℃，为了防止植物油在高温下分解，常加入1%对苯二酚等抗氧剂。透明的液体石蜡油可加热到220℃以上，温度过高并不分解，是实验中最常用的油浴，但易燃烧。

油浴加热的缺点是温度过高时会有油烟冒出，达到油的燃点会自燃，明火容易引起火灾，油蒸气还会污染环境。

表2-7 常用油浴介质性能

油浴介质	最高温度/℃	特　性	油浴介质	最高温度/℃	特　性
石蜡油	220	不易分解、易燃	硅油	250	稳定、价格贵
甘油	140～150	高温易分解	浓硫酸	250～270	腐蚀性强
植物油	220	高温易分解			

使用油浴操作时应注意以下几点。①油量不能过多，一般约为油锅容量的1/2。②油锅上面应盖上两个半圆形石棉板（中间留一圆孔，恰好放入烧瓶），以防油浴燃烧或溅入水滴爆溅。③油浴中应悬挂一支温度计随时观察温度，以便随时调节加热，油浴温度应比反应温度高出20℃，但不能超过油浴所能达到的最高温度。最好使用调压器，方便调整加热温度。④油浴着火时，应立即关闭热源，再用大块石棉布将火闷熄，切不可用水或沙土灭火，否则会造成火势蔓延，引起火灾。⑤停止加热时，将烧瓶提离油浴液面，用铁夹悬空夹住，待烧瓶外壁黏附的油流尽后再用布或软纸将瓶壁擦干净。⑥加热油使用时间较长时应及时更换，否则易出现溢油着火。

(4) 砂浴加热　要求加热温度较高时，可采用砂浴。砂浴可加热到350℃。一般将干燥的细砂平铺在铁盘中，把容器半埋入砂中（底部的砂层要薄些）。在铁盘下加热，因砂导热效果较差、温度分布不均匀，所以砂浴的温度计水银球要靠近反应器。由于砂浴温度不易控制，故在实验中使用较少。

(5) 微波辐射加热　将微波加热技术应用于化学实验室中样品的加热，消解，有效成分的提取，无机，有机物的反应等，可以大大地加快进程。其常用的操作方法有三种：密封管法、连续流动法和敞开口法。密封管法是将反应物密封在高压管内进行加热反应；连续流动法是将反应物存储于容器中，用泵泵入安装在微波炉中的蛇形管中，经微波辐射后送到接收器中；敞开口法一般只局限于无溶剂的反应。可以将反应物浸渍到氧化铝或硅胶之类的无机载体上，干燥后再微波加热。微波加热用于干燥从水溶液中析出的固体物质时尤为方便快捷。

2.6.1.1　液体的加热

(1) 在水浴上加热　适用于在100℃以上易变质的溶液或纯液体。

(2) 直接加热　适用于在较高温度下不分解的溶液或纯液体。一般把装有液体的器皿放在石棉网上，用煤气灯加热。试管中的液体一般可直接放在火焰上加热（见图2-29），但易分解的物质仍应放在水浴中加热。在火焰上加热试管中的液体时，应注意以下四点：①应该用试管夹夹住试管的中上部，不能用手拿住试管加热；②试管应稍微倾斜，管口向上；③应使液体各部分受热均匀，先加热液体的中上部，再慢慢往下移动，然后不时地上下移动，不要集中加热某一部分（这样做容易引起暴沸，使液体冲出管外）；④不要把试管口对着别人或自己，以免发生意外。

2.6.1.2　固体的加热

(1) 在试管中加热　所盛固体药品不得超过试管容量的1/3。块状或粒状固体一般应先研细，并尽量将其在管内铺平。加热的方法与在试管中加热液体时相同，有时也可把盛固体的试管固定在铁架台上加热（见图2-30），但是必须注意，应使试管口稍微向下倾斜，以免凝结在管口的水珠流至灼热的管底，使试管炸裂。先来回将整个试管预热，然后用氧化焰集中加热。一般随着反应进行，灯焰从试管内固体药品的前部慢慢往后部移动。

(2) 在蒸发皿中加热　加热较多的固体时，可把固体放在蒸发皿中进行。但应注意充分搅拌，使固体受热均匀。

(3) 在坩埚中灼烧　当需要在高温加热固体时，可以把固体放在坩埚中灼烧（见图2-31）。应使用煤气灯的氧化焰加热坩埚，而不要让还原焰接触坩埚底部（还原焰温度低）。开始时，火不要太大，坩埚均匀地受热，然后逐渐加大火焰将坩埚烧至红热。灼烧一定时间后，停止加热，在泥三角上稍冷后，用坩埚钳夹持放在干燥器内。要夹持高温的坩埚时，必须先把坩埚钳放在火焰上预热一下。坩埚钳用后应将其尖端向上平放在石棉网上冷却。

图 2-29　加热试管中液体

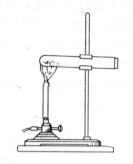
图 2-30　加热试管中固体

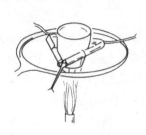
图 2-31　灼烧坩埚

2.6.2　冷却技术

随着科学技术的发展，制冷技术也在不断提高。利用深度冷却，可使很多在室温下不能进行的反应，如负离子反应或有些有机金属化合物的反应都能顺利进行。在普通有机实验中，也普遍使用低温操作，如重氮化反应、亚硝化反应等。有的放热反应，常产生大量的热，使反应难以控制，会引起易挥发化合物的损失，或导致有机物的分解或增加副反应，为了除去过剩的热量，亦需用冷却技术转移多余热量，使反应正常进行。

此外，为了减少固体化合物在溶剂中的溶解度，使其易于析出结晶，也常需要冷却。将反应物冷却的最简单的方法，就是把盛有反应物的容器浸入冷水中冷却。有些反应必须在室温以下的低温进行，这时最常用的冷却剂是冰或冰与水的混合物，后者由于能和器壁接触得更好，它的冷却效果比单用冰好。如果有水存在，并不妨碍反应的进行，也可以把冰块投入反应物中，这样可以更有效地保持低温。传统的制冷方法是机械冷却和使用制冷剂冷却。实验室中常用的冷却方法如下。

（1）**自然冷却**　将欲冷却的物品放置在空气中，让其自然冷却至室温。

（2）**吹风冷却和流水冷却**　当实验需要快速冷却时，可将盛有待冷却物品的器皿放在冷水流中冲淋或用鼓风机吹风冷却。

（3）**制冷剂冷却**　要使体系的温度低于室温时，可选用合适的制冷剂冷却，常见的制冷剂及其制冷温度见表 2-8。

表 2-8　常见制冷剂的组成及制冷温度

制　冷　剂	制冷温度/℃	制　冷　剂	制冷温度/℃
碎冰	0～10	干冰+四氯化碳	-30～-25
NaCl(1 份)+碎冰(3 份)	-20～0	干冰+乙腈	-55
CaCl$_2$·H$_2$O(20 份)+碎冰(8 份)	-40～-20	液氨+乙醚	-116
液氨	-33	干冰+乙醚	-100
干冰+乙醇	-72	液氮	-195.8
干冰+丙酮	-78		

应当注意的是：当温度低于-38℃时，不能使用水银温度计测温度，因为水银在-38.87℃时会凝固，此时可用内装甲苯、正戊烷等有机溶剂的低温温度计。为了方便读数，可加入少许颜料。液氮的使用应当在有经验的教师指导下进行操作。

（4）**回流冷却**　许多有机化学反应需要使反应物在较长时间内保持沸腾才能完成。为了防止反应物以蒸气逸出，常用回流冷凝装置进行回流冷却，使蒸气不断地在冷凝管内冷凝成液体，返回反应器中。为了防止空气中的湿气浸入反应器或吸收反应中放出的有毒气体，可在冷凝管上口连接 $CaCl_2$ 干燥管或气体吸收装置（图2-32）。为了使冷凝管的套管内充满冷却水，应从下面的入口通入冷却水，水流速度能保持蒸气充分冷凝即可。进行回流操作时，也要控制加热，蒸气上升的高度一般以不超过冷凝管的 1/3 为宜。

（5）制冷机冷却　用制冷机冷却可以不使用化学试剂，减少了对环境的污染。尤其是当前发展出来的电子冷却技术，它是应用某些半导体材料的特性而冷却的一项新兴技术，电子冷却是直接将电能转化为热能，这样就省掉了压缩机、冷媒、介质管道等机械冷却环节，在消除污染的同时还大大降低了生产成本，因此更易使大家接受，应用前景十分广阔。

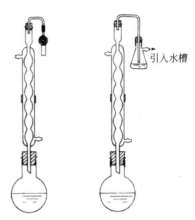

图 2-32　回流冷却装置

2.7　滴定分析基本操作

滴定分析也叫容量分析，是在被测溶液中，滴加可以和被测物作用的已知准确浓度的试剂溶液，直到所加试剂与被测物按化学计量关系完全反应为止。然后根据所消耗的试剂溶液的体积和浓度，求出被测试样中某组分含量的一种分析方法。此法不仅要求已知浓度的试剂溶液即标准溶液的浓度要准确，而且还要有能准确测量溶液体积的仪器。

滴定管、容量瓶、移液管是滴定分析中准确测量溶液体积的三种基本仪器。掌握这三种基本仪器的操作是做好滴定分析的关键。现将这三种仪器的基本操作介绍如下。

2.7.1　滴定管

滴定管是由细长而均匀的玻璃管制成。下端有一尖嘴管，中间有一节制阀门控制溶液流出的量和速度。它是用来度量溶液流出体积的容量仪器。

常量分析的滴定管容积有 50mL 和 25mL，其最小刻度为 0.1mL，读数可估计到 0.01mL。另外，还有容积为 10mL、5mL、2mL、1mL 的半微量或微量滴定管。

滴定管一般分为两种：一种是酸式滴定管，另一种是碱式滴定管，其示意图见表 2-2。

酸式滴定管下端带有玻璃旋塞，用来装酸性溶液或氧化性溶液，不宜盛放碱性溶液，因为碱性溶液能腐蚀玻璃，使旋塞难于转动。碱式滴定管用来装碱性溶液或还原性溶液，它的下端连接一橡皮管，管内有一玻璃珠以控制溶液的流速，橡皮管下端再连接一个尖嘴玻璃管。凡是能与橡皮管起反应的氧化性溶液，如 $KMnO_4$、I_2 等及酸性溶液均不能装在碱式滴定管中。一般在滴定分析中，除强碱溶液外，都可采用酸式滴定管进行滴定。

滴定管下端带有聚四氯乙烯塑料旋塞的，既可用作酸式滴定管，也可用作碱式滴定管。

2.7.1.1　滴定前滴定管的准备

（1）滴定管的检查　使用滴定管前，应对其进行如下检查，首先观察滴定管刻度是否清晰，管的粗细均匀与否，出口尖嘴有无缺损现象。然后再检查滴定管是否漏水，先检查酸式滴定管活塞上是否涂油后，再检查是否漏水。

① 涂油　酸式滴定管的活塞与塞槽磨合密切，为了便于灵活地转动活塞，必须在活塞及塞槽内壁涂上一层极薄的凡士林。涂油前应先将滴定管内的水除去，把滴定管平放在实验台上，将活塞拔下，用滤纸将活塞与塞槽擦干净，若活塞孔或塞座内有油垢，则需用细铜丝剔除油垢。

往活塞上涂油的方法有两种：一种方法是用手指蘸取少量凡士林，在活塞两头涂上薄薄的一层，如图 2-33 所示；另一种方法是用手指蘸取少量凡士林，在活塞的大头涂上一薄层，用一火柴棒蘸取少量凡士林于活塞槽尾部的内壁上，然后将活塞插入塞槽内，朝同一方向旋转活塞数次，直到整个活塞透明为止。活塞不呈透明状，说明是水未擦干或涂的凡士林量少，遇此情况，则需重新处理。涂好凡士林经过检查合格的滴定管，可用橡皮圈将活塞套好，以免活塞脱落打碎。若涂凡士林过多而使活塞孔或出口被凡士林堵塞，则必须清除。活塞孔被堵塞时，可取下活塞用细铜丝通出凡士林，如下端出口被堵住时，则可将水充满全管，将下端出口浸在热水中加温片刻，然后打开活塞使管内的水突然冲下，将溶化的凡士林冲出来。如果仍不能除去出口处内的堵塞物，则可采用四氯化碳等有机溶剂浸溶。

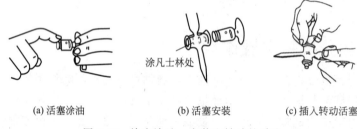

(a) 活塞涂油　　(b) 活塞安装　　(c) 插入转动活塞

图 2-33　旋塞涂油、安装和转动的手法

② 试漏　检查酸式滴定管是否漏水时是先将活塞关闭，在滴定管内充满水，夹在滴定管架上静置 2min，观察管口及活塞两端是否有水渗出，然后将活塞旋转 180°，再静置 2min，观察是否有水渗出。若前后两次均无水渗出，活塞转动也灵活，即可洗净使用。否则应重新涂抹凡士林。如经涂凡士林后仍渗水严重，必须更换滴定管。

检查碱式滴定管是否漏水，先选择合适的乳胶管和玻璃球，然后装满水，静置 2min，检查出口处是否有水渗出。若漏水，可更换一较大的玻璃球即可。但更换的玻璃球也不宜过大，否则会给操作带来不便。

(2) 滴定管的洗涤　滴定管在使用前必须洗净，洗净后的滴定管其内壁应能被均匀润湿而不挂水珠。洗涤的方法一般是用自来水冲洗，再用蒸馏水润洗 2~3 次，每次 10~15mL，若洗不干净，则可用铬酸洗液洗涤。洗涤的方法是：将铬酸洗液 10mL 倒入滴定管中（碱式滴定管应取下管下端的橡皮管，套上旧的橡皮乳头，再倒入洗液）。将滴定管逐渐向管口倾斜，转动滴定管，使洗液布满全管，然后打开活塞，将洗液放回原瓶中。如果内壁沾污严重，则需用洗液充满滴定管浸泡 10min 至数小时或用温热洗液浸泡 20~30min。然后用自来水冲洗干净，再用蒸馏水润洗 2~3 次。

2.7.1.2　操作溶液的装入

(1) 在装入操作溶液（在滴定分析中使用的标准溶液或待分析试液，通常称为操作溶液）前，应先用混匀后的操作溶液润洗滴定管内壁三次，第一次用 10mL 左右操作液润洗。润洗时，两手平持滴定管，边转动边倾斜管身，使操作液洗遍全部内壁，然后打开活塞，冲洗出口，尽量放出残留液，再用 5~10mL 操作液润洗两次。对于碱式滴定管，应注意玻璃珠下方的洗涤。

(2) 将操作溶液直接倒入滴定管中，不得用其它容器（如烧杯、漏斗、滴管等）来转移。转移溶液时，用左手持滴定管上部无刻度处，并使滴定管稍微倾斜，右手拿住试剂瓶，向滴定管中倒入溶液。如为大试剂瓶，可将瓶放在桌边上，手拿瓶颈，使瓶倾斜，让溶液慢慢倾入滴定管中。

(3) 充满操作液后，应检查滴定管的出口下部尖嘴部分是否充满溶液，是否留有气泡，酸式滴定管的气泡，一般容易看出，当有气泡时，用左手迅速打开活塞，使溶液冲出管口，反复数次，这样一般可以排除酸式滴定管出口处的气泡。碱式滴定管的气泡往往在橡皮管内和出口玻璃管内存留。橡皮管内的气泡对光检查容易看出。为了排除碱式滴定管中的气泡，可左手斜持碱式滴定管，右手拇指和食指捏住玻璃珠部位，使橡皮管向上弯曲翘起，并捏挤橡皮管中玻璃珠旁侧处，使溶液和气泡从管口向上喷出，即可排除气泡，如图 2-34 所示。

图 2-34 碱式滴定管排气泡的方法

2.7.1.3 滴定管的读数

滴定管读数的准确与否，直接影响测定结果的准确性，为了正确读数，一般应遵守下列原则。

(1) 读数时应将滴定管取下，用右手大拇指和食指捏住滴定管上部，使滴定管保持垂直，然后再读数。

(2) 由于表面张力的作用，滴定管内的液面呈弯月形。无色和浅色的溶液的弯月面比较清晰，读数时，视线应与弯月面下缘实线的最低点相切，读取与弯月面下缘实线的最低点相切的刻度，如图 2-35（a）所示。对于有色溶液，如 $KMnO_4$、I_2 等，其弯月面不够清晰，读数时，视线与液面两侧的最高处相切，较易读准。

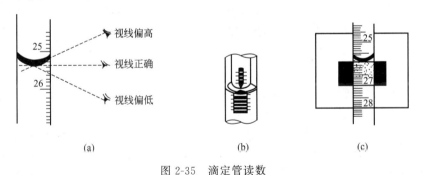

图 2-35 滴定管读数

(3) 使用"蓝带"滴定管时，读数方法与上述不同。在这种滴定管中，液面呈现三角交叉点，读取交叉点与刻度相交点的读数，如图 2-35（b）所示。

(4) 为了读数准确，注入溶液或放出溶液后，需等 1～2min，使附着在壁上的溶液流下来后，再读数。每次读数前，应注意管出口的尖嘴上有无挂液滴，管嘴有无气泡。

(5) 每次滴定前应将液面调节在刻度"0.00mL"或"0"刻度以下附近位置，这样可固定在某一段体积范围内滴定，以减少体积误差。

(6) 读数必须读到小数点后第二位，即要求准确到±0.01mL，为了读取准确，可采用读数卡，它有利于初学者读数。读数卡由黑纸或涂有黑色长方形的白纸板制成。读数时，将读数卡放在滴定管背后,使黑色部分在弯月面下约 1cm 处,此时,可看到弯月面的反射层全部成为黑色,如图 2-35(c)所示。然后,读此黑色弯月面下缘的最低点。然而,对有色溶液须读其两侧最高点时,应用白色卡片作为背景。

2.7.1.4 滴定管的操作方法

使用滴定管时,应将滴定管垂直地夹在滴定管架上。

在滴定开始前,先将悬挂在滴定管尖嘴处的液滴除去,读出初读数。滴定操作的正确姿势如图 2-36 所示。将滴定管活塞以下部分伸入锥形瓶或烧杯内,使用酸式滴定管时,左手操作活塞,拇指在前,食指及中指在后,一起控制活塞,而无名指、小指抵住旋塞下部。旋转活塞时,手指微微弯曲,轻轻向里扣住,手心不要顶住活塞小头一端,以免顶出活塞,使溶液溅漏。使用碱式滴定管时,用左手指轻轻挤捏玻璃珠所在部位的橡皮管,使玻璃珠与橡皮管内壁间形成一缝隙,溶液即流出。但注意不要使玻璃珠上下移动,不要捏玻璃珠下方的橡皮管,以免空气进入而形成气泡,影响读数。

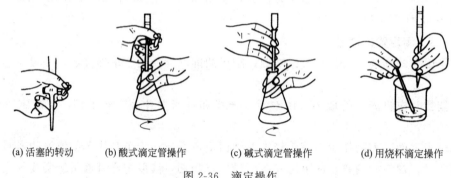

(a) 活塞的转动　　(b) 酸式滴定管操作　　(c) 碱式滴定管操作　　(d) 用烧杯滴定操作

图 2-36　滴定操作

右手持锥形瓶使瓶向同一方向做圆周运动(或用玻璃棒搅拌烧杯中的溶液)。如使用碘量瓶进行滴定,玻璃塞应夹在右手的中指与无名指之间。摇动时,应向同一方向作圆周运动,这样滴下的溶液能较快地分散和进行化学反应。注意不要使瓶内溶液溅出。在接近终点时,滴定速度应放慢,以防滴定过量,每次加入 1 滴或半滴溶液,并不断摇动,直至到达终点。

无论使用酸式滴定管还是碱式滴定管,都必须掌握三种滴液的方法:第一,连续滴加的方法,即一般"见滴成线"速度的方法;第二,控制一滴一滴加入的方法,做到需一滴就能只加一滴的熟练操作;第三,学会使液滴悬而不落,只加半滴或不到半滴的方法。滴加半滴的方法是:使溶液悬挂于管口悬而不落,用锥形瓶内壁将其碰落于锥形瓶中,并用洗瓶冲下。开始滴定时,速度可稍快,呈"见滴成线",3～4 滴·s^{-1},但不能使溶液呈流水状放出。临近终点时,速度要减慢,应一滴或半滴地加入,滴一滴,摇几下,再加,再摇,并以洗瓶吹入少量蒸馏水洗锥形瓶内壁,使附着溶液全部流下;然后,再半滴半滴地加入,直到滴定至准确到达终点为止。

滴定结束后,滴定管内剩余溶液应弃去,不要倒回原瓶中,以免沾污操作溶液。随后,洗净滴定管,用蒸馏水充满全管,备用。

若使用聚四氟乙烯活塞的滴定管,可适用于盛装酸液和碱液。

2.7.1.5 滴定操作时应注意的问题

(1) 每次滴定都要从"0"刻度或接近"0"刻度的任一刻度开始,这样可以减少体积误差。

（2）滴定时，要根据反应情况控制滴定速度，接近终点时速度要慢，应半滴半滴地加入。

（3）旋摇锥形瓶时，应微动腕关节，使溶液向同一方向旋转，不能前后振动，以免溶液溅出。

（4）滴定时要观察液滴落点周围溶液颜色变化，不要去看滴定管上部体积而不顾滴定反应的进行。

（5）滴加半滴溶液时，使溶液悬挂在出口管嘴上形成半滴，用锥形瓶内壁将它沾落后，必须用蒸馏水冲洗内壁。

2.7.2 容量瓶

容量瓶是一种细颈梨形的平底玻璃瓶，带有玻璃磨口塞，颈上有一标线。一般表示在20℃，当液体充满到标线时，液体体积恰好与瓶上标明的体积相等，其示意图见表2-2。容量瓶主要用来配制标准溶液或样品溶液。常用的有25mL、50mL、100mL、200mL、250mL、500mL、1000mL等规格。

2.7.2.1 容量瓶的检查

容量瓶在使用之前首先要检查是否漏水。检查的方法是：在瓶中放水至标线附近，盖好瓶塞，将瓶外水珠擦拭干净，用左手按住瓶塞，右手手指顶住瓶底边缘，把瓶倒立2min，观察容量瓶口是否有水渗出，如果不漏水，将瓶直立，把瓶塞转动约180°，再倒过来试一试。检查两次很有必要，因为有时瓶口与瓶塞不是任何位置都密合。经检查合格的容量瓶，应用橡皮筋将瓶塞系在瓶颈上，防止塞子跌碎。

2.7.2.2 容量瓶的洗涤

容量瓶不允许用热水、刷子、去污粉等洗涤，小容量瓶可装满铬酸洗液浸泡一段时间，容积大的容量瓶则可加10mL铬酸洗液，塞紧瓶塞摇动片刻，停一会再摇动片刻，如此反复数次，然后用自来水冲洗，倒出水后内壁不挂水珠，再用蒸馏水润洗2～3次即可，每次用水15～20mL。

2.7.2.3 溶液的配制

如用固体物质配制标准溶液（或样品溶液）时，先将准确称量的固体物质置于小烧杯中，加入少量溶剂搅拌使其溶解。如为难溶物质，可盖上表面皿加热使其溶解完全，冷却至室温，再将溶液定量转移至容量瓶中。转移溶液的操作，如图2-37所示。然后再用蒸馏水洗涤烧杯三次以上，洗液一并转入容量瓶中。当加水稀释至为容量瓶容积的3/4时，应将容量瓶摇动片刻使溶液大体混匀，然后继续加水至标线约1cm处，等1～2min，让沾附在瓶颈内壁上的溶液流下去，再用滴管伸入瓶颈，眼睛平视标线，加水至弯月面处下部与标线相切为止，盖好瓶塞，将容量瓶倒立，使内气泡上升，并将溶液振荡数次，再倒立过来，使气泡上升到顶，如此反复数次，直到溶液混匀为止。

如果是浓溶液定量稀释，则用移液管移取一定体积的溶液于容量瓶中，按上述方法稀释至标线，摇匀。

容量瓶不宜长期保存试剂溶液。如配好的溶液需要保存时，应转移至磨口试剂瓶中。容量瓶使用完毕后应立即用水冲洗干净。如长期不用，磨口处应洗净擦干，并用纸片将磨口与瓶塞隔开。容量瓶不得在烘箱中烘烤，也不能在电炉等仪器上加热。

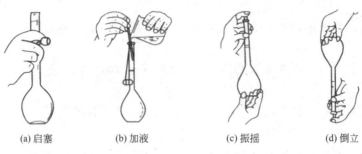

(a) 启塞　　　(b) 加液　　　(c) 振摇　　　(d) 倒立

图 2-37　容量瓶的操作

2.7.3　移液管和吸量管

2.7.3.1　移液管

移液管是准确移取一定体积溶液的量器,由管身中间有膨大部分的玻璃管制成,其示意图见表 2-2。在管口上端刻有标线,膨大部分写有溶液到标线处的体积和标定该体积时的温度。常用的移液管有 5mL、10mL、20mL、25mL、50mL 等规格。

(1) 移液管的洗涤　移液管的洗涤方法与滴定管相似,除了用自来水冲洗、蒸馏水润洗外,还必须用所要移取的液体润洗 2~3 次,以保证被吸溶液的浓度保持不变。

润洗的具体方法是:吸取少许蒸馏水于移液管中,两手平托移液管,用两手的大拇指和食指转动移液管,使蒸馏水浸润整个管壁后,将蒸馏水从管嘴放出。如果洗涤后的移液管不能被水均匀润湿、挂水珠,则需用洗液洗涤。

当第一次用洗净的移液管吸取溶液时,应先用滤纸将球部以下的管外壁的水擦干净、尖端内的水吸净,然后再将移液管插入容量瓶(或储液瓶)吸取待移取液润洗 2~3 次,以保证移取的溶液浓度不变。也可将一小烧杯洗净,再用待移取液将烧杯洗涤三次,倒入待移取的溶液约 15mL 于烧杯中,然后将移液管球部以下的外壁用滤纸擦干,插入烧杯中按前述方法,将移液管润洗 2~3 次。

(2) 移取溶液的操作　用移液管移取溶液时,用右手大拇指和中指拿住移液管颈标线以上的地方,将移液管插入待移取溶液液面下 1~2cm 处,左手拿洗耳球,先把洗耳球内空气挤出,然后将球的尖嘴紧接移液管的上口,慢慢放松洗耳球,使溶液徐徐吸入移液管中,随着移液管内液面的上升,应下移移液管,以免空吸,当液面升至标线以上时,移去洗耳球,立即用右手食指按住管口,垂直地将移液管提高至液面以上,略微放松食指并用拇指和中指轻轻转动移液管,让溶液慢慢流出,使液面平稳下降,直到溶液的弯月面与标线相切时,立即用食指压紧管口,取出移液管,把准备承接溶液的容器稍微倾斜,将移液管移入容器中,使移液管垂直,管尖靠着容器内壁,松开食指,让管内溶液全部沿器壁流下,如图 2-38 所示。等 10~15s 后,取出移液管,切勿把残留在管尖的溶液吹去,因为在校正移液管时,并没有把这部分体积计算在内。

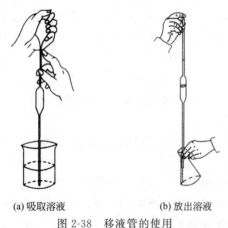

(a) 吸取溶液　　　(b) 放出溶液

图 2-38　移液管的使用

2.7.3.2 吸量管

吸量管是具有分度的玻璃管，用来准确移取不同体积的溶液。常用的吸量管有 1mL、2mL、5mL、10mL 等规格，其示意图见表 2-2。其准备、洗涤及使用方法与移液管相同，但使用时要注意无论是移液管还是吸量管，若管口上刻有"吹"字的，使用时需将管内溶液全部流出，末端的溶液也应吹出，不允许保留。

吸量管是用来移取小体积溶液用的，如果量取 5mL、10mL、25mL 等整数较大的体积时，应采用相对应的移液管，而不要使用吸量管。如 5mL 吸量管是吸量 5mL 以内的小体积溶液用的，若吸取 5mL 溶液，应用 5mL 移液管。所以用吸量管时，总是将液面由某一分度（最高标线）降到另一分度（低标线），两分度之间的体积即为所需的体积。

2.7.4 容量器皿的校准

容量器皿的实际容积常常与它所表示的体积（容器上刻度值所指示的容积数）不相符合。因此，在准确度要求较高的分析中，必须对容量器皿进行校准。

容量器皿的校准，可采用称量法。其原理是称量器中所放出或所容纳的水重，并根据该温度下水的密度，计算出该量器在 20℃（通常以 20℃ 为标准温度）时的容积。但由重量换算成容积时必须考虑三个因素：即温度对水密度的影响、空气浮力对称量水重的影响、温度对玻璃容积的影响。

为了方便起见，把上述三个因素综合校准后而得到的值列成表，见表 2-9，这样根据表中的数值，便可计算某一温度下，一定重量的纯水相当于 20℃ 时所占的实际容积。

表 2-9　在不同温度下用纯水充满 1L（20℃）玻璃容器的水重

温度/℃	水重/g	温度/℃	水重/g	温度/℃	水重/g
0	998.24	14	998.04	28	995.44
1	998.32	15	997.93	29	995.18
2	998.39	16	997.80	30	994.91
3	998.44	17	997.66	31	994.68
4	998.48	18	997.51	32	994.34
5	998.50	19	997.35	33	994.05
6	998.51	20	997.18	34	993.75
7	998.50	21	997.00	35	993.44
8	998.48	22	996.80	36	993.12
9	998.44	23	996.60	37	992.80
10	998.39	24	996.38	38	992.46
11	998.32	25	996.17	39	992.16
12	998.22	26	995.93	40	991.77
13	998.14	27	995.69		

2.7.4.1 滴定管的校正

将蒸馏水注入洗净的滴定管到刻度 0 处，记录水温，然后放出一段水（如 5mL 或 10mL），注入已称重的具塞称量瓶中称量，准确到 0.01g，如此反复进行，直至刻度为 50 处。例如，21℃ 时，由滴定管中放出 10.03mL 水，其重量为 10.04g，由表查得 21℃ 时每毫升水重为 0.9970g，故其实际容积为 10.04/0.9970=10.07mL，容积误差为 10.07−10.03=0.04mL。

2.7.4.2 移液管的校正

将移液管洗净，吸取蒸馏水至标线以上，调节液面与弯月面相切，按前述的使用方法将水放入已称重的锥形瓶中，称量。两次重量之差为量出水的重量。以实验温度时每毫升水的重量来除，即得移液管的真实体积，重复校正以得精确结果。

2.7.4.3 容量瓶的校正

将洗净的容量瓶晾干称重，然后，注入蒸馏水至标线处，附着于瓶内外壁的水滴应用滤纸吸干，称量。两次重量之差即为容量瓶中的水重，用此温度时每毫升水的重量来除，即得容量瓶的实际容积。

例如，在15℃校准滴定管时，称量纯水重量为9.97g，查表得15℃时容积为1L的水重为997.93g，即水的密度（已作校准）为$0.99793g \cdot mL^{-1}$，它的实际容积为：9.97/0.9979＝9.99mL。

分析工作中，容量瓶和移液管一般是平行使用的。例如将试样溶解后，在100mL容量瓶中稀释至刻度，摇匀，然后用25mL移液管移取25mL，这时移取的溶液应当正好是该溶液的1/4。由于以上原因，所以常采用容量瓶和移液管的相对校准方法。

2.7.5 容量分析仪器的选用原则

在分析化学实验中，合理选用各种量器和容器是提高分析结果准确度、提高工作质量和效率的重要环节。例如：配制大约浓度为$0.1mol \cdot L^{-1} Na_2S_2O_3$溶液1L，浓度要求准确1~2位有效数字时，则采用实际测量能有两位有效数字的仪器，就符合要求。配制溶液需要称取的固体试剂25g（计算值）和配制1000mL溶液体积的相对误差均可允许大一些。故称量试剂不必在分析天平上进行，应使用灵敏度较低的托盘天平或普通的台秤称取；量取溶液或蒸馏水时可用量筒，不需要使用精确规定容积的容量瓶来配制。如果要求是准确称取5.2995g纯净干燥的Na_2CO_3基准物质，并直接配制$0.1000mol \cdot L^{-1} Na_2CO_3$标准溶液1000mL。由于浓度要求准确四位有效数字，所以，使用的仪器必须是能够准确测量四位有效数字的精密仪器。这样，称量Na_2CO_3基准物质就应使用分析天平，溶液配制也应使用精密的1000mL容量瓶，否则配制溶液的实际浓度将远远超出规定的准确度。因此，做定量分析实验，应根据实验的要求，合理地选择仪器，该准确的地方一定要很准确，不必要精确的地方或允许误差大些的地方，就没必要那么严格。这些"量"的概念应当十分明确，否则，就会导致错误。这就是分析化学实验中应有的"粗、细要分清，严、松有界限"的实事求是的科学态度。

2.8 常用分析仪器

2.8.1 紫外-可见分光光度计

2.8.1.1 基本结构

分光光度计根据其工作波段的不同，可分为可见分光光度计（360~800nm）和紫外-可见分光光度计（200~800nm）。如常用的721、722S型等可见分光光度计，751、752、759型等紫外-可见分光光度计，主要用于定量分析。在结构分析中，目前，主要应用计算机控制的双光束自动记录式分光光度计。图2-39~图2-41分别为721型、722S型可见分光光度计和759型等紫外-可见分光光度计。

2.8.1.2 使用方法

（1）722S型分光光度计的使用方法　722S型分光光度计（见图2-40）是在可见光谱区域

内使用的一种单光束型仪器，工作波长范围为360～800nm，以钨丝白炽灯为光源，棱镜为单色器，采用自准式光路，用真空光电管作为光电转换器，以场效应管作为放大器，微电流用数字显示。操作步骤如下。

① 预热　开启电源，指示灯亮，仪器预热30min。

② 调零和100%T　打开试样室盖（光门自动关闭），按"0%"键，即能自动调整零位，数字显示为"00.0"；用比色皿架将蒸馏水（参比溶液）处于光路，盖上试样室盖，按下"100%"键，即自动调整100%T，数字显示为"100.0"，一次有误差时可加按一次；调整100%T时，仪器自动增益系统重调可能影响0%T，调整后请检查0%T，如有变动，可重调0%键一次。

预热后，连续几次调整"0%"和"100%"，仪器即可进行测定工作。

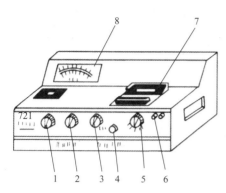

图 2-39　721型分光光度计的外形图
1—波长调节旋钮；2—调"0"电位器；
3—光量调节器；4—吸收池座架拉杆；
5—灵敏度选择；6—电源开关；
7—试样室盖；8—表头

图 2-40　722S型分光光度计的外形图

图 2-41　759型分光光度计的外形图

③ 调整波长　用仪器上的唯一旋钮，调整测试波长，垂直观察读出旋钮左侧显示窗口的波长数值。仪器采用机械联动切换滤光片装置，当旋钮转动经过480～1000nm时会有轻微金属摩擦声，属正常现象。如大幅度改变测试波长，在调整"0%"和"100%"后稍等片刻待稳定后，重新调整"0%"和"100%"即可工作。

④ 确定滤光片位置　仪器备有减少杂散光、提高340～380nm波段光度准确性的滤光片，位于样品室内部左侧，用拨杆调节。当测试波长为340～380nm内，需做高精度测试时，可将拨杆推前（见机内印字指示）；通常不用此滤光片，可将拨杆置400～1000nm位置。如在380～1000nm测试，误将拨杆置340～380nm，则仪器出现不正常现象（如噪声增大，不能调整100%T等）。

⑤ 改变标尺　仪器设有四种标尺，即透射比、吸光度、浓度因子及浓度直读。各标尺间的转换用"模式"键操作，并由"透射比"、"吸光度"、"浓度因子"及"浓度直读"指示灯分别指示，开机始态为"透射比"，每按一次顺序循环。

⑥ 测定溶液的吸光度步骤

⑦ **直接使用浓度直读功能** 当分析对象的规程比较稳定、标准曲线过原点的情况下,可采用浓度直读法定量,本法只需配制一种浓度为定量浓度范围 2/3 左右的标液即可,步骤如下:

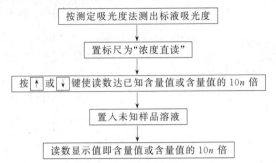

⑧ **直接使用浓度因子功能** 如按步骤⑦,置标尺于"浓度因子",显示窗口显示的数字即为标液的浓度因子,记录这一因子数,则在下次开机测试时不必重复测标液,只需重输这一因子即可直读浓度,步骤如下:

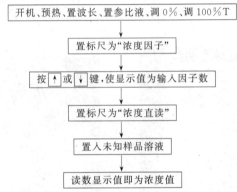

⑨ **注意事项** 清洁仪器外表时,勿使用乙醇、乙醚等有机溶剂。不用时,加盖防尘罩。比色皿每次使用后,应用石油醚清洗,用镜头纸轻拭干净,存于比色皿盒中备用。

(2) GBC 916 型紫外-可见分光光度计的使用步骤

① 启动计算机,按下紫外-可见分光光度计的主机开关,启动 UV 程序,进入界面,选择 "GENERAL",再选择 "Manual λ Scan"。

② 设置参数:设置扫描范围、扫描速度及步长。

③ 基线扫描:将两个比色皿加入参比溶液,分别放入光路,即比色皿槽内,然后按 F9-Baseline。

④ 样品谱图扫描:将靠外的比色皿加入待测溶液,然后放入光路,按 F10-Scan 得吸收光谱图。

⑤ 谱图分析:按 F3-Graphics,将谱图放大,按 F7-Closs hair 出现标尺线后找到特征吸收峰的波长及其对应的吸光度值。

⑥ 测定结束后退出 UV 程序,先关紫外-可见分光光度计的主机开关,再关计算机。

有关仪器其它功能的使用操作,请参照使用说明书中的相关内容。

2.8.2 红外光谱分析仪

用于测量和记录物质的红外吸收光谱并进行结构分析及定性、定量分析的仪器,称为红外光谱仪(也称红外分光光度计)。

2.8.2.1 基本结构

红外光谱仪有以棱镜为色散元件的棱镜分光红外光谱仪,也称第一代红外光谱仪;以光栅为色散元件的光栅分光红外光谱仪,又称第二代红外光谱仪。随着近代科学技术的迅速发展,以色散元件为主要分光系统的光谱仪器在许多方面已不能完全满足需要,例如这种类型的仪器在远红外区能量很弱,得不到理想的光谱,同时它的扫描速度太慢,使得一些动态研究以及和其它仪器(如色谱)的联用遇到困难。随着光学、电子学尤其是计算机技术的迅速发展,发展了干涉分光傅里叶变换红外光谱仪,也称第三代红外光谱仪。

傅里叶变换红外光谱仪(FTIR)主要由迈克尔逊干涉仪和计算机两部分组成,干涉仪将光源来的信号以干涉图的形式送往计算机进行傅里叶变换的数学处理,最后将干涉图还原成光谱图。

图 2-42 为傅里叶变换红外光谱仪的结构图。

红外分光光度计的主要部件如下。

(1) 光源 常用的光源有能斯特灯和硅碳棒两种,它们都能够发射高强度连续波长的红外线,能斯特灯为 $\phi=3mm$、$L=2\sim 5cm$ 的中空棒或实心棒,由锆、钇、铈等氧化物的混合物烧结而成,两端绕有铂丝以及电极,加热至 800℃ 时变成导体,开始发光,因此工作前必须预热。硅碳棒寿命长,发光面积大,室温下为导体,不需加热。

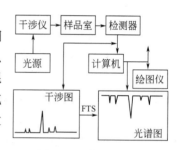

图 2-42 傅里叶变换红外光谱仪结构图

(2) 吸收池 由于玻璃、石英对红外线几乎全部吸收,因此吸收池窗口的材料一般是一些盐类的单晶,如 NaCl、KBr、LiF,但它们易吸湿,引起吸收池的窗门模糊,需在特定的恒湿环境中工作。

(3) 单色器 单色器由光栅、准直镜和狭缝(入射狭缝和出射狭缝)组成,它的作用是把通过样品池和参比池而进入入射狭缝的复合光分成"单色光"射到检测器上。一般的红外光谱仪使用衍射光栅,每厘米长度内约有一千条以上的等距线槽。

(4) 检测器 红外光谱仪上使用的检测器的检测原理是利用照射在它上面的红外线产生热效应,再转变成电信号加以测量。常用的检测器有真空热电偶、热电热量计等。

(5) 放大器、机械装置及记录器 检测器输出微小的电信号,需经电子放大器放大。放大后的信号驱动梳状光楔和电动机,使记录笔在长条记录纸上移动。

2.8.2.2 IR Tracer-100 型傅里叶变换红外光谱仪使用方法

图 2-43 为 IR Tracer-100 型傅里叶变换红外光谱仪的外观示意图。

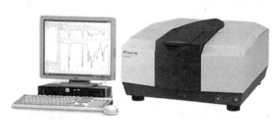

图 2-43 IR Tracer-100 型傅里叶变换红外光谱仪的外观示意图

① 打开电源,启动电脑,打开仪器主机开关(绿色)。

② 双击 IR absolution 图标,打开软件。点击 仪器——初始化——等待仪器初始化完成。

③ 制样,固体样用压片机压片,液体样直接将样品滴入液体池。

④ 设置保存路径,设置仪器测量参数(如扫描范围、扫描次数等)。将溴化钾窗片放入样品架,点击 背景扫描。将样品放入样品

架,点击 测量 —— 样品扫描 ,得到样品红外光谱图。

⑤ 点击 检索 —— 光谱检索 ,从红外光谱库中比对红外光谱图。

⑥ 点击 文件 —— 导出数据 ,将数据导出。

⑦ 关闭软件,关闭主机、电脑。仪器自带除湿功能,请勿拔下主机电源插座,保持仪器红色开关灯亮。

⑧ 使用完毕应做好有关清洁整理工作,盖上仪器防尘罩,登记仪器使用情况。

2.8.3 分子发光分析仪

特定光激发或化学反应产生的化学能激发导致分子或离子发光的现象称之为分子发光。测定分子发光的仪器为分子发光分析仪。

2.8.3.1 基本结构

(1) 荧光光度计　常用的荧光光度计的结构如图 2-44 所示,由光源发出的激发光,经激发单色器色散,选择最佳波长的光去激发样品池内的荧光物质。荧光物质被激发后,将向四面八方发射荧光。但为了消除激发光及散射光的影响,荧光的测量不直接对着激发光源,所以采用激发光和发射光成直角的光路。经发射单色器色散后消除荧光液池的反射光、瑞利散射光、拉曼散射光以及其它物质产生的荧光干扰,使待测物质的特征荧光照射到检测器上进行光电转换,所得到的电信号经放大后由记录仪记录下来。

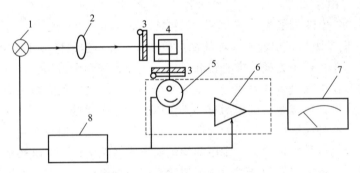

图 2-44　荧光光度计基本结构图

1—光源;2—透镜;3—滤光片;4—样品池;5—光电管;6—放大器;7—微安表;8—稳压电源

(2) LS 55 型 (PerkinElmer 公司) 分子发光光度计　LS 55 型为多功能、可靠和易用的发光分光光度计,是 LS 50B 基础上的改进型。结合一定的附件和软件,可测定荧光、磷光、生物发光或化学发光。激发狭缝 2.5~15nm,发射狭缝为 2.5~20nm,脉冲式氙灯(寿命长,电源供应简单,产生臭氧极少,不需长时间预热;大大减少光解作用;每一脉冲间测定暗电流,增强弱荧光的测定) LS 55 型分子发光光度计的外观示意如图 2-45 所示。

2.8.3.2 LS 55 型分子发光光度计(以荧光测量为例)的使用方法

(1) 开机顺序　先打开总电源开关,然后启动稳压电源、不间断电源,最后启动计算机。

(2) 预热 LS 55 发光仪 15min,然后启动 FLWINLAB 程序,确认程序和发光仪接通。

(3) 设置文件存储路径,确保只有专家模式 (Expert mode) 被选中,然后点应用菜单,选择荧光、磷光或发光测定模式,选择扫描选项,设置合适的参数(起始扫描波长 Start,

终止扫描波长 End，最大发射波长 Emission，激发单色器狭缝 Ex Slit，发射单色器狭缝 Em Slit 和扫描速度 Scan Speed）点绿灯或者 Ctrl＋R 运行，等红灯变为绿灯时，扫描结束后再进行下一轮操作。按实验要求记录相应参数及谱图数据。

（4）实验完成后，关机顺序：先关闭 FLWINLAB 应用程序和计算机，然后关闭 LS 55 发光仪，再关闭不间断电源和稳压器电源，最后关闭总电源。

图 2-45　LS 55 型分子发光光度计的外观示意图

注意：① 为保证氙灯寿命，不进行扫描谱图或测定时，应将灯关闭。

② 本机不允许任何与本机无关的程序运行。

2.8.4　原子吸收分析仪

用于测量和记录待测物质在一定条件下形成的基态原子蒸气对其特征光谱线的吸收程度，并进行定量分析的仪器，称为原子吸收分光光度计。

2.8.4.1　基本结构

原子吸收分光光度计由锐线光源、原子化器、分光系统和检测与记录系统等部分组成。图 2-46 为其结构示意图。

（1）锐线光源　发射待测元素吸收的共振线。如空心阴极灯、无极放电灯等。

（2）原子化器　将试样中的待测元素转化为基态原子，以便对光源发射的特征谱线产生吸收。

（3）分光系统　将待测元素的分析线与其它干扰谱线分开，使检测器只接收分析线。

（4）检测与记录系统　将分光系统分出的待测元素分析线的微弱光能转换成电信号，经适当放大后显示并记录下来。

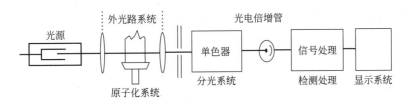

图 2-46　原子吸收分光光度计的结构示意图

原子吸收分光光度计有单光束和双光束两种类型。单光束仪器具有装置简单、价格较低、共振线在外光路损失较少的特点。由于现代电子科学的发展，以前困扰人们的零漂（因光源强度变化而导致的基线漂移）问题也逐渐得到解决，因而单光束仪器应用较为广泛。双光束仪器用斩光器将光源辐射分成两束，试样光束通过原子化器中的样品基态原子，参比光束不通过原子化器中的样品基态原子，检测器测定的是此两光束的强度比，故光源的任何漂移都可由参比光束的同步变化而得到补偿。

2.8.4.2　使用方法

原子吸收分光光度计种类及型号不同，使用方法也不尽相同。

(1) 岛津 AA-7000 型原子吸收分光光度计　AA-7000 是岛津研发的一款火焰石墨炉一体机原子吸收分光光度计，双原子化器可自动切换。具有以下特点。

① 配备了新开发的三维光学系统。测光系统在火焰测定时自动设定为光学双光束，在石墨炉测定时自动设定为高通量，可最大限度地发挥各测定方法的设计性能。

② 充实的火焰分析。双光束系统，长时间稳定；气体流量自动最优化；燃烧头高度自动最优化。

③ 高灵敏度石墨炉分析。采用更加完善的光学系统与新设计的石墨炉，提高了石墨炉分析的检测线，石墨炉测定铅的检出限可以达到 0.05ppb（1ppb=1μg·L^{-1}，下同）。

④ 先进的安全技术。AA-7000 配备了振动传感器，一旦检测到振动，立刻自动熄灭火焰，不必担心发生地震等强烈振动的情况。另外具备气体检漏等各种安全机构。

⑤ 双背景校正系统。配备了自吸收法和氘灯法，可根据需要选择最为合适的背景校正方法。

图 2-47　AA-7000 型原子吸收分光光度计外观图

仪器外观如图 2-47 所示，下面将简单介绍火焰法和石墨炉法的操作步骤。

火焰原子吸收操作如下。

① 开气　打开乙炔气阀，调整到 0.09～0.11MPa，打开空压机，调整压力 0.35～0.40MPa。

② 开机　打开主机电源，打开电脑。

③ 测定条件的设定

a. 双击 WizAArd 图标打开软件，输入 ID 口令 admin，密码空白，点击确定。

b. 点击参数→元素选择导向→选择元素→选择要检测的元素、火焰法、普通灯（其它空白）→确定。

c. 设定灯位→点击灯位→设置好灯位置→灯座号选择设置灯位置（1、2、3、4、5、6）→确定。

d. 点击下一步→标准曲线设定→选择含量单位（ppb、ppm、ng·mL^{-1} 等）→确定。
点击样品组设定→选择实际样品含量（ppb、ppm、ng·mL^{-1} 等）→确定。

e. 下一步→单击［连接/发送参数］，连接（仪器连接，仪器自检），仪器自动开始初始化。

f. 仪器初始化通过后，按提示进行谱线搜索，谱线搜索通过后，即"谱线搜索"和"光束平衡"均为 OK，点击关闭谱线搜索界面。

g. 在 MRT 编辑要做的空白（BLK）、标样（STD，输入标样浓度值）、未知样品（UNK）。

④ 点火　同时按下 PURGE 和 IGNITE 两键，点燃火焰。点击 START 开始做测试。

⑤ 关机　测定完后，空烧几分钟，再依次关闭乙炔气、空气压缩机、主机、电脑。

石墨炉法操作如下。

① 开气　打开氩气阀，调整到 0.35～0.4 MPa，打开冷水循环机。

② 开机　打开主机电源、石墨炉电源、自动进样器电源、电脑。

③ 测定条件的设定

a. 双击 WizAArd 图标打开软件，输入 ID 口令 admin，密码空白，点击确定。

b. 点击参数→元素选择导向→选择元素→选择要检测的元素、石墨炉法、普通灯、使用 ASC（其它空白）→确定。

c. 单击［编辑参数］——设定点灯方式为 Emission，设定灯位→点击灯位→设置好灯的位置→灯座号，选择设置灯的位置（1、2、3、4、5、6）→单击［谱线搜索］→确定。

d. 点击下一步→标准曲线设定→选择含量单位（ppb、ppm、ng•mL^{-1}等）→确定。

点击样品组设定→选择实际样品含量（ppb、ppm、ng•mL^{-1}等）→确定。

e. 下一步→单击［连接/发送参数］，连接（仪器连接，仪器自检），仪器自动开始初始化。

f. 仪器初始化通过后，仪器→维护→石墨炉原点位置调节，通过按"前"、"后"、"上"、"下"键来调整"测量数据"值，该值越大越好，直到该数值变化不大，单击"原点记忆"，即完成石墨炉原点位置的调节。调节完石墨炉原点位置后，把点灯方式更改为"BGC-D2"，重新进行谱线搜索。

g. 仪器→石墨炉喷嘴位置调节，调节石墨炉的喷嘴位置。

h. 在 MRT 编辑要做的空白（BLK）、标样（STD，输入标样浓度值）、未知样品（UNK）、样品位置。

④ 测定样品　单击 START 开始测量，石墨炉点着，自动进样。

⑤ 关机　关闭氩气、冷水循环机、主机、石墨炉电源、自动进样器电源、电脑。

（2）TAS-986 型原子吸收分光光度计　TAS-986 型原子吸收分光光度计是单道双光束型原子吸收光谱仪，采用氘灯背景校正及自吸效应背景校正技术。该仪器可作火焰、石墨炉原子吸收分析。计算机实时数据处理，并能显示及打印工作曲线和瞬时信号图形。

① 开主机电源和计算机　选择 AAWin 软件，在"选择运行模式"选"联机"。

② 仪器初始化　初始化主要是对氘灯电机、元素灯电机、原子化器电机、燃烧头电机、光谱带宽度电机及波长电机进行初始化。

③ 设置元素灯　装上元素灯，在对应的位置选择对应的元素灯符号。

④ 选择工作灯和预热灯，再依次完成元素测量参数的设置，寻峰。

⑤ 调试能量　选择"自动平衡能量"平衡能量。

⑥ 设置测量　点击主菜单的"测量参数"，依次完成样品设置和测量参数设置。

⑦ 打开空气压缩机，先开"风机开关"，再开"工作机开关"，调节"调压阀"至压力达到所需范围（一般为 0.2~0.3MPa）。

⑧ 打开乙炔钢瓶阀，使压力达到 0.05 MPa 即可。

⑨ 点火　在进入测量前，请检查气路和水封，确认无误后，点击工具栏"点火"，即可把火焰点燃。

⑩ 测量　开始测量时，要先吸喷空白溶液，点击"校零"，待稳定后，点击"开始"。

在结束测量前，空烧几分钟，再依次关乙炔，关空气压缩机（先关工作机，后关风机开关），关闭系统和计算机。

2.8.5　原子发射光谱分析仪

用来观察和记录或检测待测物质的原子发射光谱并进行定性、定量分析的仪器，称为发射光谱分析仪。

2.8.5.1 基本结构

发射光谱分析仪包含三个主要组成部分。

(1) 激发光源　激发光源的作用是为试样的蒸发、解离和激发发光提供所需要的能量。目前常用的激发光源有直流电弧、交流电弧、高压火花和电感耦合等离子体、激光等，其中电感耦合等离子体（ICP）光源灵敏度高，干扰少，稳定性好，工作线性范围宽，适合于分析液态样品（缺点是消耗氩气量较大），是一种极有发展前途的光源。

(2) 分光系统　分光系统的作用是将试样中待测元素的激发态原子（或离子）所发射的特征光谱与光源及其它干扰谱线分离开，以便进行测量。

(3) 检测系统　检测系统的作用是将原子的发射光谱记录下来或检测出来，以进行定性或定量分析。

2.8.5.2 使用方法

(1) 电感耦合等离子体原子发射（ICP-AES）光谱仪　ICP-AES 光电直读光谱仪是一种利用等离子体作激发光源的新型原子发射光谱仪，主要由供气和进样系统、高频发生器、ICP 炬管、耦合线圈、分光系统、检测系统、计算机控制及数据处理系统所组成。

高频发生器产生 27.12 MHz 的高频电流，并加在等离子炬管的高频感应圈上，使等离子体产生 8000K 左右的高温，形成激发源，蠕动泵的样品经雾化后进入炬管，在高温区内被激发成离子态。射出的光由入射狭缝进入分光系统，在分光器中光栅将不同波长的光分开后进入检测器，检测器中的光电倍增管把光信号变成电信号，经放大器放大后进行计算机数据处理，在打印机上打印出检测结果。

目前，常用的是多道固定狭缝式光电直读光谱仪，其结构如图 2-48 所示。操作步骤如下。

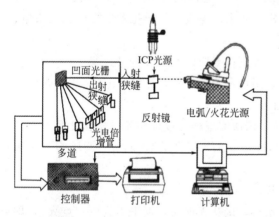

图 2-48　多道固定狭缝式光电直读光谱仪

① 准备工作　接通冷却水；打开抽风机排气散热；打开氩气钢瓶及载气旋钮。

② 开机程序　开启稳压电源开关；检查氩气压力；检查单色仪真空状态；装好蠕动泵管子；开启 ICP 电源开关。检查蠕动泵、毛细管、雾化器等，有无堵塞、漏气现象。

③ 点燃 ICP 炬程序　打开气体控制开关，调节等离子体气体流量和辅助气体流量，按"POWER"键，调节反射功率、正向功率。接通高频火花，直至 ICP 炬点燃并稳定。打开载气，开启蠕动泵。将正向功率和反射功率调至最佳状态。

④ 开启计算机系统电源开关，校正单色器波长。

⑤ 设置有关参数　按单元素定量分析程序或多元素同时定量分析程序输入分析元素、元素分析线波长及最佳工作条件。如功率、各种气体流量、狭缝宽度、光谱观测高度、光电倍增负高压、扫描起始波长、扫描波长范围、蠕动泵速度等。

⑥ 测定　分别输入空白、标准溶液、试样进行测定。

⑦ 结果处理　计算机将根据采集的数据进行自动在线结果处理。打印测定结果。

⑧ 关机程序　退出分析程序，进入主菜单。关蠕动泵和气路，关 ICP 电源，关真空泵阀门，关闭计算机系统，关冷却水。工作完毕，填写仪器使用记录。

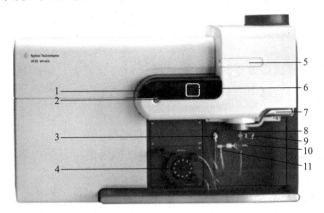

图 2-49　Agilent 4200 型微波等离子体原子发射光谱仪外观示意图
1—电源状态 LED 指示灯；2—启用等离子体指示灯；3—雾化器气源；4—蠕动泵；
5—前置光路窗口；6—等离子体观察窗；7—炬管装载器手柄；8—炬管；
9—炬管固定夹；10—雾化室；11—雾化器

(2) Agilent 4200 型　微波等离子体原子发射光谱仪 (MP-AES)

图 2-49 为 Agilent 4200 微波等离子体原子发射光谱仪外观示意图。操作步骤如下。

① 开机　打开电脑，开仪器电源开关，待仪器前方绿色指示灯不闪烁变成绿色时，仪器开机自检完成。

双击电脑桌面软件图标 MP Expert ，进入软件界面。选择菜单中 仪器 ，进入仪器状态界面。选择图标 等离子体 中"点燃等离子体"，从观察窗口可监控等离子体是否正常点燃，一般预热 20~30min，请注意此时检测器温度正常为 0℃。

② 新建工作表文件　点击 新建 ，建立工作表文件；在摘要选项卡中，可以写入与测试有关的注释内容；在元素选项卡中，选择待测元素；在条件选项卡中，通常重复次数为 3 次，读数时间 5s，选择手动进样方式。

检视位置和雾化气流量可以通入样品使用 优化 来选择最佳参数，也可使用 读谱图 功能手动设置来找最佳参数。

在标样选项卡中，设置标样数量、浓度单位、标样浓度及校正拟合参数；在序列选项卡中，设置样品数、体积、稀释倍数。

点击"保存"，命名并保存工作表到指定目录。

③ 采集数据　在分析选项卡中，选择待测样品，点击 运行 ，开始采集数据，按软件弹出对话框提示操作即可，如需终止运行，点击 停止 。

④ 数据处理　工作表测试数据分为四部分：测试结果列表、关联谱图、各次读数列表和标准曲线图。

在测试结果列表中可以通过选择 切换结果 来显示浓度和强度结果；点击 删除结果 可以删除所有数据；点击鼠标右键可以选择导出选中的样品结果到 EXCEL 文件中。

在各次读数列表中，通过勾选项 √ 可以隐藏某个数据或去掉重复读数中有误差的数据；

点击 ▫、▫、▫ 三个图标可以在重复数据、校正数据以及操作日志三个界面切换。

⑤ 关机　样品采集完成后，用 5%HNO₃ 冲洗系统 5min，再用去离子水冲洗系统 5min。点击 熄灭等离子体 ，关闭排风系统，关闭氮气、氩气和空气阀门。松开蠕动泵管。退出软件，关闭电脑。

如经常使用，请保持仪器处于待机状态，即仪器完全通电，但等离子体熄灭的状态。如需关闭电源，请关闭仪器右侧下方电源开关。

2.8.6　酸度计

利用测量溶液电动势来测量溶液 pH 值的仪器，称为酸度计，又称 pH 计。同时也可用作测量电极电势及其它用途。

2.8.6.1　酸度计的基本结构

酸度计的种类和型号很多，但都是由参比电极（常用甘汞电极）、指示电极（常用 pH 玻璃电极）及精密电位计三部分组成。图 2-50～图 2-52 分别为常用电极、pHS-2 型和 pHS-3C 型酸度计的外观图。

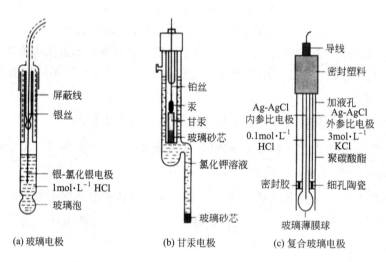

图 2-50　常用电极

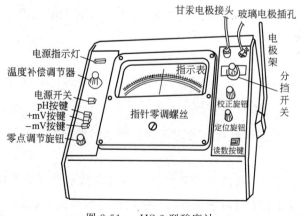

图 2-51　pHS-2 型酸度计

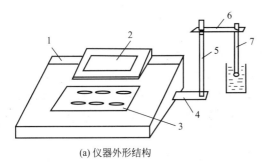
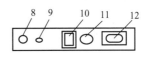

(a) 仪器外形结构   (b) 仪器后面板

图 2-52 pHS-3C 型酸度计

1—机箱；2—显示屏；3—键盘；4—电极梗座；5—电极梗；6—电极夹；7—电极；
8—测量电极插座；9—温度电极插座；10—电源开关；11—保险丝座；12—电源插座

2.8.6.2 酸度计的使用方法

pHS-3C 型酸度计的使用方法如下。

(1) 仪器键盘说明　见表 2-10。

表 2-10 pHS-3C 型酸度计键盘说明

按　键	功　能
pH/mV	"pH/mV"转换键，pH、mV 测量模式转换
温度	"温度"键，对温度进行手动设置，自动温度补偿时此键不起作用
标定	"标定"键，对 pH 进行二点标定工作
△	"△"键，此键为数值上升键，按此键"△"为调节数值上升
▽	"▽"键，此键为数值下降键，按此键"▽"为调节数值下降
确认	"确认"键，按此键为确认上一步操作

(2) 开机前的准备

① 将电极梗旋入电极梗固定座中。

② 将电极夹插入电极梗中。

③ 将 pH 复合电极安装在电极夹上。

④ 将 pH 复合电极下端的电极保护套拔下，并且拉下电极上端的橡皮套使其露出上端小孔。

⑤ 用蒸馏水清洗电极。

(3) 仪器的标定　仪器使用前首先要标定。一般情况下仪器在连续使用时，每天要标定一次。

① 将测量电极插座处拔掉 Q9 短路插头。

② 在测量电极插座处插入复合电极。

③ 打开电源开关，仪器进入 pH 测量状态。

④ 按"温度"键，使仪器进入溶液温度调节状态（此时温度单位℃指示），按"△"键或"▽"键调节温度显示数值上升或下降，使温度显示值和溶液温度一致，然后按"确认"键，仪器确认溶液温度值后回到 pH 测量状态（温度设置键在 mV 测量状态下不起作用）。

注：当接入温度电极时"温度"键不起作用，仪器自动进入自动温度补偿，显示的温度即为溶液温度（温度电极需另配）。

⑤ 按"标定"键，此时显示"标定 1"、"4.00"及"mV"，把用蒸馏水或去离子水清洗过的电极插入 pH=4.00 的标准缓冲溶液中，仪器显示实测的"mV"值，待"mV"读数

稳定后，按"确认"键，仪器显示"标定2"、"9.18"及"mV"。把用蒸馏水或去离子水清洗过的电极插入 pH＝9.18 的标准缓冲溶液中，仪器显示实测的"mV"值，待"mV"读数稳定后，按"确认"键，标定结束，仪器显示"测量"进入测量状态。

注：仪器在标定状态下，可通过按"△"键选择三种标准缓冲溶液中的任意两种（pH＝4.00、pH＝6.86、pH＝9.18）作为标定液（选定的标准缓冲溶液会在温度显示位置显示出来），标定方法同上，第一种溶液标定好后，仍需按"△"键选定第二种标准缓冲溶液。

一般情况下，在 24h 内仪器不需再标定。

(4) 测量 pH 值　经标定过的仪器，即可用来测量被测溶液。

① 用蒸馏水清洗电极头部，再用被测溶液清洗电极。

② 把电极插入被测溶液内，用玻璃棒搅拌溶液，待数字稳定后，读出该溶液的 pH 值。

③ 如果采用自动温度补偿，需将温度电极和测量电极同时放在溶液里即可。

(5) 测量电极电位（mV 值）

① 打开电源开关，仪器进入 pH 测量状态；按"pH/mV"键，使仪器进入"mV"测量即可。

② 把 ORP 复合电极夹在电极架上。

③ 用蒸馏水清洗电极头部，再用被测溶液清洗一次。

④ 把复合电极的插头插入测量电极插座处。

⑤ 把 ORP 复合电极插在被测溶液内，将溶液搅拌均匀后，即可在显示屏上读出该离子选择电极的电极电位（mV 值），还可自动显示±极性。

⑥ 如果被测信号超出仪器的测量（显示）范围，或测量端开路时，显示屏显示 1EEE mV，作超载报警。

完成测试后，移走溶液，用蒸馏水冲洗电极，吸干，套上套管，关闭电源，结束实验。

(6) 仪器维护　仪器经常地正确使用与维护，可保证仪器正常、可靠地使用，特别是 pH 计这一类的仪器，它具有很高的输入阻抗，而使用环境需经常接触化学药品，所以更需合理维护。

① 仪器的输入端（测量电极插座）必须保持干燥清洁。仪器不用时，将 Q9 短路插头插入插座，防止灰尘及水汽浸入。

② 测量时，电极的引入导线应保持静止，否则会引起测量不稳。

③ 仪器采用了集成电路，因此在检修时应保证电烙铁有良好的接地。

④ 用缓冲溶液标定仪器时，要保证缓冲溶液的可靠性，不能配错缓冲溶液，否则将导致测量结果产生误差。

(7) 电极使用、维护的注意事项

① 电极在测量前必须用已知 pH 值的标准缓冲溶液进行标定。在每次标定、测量后进行下一次操作前，应该用蒸馏水或去离子水充分清洗电极，再用待测液清洗一次电极。

② 取下电极护套时，应避免电极的敏感玻璃泡与硬物接触，因为任何破损或擦毛都会影响电极的性能。测量结束，及时将电极保护套套上，电极套内应放少量饱和 KCl 溶液，以保持电极球泡的湿润。

③ 复合电极的外参比补充液为 $3mol \cdot L^{-1}$ 氯化钾溶液，补充液可以从电极上端小孔加入，复合电极不使用时，盖上橡皮塞，防止补充液干涸。

④ 电极的引出端必须保持清洁干燥，绝对防止输出两端短路，否则将导致测量失准或失败。

⑤ 电极应避免长期浸在蒸馏水、蛋白质溶液和酸性氟化物溶液中；电极避免与有机硅油

接触。电极经长期使用后，如发现斜率略有降低，则可把电极下端浸泡在4%HF（氢氟酸）中3~5s，用蒸馏水洗净，然后在0.1mol•L^{-1}盐酸溶液中浸泡，使之复新，但最好更换电极。

注：① 选用清洗剂时，不能用四氯化碳、三氯乙烯、四氢呋喃等能溶解聚碳酸酯的清洗液，因为电极外壳是用聚碳酸酯制成的，其溶解后极易污染敏感玻璃球泡，从而使电极失效。也不能用复合电极去测上述溶液。此时可选用65-1型玻璃壳pH复合电极。

② pH复合电极的使用，最容易出现的问题是外参比电极的液接界处，液接界处的堵塞是产生误差的主要原因。

2.8.7 离子计

2.8.7.1 基本结构

离子计的种类和型号很多，但基本上都是由参比电极（常用甘汞电极）、离子选择性电极及离子计三部分组成，图2-53为pXS-215型离子计的外观图。

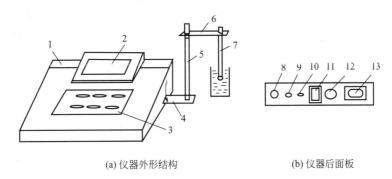

(a) 仪器外形结构　　　　　　(b) 仪器后面板

图2-53　pXS-215型离子计

1—机箱；2—显示屏；3—键盘；4—电极梗座；5—电极梗；6—电极夹；7—电极；
8—测量电极插座；9—参比电极；10—温度电极插座；11—电源开关；
12—保险丝座；13—电源插座

pXS-215型离子计是5位十进制数字显示的高精度离子计，该仪器采用蓝色背光、双排数字显示液晶，可同时显示pX值和温度值。仪器有溶液温度补偿器、斜率校正器、定位调节器和等电位调节器，可以对各种不同的溶液温度和各种电极不同的斜率进行补偿，同时还有记录输出，可与记录仪联用。

2.8.7.2 pXS-215型离子计的使用方法

仪器的电源为220V、50~60Hz交流电源。仪器电源插头为5A三芯插，如电源插头与规格不符，可自行调换合适的同类型插头。

（1）仪器键盘说明　见表2-11。

表2-11　仪器键盘说明

按　键	功　能
pX/mV	"pX/mV"转换键，pX、mV测量模式转换
温度	"温度"键，对温度进行手动设置，自动温度补偿时此键不起作用
标定	"标定"键，对pX进行二点标定工作
△	"△"键，此键为数值上升键，按此键"△"为调节数值上升
▽	"▽"键，此键为数值下降键，按此键"▽"为调节数值下降
确认	"确认"键，按此键为确认上一步操作
等电位/离子选择	此键可设置等电位点及进行测量离子选择

(2) 开机前的准备
① 将离子选择电极、甘汞电极安装在电极夹上。
② 将甘汞电极下端的橡皮套拉下并且将上端的橡皮塞拔去使其露出上端小孔。
③ 离子选择电极用蒸馏水清洗后需用滤纸擦干,以防止引起测量误差。
(3) 电极的安装
① 将使用的离子电极和参比电极安装在电极夹子上,离子电极接指示电极插头,参比电极接参比电极座。参比电极可以按需要选择单盐桥式或双盐桥式。第二盐桥可以采用硫酸钾或硝酸钾溶液。参比电极在使用时应将上面的小橡皮塞及下端橡皮套取下,以保持溶液渗透,不用时则套上。
② 搅拌器上放好测量杯,被测液最多不超过杯子的 2/3,杯内放搅拌子。
(4) 离子选择及等电位点的设置　打开电源,仪器进入 pX 测量状态,按"等电位/离子选择"键,进行离子选择,按"等电位/离子选择"键可选择一价阳离子(X^+)、一价阴离子(X^-)、二价阳离子(X^{2+})、二价阴离子(X^{2-})及 pH 测量,然后按"确认"键,仪器进入等电位设置状态,按"升降"键,设置等电位值,然后按"确认"键设置结束,仪器进入测量状态。

注:如果标准溶液和被测溶液的温度相同,则无须进行等电位补偿,等电位置 0.00pX 即可。

(5) 仪器的标定
① 仪器采用二点标定法,为适应各种 pX 值测量的需要,采用一组 pX 值不同的校准溶液,可根据 pX 值测量范围自行选择,见表 2-12。

表 2-12　二点标定的对应值

序号	标定 1 标准溶液 pX 值	标定 2 标准溶液 pX 值
1	4.00pX	2.00pX
2	5.00pX	3.00pX

一般采用第 1 组数据对仪器进行标定。

② 将校准溶液 A(4.00pX)和校准溶液 B(2.00pX)分别倒入经去离子水清洗干净的干燥塑料烧杯中,杯中放入搅拌子,将塑料烧杯放在电磁搅拌器上,缓慢搅拌。
③ 将电极放入选定的校准溶液 A(如 4.00pX)中,按"温度"键,再按"升降"键,将温度设置到校准溶液的温度值,然后按"确认"键,此时仪器温度显示值即为设置温度值;按"标定"键,仪器显示"标定 1",温度显示位置显示校准溶液的 pX 值,此时按"升"键可选择校准溶液的 pX 值(4.00pX、5.00pX);先选择 4.00pX,待仪器"mV"值显示稳定后,按"确认"键,仪器显示"标定 2",仪器进入第二点标定;将电极从校准溶液 A 中拿出,用去离子水冲洗干净后(用滤纸吸干电极表面的水分),放入选定的校准溶液 B(2.00pX)中,此时温度显示位置显示第二点校准溶液的 pX 值,按"升"键可选择第二点校准溶液的 pX 值(2.00pX、3.00pX),先选择 2.00pX,待仪器"mV"值显示稳定后,按"确认"键,仪器显示"测量",表明标定结束进入测量状态。

(6) pX 值的测量
① 经标定过的仪器即可对溶液进行测量。
② 将被测液放入经去离子水清洗干净的干燥塑料烧杯中,杯中放入搅拌子,将电极用去离子水冲洗干净后(用滤纸吸干电极表面的水分)放入被测溶液中,缓慢搅拌溶液。

③ 仪器显示的读数即为被测液的 pX 值。

注：离子电极在测量时，试样温度与标准溶液温度应保持在同一温度。

（7）"mV"值测量　在 pX 测量状态下，按"pX/mV"键，仪器便进入"mV"测量状态。

2.8.8 自动电位滴定仪

2.8.8.1 基本结构

电位滴定仪一般包括：电极系统、电位测量系统及滴定系统。全自动滴定仪还包括反馈控制系统、自动取样系统、数据处理系统。常规电位滴定中使用的指示电极除各种离子选择性电极外，还可用金属电极如铂、银、金、钨等电极，以及石墨电极和氢醌电极等，常用的电位测定仪器如 pH 计、离子计、数字电压表等均可用于电位滴定的电位测量系统。常用的 ZD-2 型自动电位滴定仪整机结构如图 2-54 所示，它是由"ZD-2 型电位滴定计"和"DZ-1 型滴定装置"组成。

2.8.8.2 ZD-2 型自动电位滴定仪的使用方法

（1）准备工作　把"ZD-2 型电位滴定计"和"DZ-1 型滴定装置"按图 2-54 装配，仪器后面用双头插塞线连接。玻璃电极接插孔 2，甘汞电极接仪器插孔 3。滴定管内倒入滴定剂，滴定管的下端与电磁阀 18 的橡皮管上端连接，橡皮管的下端与玻璃毛细管连接。注意毛细管出口高度应比指示电极（如玻璃电极）略高些，使滴出液可从毛细管流出。

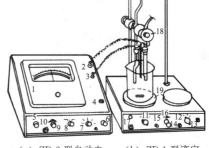

(a) ZD-2 型自动电　(b) DZ-1 型滴定
位滴定计　　　　　装置

图 2-54　ZD-2 型自动电位滴定仪
1—指示电表；2—玻璃电极插孔（—）；
3—甘汞电极插孔（＋）；4—读数开关；
5—预控制调节器；6—校正器；
7—温度补偿调节器；8—选择器；
9—预定终点调节器；10—滴液开关；
11—电磁阀选择开关；12—工作开关；
13—滴定开始按键；14—终点指示灯；
15—滴定指示灯；16—搅拌转速调节器；
17—搅拌开关及指示灯；18—电磁阀；
10—磁力搅拌器

① pH 滴定的校正　把 2 个电极浸在标准缓冲溶液中，将温度补偿调节器 7 置于实际温度位置，开动搅拌器，按下读数开关 4。调节校正器 6，使指针刚好指在校正温度下的标准缓冲溶液的 pH 位置上，再次按读数开关 4，使之松开，指针应退回至 pH 为 7 处。

② 电势（mV）滴定的校正　松开玻璃电极插孔的电极，按下读数开关 4，根据测量范围 0～±700mV 或 0～±1400mV 的不同要求，用校正器 6 调节电表指针在±700mV 或 0mV 处。校正后，不得再旋转校正器 6。

（2）手动滴定

① 把烧杯放在左边电磁阀下，把 DZ-1 型的电磁选择开关扳向 1。

② 把 DZ-2 型工作开关 12 扳向手动。

③ 把 ZD-2 型的选择器 8 转向"测量 mV"或"测量 pH"挡。按下 DZ-2 型的读数开关 4，指针的位置表示被测液的起始电势或起始 pH。

④ 读取滴定剂起始体积数，按下读数开关 4，工作开关 12 指在"滴定"，按下滴定开关 13，终点指示灯 14 亮，滴定指示灯 15 亮或时亮时暗。放开滴定开关 13，则标准溶液停止流入试液，两指示灯都熄灭。

⑤ 每加入一定体积的标准溶液，记录一次 V-mV 或 V-pH，直到超过化学计量点为止。

（3）自动滴定

① 把工作开关 12 指向"滴定"。

② 把选择器 8 转向"终点"处,按下读数开关 4,转动终点调节器 9,使指针指在终点电势或终点 pH 上。

③ 将选择器 8 旋向"mV 滴定"或"pH 滴定",指针所指的值即起始电势值或起始 pH。

④ 比较起始电势(或 pH)与终点电势(或 pH)的大小,若前者小于后者,滴液开关 10 指向"一",否则,指向"+"。

⑤ 按下滴定开始键 13 约 2s,终点指示灯亮,滴定指示灯时熄时亮,滴定自动进行。滴液速度可由预控制调节器 5 调节,向左旋动滴速快,向右旋动则慢。

⑥ 当电表指针到终点值时,滴定指示灯灭,随即终点指示灯也熄灭,滴定结束。

最后,先放开读数开关,把电极从溶液中取出。关闭全部电路开关,放松电磁阀的支头螺丝。

2.8.9 电导率仪

2.8.9.1 基本结构

测量电解质溶液的电导主要有平衡电桥法及电阻分压法,图 2-55 为电阻分压法测定电导率的原理图。

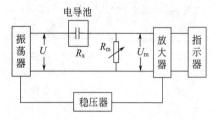

图 2-55 电阻分压电导率仪工作原理图

由振荡器输出的不随 R_x 改变而改变的交流电压 U,则在负载(分压电阻 R_m)两端的电压降为 U_m:

$$U_m = \frac{UR_m}{R_m + R_x} = \frac{UR_m}{R_m + \dfrac{Q}{k}}$$

式中,R_x 为液体电阻;R_m 为分压电阻。

当 U、R_m 和 Q 均为常数时,电导率 k 的变化必将引起 U_m 的变化,所以测量 U_m 的大小,即可得电导率 k 的数值。

电导率仪主要由电导池、测量电源、测量电路及指示器等部分组成,高精度的仪器还配有温度及电容补偿电路,图 2-56 为 DDS-11A 型电导率仪的外观图。

2.8.9.2 DDS-11A 型电导率仪的使用方法

(1) 未开电源前,观察表头指针是否指零。如不指零,可调整表头上的调零螺丝,使指针指零。

(2) 将校正、测量开关拨在"校正"位置。

(3) 将电源插头先插在仪器插座上,再接上电源。打开电源开关,并预热数分钟(待指针完全稳定),调节校正调节器,使电表满刻度指示。

(4) 根据待测溶液电导率的大小,选用低周或高周,将低周、高周开关拨向"低周"或"高周"。当待测溶液的电导率小于 $300\mu S \cdot cm^{-1}$ 时,开关拨至"低周"(1~8 量程),当待测溶液的电导率大于 $300\mu S \cdot cm^{-1}$ 时,开关

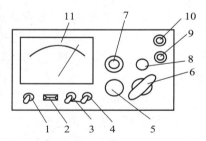

图 2-56 DDS-11A 型电导率仪的外观图

1—电源开关;2—氖泡;
3—高周、低周开关;
4—校正、测量开关;5—校正调节器;
6—量程选择开关;7—电极常数调节器;
8—电容补偿调节器;9—电极插口;
10—10mV 输出插口;11—表头

拨至"高周"(9~12量程)。

(5) 将量程选择开关旋至所需要的测量范围。如预先不知道待测溶液的电导率范围,应先把开关旋至最大测量挡,然后逐挡下降,以防表针被打弯。

(6) 根据待测溶液电导率的大小选用不同的电极。使用 DJS-1 型光亮电极和 DJS-1 型铂黑电极时,把电极常数调节器调节在与配套电极的常数相对应的位置上。例如,若配套电极的常数为 0.95,则把电极常数调节器调节在 0.95 处。

当待测溶液的电导率大于 $10^4 \mu S \cdot cm^{-1}$,以致用 DJS-1 型电极测不出时,选用 DJS-10 型铂黑电极,这时应把调节器调节在配套电极的 1/10 常数位置上。例如,若电极的常数为 9.8,则应使调节器指在 0.98 处,再将测得的读数乘以 10,即为被测溶液的电导率。

(7) 电极使用时,用电极夹夹紧电极的胶木帽,并通过电极夹把电极固定在电极杆上。将电极插头插入电极插口内,旋紧插口上的坚固螺丝,再将电极浸入待测液中。

(8) 将校正、测量开关拨在校正位置,调节校正调节器使电表指示满刻度。注意:为了提高测量精度,当使用"$\times 10^4 \mu S \cdot cm^{-1}$、$\times 10^3 \mu S \cdot cm^{-1}$"挡时,校正必须在接好电导池(电极插头插入插口,电极浸入待测溶液)的情况下进行。

(9) 校正、测量开关拨向测量,这时指示读数乘以量程开关的倍率即为待测液的实际电导率。如开关旋至 $0 \sim 100 \mu S \cdot cm^{-1}$ 挡,电表指示为 0.9,则被测液的电导率为 $90 \mu S \cdot cm^{-1}$。

(10) 用 1,3,5,7,9,11 各挡时,看表头上面的一条刻度(0~1.0);当用 2,4,6,8,10 各挡时,看表头下面的一条刻度(0~3),即红点对红线,黑点对黑线。

(11) 当用 $0 \sim 0.1 \mu S \cdot cm^{-1}$ 或 $0 \sim 0.3 \mu S \cdot cm^{-1}$ 挡测量高纯水时,先把电极引线插入电极插口,在电极未浸入溶液前,调节电容补偿调节器使电表指示为最小值(此最小值即电极铂片间的漏电阻,由于漏电阻的存在,使得调电容补偿调节器时电表指针不能达到零点),然后开始测量。

仪器量程范围为 $0 \sim 10^5 \mu S \cdot cm^{-1}$,分 12 个量程,配套有 DJS-1 型光亮电极;DJS-1 型铂黑电极;DJS-10 型铂黑电极。量程范围与配用电极见表 2-13。

表 2-13 量程范围与配用电极

量程	电导率/$\mu S \cdot cm^{-1}$	测量频率	配用电极	量程	电导率/$\mu S \cdot cm^{-1}$	测量频率	配用电极
1	0~0.1	低周	DJS-1 型光亮电极	7	0~10^2	低周	DJS-1 型铂黑电极
2	0~0.3	低周	DJS-1 型光亮电极	8	0~3×10^2	低周	DJS-1 型铂黑电极
3	0~1	低周	DJS-1 型光亮电极	9	0~10^3	高周	DJS-1 型铂黑电极
4	0~3	低周	DJS-1 型光亮电极	10	0~3×10^3	高周	DJS-1 型铂黑电极
5	0~10	低周	DJS-1 型光亮电极	11	0~10^4	高周	DJS-1 型铂黑电极
6	0~30	低周	DJS-1 型铂黑电极	12	0~10^5	高周	DJS-10 型铂黑电极

2.8.10 电化学分析仪/工作站

CHI660B 系列电化学分析仪/工作站为通用电化学测量系统。内含快速数字信号发生器、高速数据采集系统、电位电流信号滤波器、多级信号增益、iR 降补偿电路以及恒电位仪和恒电流仪。仪器主要由计算机、操作系统、电极和电解池四部分组成,用计算机控制,在视窗操作系统下工作,仪器软件具有很强的功能。

2.8.10.1 使用范围

CHI660B 系列仪器集成了几乎所有常用的电化学测量技术,包括循环伏安法(CV)、线性扫描伏安法(LSV)、阶梯波伏安法(SCV)、Tafel 图(TAFEL)、计时电流法(CA)、计时电量法（CC）、差分脉冲伏安法（DPV）、常规脉冲伏安法（NPV）、差分常规脉冲伏安法（DNPV）、方波伏安法（SWV）、交流（含相敏）伏安法（ACV）、二次谐波交流（相敏）伏安法（SHACV）、电流-时间曲线（$I\text{-}t$）、差分脉冲电流检测（DPA）、积分脉冲电流检测（IPAD）、控制电位电解库仑法（BE）、流体力学调制伏安法（HMV）、扫描-阶跃混合方法（SSF）、多电位阶跃方法（STEP）、交流阻抗测量（IMP）、交流阻抗-时间测量（IMPT）、交流阻抗-电位测量（IMPE）、计时电位法（CP）等。不同技术间的切换十分方便，实验参数的设定是提示性的，可以避免漏设和错设。

2.8.10.2 操作程序

(1) 使用前先检查仪器各个连接是否正常，然后打开 CHI660B 电化学工作站电源，稳定 5min。

(2) 打开计算机，打开 CHI660B 操作软件，并联机。

(3) 使用前先在 Setup 的菜单中执行硬件测试，系统便会自动进行硬件测试。

(4) 测试正常后，选择测试方法，并设定相应参数后，便可进行实验。

(5) 将工作电极、参比电极、辅助电极和相应电极导线连接。

(6) 将三电极体系放入电解液中检测。

(7) 按"run"开始测试，并记录谱图，进行数据处理、保存。

(8) 测试结束后，关闭控制程序，然后关闭工作站电源，将电极、器皿还原。

(9) 关闭 CHI660B 电化学工作站电源和计算机电源。

2.8.10.3 注意事项

(1) 使用仪器前要经过使用培训，得到使用许可后方可独立操作本仪器。

(2) 仪器不宜时开时关，但晚上离开实验室时建议关机。

(3) 仪器的电源应采用单相三线，其中地线应与大地连接良好。

(4) 使用温度 15~28℃，此温度范围外也能工作，但会造成漂移和影响仪器寿命。

2.8.11 气相色谱仪

2.8.11.1 基本结构

气相色谱仪的种类和型号很多，但都包括气路系统、进样系统、分离系统、检测系统和记录与数据处理系统。气相色谱仪的工作流程如图 2-57 所示。

(1) 气路系统　为色谱分析提供纯净、连续的气流，仪器的气路由载气、氢气和空气三个气路组成，后两个气路仅在氢焰检测器中使用，常用的载气有 N_2、H_2、He 和 Ar 等。气体一般由高压钢瓶供给，钢瓶中的高压气体经过减压阀将压力降到所需要的压力，通过干燥器（内装硅胶、活性炭、分子筛等）除去气体中的油气、水分，再经过针形阀和稳压阀连续调节气体流量，使气体流量稳定，最后由转子流量计来测量柱前流速。

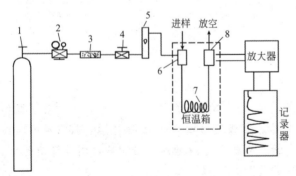

图 2-57　气相色谱装置及流程图
1—载气气源；2—减压阀；3—净化器；4—气流调节阀；
5—转子流速计；6—汽化室；7—色谱柱；8—检测器

（2）进样系统　进样系统主要包括进样器和汽化室。气体样品常用六通阀或 $0.25\sim5\mu L$ 注射器进样，液体样品常用微量注射器进样。样品由针刺穿进样口中的硅橡胶密封垫注入汽化室，液体样品瞬间完全汽化，并被载气带入色谱柱。

（3）分离系统　色谱柱是色谱仪的关键部分，色谱柱可分为填充柱和毛细管柱两大类。常用石英毛细管柱，内径为 $0.2\sim0.5mm$，长度为 $10\sim50m$，柱内填充粒度均匀的不同极性的固定液。

（4）检测系统　把从色谱柱流出的各个组分的浓度（或质量）信号转换成电信号的装置，也是色谱仪的主要部件之一，应用最广泛的是热导池检测器（TCD）和氢火焰离子化检测器（FID）。

（5）记录与数据处理系统　由检测器检测的信号经放大器放大后由记录仪记录，也可通过微处理机进行数据处理。

2.8.11.2　GC900A 型气相色谱仪的使用方法

图 2-58 为 GC900A 型气相色谱仪主机外形图。

（1）旋开氮气瓶压力活塞，调节氮气分压至 5MPa。

（2）如使用 FID 或 FPD（火焰光度）检测器，则打开空气发生器，调节空气压力。

（3）打开主机电源，使汽化室、柱温和检测器进入温度控制状态。

（4）打开电脑，进入在线分析，点开通道 1 或 2，查看基线。

图 2-58　GC900A 型气相色谱仪主机外形图

（5）如使用 FID 或 FPD 检测器，则等到检测器的温度升到 130℃，打开氢气发生器，调节氢气的压力。等到氢气压力升到设定值，点火。

（6）当汽化室、柱温和检测器的温度升到设定值，预热半小时后，就可进样测定。

（7）测定完成后，关掉氢气发生器，退出温度控制。

（8）等到汽化室、柱温和检测器的温度均降到 80℃，关主机和空气发生器。

（9）旋紧氮气瓶压力活塞，旋开分压活塞。

2.8.12　高效液相色谱仪

2.8.12.1　基本结构

高效液相色谱仪结构和流程与气相色谱仪大致相似，通常包括：液路系统（采用高压输液泵）、进样系统（采用六通阀进样）、分离系统（采用高效固定相）、检测系统（采用高灵敏度检测器）、记录系统，如图 2-59 所示。

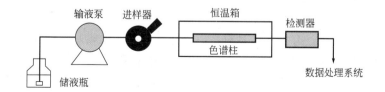

图 2-59　高效液相色谱仪示意图

输液泵将流动相以稳定的流速（或压力）输送至分析体系，在色谱柱之前通过进样器将样品导入，流动相将样品带入色谱柱，在色谱柱中各组分因在固定相中的分配系数或吸附力大小的不同而被分离，并依次随流动相流至检测器，检测到的信号送至数据系统记录、处理或保存。

(1) 液路系统　液路系统包括流动相储存器、高压输液泵、梯度淋洗装置等。

① 高压输液泵　分恒压泵和恒流泵。对液相色谱分析来说，输液泵的流量稳定性更为重要，这是因为流速的变化会引起溶质的保留值的变化，而保留值是色谱定性的主要依据之一。因此，恒流泵的应用更广泛。

② 梯度淋洗装置　在进行多成分的复杂样品的分离时，经常会碰到前面的一些成分分离不完全，而后面的一些成分分离度太大，且出峰很晚和峰形较差的现象。为了使保留值相差很大的多种成分在合理的时间内全部洗脱并达到相互分离，往往要用到梯度洗脱技术。根据溶液混合的方式可以将梯度洗脱分为高压梯度和低压梯度。高压梯度一般只用于二元梯度，即用两个高压泵分别按设定的比例输送两种溶液至混合器，混合器是在泵之后，即两种溶液是在高压状态下进行混合的。其优点是只要通过梯度程序控制器控制每台泵的输出，就能获得任意形式的梯度曲线，而且精度很高，易于实现自动化控制。其缺点是，使用了两台高压输液泵，使仪器价格变得更昂贵，故障率也相对较高，而且只能实现二元梯度操作。低压梯度只需一个高压泵，与等度洗脱输液系统相比，就是在泵前安装了一个比例阀，混合就在比例阀中完成。因为比例阀是在泵之前，所以是在常压（低压）下混合，但混合往往容易形成气泡，所以低压梯度通常配置在线脱气装置。

(2) 进样系统　一般高效液相色谱多采用六通阀进样。先由注射器将样品常压下注入样品环。然后切换阀门到进样位置，由高压泵输送的流动相将样品送入色谱柱。样品环的容积是固定的，因此进样重复性好。

(3) 分离系统　分离系统包括色谱柱和恒温器。

① 色谱柱　由内部抛光的不锈钢管制成，一般长 10～50cm，内径 2～5mm，柱内装有固定相，通常是 5～10μm 粒径的球形颗粒。典型的液相色谱分析柱尺寸是内径 4.6mm，长 250mm。

② 恒温器　适当提高柱温可改善传质，提高柱效，缩短分析时间。因此，在分析时可以采用带有恒温加热系统的金属夹套来保持色谱柱的温度。温度可以在室温到 60℃ 间调节。

(4) 检测系统　用来连续监测经色谱柱分离后的流出物的组成和含量变化的装置。检测器利用溶质的某一物理或化学性质与流动相有差异的原理，当溶质从色谱柱流出时，会导致流动相背景值发生变化，从而在色谱图上以色谱峰的形式记录下来。常用的有紫外-可见光检测器、二极管阵列检测器、示差折光检测器、荧光检测器、电导检测器、光散射检测器等。

① 紫外-可见光（UV-VIS）检测器　由光源产生波长连续可调的紫外线或可见光，经过透镜和遮光板变成两束平行光，无样品通过时，参比池和样品池通过的光强度相等，光电管输出相同，无信号产生；有样品通过时，由于样品对光的吸收，参比池和样品池通过的光强度不相等，有信号产生。根据朗伯-比尔定律，样品浓度越大，产生的信号越大。这种检测器灵敏度高，检测下限约为 10^{-10}g·mL^{-1}，而且线性范围宽，对温度和流速不敏感，适于进行梯度洗脱。用 UV-VIS 检测时，为了得到高的灵敏度，常选择被测物质能产生最大吸收的波长作检测波长，但为了选择性或其它目的，也可适当牺牲灵敏度而选择吸收稍弱的波长，另外，应尽可能选择在检测波长下没有背景吸收的流动相。

② 二极管阵列检测器（DAD 或 DDA）　以光电二极管阵列（或 CCD 阵列，硅靶摄像管等）作为检测元件的 UV-VIS 检测器，它得到的是时间、光强度和波长的三维谱图。普通 UV-VIS 检测器是先用单色器分光，只让特定波长的光进入流动池。而二极管阵列 UV-VIS 检测器是先让所有波长的光都通过流动池，然后通过一系列分光技术，使所有波长的光在接收器上被检测。

③ 示差折光检测器（RI）　基于样品组分的折射率与流动相溶剂折射率有差异，当组分洗脱出来时，会引起流动相折射率的变化，这种变化与样品组分的浓度成正比。绝大多数物质的折射率与流动相都有差异，所以是一种通用的检测方法。虽然其灵敏度比其它检测方法相比要低 1~3 个数量级。比较适合那些无紫外吸收的有机物（如高分子化合物、糖类、脂肪烷烃等）。

④ 荧光检测器　许多有机化合物，特别是芳香族化合物、生化物质，如有机胺、维生素、激素、酶等，被一定强度和波长的紫外线照射后，发射出较激发光波长要长的荧光。荧光强度与激发光强度、量子效率和样品浓度成正比。有的有机化合物虽然本身不产生荧光，但可以与发荧光物质反应衍生化后检测。荧光检测器具有非常高的灵敏度和良好的选择性，灵敏度要比紫外检测法高 2~3 个数量级。而且所需样品量很小，特别适合于药物和生物化学样品的分析。

(5) 辅助系统　辅助系统包括数据处理系统和自动控制单元。

① 数据处理系统　又称色谱工作站。它可对分析全过程（分析条件、仪器状态、分析状态）进行在线显示，自动采集、处理和储存分析数据。

② 自动控制单元　将各部件与控制单元连接起来，在计算机上通过色谱软件将指令传给控制单元，对整个分析实现自动控制，从而使整个分析过程全自动化。

2.8.12.2　LC-20A 高效液相色谱仪（日本岛津公司）的使用方法

LC-20A 高效液相色谱仪基本配置包括 LC-10ADvp 二元高压输液泵、SIL-10ADvp 自动进样器、CTO-10ACvp 柱温箱、色谱柱、SPD-10Avp 二极管阵列检测器（PDA）等独立单元。通过 SCL-10Avp 系统控制器可以统一控制这些单元的操作，也可以独立对各个单元进行操作。图 2-60 为日本岛津公司 LC-20A 高效液相色谱仪的外形图。

高效液相色谱仪记录系统一般配置记录仪、色谱处理机和色谱工作站。LC-20A 高效液相色谱仪记录系统为 LCsolution 的数据结构。各种 LCsolution 的数据参数保存在数据文件中，如在数据采集和数据分析中的数据文件和分析方法参数，仪器自动以副本的形式保存在指定的文件中，确保数据方法的可跟踪性，同时方便分析方法参数的修改和重复使用。

图 2-60　日本岛津公司 LC-20A 高效液相色谱仪的外形图

(1) 开机前的准备工作　开机前的准备工作包括四项。①配好合适的流动相，处理好样品。流动相的有机相一般用色谱纯的甲醇或乙腈，无机相一般用二次蒸馏水或缓冲溶液；样品在流动相中必须要有足够的溶解度，故一般样品处理后先用甲醇溶解。②蒸馏水用 0.45μm 的水系滤膜过滤，蒸馏水过滤后最多只能使用 2 天。③流动相旋松瓶盖后放入超声波清洗仪中超声脱气 15min。流动相处理好后，分别把高压输液泵 B 泵头插入有机溶剂中，A 泵头插入水相中。④样品用甲醇溶解后用 0.21μm 的有机滤膜过滤。

（2）开启电源，打开两个高压输液泵、PDA 检测器和柱温箱的电源开关，待各部件稳定后打开与仪器连接的电脑。

（3）排除高压输液泵管道气泡和冲洗管道　将排液阀逆时针旋转 90°至水平位置，按下【purge】键，输液泵以 10mL·min^{-1} 的流量输液，观察管道中是否有气泡排出，当确信管道中无气泡后，按下【pump】，使输液泵停止工作，再将排液阀旋紧至垂直位置。

（4）双击【LC solution】图标，单击分析通道 1，进入软件操作界面。单击菜单栏右上角【仪器开/关】图标按钮，这时高压输液泵、检测器和柱温箱将同时开启。

（5）设置仪器参数　在【数据采集】窗口的【仪器参数视图】窗口中设置分析条件（仪器参数）：单击【正常】显示一个窗口，可以在其中输入分析条件基本参数，如 LC 停止时间、泵运行模式、泵流速、泵 B 的浓度百分比、PDA 检测器停止时间和柱温等参数。设置好后将仪器参数以方法文件的格式命名后另存到方法文件中，并在执行分析时使用。

（6）冲洗色谱柱　按步骤（5）设置好一个洗柱方法，请务必使【泵 B 的浓度百分比】设置为 100%，即用纯甲醇冲洗柱子。洗柱方法设置好后，单击【仪器参数视图】窗口右上角的【下载】按钮，将仪器分析参数传输给仪器，再单击【数据采集】窗口右上角的【绘图】按钮，在显示窗口中可以监视到系统压力的变化，一般常用甲醇-水流动相体系中，洗柱压力在 4MPa 以下。待【色谱图视图】中基线在纵坐标强度为 ±10 之间平稳后，视为柱子冲洗干净，单击【停止】按钮。

（7）分析样品　按步骤（5）设置好样品分析方法，单击【下载】。待工具栏左上角显示【就绪】后，单击【LC 实时分析】窗口助手栏上的【单次分析】图标。出现【单次运行】屏幕后，设置对话框。一般只需设置样品名、数据文件的保存途径，其它选择为系统默认值即可。单击【确定】，出现一个对话框后，用进样针吸取适量的样品进样。在六通阀进样器处于【Inject】的状态下插入进样针，再把进样器向上掰至【Lode】的状态下把样品注射进去，再把进样器向下掰至【Inject】状态，这时对话框消失，开始单次分析，【LC 实时分析】窗口状态由【就绪】更改为【正在运行】。待色谱峰流出后，单击【停止】按钮可手动停止分析，也可待 LC 停止时间结束后，仪器自动停止。分析数据文件会自动保存，打开数据文件后可对色谱图进行处理并打印结果。

3 基础性实验

实验一 天平的使用和称量练习

【实验目的】
1. 熟练掌握托盘天平（即台秤）的使用方法。
2. 了解天平的类型，熟悉分析天平的基本构造和原理。
3. 学会正确使用电子天平，以直接法和减量（差减）法称量样品。

【实验原理】
预习本书 2.4 分析天平有关内容。

【仪器与试剂】
1. 仪器　电子天平、称量瓶。
2. 试剂　固体试样或氧化铜。

【实验步骤】
（1）称量称量瓶　准备一个洁净干燥的称量瓶，在分析天平上准确称量出瓶盖质量 m_1、瓶身质量 m_2、整个称量瓶质量 m_3，要求 m_1+m_2 与 m_3 相差不得超过 0.4mg。分别记录有关称量数据。

（2）差减法称量氧化铜　用差减法称取 1g 氧化铜固体。取一只洁净干燥的称量瓶，装入约 2g 的氧化铜固体。用一条宽 2cm、长 10cm 的纸条套住称量瓶放在天平托盘中央，取下纸条，准确称量盛有氧化铜的称量瓶总质量，记录为 m_0。再用纸条套住称量瓶从天平中取出，用其瓶盖轻轻敲击瓶口处的上方，倾倒出约一半氧化铜固体于干燥的小烧杯内。盖上瓶盖，再进行准确称量，此时的总质量记为 m_0'，则倒出的氧化铜质量为，$m=m_0-m_0'$，记录有关数据。

【数据处理与结论】
见表 3-1。

表 3-1　称量记录及数据处理结果

称量练习	项目	结果
称量称量瓶	瓶盖质量 m_1/g	
	瓶身质量 m_2/g	
	称量瓶质量 m_3/g	
	称量误差 $[m_3-(m_1+m_2)]$/g	
差减法称量氧化铜	（称量瓶+氧化铜）质量 m_0/g	
	倾出部分氧化铜后称量瓶的质量 m_0'/g	
	倾出氧化铜的质量 $m=(m_0-m_0')$/g	

【注意事项】

1. 为了避免被称量物超过天平的最大负荷，可以先在台秤上试重后再称量。
2. 电子天平的结构、使用方法及注意事项见本书 2.4.2。

【思考题】

1. 电光分析天平的灵敏度主要取决于天平的什么零件？称量时应如何维护天平的灵敏性？
2. 掌握差减法的关键是什么？
3. 直接称量法适合哪类固体药品？哪类固体药品必须用差减法称量？
4. 用差减法称取试样时，若称量瓶内的试样吸湿，对称量结果会造成什么误差？

实验二 溶液的配制

【实验目的】

1. 学习和练习量筒、移液管、容量瓶、比重计和天平的使用。
2. 掌握几种常用的配制溶液的方法和基本操作；了解特殊溶液的配制。
3. 熟悉有关的溶液浓度的计算。

【实验原理】

在化学实验中，常常需要配制各种溶液来满足不同实验的要求。如果实验对溶液浓度的准确性要求不高，一般利用台秤、量筒、带刻度烧杯等低准确度的仪器配制就能满足需要。如果实验对溶液浓度的准确性要求较高，就必须使用分析天平、移液管、容量瓶等高准确度的仪器配制溶液。对于易水解的物质，在配制溶液时还要考虑先以相应的酸溶解易水解的物质，再加水稀释。无论是粗配还是准确配制一定体积、一定浓度的溶液，首先要计算所需试剂的用量，包括固体试剂的质量或液体试剂的体积，然后再进行配制。

不同浓度的溶液在配制时的具体计算及配制步骤如下。

1. 由固体试剂配制溶液

(1) 溶液浓度的表示方法

① 质量分数　溶质的质量与溶液总质量之比，无量纲。符号为 w。

$$w = \frac{m_{溶质}}{m_{溶液}}$$

配制方法是：先计算出配制一定质量分数溶液所需固体试剂的质量，用台秤称取，倒入烧杯，再用量筒量取所需蒸馏水，也倒入烧杯，用玻璃棒搅拌，使固体完全溶解，然后将溶液倒入试剂瓶中，贴上标签，备用。

② 物质的量浓度　溶质的物质的量与溶液总体积之比。符号为 c，常用单位为 $mol \cdot L^{-1}$。

$$c = \frac{n_{溶质}}{V_{溶液}} \qquad m_{溶质} = cVM$$

式中，M 为溶质的摩尔质量，单位为 $g \cdot mol^{-1}$。

(2) 配制方法

① 粗略配制　算出配制一定体积溶液所需固体试剂的质量，用台秤称取，倒入刻度烧

杯中，先加入少量蒸馏水，搅拌使固体完全溶解，再加入蒸馏水稀释至所需的刻度并搅拌均匀，即得所需的溶液。然后将溶液移入试剂瓶中，贴上标签，备用。

② 准确配制　先算出将要配制的给定体积和准确浓度溶液所需固体试剂的质量，并在分析天平上准确称出它的质量，放入干净烧杯中，加适量蒸馏水使其完全溶解。将溶液转移到相应体积的容量瓶中，用少量蒸馏水洗涤烧杯 2~3 次，洗涤液也移入容量瓶中，当液面离刻度线 2~3cm 时改用胶头"滴加"蒸馏水至标线处，盖上塞子，摇匀即成所配溶液，然后将溶液移入试剂瓶，贴上标签，备用。

2. 由液体试剂（或浓溶液）配制溶液

（1）质量分数

① 混合两种已知浓度的溶液，配制所需浓度溶液的计算方法是：把所需的溶液浓度放在两条直线交叉点上（即中间位置），两种已知溶液的浓度值放在两条直线的左端（较大的在上，较小的在下）。然后每条直线上两个数字相减，差额写在同一直线另一端（右边的上、下），这样就得到所需的已知浓度溶液的份数。如，由 85% 和 40% 的溶液混合，欲配制 60% 的溶液：

计算结果表明，需取用 20 份的 85% 的溶液和 25 份的 40% 的溶液混合。

② 用溶剂稀释原液配制成所需浓度的溶液，在计算时只需将左下角较小的浓度写成零表示是纯溶剂即可。例如用水把 35% 的水溶液稀释成 25% 的溶液：

结果表明，需取 25 份 35% 的水溶液兑 10 份的水，就得到 25% 的溶液。配制时应在烧杯中先加水或稀溶液，然后再加浓溶液。搅拌均匀，将溶液转移到试剂瓶中，贴上标签，备用。

（2）物质的量浓度

① 计算　由已知物质的量浓度 $c_{原}$ 的溶液稀释到另一种物质的量浓度 $c_{新}$ 的溶液。

$$V_{原} = \frac{c_{新} V_{新}}{c_{原}}$$

式中，$V_{原}$ 为取原溶液的体积；$V_{新}$ 为稀释后溶液的体积。

由已知质量分数 w 的溶液稀释到另一物质的量浓度 $c_{新}$ 的溶液。

$$c_{原} = 1000 \times \frac{\rho w}{M}$$

式中，M 为溶质的摩尔质量，$g \cdot mol^{-1}$；ρ 为液体试剂（或浓溶液）的密度，$g \cdot mL^{-1}$。

② 配制方法

a. 粗略配制　先用比重计测量液体（或浓溶液）试剂的密度，利用密度的数值从附录 1 中查出其相应的质量分数，然后计算出配制一定物质的量浓度溶液所需液体试剂（或浓溶液）的体积，用量筒量取所需的液体（或浓溶液），倒入装有少量水的有刻度烧杯中混合，如果溶液放热，需冷却至室温后，再用水稀释至所需刻度。搅拌均匀后移入试剂瓶中，贴上标签，备用。

b. 准确配制　当用较浓的准确浓度溶液配制较稀准确浓度的溶液时，先计算所需浓溶液的体积，然后用已处理干净的移液管吸取浓溶液注入相应体积的洁净容量瓶中，加蒸馏水至标线处，摇匀后，倒入试剂瓶，贴上标签，备用。

【仪器与试剂】

1. 仪器　烧杯、玻璃棒、台秤、分析天平、量筒、容量瓶、比重计、移液管、试剂瓶、称量瓶、胶头滴管、洗耳球。

2. 试剂　$H_2C_2O_4 \cdot 2H_2O$、NaOH、H_2SO_4(98%，1.84 g·mL^{-1})、HAc(0.2000 mol·L^{-1})。

【实验步骤】

1. 配制 3 mol·L^{-1} H_2SO_4 溶液 50 mL

(1) 计算浓硫酸体积

$$V_{原} = \frac{c_{新} V_{新}}{c_{原}} = \frac{c_{新} V_{新} M}{\rho w} = \frac{3\,mol·L^{-1} \times 0.05\,L \times 98\,g·mol^{-1}}{1.84\,g·mL^{-1} \times 98\%} = 8\,mL。$$

(2) 配制过程

① 在小烧杯中加约 20 mL 的水。

② 用量筒量取 8 mL 浓 H_2SO_4，将其缓慢倒入水中，并不断搅拌。

③ 冷却后将其倒入 50 mL 量筒中，用少量水洗涤烧杯 3 次，洗涤液也注入量筒中。

④ 加水至 50 mL 刻度线定容。移入试剂瓶，贴上标签，备用。

(3) 测自配的 3 mol·L^{-1} H_2SO_4 溶液的密度。

2. 配制 2 mol·L^{-1} NaOH 溶液 50 mL

(1) 计算　$m_{NaOH} = cVM = 2\,mol·L^{-1} \times 50 \times 10^{-3}\,L \times 40\,g·mol^{-1} = 4\,g。$

(2) 称量　用台秤先称量干净小烧杯的质量，向小烧杯中加入 NaOH 固体，称出 4 g NaOH 固体。

(3) 配制　用量筒量取水 50 mL，先倒入少量水溶解 NaOH 固体，然后再倒入剩余的水，搅匀。将其移入试剂瓶中，贴上标签，备用。

3. 配制 0.01000 mol·L^{-1} $H_2C_2O_4$ 溶液 100 mL

(1) 计算　$m_{H_2C_2O_4 \cdot 2H_2O} = cVM = 0.01000\,mol·L^{-1} \times 100 \times 10^{-3}\,L \times 126.0\,g·mol^{-1} = 0.1260\,g。$

(2) 称量　在分析天平上用差减法准确称量草酸质量 0.1260 g 于小烧杯中。

(3) 配制　用少量水在小烧杯中溶解草酸晶体后，定量转移至 100 mL 容量瓶中（具体操作见本书 2.7.2），摇匀。转入试剂瓶保存，贴上标签。

4. 由 0.200 mol·L^{-1} HAc 溶液配制 0.0100 mol·L^{-1} HAc 溶液 100 mL

(1) 计算　$V_{HAc} = \dfrac{0.0100\,mol·L^{-1} \times 100\,mL}{0.2000\,mol·L^{-1}} = 5.00\,mL。$

(2) 配制　用移液管（具体操作见本书 2.7.3）准确移取 5.00 mL HAc 溶液于 100 mL 容量瓶中，加水至刻度线，摇匀。转入试剂瓶保存，贴上标签。

【注意事项】

1. 有关容量瓶、移液管的使用见本书 2.7.2 和 2.7.3。

2. 配制及保存溶液应遵循的原则

(1) 经常使用并大量使用的溶液，可先配制成浓度约大 10 倍的储备液，使用时取储备液稀释 10 倍即可。

(2) 易侵蚀或腐蚀玻璃的溶液，不能盛放在玻璃瓶内，如含氟的盐类（如 NaF、NH_4F、NH_4HF_2）、苛性碱等应保存在聚乙烯塑料瓶中。

(3) 易挥发、易分解的试剂及溶液，如 I_2、$KMnO_4$、H_2O_2、$AgNO_3$、$H_2C_2O_4$、$Na_2S_2O_3$、氨水、Br_2 水、CCl_4、$CHCl_3$、丙酮、乙醚、乙醇等溶液及有机溶剂等均应存放在棕色瓶中，密封好放在暗处阴凉地方，避免光的照射。

(4) 配制溶液要合理选择试剂的级别，不允许超规格使用试剂，以免造成不必要的浪费。

(5) 配好的溶液盛装在试剂瓶中，应贴好标签，注明溶液的浓度、名称以及配制日期。

【思考题】

1. 由浓 H_2SO_4 配制稀 H_2SO_4 溶液的过程中应注意哪些问题？
2. 使用比重计应注意些什么？
3. 用容量瓶配制溶液时，要不要把容量瓶干燥？能否用量筒代替移液管量取溶液？
4. 如何使用称量瓶？从称量瓶中往外倾倒样品时如何操作？

实验三　酸碱反应与缓冲溶液

【实验目的】

1. 加深理解溶液 pH 值的含义，学会溶液 pH 值的测试方法。
2. 进一步理解酸碱反应的有关概念和原理。
3. 理解盐的水解和同离子效应及其影响因素。
4. 学会配制缓冲溶液并了解其缓冲性能。

【实验原理】

在一定温度下，弱酸、弱碱在溶液的解离平衡如下：

$$HA + H_2O \rightleftharpoons A^- + H_3O^+ \quad K_a^\ominus$$
$$B + H_2O \rightleftharpoons BH^+ + OH^- \quad K_b^\ominus$$

1. 同离子效应　在弱电解质的溶液中加入含有相同离子的另一种电解质，解离平衡向生成弱电解质的方向移动，使弱电解质的解离程度减小的现象。如在 HAc 溶液中加入 NaAc，会引起 HAc 的解离度减小

$$HAc + H_2O \rightleftharpoons H_3O^+ + Ac^-$$
$$NaAc \rightleftharpoons Na^+ + Ac^-$$

2. 盐类水解　在水溶液中组成盐的离子与水电离出的 H^+ 或 OH^- 生成弱电解质的反应。水解后溶液的酸碱性决定于盐的类型。强酸弱碱盐水解，溶液呈酸性；强碱弱酸盐水解，溶液呈碱性；弱酸弱碱盐水解，溶液的酸碱性取决于相应的弱酸弱碱的相对强弱。如：

$$Ac^- + H_2O \rightleftharpoons HAc + OH^-$$
$$NH_4^+ + H_2O \rightleftharpoons NH_3 \cdot H_2O + H^+$$
$$NH_4^+ + Ac^- + H_2O \rightleftharpoons NH_3 \cdot H_2O + HAc$$

3. 缓冲溶液　弱酸及其共轭碱或弱碱及其共轭酸所组成的溶液，具有保持溶液 pH 值相对稳定的性质，这类溶液称为缓冲溶液。缓冲溶液 pH 值的计算方法如下。

弱酸 HA 及其共轭碱 A^- 组成的缓冲溶液：

$$pH = pK_{a,HA}^{\ominus} + \lg\frac{c_{A^-}}{c_{HA}}$$

弱碱 B 及其共轭酸 BH^+ 组成的缓冲溶液：

$$pH = 14 - pK_{b,B}^{\ominus} + \lg\frac{c_B}{c_{BH^+}}$$

【仪器与试剂】

1. 仪器　酸度计、量筒、烧杯、点滴板、试管、试管架、石棉网、酒精灯、pH 试纸。
2. 试剂　HCl（$0.05mol·L^{-1}$，$0.1mol·L^{-1}$，$2mol·L^{-1}$）、HAc（$0.1mol·L^{-1}$，$1mol·L^{-1}$）、NaOH（$0.1mol·L^{-1}$）、$NH_3·H_2O$（$0.1mol·L^{-1}$，$1mol·L^{-1}$）、NaCl（$0.1mol·L^{-1}$）、Na_2CO_3（$0.1mol·L^{-1}$）、NH_4Cl（$0.1mol·L^{-1}$，$1mol·L^{-1}$）、NaAc（$0.1mol·L^{-1}$）、NH_4Ac（s）、$BiCl_3$（$0.1mol·L^{-1}$）、$AlCl_3$（$0.1mol·L^{-1}$）、$Fe(NO_3)_3$（$0.5mol·L^{-1}$）、酚酞、甲基橙、未知液 A、B、C、D。

【实验步骤】

1. 同离子效应

（1）取一支试管，加入 $0.1mol·L^{-1}$ $NH_3·H_2O$ 溶液 1mL，用 pH 试纸测其 pH 值，用酚酞试剂检查其酸碱性，再加入少量 NH_4Ac 固体，充分振荡，用同样的方法测定和检查其 pH 值和酸碱性，观察并解释实验现象。

（2）用 $0.1mol·L^{-1}$ HAc 代替 $0.1mol·L^{-1}$ $NH_3·H_2O$，用甲基橙代替酚酞，重复实验（1）。

2. 盐类水解

（1）取一支试管，加入 $0.5mol·L^{-1}$ $Fe(NO_3)_3$ 溶液 2~3mL，在酒精灯上小心加热片刻，观察并解释现象。写出反应方程式。

（2）取一支试管，加入 3mL H_2O 和 1 滴 $0.1mol·L^{-1}$ $BiCl_3$，观察现象；再滴加 $2mol·L^{-1}$ HCl 2~3 滴，充分振荡，观察变化情况，写出反应方程式。

（3）在试管中加入 2 滴 $0.1mol·L^{-1}$ $AlCl_3$ 和 3 滴 Na_2CO_3（$0.1mol·L^{-1}$），观察现象，写出反应方程式。

（4）A、B、C、D 是四种失去标签的盐溶液，只知它们为 $0.1mol·L^{-1}$ NaCl、NaAc、NH_4Cl、Na_2CO_3 溶液，通过测定 pH 值确定 A、B、C、D 各为何物。

3. 缓冲溶液

（1）按表 3-2 配制缓冲溶液，根据计算值 pH 选用合适的精密 pH 试纸分别测定其 pH 值，并与计算值作比较。

表 3-2　缓冲溶液 pH

编号	配制缓冲溶液	pH 理论值	pH 测定值
1	3.0mL $1mol·L^{-1}$ HAc+3.0mL $1mol·L^{-1}$ NaAc		
2	3.0mL $1mol·L^{-1}$ HAc+3.0mL $0.1mol·L^{-1}$ NaAc		
3	3.0mL $0.1mol·L^{-1}$ HAc 中加入 1 滴酚酞，滴加 $0.1mol·L^{-1}$ NaOH 溶液至酚酞变红，半分钟不消失，再加入 3.0mL $0.1mol·L^{-1}$ HAc		
4	3.0mL $1mol·L^{-1}$ $NH_3·H_2O$+3.0mL $1mol·L^{-1}$ NH_4Cl		

（2）将 1 号溶液分成两份，分别加入 1 滴 $0.1mol·L^{-1}$ HCl 溶液和 1 滴 $0.1mol·L^{-1}$ NaOH 溶液，摇匀，用精密 pH 试纸测定其 pH 值，记录并解释 pH 值的变化情况。

【提示】
本实验 pH 的测量也可用酸度（pH）计，各种型号酸度计的结构和使用方法见本书 2.8.6。

【思考题】
1. 影响盐类水解的因素有哪些？实验室如何配制 $CuSO_4$ 和 $FeCl_3$ 溶液？
2. 配制 pH＝4.8 的缓冲溶液，选用什么试剂？如使其中盐的浓度控制在 $1mol \cdot L^{-1}$，写出配制 100mL 缓冲溶液的步骤。

实验四　配合物与沉淀溶解平衡

【实验目的】
1. 加深对配合物与沉淀溶解平衡原理的理解。
2. 学习利用配合物与沉淀溶解平衡原理在混合阳离子分离中的应用。
3. 学会离心机的使用和固-液分离操作。

【实验原理】
1. 配位-解离平衡

在一定条件下，形成体（中心离子）、配位体和配位化合物（配离子）达到配位-解离平衡，如 $[Cu(NH_3)_4]^{2+}$ 在水溶液中的配位-解离平衡：

$$Cu^{2+} + 4NH_3 \rightleftharpoons [Cu(NH_3)_4]^{2+}$$

$$K_f^\ominus = \frac{[Cu(NH_3)_4^{2+}]}{[Cu^{2+}][NH_3]^4}$$

$K_f^\ominus$ 称为累积稳定常数或形成常数，配位化合物（配离子）的形成常伴随溶液颜色、酸碱性、难溶电解质溶解度、中心离子氧化还原性的改变。

2. 沉淀-溶解平衡

在一定条件下，当溶解和沉淀速率相等时，便建立了一种动态的多相离子平衡，可表示如下：

$$A_m B_n(s) \rightleftharpoons mA^{n+} + nB^{m-}$$

$$K_{sp}^\ominus(A_m B_n) = [A^{n+}]^m [B^{m-}]^n \text{ 或 } [c(A^{n+})/c^\ominus]^m [c(B^{m-})/c^\ominus]^n$$

$K_{sp}^\ominus$ 称为溶度积常数，沉淀的生成和溶解可以根据溶度积规则来判断：$J^\ominus > K_{sp}^\ominus$，有沉淀析出，平衡向左移动；$J^\ominus = K_{sp}^\ominus$，处于平衡状态，溶液为饱和溶液；$J^\ominus < K_{sp}^\ominus$，无沉淀析出，或平衡向右移动，原来的沉淀溶解。

溶液 pH 值的改变、配合物的形成或发生氧化还原反应，造成的离子浓度的改变打破了原来的沉淀-溶解平衡，其平衡移动符合 Le Châtelier 原理。综合利用酸碱解离平衡、配位-解离平衡和沉淀-溶解平衡和化学平衡原理可以分离溶液中的某些离子。

【仪器与试剂】
1. 仪器　离心试管、试管架、石棉网、酒精灯、电动离心机、pH 试纸。
2. 试剂　$HCl(6mol \cdot L^{-1}, 2mol \cdot L^{-1})$、$H_2SO_4(2mol \cdot L^{-1})$、$HNO_3(6mol \cdot L^{-1})$、$H_2O_2(3\%)$、$NaOH(2mol \cdot L^{-1})$、$NH_3 \cdot H_2O(6mol \cdot L^{-1}, 2mol \cdot L^{-1})$、$KBr(0.1mol \cdot L^{-1})$、$KI(0.02mol \cdot L^{-1}, 0.1mol \cdot L^{-1}, 2mol \cdot L^{-1})$、$K_2CrO_4(0.1mol \cdot L^{-1})$、KSCN

（0.1mol·L^{-1}）、NaF（0.1mol·L^{-1}）、NaCl（0.1mol·L^{-1}）、Na$_2$S（0.1mol·L^{-1}）、NaNO$_3$（s）、Na$_2$S$_2$O$_3$（0.1mol·L^{-1}）、NH$_4$Cl（1mol·L^{-1}）、MgCl$_2$（0.1mol·L^{-1}）、CaCl$_2$（0.1mol·L^{-1}）、Ba(NO$_3$)$_2$（0.1mol·L^{-1}）、Al(NO$_3$)$_3$（0.1mol·L^{-1}）、Pb(NO$_3$)$_2$（0.1mol·L^{-1}）、Pb(Ac)$_2$（0.01mol·L^{-1}）、CoCl$_2$（0.1mol·L^{-1}）、FeCl$_3$（0.1mol·L^{-1}）、Fe(NO$_3$)$_3$（0.1mol·L^{-1}）、AgNO$_3$（0.1mol·L^{-1}）、Zn(NO$_3$)$_2$（0.1mol·L^{-1}）、NiSO$_4$（0.1mol·L^{-1}）、NH$_4$Fe(SO$_4$)$_2$（0.1mol·L^{-1}）、K$_3$[Fe(CN)$_6$]（0.1mol·L^{-1}）、BaCl$_2$（0.1mol·L^{-1}）、CuSO$_4$（0.1mol·L^{-1}）。

【实验步骤】

1. 配合物的形成与颜色变化（注：反应在试管中进行）

（1）在1mL 0.1mol·L^{-1} FeCl$_3$中加1～3滴0.1mol·L^{-1} KSCN，观察现象，然后加6～8滴0.1mol·L^{-1} NaF，充分振荡试管，观察颜色的变化。写出反应方程式。

（2）在1mL 0.1mol·L^{-1} K$_3$[Fe(CN)$_6$]溶液和1mL 0.1mol·L^{-1} NH$_4$Fe(SO$_4$)$_2$溶液中分别加1～3滴0.1mol·L^{-1} KSCN，观察并解释现象。

（3）在1mL 0.1mol·L^{-1} CuSO$_4$溶液中滴加6mol·L^{-1} NH$_3$·H$_2$O至过量，然后将溶液分为两份，分别滴加2mol·L^{-1} NaOH溶液和0.1mol·L^{-1} BaCl$_2$，观察现象，写出反应方程式。

2. 配合物形成时难溶物溶解度的改变 在3支离心试管中分别加入5滴0.1mol·L^{-1} NaCl、0.1mol·L^{-1} KBr和0.1mol·L^{-1} KI，再各加入5滴0.1mol·L^{-1} AgNO$_3$，观察沉淀的颜色。离心分离，弃去清液。在每种沉淀中，都分别滴加2mL 2mol·L^{-1} NH$_3$·H$_2$O、0.1mol·L^{-1} Na$_2$S$_2$O$_3$、2mol·L^{-1} KI溶液，充分振荡试管，观察沉淀的溶解，写出反应方程式。

3. 配合物形成时中心离子氧化还原性的改变（注：反应在试管中进行）

（1）在1mL 0.1mol·L^{-1} CoCl$_2$溶液中滴加3～5滴3%的H$_2$O$_2$，有无变化？

（2）在5滴0.1mol·L^{-1} CoCl$_2$溶液中滴加10滴1mol·L^{-1} NH$_4$Cl溶液，振荡，再滴加1mL 6mol·L^{-1} NH$_3$·H$_2$O，充分振荡试管，观察现象。然后加5滴3%的H$_2$O$_2$，振荡，观察并解释现象，写出反应方程式。

4. 沉淀的生成与溶解

（1）在3支试管中各加入2滴0.01mol·L^{-1} Pb(Ac)$_2$和2滴0.02mol·L^{-1} KI溶液，振荡试管，观察现象。在第1支试管中加5mL去离子水，摇荡，观察现象；在第2支试管中加少量NaNO$_3$（s），摇荡，观察现象；在第3支试管中滴加过量的2mol·L^{-1} KI，观察现象，分别解释之。

（2）在2支试管中各加入1滴0.1mol·L^{-1} Na$_2$S溶液和1滴0.1mol·L^{-1} Pb(NO$_3$)$_2$溶液，观察现象。第1支试管中加几滴6mol·L^{-1} HCl，在第2支试管中加6mol·L^{-1} HNO$_3$，摇荡，观察现象，写出反应方程式。

（3）在2支试管中各加入1mL 0.1mol·L^{-1} MgCl$_2$溶液和数滴2mol·L^{-1} NH$_3$·H$_2$O溶液至沉淀生成，在第1支试管中加几滴2mol·L^{-1} HCl溶液，观察沉淀是否溶解；在第2支试管中加数滴1mol·L^{-1} NH$_4$Cl溶液，观察沉淀是否溶解，写出反应方程式，分别解释实验现象。

5. 分步沉淀

（1）在一支离心试管中加入3滴0.1mol·L^{-1} Na$_2$S溶液和3滴0.1mol·L^{-1} K$_2$CrO$_4$溶液，用去离子水稀释至3mL，摇匀。先加入3滴0.1mol·L^{-1} Pb(NO$_3$)$_2$溶液，摇匀，观察沉淀的颜色，离心分离；然后再向清液中继续滴加Pb(NO$_3$)$_2$溶液，观察此时生成沉淀的颜色。写出反应方程式，并说明两种沉淀先后析出的原因。

(2) 在试管中加入 3 滴 $0.1\text{mol}\cdot\text{L}^{-1}$ $AgNO_3$ 溶液和 3 滴 $0.1\text{mol}\cdot\text{L}^{-1}$ $Pb(NO_3)_2$ 溶液，用去离子水稀释至 2mL，摇匀。逐滴加入 $0.1\text{mol}\cdot\text{L}^{-1}$ K_2CrO_4 溶液，观察并解释沉淀颜色的变化，写出反应方程式。

6. 沉淀的转化　在 6 滴 $0.1\text{mol}\cdot\text{L}^{-1}$ $AgNO_3$ 溶液中加 3 滴 $0.1\text{mol}\cdot\text{L}^{-1}$ K_2CrO_4 溶液，观察现象。再逐滴加入 $0.1\text{mol}\cdot\text{L}^{-1}$ NaCl 溶液，摇荡，观察现象。写出反应方程式。

7. 沉淀-配位溶解法分离混合阳离子　某溶液中含有 Ba^{2+}，Al^{3+}，Fe^{3+}，Ag^+ 等离子，试设计方法分离之，写出有关反应方程式。

$$\begin{Bmatrix} Fe^{3+} \\ Al^{3+} \\ Ba^{2+} \\ Ag^+ \end{Bmatrix} \xrightarrow{\text{稀HCl}} \begin{Bmatrix} Fe^{3+} \\ Al^{3+}(aq) \\ Ba^{2+} \\ AgCl(s) \end{Bmatrix} \xrightarrow{\text{稀}H_2SO_4} \begin{Bmatrix} \underline{\quad}(aq) \\ \underline{\quad}(s) \end{Bmatrix} \xrightarrow{\text{稀NaOH}} \begin{Bmatrix} \underline{\quad}(aq) \\ \underline{\quad}(s) \end{Bmatrix}$$

【提示】
离心分离操作及离心机的使用见本书 2.5.1。

【思考题】
1. 某溶液中含有 Ba^{2+}、Pb^{2+}、Fe^{3+}、Zn^{2+} 等离子，用图示法表示实验分离方案，写出有关反应方程式。
2. 查相关数据，比较 $[Ag(NH_3)_2]^+$、$[Ag(S_2O_3)_2]^{3-}$ 和 $[AgI_2]^-$ 的稳定性。
3. 如何正确使用电动离心机？

实验五　氧化还原反应

【实验目的】
1. 掌握铜-锌原电池的原理，学会用酸度计测定原电池的电动势。
2. 加深浓度、介质的酸碱性对电极电势及氧化还原反应影响的认识。
3. 学习用实验方法比较电对的电极电位的相对大小。

【实验原理】
1. 浓度对电极电势的影响　根据能斯特方程，对于本实验的铜-锌原电池，浓度与电极电势 E 的关系为：

铜电极
$$E_{Cu^{2+}/Cu} = E^{\ominus}_{Cu^{2+}/Cu} + \frac{0.0592}{2}\text{Vlg}[Cu^{2+}]$$

锌电极
$$E_{Zn^{2+}/Zn} = E^{\ominus}_{Zn^{2+}/Zn} + \frac{0.0592}{2}\text{Vlg}[Zn^{2+}]$$

当增大 Cu^{2+}、Zn^{2+} 浓度时，它们的 E 值都分别增大；反之，则 E 值减小。

2. 浓度对氧化还原反应的影响　水溶液中自发进行的氧化还原反应，氧化剂电对的电极电势代数值应大于还原剂电对的电极电势代数值。如果在原电池中改变某一半电池（电极）的离子浓度，而保持另一半电池的离子浓度不变，则会使电动势发生改变。加入配合剂（如氨水）或沉淀剂（如 S^{2-}），会使金属离子浓度大大降低，使 E 值发生大幅度改变，其至能导致电极正负极符号和反应方向的改变。

3. 介质酸碱性对电极电势及氧化还原反应的影响　介质酸碱性对含氧酸盐的氧化性影响很大，如高锰酸钾的氧化性随介质酸性减弱而减弱，在不同介质中其还原产物也不同。

在酸性介质中被还原为无色的 Mn^{2+}：
$$MnO_4^- + 8H^+ + 5e^- \rightleftharpoons Mn^{2+} + 4H_2O, E^\ominus = 1.51V$$

在中性、弱酸性或弱碱性介质中被还原为棕色的 MnO_2 沉淀：
$$MnO_4^- + 2H_2O + 3e^- \rightleftharpoons MnO_2 \downarrow + 4OH^-, E^\ominus = 0.588V$$

在强碱性介质中被还原为绿色的 MnO_4^{2-}：
$$MnO_4^- + e^- \rightleftharpoons MnO_4^{2-}, E^\ominus = 0.564V$$

【仪器与试剂】

1. 仪器　酸度计、电炉、试管、试管架、石棉网、酒精灯、水浴锅、饱和甘汞电极、锌电极、铜电极、饱和 KCl 盐桥、pH 试纸。

2. 试剂　HAc（$1mol \cdot L^{-1}$）、H_2SO_4（$2mol \cdot L^{-1}$）、$H_2C_2O_4$（$0.1mol \cdot L^{-1}$）、H_2O_2（3%）、NaOH（$2mol \cdot L^{-1}$）、$NH_3 \cdot H_2O$（$2mol \cdot L^{-1}$）、KI（$0.02mol \cdot L^{-1}$，$0.1mol \cdot L^{-1}$）、KIO_3（$0.1mol \cdot L^{-1}$）、KBr（$0.1mol \cdot L^{-1}$）、$K_2Cr_2O_7$（$0.1mol \cdot L^{-1}$）、$KMnO_4$（$0.01mol \cdot L^{-1}$）、$KClO_3$（饱和）、Na_2SiO_3（$0.1mol \cdot L^{-1}$）、Na_2SO_3（$0.1mol \cdot L^{-1}$）、$Pb(NO_3)_2$（$0.5mol \cdot L^{-1}$）、$FeSO_4$（$0.1mol \cdot L^{-1}$）、$FeCl_3$（$0.1mol \cdot L^{-1}$）、$CuSO_4$（$0.005mol \cdot L^{-1}$，$1mol \cdot L^{-1}$）、$ZnSO_4$（$0.005mol \cdot L^{-1}$，$1mol \cdot L^{-1}$）。

【实验步骤】

1. 比较电对 $E^\ominus$ 值的相对大小（注：以下反应均在试管中进行）

(1) 5 滴 $0.02mol \cdot L^{-1}$ 的 KI 溶液与 5 滴 $0.1mol \cdot L^{-1}$ 的 $FeCl_3$ 溶液混合，充分振荡，观察现象，写出反应方程式。

(2) 5 滴 $0.1mol \cdot L^{-1}$ KBr 溶液与 5 滴 $0.1mol \cdot L^{-1}$ 的 $FeCl_3$ 溶液混合，振荡，有无反应？

根据（1）和（2）的实验结果比较 $E^\ominus_{I_2/I^-}$、$E^\ominus_{Fe^{3+}/Fe^{2+}}$、$E^\ominus_{Br_2/Br^-}$ 的相对大小。

(3) 5 滴 $0.02mol \cdot L^{-1}$ KI 溶液加 2 滴 $2mol \cdot L^{-1}$ H_2SO_4，振荡，加 2~3 滴 3% 的 H_2O_2，充分振荡，观察现象，写出反应方程式。

(4) 1 滴 $0.01mol \cdot L^{-1}$ $KMnO_4$ 溶液加 2 滴 $2mol \cdot L^{-1}$ H_2SO_4，振荡，加 1mL 3% 的 H_2O_2，充分振荡，观察现象，写出反应方程式。

指出 H_2O_2 在（3）和（4）中的不同作用。

(5) 在酸性介质中，$0.1mol \cdot L^{-1}$ $K_2Cr_2O_7$ 溶液与 $0.1mol \cdot L^{-1}$ $FeSO_4$ 的反应，写出反应方程式。

2. 介质的酸碱性对氧化还原反应产物及反应方向的影响

(1) 取三支试管，分别加入以下试剂，充分振荡，观察现象，写出反应方程式。

① 1 滴 $0.01mol \cdot L^{-1}$ $KMnO_4$ + 2 滴 $2mol \cdot L^{-1}$ H_2SO_4 + 1mL $0.1mol \cdot L^{-1}$ Na_2SO_3；

② 1 滴 $0.01mol \cdot L^{-1}$ $KMnO_4$ + 2 滴 H_2O + 1mL $0.1mol \cdot L^{-1}$ Na_2SO_3；

③ 1 滴 $0.01mol \cdot L^{-1}$ $KMnO_4$ + 2 滴 $2mol \cdot L^{-1}$ NaOH + 1mL $0.1mol \cdot L^{-1}$ Na_2SO_3。

(2) 在一支试管中加入 5 滴 $0.1mol \cdot L^{-1}$ KIO_3 和 5 滴 $0.1mol \cdot L^{-1}$ KI，振荡，观察有无变化。再滴入 2 滴 $2mol \cdot L^{-1}$ H_2SO_4，观察有何变化，再加入 4~6 滴 $2mol \cdot L^{-1}$ NaOH

溶液，观察又有何变化，写出反应方程式。

3. 温度对氧化还原反应速率的影响　在一支试管中加入 2 滴 $0.01 mol \cdot L^{-1}$ $KMnO_4$ 溶液和 3 滴 $2 mol \cdot L^{-1}$ H_2SO_4 溶液，再加入 1mL $0.1 mol \cdot L^{-1}$ $H_2C_2O_4$ 溶液，振荡，观察反应快慢。再将试管在酒精灯外焰上小心加热，反应速率有何变化？结论如何？

4. 浓度对电极电势的影响

(1) 在一个 50mL 烧杯中加入 25mL $1 mol \cdot L^{-1}$ $ZnSO_4$ 溶液，插入用砂纸打磨过的锌组成锌电极，在另一个 50mL 烧杯中加入 25mL $1 mol \cdot L^{-1}$ $CuSO_4$ 溶液，插入用砂纸打磨过的铜组成铜电极，两烧杯用饱和 KCl 盐桥连接，组成一个原电池。将铜电极与 pH 计（伏特计）"＋"极相接，锌电极与 pH 计"－"极相接，测原电池的电动势。

(2) 在一个 50mL 烧杯中加入 25mL $0.005 mol \cdot L^{-1}$ $ZnSO_4$ 溶液，插入用砂纸打磨过的锌组成锌电极，在另一个 50mL 烧杯中加入 25mL $0.005 mol \cdot L^{-1}$ $CuSO_4$ 溶液，插入用砂纸打磨过的铜组成铜电极，两烧杯用饱和 KCl 盐桥连接，组成一个原电池，与 (1) 相同，用 pH 计（伏特计）测原电池的电动势。向盛 $CuSO_4$ 溶液的烧杯中滴入过量 $2 mol \cdot L^{-1}$ 氨水至生成深蓝色透明溶液，再用 pH 计测原电池的电动势。比较两次测得的铜-锌原电池的电动势和铜电极电势的大小，能得出什么结论？

【提示】

本实验可用酸度（pH）计测原电池的电动势，各种型号酸度计的结构和使用方法见本书 2.8.6。

【思考题】

1. 如何判断氧化剂和还原剂的强弱及氧化还原进行的方向，设计一个实验比较下列物质的氧化性或还原性的强弱：Cl_2、Br_2、I_2、Cl^-、Br^-、I^-。
2. 归纳影响电极电势的因素。
3. 举例说明电化学中，正极、负极以及阳极、阴极是如何规定的。

实验六　气体常数的测定

【实验目的】

1. 加深理解气体状态方程和分压定律。
2. 练习测定摩尔气体常数的微型实验操作。
3. 进一步学习使用分析天平。
4. 了解气压计，掌握正确的使用方法。

【实验原理】

根据理想气体状态方程式：$pV=nRT$，通过测定，可求得气体常数 R 的数值。

本实验通过测定一定质量的金属镁和稀硫酸反应置换出氢的体积，计算气体常数 R 的数值。

反应为：　　　　　　　　$Mg + H_2SO_4 = MgSO_4 + H_2 \uparrow$

如果准确称取一定质量的镁条 m，使之与过量的稀硫酸作用，在一定温度和压力下测出氢气的体积 V。氢气的分压为实验时大气压减去该温度下水的饱和蒸气压：

$$p_{H_2} = p - p_{H_2O}$$

氢的物质的量 n 可由镁条质量求得。

将以上各项数据代入理想气体状态方程式中，可求得气体常数 R 的数值。公式为：

$$R = \frac{p_{H_2} V_{H_2}}{n_{H_2} T} = \frac{(p - p_{H_2O}) V_{H_2}}{n_{H_2} T}$$

【仪器与试剂】

1. 仪器　电子天平、量气管（或 50mL 碱式滴定管）、玻璃漏斗、试管、铁架台、砂纸、镁条。
2. 试剂　H_2SO_4（$3mol \cdot L^{-1}$）、乙醇。

【实验步骤】

1. 镁条处理

取两条重 0.03～0.04g 的镁条，用砂纸擦掉表面氧化膜，用水漂洗干净，再用乙醇漂洗，晾干。

2. 称量镁条

用电子天平准确称出两份已经擦掉表面氧化膜的镁条，每份重约 0.03g 为宜。

3. 检查系统

按图 3-1 将反应装置连接好，先不接反应管，从漏斗加水使量气管、胶管充满水，量气管水位略低于"0"刻度。上下移动漏斗，以赶尽附在量气管和胶管内壁的气泡。然后，接上反应管检查系统的气密性：将漏斗向上或向下移动一段距离后停下，若开始时漏斗水面有变化而后维持不变，说明系统不漏气。如果漏斗内的水面一直在变化，说明与外界相通，系统漏气，应检查接口是否严密，直至不漏气为止。

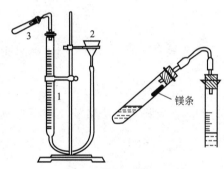

图 3-1　气体常数测定装置

1—量气管；2—漏斗；3—试管

4. 测量氢气体积

从装置取下试管，调整漏斗的高度，使量气管中水面略低于"0"刻度。用量筒取 $3mol \cdot L^{-1}$ 的 H_2SO_4 约 3mL，倒入试管中。将镁条蘸少量水后贴在没沾酸的试管内壁的上部，将试管安装好。塞紧塞子后再检查一次系统，确保不漏气。

移动漏斗使漏斗中液面和量气管液面在同一水平面位置，记录液面位置。左手将试管底部略微抬高，使镁条进入酸中。右手拿着漏斗随同量气管水面下降，保持量气管中水面与漏斗中水面在同一水平面位置，量气管受的压力和外界大气压相同。

反应结束后，保持漏斗液面和量气管液面处在同一水平面上。过一段时间记下量气管液面高度，过 1～2min 再读一次，如果两次读数相同，表明管内温度与室温相同。记下室温和大气压数据。

取下试管，换另一片镁条重复实验一次，如实验结果误差较大，经指导教师同意可再重复实验一次。

【数据处理与结论】

见表 3-3。

表 3-3　气体常数测定数据记录与处理

项　目	1	2	3
镁条的质量 m/g			
反应前量气管中水面读数/mL			
反应后量气管中水面读数/mL			
室温/℃			
大气压/Pa			
氢气体积/L			
室温时水的饱和蒸气压/Pa			
氢气分压/Pa			
氢气的物质的量/mol			
气体常数 R			
相对误差			

【注意事项】

1. 镁条的质量应根据量气筒的体积，从理论上计算得出，用量不当会导致实验失败。
2. 用多用滴管加盐酸时，不能沿试管壁流下，应伸到底部加。反应后静置5min，把气泡赶到上层空间。
3. 水的饱和蒸气压 p_{H_2O} 数据可查阅附录3。
4. 温度应在水溶液中测量。

【思考题】

1. 读取液面位置时，为何要使量筒和漏斗中的水面保持同一水平面？
2. 反应过程中，如果由量气管压入漏斗的水过多而溢出，对实验结果有无影响？
3. 如果没有擦净镁条的氧化膜，对实验结果有什么影响？
4. 如果没有赶尽量气管中的气泡，对实验结果有什么影响？

实验七　化学反应速率和活化能的测定

【实验目的】

1. 了解浓度、温度和催化剂对反应速率的影响。
2. 测定过二硫酸铵与碘化钾反应的反应速率，并计算反应级数、反应速率常数和反应活化能。
3. 练习在水浴中保持恒温的操作。
4. 练习用作图法处理实验数据。

【实验原理】

过二硫酸铵与碘化钾在水溶液中的离子反应方程式为：

$$S_2O_8^{2-} + 3I^- = 2SO_4^{2-} + I_3^-$$

根据速率方程，反应速率 v 可表示为：

$$v = k[S_2O_8^{2-}]^\alpha [I^-]^\beta$$

式中，v 为瞬时速率；$\alpha + \beta$ 为总反应级数。

若平均速率表示为 $\bar{v} = \dfrac{-\Delta[S_2O_8^{2-}]}{\Delta t}$，则 $\lim\limits_{\Delta t \to 0} \bar{v} = v = -\dfrac{\Delta[S_2O_8^{2-}]}{\Delta t} = k[S_2O_8^{2-}]^\alpha[I^-]^\beta$

即当 Δt 较小时，平均速率 $\bar{v}$ 近似等于反应的瞬时速率 v。

为了能测得反应在 Δt 时间内 $S_2O_8^{2-}$ 浓度的改变值，需要在混合 $(NH_4)_2S_2O_8$ 和 KI 溶液的同时，注入一定体积的浓度已知的 $Na_2S_2O_3$ 和淀粉溶液，则上述反应的同时还进行下列反应：

$$2S_2O_3^{2-} + I_3^- \rightleftharpoons S_4O_6^{2-} + 3I^-$$

该反应十分快，因此在反应开始阶段看不到蓝色，一旦 $Na_2S_2O_3$ 耗尽，溶液就会呈现蓝色，据反应物的物质的量的关系可得：

$$\bar{v} = \dfrac{-\Delta[S_2O_8^{2-}]}{\Delta t} = -\dfrac{\Delta[S_2O_3^{2-}]}{2\Delta t}$$

通过测定从混合到呈现蓝色的时间 Δt 和 $Na_2S_2O_3$ 的浓度（即 $\Delta[S_2O_3^{2-}]$），便可得该反应的平均速率 $\bar{v}$，该平均速率近似等于反应的起始瞬时速率 v。

测定反应级数 α、β 的方法如下：因 $v = k[S_2O_8^{2-}]^\alpha[I^-]^\beta$，故

$$\lg v = \lg k + \alpha \lg[S_2O_8^{2-}] + \beta \lg[I^-]$$

保持 I^- 的浓度不变，只改变 $S_2O_8^{2-}$ 的浓度，则 $\lg v = \alpha \lg[S_2O_8^{2-}] +$ 常数，通过测定两个不同 $S_2O_8^{2-}$ 浓度的起始瞬时速率 v，便可计算反应级数 α，同理保持 $S_2O_8^{2-}$ 的浓度不变，可计算反应级数 β。

测定活化能 E_a 的方法如下：已知反应级数 α、β，可通过 $\lg v = \lg k + \alpha \lg[S_2O_8^{2-}] + \beta \lg[I^-]$ 求得反应速率常数 k，由阿仑尼乌斯公式可知 $\lg k = -\dfrac{E_a}{2.303RT} +$ 常数，测出不同温度下反应的反应速率常数 k，以 $\lg k$ 为纵坐标，$\dfrac{1}{T}$ 为横坐标作图，得一直线，其斜率为 $-\dfrac{E_a}{2.303RT}$，即可算出活化能 E_a。

【仪器与试剂】

1. 仪器　量筒、烧杯、秒表、温度计。
2. 试剂　KI($0.20\text{mol}\cdot\text{L}^{-1}$)、$Na_2S_2O_3$($0.010\text{mol}\cdot\text{L}^{-1}$)、淀粉溶液($0.2\%$)、$(NH_4)_2S_2O_8$($0.20\text{mol}\cdot\text{L}^{-1}$)、$KNO_3$($0.20\text{mol}\cdot\text{L}^{-1}$)、$(NH_4)_2SO_4$($0.20\text{mol}\cdot\text{L}^{-1}$)、$Cu(NO_3)_2$($0.02\text{mol}\cdot\text{L}^{-1}$)。

【实验步骤】

1. 实验浓度对化学反应速率的影响

在室温下，取 3 个量筒分别量取 20mL $0.20\text{mol}\cdot\text{L}^{-1}$ KI 溶液、8.0mL $0.010\text{mol}\cdot\text{L}^{-1}$ $Na_2S_2O_3$ 溶液和 4.0mL 0.2% 淀粉溶液，均加到 150mL 烧杯中，混合均匀。再用另一个量筒取 20mL $0.20\text{mol}\cdot\text{L}^{-1}$ $(NH_4)_2S_2O_8$ 溶液，快速加到烧杯中，同时开动秒表，并不断搅拌。当溶液刚出现蓝色时，立即停秒表，记下时间及室温。用同样的方法按照表 3-4 中的用量进行另外 4 次实验。为了使每次实验中的溶液的离子强度和总体积保持不变，不足的量分别用 $0.20\text{mol}\cdot\text{L}^{-1}$ KNO_3 溶液和 $0.20\text{mol}\cdot\text{L}^{-1}$ $(NH_4)_2SO_4$ 溶液补足。

用表 3-4 中实验 Ⅰ、Ⅱ、Ⅲ 的数据作图求出 α，用实验 Ⅰ、Ⅳ、Ⅴ 的数据作图求出 β，然后再计算出反应速率常数 k。

2. 温度对化学反应速率的影响

按表 3-4 实验Ⅳ中的用量,把 KI、$Na_2S_2O_3$、KNO_3 和淀粉的混合溶液加到 150mL 烧杯中,把 $(NH_4)_2S_2O_8$ 溶液加到另一个烧杯中,并将两个烧杯放入冰水浴中冷却。等烧杯中的溶液都冷到 0℃ 时,把 $(NH_4)_2S_2O_8$ 溶液加到 KI 混合溶液中,同时开动秒表,并不断搅拌,当溶液刚出现蓝色时,记下反应时间。

在 10℃、20℃ 和 30℃ 的条件下,重复上述实验。将结果填于表 3-5 中。用表 3-5 的数据,以 $\lg k$ 对 $1/T$ 作图,求出反应 $S_2O_8^{2-}+3I^-=\!=\!=2SO_4^{2-}+I_3^-$ 的活化能。

表 3-4 浓度对化学反应速率的影响

实验序号		Ⅰ	Ⅱ	Ⅲ	Ⅳ	Ⅴ
反应温度/℃						
试剂的用量/mL	$0.20mol·L^{-1}$ $(NH_4)_2S_2O_8$					
	$0.20mol·L^{-1}$ KI					
	$0.010mol·L^{-1}$ $Na_2S_2O_3$					
	0.2%淀粉溶液					
	$0.20mol·L^{-1}$ KNO_3					
	$0.20mol·L^{-1}$ $(NH_4)_2SO_4$					
反应物的起始浓度 /mol·L^{-1}	$(NH_4)_2S_2O_8$					
	KI					
	$Na_2S_2O_3$					
反应时间 $\Delta t/s$						
$S_2O_8^{2-}$ 的浓度变化 $\Delta c_{S_2O_8^{2-}}$ /mol·L^{-1}						
平均反应速率 $v=(\Delta c_{S_2O_8^{2-}}/\Delta t)$/mol·$L^{-1}$·$s^{-1}$						
结论						

表 3-5 温度对化学反应速率的影响

实验序号	反应温度/℃	反应时间/s	平均反应速率 v/mol·L^{-1}·s^{-1}
Ⅰ			
Ⅱ			
Ⅲ			
Ⅳ			
结论			

3. 催化剂对反应速率的影响

在 150mL 烧杯中加入 10mL $0.20mol·L^{-1}$ KI 溶液、4.0mL 淀粉溶液、8.0mL $0.010mol·L^{-1}$ $Na_2S_2O_3$ 溶液和 10mL $0.20mol·L^{-1}$ KNO_3 溶液,再加入 1 滴 $0.02mol·L^{-1}$ $Cu(NO_3)_2$ 溶液。搅拌均匀,然后迅速加入 20mL $0.20mol·L^{-1}$ $(NH_4)_2S_2O_8$ 溶液,搅拌,记下反应时间,并与前面不加催化剂的实验进行比较。

【数据处理与结论】

通过作图计算反应级数 α、β、$\alpha+\beta$ 以及反应速率常数 k 和活化能 E_a。

【思考题】

1. 根据化学反应方程式,是否能确定反应级数?用本实验的结果加以说明。
2. 若不用 $S_2O_8^{2-}$,而用 I^- 或 I_3^- 的浓度变化来表示反应速率,则反应速率常数 k 是否一样?
3. 实验室中为什么可以由溶液中出现蓝色的时间长短来计算反应的速率?反应溶液出现蓝色后,反应是否就终止了?
4. 用阿仑尼乌斯公式计算反应的活化能,并与作图法得到的值进行比较。
5. 下列操作对实验结果有何影响?
(1) 取用七种试剂溶液前,多用滴管未洗干净。
(2) 先加 $(NH_4)_2S_2O_8$ 溶液,最后加 KI 溶液。
(3) 没有迅速连续加入 $(NH_4)_2S_2O_8$ 溶液。
(4) $(NH_4)_2S_2O_8$ 的用量过多或过少。

实验八 弱电解质醋酸解离常数的测定

【实验目的】
1. 加深对解离度和解离常数的理解。
2. 掌握弱电解质解离常数的测定方法。
3. 掌握用 pH 计测定 HAc 解离度和解离常数的原理和方法。

【实验原理】
乙酸(HAc)在水溶液中存在下列解离平衡:
$$HAc(aq) + H_2O(l) \rightleftharpoons Ac^-(aq) + H_3O^+(aq)$$

其解离平衡常数: $K_{a,HAc}^{\ominus} = \dfrac{[c_{H_3O^+}/c^{\ominus}][c_{Ac^-}/c^{\ominus}]}{[c_{HAc}/c^{\ominus}]}$ 或 $\dfrac{[H_3O^+][Ac^-]}{[HAc]}$

解离度: $\alpha = \dfrac{[c_{H_3O^+}/c^{\ominus}]}{[c/c^{\ominus}]} \times 100\%$

式中,$c_{H_3O^+}$、c_{Ac^-} 和 c_{HAc} 分别表示平衡时 H^+、Ac^- 和 HAc 的浓度;c 为 HAc 的起始浓度;$c^{\ominus}$ 为标准浓度。

纯 HAc 溶液中,忽略水解离所产生的 H^+,则达到平衡时溶液中:
$$c_{H_3O^+} = c_{Ac^-} = c\alpha, \quad c_{Ac^-} = c\alpha - c_{H_3O^+}$$

$$K_{a,HAc}^{\ominus} = \dfrac{[c_{H_3O^+}/c^{\ominus}][c_{Ac^-}/c^{\ominus}]}{[c_{HAc}/c^{\ominus}]} = \dfrac{c^2\alpha^2}{c - c\alpha} = \dfrac{c\alpha^2}{1-\alpha}$$

$\alpha < 5\%$ 时: $1 - \alpha \approx 1$,$K_{a,HAc}^{\ominus} = c\alpha^2$

测得已知浓度的 HAc 的 pH,由 $pH = -\lg c_{H^+}$ 计算出 $c_{H_3O^+}$,即可算出 α 及 $K_a^{\ominus}$。

【仪器与试剂】
1. 仪器 数字式酸度计、容量瓶(50mL)、酸式滴定管、烧杯(50mL)。
2. 试剂 $HAc(0.1000 mol \cdot L^{-1})$、pH=4.01 的标准缓冲溶液、pH=6.86 的标准缓冲溶液。

【实验步骤】
1. 配制不同浓度的 HAc 溶液
用滴定管分别滴出 6.00mL、12.00mL、24.00mL 0.1 mol·L^{-1} HAc 标准溶液于三个干

净的 50mL 容量瓶中,用蒸馏水稀释至刻度,摇匀,并计算各 HAc 溶液的准确浓度。

2. 用 pH 计测定 HAc 溶液的 pH 值

用四只干燥洁净的 50mL 烧杯,分别取 40mL 左右上述三种不同浓度的 HAc 溶液及一份未稀释 HAc 的标准溶液,按由稀到浓的次序在 pH 计上分别测其 pH 值。测定前,以 pH 为 4.01 的标准缓冲溶液进行定位,以 pH 为 6.86 的标准缓冲溶液调节仪器斜率(具体测定方法见本书 2.8.6)。并记录实验温度。

【数据处理与结论】

将实验数据填入表 3-6,并计算出 HAc 的 α 和 $K_a^{\ominus}$。

表 3-6　HAc 解离度和解离常数的测定数据记录与计算结果

溶液编号	c_{HAc}/mol·L^{-1}	pH	$c_{H_3O^+}$/mol·L^{-1}	α	$K_a^{\ominus}$	$\overline{K_a^{\ominus}}$	溶液温度/℃
1							
2							
3							
4							

【注意事项】

1. pH 计的使用见本书 2.8.6。
2. 若烧杯不干燥,可用所盛 HAc 溶液润洗 2~3 次,然后再倒入溶液。

【思考题】

1. 测定 pH 时,为什么要按从稀到浓的次序进行?
2. 改变所测醋酸的浓度或温度,则解离度和解离常数有无变化?若有变化,会有怎样的变化?

实验九　粗食盐的提纯及纯度检验

【实验目的】

1. 学会用化学方法提纯粗食盐的过程及原理。
2. 练习台秤的使用、常压过滤、减压过滤、蒸发浓缩、干燥等基本操作。
3. 学习食盐中 Ca^{2+}、Mg^{2+}、SO_4^{2-} 的定性检验方法。

【实验原理】

粗食盐中含有泥沙等不溶性杂质及 Ca^{2+}、Mg^{2+}、K^+ 和 SO_4^{2-} 等可溶性杂质。不溶性杂质可通过溶解和过滤的方法除去。可溶性杂质 Ca^{2+}、Mg^{2+}、K^+ 和 SO_4^{2-} 等可通过化学方法,加入适当的试剂使它们生成难溶化合物的沉淀,再过滤被除去。K^+ 等其它可溶性杂质含量少,蒸发浓缩后不结晶,仍留在母液中。有关的离子反应方程式如下。

(1) 在粗盐溶液中加入过量的 $BaCl_2$ 溶液,除去 SO_4^{2-}。

$$Ba^{2+} + SO_4^{2-} = BaSO_4 \downarrow$$

(2) 在滤液中加入 NaOH 和 Na_2CO_3 溶液,除去 Mg^{2+}、Ca^{2+} 和沉淀 SO_4^{2-} 时加入的过量 Ba^{2+}。

$$Mg^{2+} + 2OH^- = Mg(OH)_2 \downarrow$$

$$Ca^{2+} + CO_3^{2-} = CaCO_3 \downarrow$$

$$Ba^{2+} + CO_3^{2-} = BaCO_3 \downarrow$$

过滤除去沉淀。

（3）溶液中过量的 NaOH 和 Na_2CO_3 用盐酸中和除去。

（4）粗盐中的 K^+ 和上述的沉淀剂都不起作用。由于 KCl 的溶解度大于 NaCl 的溶解度，且含量较少，因此在蒸发和浓缩过程中，NaCl 先结晶出来，而 KCl 则留在溶液中。

【仪器与试剂】

1. 仪器 台秤、烧杯、量筒、普通漏斗、漏斗架、布氏漏斗、吸滤瓶、蒸发皿、真空泵、石棉网、酒精灯、药匙、铁架台、铁圈、坩埚、坩埚钳、滤纸、pH 试纸。

2. 试剂 粗食盐、$HCl(2mol·L^{-1})$、$HAc(6mol·L^{-1})$、$NaOH(2mol·L^{-1})$、$BaCl_2(1mol·L^{-1})$、$Na_2CO_3(1mol·L^{-1})$、$(NH_4)_2C_2O_4(0.5mol·L^{-1})$、镁试剂。

【实验步骤】

1. 粗食盐的提纯

（1）粗食盐的称量和溶解 在台秤上称取 8g 粗食盐，放在 100mL 烧杯中，加入 30mL 水，搅拌并加热使其溶解。

（2）SO_4^{2-} 的除去 在煮沸的食盐溶液沸腾时，边搅拌边逐滴加入 $1mol·L^{-1} BaCl_2$ 溶液（约 2mL）。为了检验 SO_4^{2-} 沉淀是否完全，可将酒精灯移开，待沉淀下降后，沿烧杯内壁滴加 1~2 滴 $BaCl_2$ 溶液。若溶液不变浑浊，表示 SO_4^{2-} 已沉淀完全；若溶液变浑浊，需再继续加 $BaCl_2$ 溶液，直到 SO_4^{2-} 完全沉淀为止。然后用小火继续加热 3~5min，使 $BaSO_4$ 沉淀颗粒长大而便于过滤。用普通漏斗过滤，保留溶液，弃去沉淀。

（3）Ca^{2+}、Mg^{2+}、Ba^{2+} 等离子的除去 在滤液中加入适量（约 1mL）NaOH 和 3mL 饱和 Na_2CO_3 溶液，加热至沸。将酒精灯移开，待沉淀下降后，沿烧杯内壁滴加饱和 Na_2CO_3 溶液 1~2 滴。如溶液不变浑浊，表示 Ca^{2+}、Mg^{2+}、Ba^{2+} 等离子已沉淀完全，小火继续加热 3min，用普通漏斗过滤，保留溶液。

（4）加 HCl 调节 pH 在滤液中逐滴加 HCl 溶液，充分搅拌，边加边用玻璃棒蘸取溶液在 pH 试纸上试验，直至溶液呈微酸性为止（pH=4~5）为止。

（5）溶液浓缩 将滤液倒入蒸发皿中，放在泥三角上用小火加热，蒸发浓缩到稀粥状的稠溶液为止，切不可将溶液蒸干。

（6）结晶、减压过滤、干燥 将浓缩液冷却至室温。用布氏漏斗减压过滤，尽量将水分抽干。再将晶体放回蒸发皿中，放在石棉网上，用小火加热并搅拌，使之干燥。直至晶体不冒水蒸气为止。冷却后称量，计算产率。

2. 产品纯度的检验 称取粗盐和提纯后的精盐各 0.5g，分别溶于 5mL 蒸馏水中，然后各分别盛装于 3 支小试管中。用下列方法对照检验它们的纯度。

（1）SO_4^{2-} 的检验 各取 1 支试管，分别加入 2 滴 $BaCl_2$ 溶液，观察有无白色沉淀产生，记录结果，进行比较。

（2）Ca^{2+} 的检验 各取 1 支试管，分别加入 2 滴 $(NH_4)_2C_2O_4$ 溶液，稍待片刻，观察有无白色沉淀产生，记录结果，进行比较。

（3）Mg^{2+} 的检验 各取 1 支试管，分别加入 2~3 滴 NaOH 溶液，使溶液呈碱性，再加入1滴"镁试剂"。若有天蓝色沉淀生成，表示有 Mg^{2+} 存在。记录结果，进行比较［镁试剂是一种有机染料，在碱性溶液中呈红色或紫色，但被 $Mg(OH)_2$ 沉淀吸附后，则呈天蓝色］。

【数据处理与结论】

1. 比较粗盐和精盐的外观。
2. 计算产率。
3. 产品纯度检验结果见表 3-7。

表 3-7 产品纯度检验的现象及结论

检验项目	检验方法	被检溶液	实验现象	结论
SO_4^{2-}	加入 $BaCl_2$ 溶液	粗盐溶液		
		提纯后盐溶液		
Ca^{2+}	加入 $(NH_4)_2C_2O_4$ 饱和溶液	粗盐溶液		
		提纯后盐溶液		
Mg^{2+}	加入 NaOH 溶液和镁试剂	粗盐溶液		
		提纯后盐溶液		

【注意事项】

食盐溶液浓缩时切不可蒸干。

【思考题】

1. 加入 30mL 水溶解 8g 食盐的依据是什么？加水过多或过少有什么影响？
2. 怎样除去实验过程中所加的过量沉淀剂 $BaCl_2$、NaOH 和 Na_2CO_3？
3. 提纯后的食盐溶液浓缩时为什么不能蒸干？
4. 蒸发前为什么要用盐酸调 pH 至 3～4？

实验十 转化法制备硝酸钾

【实验目的】

1. 学习用转化法制备硝酸钾晶体的原理和过程。
2. 进一步练习溶解、过滤、间接热浴和重结晶的操作。

【实验原理】

工业上常采用转化法制备硝酸钾晶体，其反应如下：

$$NaNO_3 + KCl \rightleftharpoons NaCl + KNO_3$$

反应是可逆的。根据氯化钠的溶解度随温度变化不大，而氯化钾、硝酸钠和硝酸钾在高温时具有较大或很大的溶解度而温度降低时溶解度明显减小（如氯化钾、硝酸钠）或急剧下降（如硝酸钾）的这种差别（见表 3-8），将一定浓度的硝酸钠和氯化钾混合液加热浓缩，当温度达 118～120℃时，由于硝酸钾溶解度增加很多，达不到饱和，不析出；而氯化钠的溶解度增加甚少，随浓缩、溶剂的减少，氯化钠析出。通过热过滤除氯化钠，将此溶液冷却至室温，即有大量硝酸钾析出，氯化钠仅有少量析出，从而得到硝酸钾粗产品。再经过重结晶提纯，可得到纯品。

表 3-8　硝酸钾等四种盐在水中于不同温度下的溶解度　　　　单位：g·100g^{-1}

盐	0℃	10℃	20℃	30℃	40℃	60℃	80℃	100℃
KNO$_3$	13.3	20.9	31.6	45.8	63.9	110.0	169	246
KCl	27.6	31.0	34.0	37.0	40.0	45.5	51.1	56.7
NaNO$_3$	73	80	88	96	104	124	148	180
NaCl	35.7	35.8	36.0	36.3	36.6	37.3	38.4	39.8

【仪器与试剂】

1. 仪器　量筒、台秤、石棉网、三脚架、铁架台、热滤漏斗、布氏漏斗、吸滤瓶、水泵（水流唧筒）、瓷坩埚、坩埚钳、温度计（200℃）、硬质试管、烧杯（500mL）、滤纸。

2. 试剂　Na$_2$SO$_4$（工业级）、KCl（工业级）、AgNO$_3$（0.1mol·L^{-1}）、HNO$_3$（5mol·L^{-1}）、甘油。

【实验步骤】

1. 溶解蒸发

称取 22g NaNO$_3$ 和 15g KCl，放入一只烧杯中，加 35mL H$_2$O。将烧杯置于石棉网上用酒精灯加热，待盐全部溶解后，继续加热，使溶液蒸发至原有体积的 2/3。这时烧杯中有晶体析出（是什么？），趁热抽滤（抽滤瓶与布代漏斗先在烘箱中预热到 60~80℃，操作时要采取措施，防止烫伤）。滤液于小烧杯中自然冷却。随着温度的下降，即有结晶析出（是什么？）。注意，不要骤冷，以防结晶过于细小。用减压法过滤，尽量抽干。KNO$_3$ 晶体水浴烤干后称重。计算理论产量和产率。

2. 粗产品的重结晶

（1）将粗产品放入烧杯并溶于尽可能少的蒸馏水中（如何计算水的用量？）。

（2）加热、搅拌，待晶体全部溶解后停止加热。

（3）待溶液冷却至室温后抽滤，将产品放入蒸发皿中，用小火小心烤干，得到纯度较高的硝酸钾晶体，称量。

3. 纯度检验

分别取 0.1g 产品放入一支小试管中，加入 2mL 蒸馏水配成溶液。在溶液中分别滴入 1 滴 5mol·L^{-1} HNO$_3$ 酸化，再各滴入 0.1mol·L^{-1} AgNO$_3$ 溶液 2 滴，重结晶后的产品溶液应为澄清。否则应再次重结晶。最后称量，计算产率。

【数据处理与结论】

1. 计算 KNO$_3$ 的理论产量。

2. 计算 KNO$_3$ 的实际产率。

【思考题】

1. 何谓重结晶？本实验都涉及哪些基本操作，应注意什么？

2. 制备硝酸钾时，为什么要把溶液进行加热和热过滤？

3. 试设计从母液提取较高纯度的硝酸钾晶体的实验方案。

实验十一　主族金属（碱金属和碱土金属）

【实验目的】

1. 学习钠、钾、镁、钙单质的主要性质。

2. 比较镁、钙、钡的碳酸盐、铬酸盐和硫酸盐的溶解性。

3. 比较锂和镁的某些盐类的难溶性。

4. 观察焰色反应并掌握其实验方法。

【实验原理】

参见《无机化学》碱金属和碱土金属。

碱土金属(M)在空气中燃烧时，生成正常氧化物 MO，同时生成相应的氮化物 M_3N_2，这些氮化物遇水时能生成氢氧化物，并放出氨气。钠、钾在空气中燃烧分别生成过氧化钠和超氧化钾。碱金属和碱土金属密度较小，由于它们易与空气或水反应，保存时需浸在煤油、液体石蜡中以隔绝空气和水。

碱金属和碱土金属（除铍以外）都能与水反应生成氢氧化物同时放出氢气。反应的激烈程度随金属性增强而加剧，实验时必须十分注意安全，应防止钠、钾与皮肤接触，因为钠、钾与皮肤上的湿气作用所放出的热可能引燃金属烧伤皮肤。

碱金属的绝大多数盐类均易溶于水。碱土金属的碳酸盐均难溶于水。锂、镁的氟化物和磷酸盐也难溶于水。

碱金属和碱土金属盐类的焰色反应特征颜色见表 3-9。

表 3-9 部分碱金属和碱土金属盐类的焰色反应特征颜色

盐类	锂	钠	钾	钙	锶	钡
特征颜色	红	黄	紫	橙红	洋红	绿

【仪器与试剂】

1. 仪器　镊子、小刀、瓷坩埚、烧杯（100mL）2 个、表面皿、蓝色钴玻璃片、小试管、试管夹、酒精灯、坩埚、坩埚钳、铂丝（或镍铬丝）、小块砂纸。

2. 试剂　HAc($2.0mol \cdot L^{-1}$)、HCl($2.0mol \cdot L^{-1}$，浓)、H_2SO_4($0.2mol \cdot L^{-1}$)、$MgCl_2$($1.0mol \cdot L^{-1}$)、$CaCl_2$($0.1mol \cdot L^{-1}$)、$BaCl_2$($0.1mol \cdot L^{-1}$)、K_2CrO_4($0.5mol \cdot L^{-1}$)、Na_2SO_4($0.5mol \cdot L^{-1}$)、LiCl($2.0mol \cdot L^{-1}$)、$CaCl_2$($0.5mol \cdot L^{-1}$)、$SrCl_2$($0.5mol \cdot L^{-1}$)、$BaCl_2$($0.5mol \cdot L^{-1}$)、NaF($1.0mol \cdot L^{-1}$)、Na_3PO_4($1.0mol \cdot L^{-1}$)、NaCl($1.0mol \cdot L^{-1}$)、KCl($1.0mol \cdot L^{-1}$)、Na_2CO_3（饱和）、LiCl($2.0mol \cdot L^{-1}$)、$KMnO_4$($0.01mol \cdot L^{-1}$)、金属钠、金属钾、镁粉、镁条、金属钙、煤油、酚酞试液、红色石蕊试纸。

【实验步骤】

1. 钠、钾、镁、钙在空气中的燃烧反应

(1) 用镊子取黄豆粒大小金属钠，用小块滤纸吸干表面上的煤油，立即放入干燥的坩埚加热，当钠开始燃烧时移开酒精灯停止加热。观察反应过程的现象和产物的颜色、状态。冷却后，加入 2mL 去离子水使产物溶解，再加 1 滴酚酞试液，观察溶液的颜色；加几滴 $0.2mol \cdot L^{-1} H_2SO_4$ 溶液酸化后（溶液红色消失），加 1 滴 $0.01mol \cdot L^{-1} KMnO_4$ 溶液，观察紫红色是否退去。说明水溶液是否有 H_2O_2，从而推知钠在空气中燃烧是否有 Na_2O_2 生成。写出有关反应方程式。

*(2) 用镊子取绿豆粒大小金属钾，用滤纸吸干表面上的煤油，立即放入坩埚中，加热到钾开始燃烧时停止加热，观察焰色；冷却到接近室温，观察产物颜色；加 2mL 去离子水溶解产物，再加 1 滴酚酞试液，观察溶液颜色。写出有关反应方程式。

(3) 取 0.3g 左右镁粉，放入坩埚中用酒精灯加热使镁粉燃烧，反应完全后，冷却到接近室温，观察产物的颜色；将产物转移到小试管中，加 2mL 去离子水，立即用湿润的红色石蕊试纸检查试管口逸出的气体，然后加 1 滴酚酞试液检查溶液的碱性。写出有关反应方程式。

2. 钠、钾、镁、钙与水的反应

（1）在烧杯中加入约 20mL 去离子水，取黄豆粒大小金属钠，用滤纸吸干煤油，放入水中观察反应情况，然后加 1 滴酚酞检验溶液的碱性。

*（2）取绿豆粒大小金属钾，用滤纸吸干煤油，放入水中，立即把事先准备好的表面皿盖在烧杯上。反应过后，加 1 滴酚酞检验溶液的碱性。比较上述两个反应的激烈程度。

（3）取两支试管，各加 2mL 水，分别加入两小块擦去氧化膜的镁条，一支试管不加热，另一支加热至水沸腾；观察有何现象发生。分别向试管中加 1 滴酚酞检验产物的碱性。

*（4）取一小块金属钙，用滤纸吸干表面的煤油或擦去石蜡后，将其放入 2mL 水的试管中与冷水反应。比较镁、钙与冷水反应的激烈程度。

3. 盐类的溶解性

（1）在三支试管中分别加入 1mL 0.1mol·L^{-1} MgCl$_2$ 溶液、1mL 0.1mol·L^{-1} CaCl$_2$ 溶液和 1mL 0.1mol·L^{-1} BaCl$_2$ 溶液，各加入 5 滴饱和 Na$_2$CO$_3$ 溶液，静置沉降，弃去清液，试验各沉淀物是否溶于 2.0mol·L^{-1} HAc 溶液。写出实验结论和反应式。

（2）在三支试管中分别加入 1mL 0.1mol·L^{-1} MgCl$_2$ 溶液、1mL 0.1mol·L^{-1} CaCl$_2$ 溶液和 1mL 0.1mol·L^{-1} BaCl$_2$ 溶液，各加 5 滴 0.5mol·L^{-1} K$_2$CrO$_4$ 溶液，观察有无沉淀产生。若有沉淀产生，则分别试验沉淀是否溶于 2.0mol·L^{-1} HAc 溶液和 2.0mol·L^{-1} HCl 溶液。

（3）在两支试管中分别加入 0.5mL 2.0mol·L^{-1} LiCl 溶液和 0.1mol·L^{-1} MgCl$_2$ 溶液，再分别加入 0.5mL 1.0mol·L^{-1} NaF 溶液，观察有无沉淀产生。用饱和 Na$_2$CO$_3$ 溶液代替 NaF 溶液，重复这一实验内容，观察有无沉淀产生，若无沉淀，可加热观察是否产生沉淀。若以 1.0mol·L^{-1} Na$_3$PO$_4$ 溶液代替 NaF 溶液重复上述实验，现象如何？写出反应式和实验结论。

4. 焰色反应

将铂丝（或镍铬丝）一端弯成直径 1cm 的小圆环，蘸上浓 HCl 溶液（事先取少量浓 HCl 放在小试管中），在氧化焰中灼烧，再浸于浓 HCl 中，再灼烧，如此重复两至三次，直至火焰不再呈现任何离子的特征颜色才算清洗干净。

用洁净的铂丝蘸 2.0mol·L^{-1} LiCl 溶液，在氧化焰中灼烧，观察火焰的颜色。以同样的方法试验 1.0mol·L^{-1} NaCl 溶液、1.0mol·L^{-1} KCl 溶液、0.5mol·L^{-1} CaCl$_2$ 溶液、0.5mol·L^{-1} SrCl$_2$ 溶液和 0.5mol·L^{-1} BaCl$_2$ 溶液。观察并记录火焰的颜色。试验钾盐的焰色反应时，用蓝色钴玻璃片滤掉杂质钠的黄色后进行观察。

【注意事项】

金属钠、钾平时是保存在煤油中。取用时，应在放有少量煤油的表面皿或培养皿中小心用刀子切割，用镊子夹取，实验时需用碎块滤纸吸干表面的煤油。切勿与皮肤接触，未用完的金属碎屑绝不能随意乱丢，必须放回原瓶中。

【思考题】

1. 为什么碱金属和碱土金属单质一般都放在煤油中保存？它们的化学活泼性如何递变？
2. 为什么 BaCO$_3$、BaCrO$_4$ 和 BaSO$_4$ 在 HAc 或 HCl 溶液中有不同的溶解情况？
3. 为什么说焰色是由金属离子而不是非金属离子引起的？

---

* 为选做。

实验十二　主族非金属元素（氧、硫）

【实验目的】

1. 掌握过氧化氢的性质。
2. 掌握硫化物、亚硫酸盐及硫代硫酸盐的主要性质。

【实验原理】

参见《无机化学》主族非金属元素（氧、硫）一章内容。

有关反应方程式：

$2Fe^{2+} + H_2O_2 + 2H^+ =\!=\!= 2Fe^{3+} + 2H_2O$

$Fe^{3+} + nSCN^- =\!=\!= [Fe(SCN)_n]^{3-n}$（血红色，$n=1\sim 6$）

$Pb^{2+} + S^{2-} =\!=\!= PbS\downarrow$（黑，用硫代乙酰胺代替 H_2S。若沉淀不明显，可稍加热促进硫代乙酰胺的水解）

$PbS + 4H_2O_2 =\!=\!= PbSO_4\downarrow$（白）$+4H_2O$（PbS 沉淀需离心分离，弃去清液后，在沉淀中滴加 H_2O_2）

$5H_2O_2 + 2MnO_4^- + 6H^+ =\!=\!= 2Mn^{2+} + 5O_2\uparrow + 8H_2O$（紫色褪去）

$I_2 + 2S_2O_3^{2-} =\!=\!= S_4O_6^{2-} + 2I^-$（碘水褪色）

$S_2O_3^{2-} + 2H^+ =\!=\!= SO_2\uparrow + S\downarrow + H_2O$（$H_2S_2O_3$ 不稳定）

$SO_3^{2-} + 2H^+ + 2H_2S =\!=\!= 3S\downarrow$（乳白色）$+3H_2O$

$SO_3^{2-} + 12H^+ + Cr_2O_7^{2-} =\!=\!= 2Cr^{3+} + SO_4^{2-} + 6H_2O$

$2Ag^+ + S_2O_3^{2-}$（适量）$=\!=\!= Ag_2S_2O_3\downarrow$（白）

$Ag_2S_2O_3 + H_2O =\!=\!= Ag_2S\downarrow$ 黑 $+ H_2SO_4$（颜色变化白→黄→棕→黑）

$2Ag^+ + S_2O_3^{2-}$（适量）$=\!=\!= Ag_2S_2O_3\downarrow$（白）

$Ag_2S_2O_3 + S_2O_3^{2-}$（过量）$=\!=\!= [Ag(S_2O_3)_2]^{3-}$（无色溶液）

【仪器与试剂】

1. 仪器　离心机、离心试管、试管、蓝色石蕊试纸、Pb(Ac)$_2$ 试纸、pH 试纸。
2. 试剂　H_2SO_4(3mol·L^{-1})、HCl(2mol·L^{-1}，浓)、浓硝酸、KMnO$_4$(0.01mol·L^{-1})、$K_2Cr_2O_7$(0.5mol·L^{-1})、KSCN(0.2mol·L^{-1})、FeSO$_4$(0.2mol·L^{-1})、Pb(NO$_3$)$_2$(0.2mol·L^{-1})、AgNO$_3$(0.1mol·L^{-1})、FeCl$_3$(0.1mol·L^{-1})、MnSO$_4$(0.2mol·L^{-1})、CuSO$_4$(0.2mol·L^{-1})、Na$_2$S(0.2mol·L^{-1})、Na$_2$SO$_3$(0.5mol·L^{-1})、Na$_2$S$_2$O$_3$(0.1mol·L^{-1})、碘水(0.01mol·L^{-1})、淀粉(2%)、H$_2$O$_2$(3%)、硫代乙酰胺(0.1mol·L^{-1})、KI(0.2mol·L^{-1})、MnO$_2$(s)。

【实验步骤】

1. H_2O_2 的性质（设计实验）

知识要点：过氧化氢不稳定，见光、受热及有重金属离子等存在时，均可催化分解。H_2O_2 是常用的氧化剂，但遇强氧化剂时却表现还原性。

实验内容：用下列试剂设计一组实验，验证 H_2O_2 的分解性、氧化-还原性。观察实验现象，写出有关的反应方程式。

3% 的 H_2O_2、0.2mol·L^{-1} Pb(NO$_3$)$_2$、0.2mol·L^{-1} KMnO$_4$、0.1mol·L^{-1} 硫代乙酰胺

（CH_3CSNH_2）、3mol·L^{-1} H_2SO_4、0.2mol·L^{-1} KI、MnO_2（固体）、0.2mol·L^{-1} KSCN、0.2mol·L^{-1} $FeSO_4$。

2. 硫的化合物的性质

（1）硫化物的溶解性 取 3 支离心试管分别加入 0.2mol·L^{-1} $MnSO_4$、0.2mol·L^{-1} $Pb(NO_3)_2$、0.2mol·L^{-1} $CuSO_4$ 溶液各 0.5mL，然后各滴加数滴 0.2mol·L^{-1} Na_2S 溶液，观察并记录现象。离心分离，弃去清液，分别试验这些沉淀在 2mol·L^{-1} 盐酸、浓盐酸、浓硝酸中的溶解情况。根据实验结果，对三种金属硫化物的溶解情况做出结论，写出有关反应方程式。

（2）亚硫酸盐的性质 往 2mL 0.5mol·L^{-1} 的 Na_2SO_3 溶液中加 3 滴 3mol·L^{-1} H_2SO_4 酸化，观察有无气体产生。用湿润的 pH 试纸放在试管口，有何现象？然后将溶液分成两份，一份滴加 0.1mol·L^{-1} 的硫代乙酰胺溶液，另一份滴加 0.5mol·L^{-1} 重铬酸钾溶液，观察现象，分别写出反应方程式，说明亚硫酸具有什么性质？

（3）硫代硫酸盐的性质

① $Na_2S_2O_3$ 在酸中的不稳定性 在试管中加入几滴 0.1mol·L^{-1} $Na_2S_2O_3$ 溶液和 2mol·L^{-1} HCl 溶液，摇荡片刻，并迅速用湿润的蓝色石蕊试纸检验逸出的气体，记录现象，写出反应方程式，得出结论。

② $Na_2S_2O_3$ 的还原性 在试管中加入几滴 0.01mol·L^{-1} 碘水，加 1 滴淀粉试液，再逐滴加入 0.1mol·L^{-1} $Na_2S_2O_3$ 溶液，观察现象。写出反应方程式。

③ $Na_2S_2O_3$ 的配位性 取几滴 0.1mol·L^{-1} $Na_2S_2O_3$ 溶液，再滴加 0.1mol·L^{-1} $AgNO_3$ 溶液至生成白色沉淀，认真观察颜色的变化。写出反应方程式。

【注意事项】

1. 离心机的转速不能过高，保持离心机的平衡，选择大小相同的离心管，并对称放置。

2. 滴瓶试剂中的滴管为每一试剂瓶专用，不能张冠李戴，更不允许用其它物品取用试剂，严防试剂污染。另外，在同一实验中同一种物质可能有不同浓度的几瓶试剂，不可粗心，以防影响实验。

【思考题】

1. 实验室长期放置的 H_2S 溶液、Na_2S 溶液和 Na_2SO_3 溶液会发生什么变化？

2. 为什么 H_2O_2 既可以作氧化剂又可以作还原剂？在何种情况下，H_2O_2 能将 Mn^{2+} 氧化成 MnO_2？在何种情况下 MnO_2 能将 H_2O_2 氧化放出 O_2？

3. 如何区别（1）Na_2SO_3 和 Na_2SO_4；（2）Na_2SO_3 和 $Na_2S_2O_3$？

4. 鉴定 $S_2O_3^{2-}$ 时，$AgNO_3$ 溶液应过量，否则会出现什么现象？为什么？

实验十三 主族非金属元素（氯、溴、碘）

【实验目的】

1. 掌握卤素单质氧化性和卤化氢还原性递变规律。
2. 掌握卤素含氧酸盐的氧化性。
3. 学会 Cl^-、Br^- 和 I^- 的鉴定方法。

4. 学习氯气、次氯酸盐、氯酸盐的制备方法。

【仪器与试剂】

1. 仪器 试管、离心试管、淀粉-KI 试纸、Pb(Ac)$_2$ 试纸、pH 试纸。

2. 试剂 NaCl 固体、KBr 固体、KI 固体、NaCl(0.1mol·L^{-1})、KBr(0.1mol·L^{-1})、KI(0.1mol·L^{-1})、KClO$_3$(饱和溶液)、KIO$_3$(0.1mol·L^{-1})、MnSO$_4$(0.2mol·L^{-1})、AgNO$_3$(0.1mol·L^{-1})、NaHSO$_3$(0.1mol·L^{-1})、饱和氯水、Br$_2$ 水、I$_2$ 水、H$_2$SO$_4$(浓，2mol·L^{-1})、浓 HCl、HNO$_3$(2mol·L^{-1})、氨水(2mol·L^{-1})、NaOH(2mol·L^{-1})、2% 淀粉试液、品红溶液、CCl$_4$、次氯酸钠溶液。

【实验步骤】

1. 卤化氢的还原性

3 支干燥的试管中分别加入米粒大小的 NaCl、KBr 和 KI 固体，再分别加入 2~3 滴浓 H$_2$SO$_4$ 使其反应，观察现象，并分别用湿润的 pH 试纸、湿润的淀粉-KI 试纸和湿润 Pb(Ac)$_2$ 试纸检验逸出的气体（应在通风橱内逐个进行实验，并立即清洗试管）。写出实验现象和反应方程式。

2. 卤素含氧酸盐的氧化性

(1) 次氯酸钠的氧化性 在 4 支试管中分别装入 1mL 次氯酸钠溶液，在第一支试管中加入 4~5 滴浓盐酸，用湿润的淀粉-KI 试纸检验逸出的气体；在第二支试管中滴加 0.1mol·L^{-1} KI 溶液及 1 滴淀粉试液；在第三支试管加入 4~5 滴 0.2mol·L^{-1} 的 MnSO$_4$ 溶液；在第四支试管加入 2 滴品红溶液。分别记录实验现象。写出有关的反应方程式。

(2) 氯酸钾的氧化性

① 往 0.5mL 饱和 KClO$_3$ 溶液加入几滴浓盐酸，用湿润的淀粉-KI 试纸检验逸出的气体。记录实验现象，写出反应方程式。

② 取 4 滴 0.1mol·L^{-1} KI 溶液，加 4 滴饱和 KClO$_3$ 溶液，记录现象。再加入几滴 2mol·L^{-1} H$_2$SO$_4$ 溶液酸化，摇荡，观察溶液颜色的变化，继续往该溶液中滴加 KClO$_3$ 溶液，又有何变化，解释实验现象，写出相应的反应方程式。

(3) 碘酸钾的氧化性 取几滴 0.1mol·L^{-1} KIO$_3$ 溶液，加 1~2 滴稀硫酸酸化，再逐滴加 0.1mol·L^{-1} NaHSO$_3$ 溶液，摇荡，加数滴 CCl$_4$，再摇荡，记录现象。写出离子反应方程式。

3. Cl$^-$、Br$^-$ 和 I$^-$ 的鉴定

(1) 取 2 滴 0.1mol·L^{-1} NaCl 溶液，加入 1 滴 2mol·L^{-1} HNO$_3$ 溶液和 2 滴 0.1mol·L^{-1} AgNO$_3$ 溶液，观察现象。在沉淀中加入数滴 2mol·L^{-1} 氨水溶液，振荡试管使沉淀溶解，再加数滴 2mol·L^{-1} HNO$_3$ 溶液，又有何变化。写出有关的离子反应方程式。

(2) 取 2 滴 0.1mol·L^{-1} KBr 溶液，加 1 滴 2mol·L^{-1} H$_2$SO$_4$ 和 0.5mL CCl$_4$，再逐滴加入氯水，边加边摇荡，观察 CCl$_4$ 层颜色的变化。写出离子反应方程式，得出结论。

(3) 取 2 滴 0.1mol·L^{-1} KI 溶液，加 1 滴 2mol·L^{-1} H$_2$SO$_4$ 和 0.5mL CCl$_4$，再逐滴加入氯水，边加边振荡，观察 CCl$_4$ 层颜色的变化。记录现象，写出离子反应方程式，得出结论。

4. Cl$_2$、Br$_2$、I$_2$ 的氧化性及 Cl$^-$、Br$^-$、I$^-$ 的还原性

自己设计一组实验，验证卤素单质的氧化性顺序和卤离子的还原性强弱。根据实验现象写出反应方程式。

查出有关的标准电极电势，说明卤素单质的氧化性顺序和卤离子的还原性顺序。

【思考题】

1. 用 NaOH 溶液和氯水配制 NaClO 溶液时，碱性太强会给后面的实验造成什么影响？

2. 酸性条件下，$KBrO_3$ 溶液与 KBr 溶液会发生什么反应？$KBrO_3$ 溶液与 KI 溶液又会发生什么反应？

3. 鉴定 Cl^- 时，为什么要先加稀 HNO_3？而鉴定 Br^- 和 I^- 时为什么先加稀 H_2SO_4 而不加稀 HNO_3？

4. 用碘化钾-淀粉试纸检验氯气时，试纸先呈蓝色，当试纸在氯气中放置时间较长时，蓝色褪去。为什么？

【附】

卤素的实验可按下述常量实验或微型实验的步骤进行。

一、Cl_2 水、NaClO、$KClO_3$ 的常量实验制备

实验装置见附图 1，蒸馏烧瓶中放入 8g 二氧化锰，分液漏斗中加入 15mL 浓盐酸；A 管中加入 10mL 30%的氢氧化钾溶液，A 管置于 70~80℃ 的热水浴中；B 管中装有 10mL 2mol·L^{-1} NaOH 溶液，B 管置于冰水浴中；C 管中装有 15mL 蒸馏水；锥形瓶 D 中装有 2mol·L^{-1} NaOH 溶液以吸收多余的氯气。锥形瓶口覆盖浸过硫代硫酸钠溶液的棉花（起什么作用？）

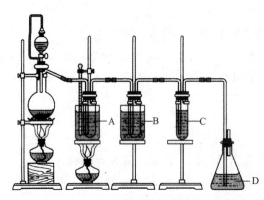

附图 1　Cl_2 水、NaClO、$KClO_3$ 的常量制备装置

装置组装完成后，先检查装置的气密性，在确保系统严密后，旋开分液漏斗活塞，点燃酒精灯，让浓盐酸缓慢而均匀地滴入蒸馏烧瓶中，反应生成的氯气均匀地通过 A、B、C 管。当 A 管中碱液呈黄色，进而出现大量小气泡，溶液由黄色转变为无色时，停止加热。待反应停止后，向蒸馏烧瓶中注入大量水，然后拆除装置。冷却 A 管中的溶液，可析出氯酸钾晶体。过滤，用少量冷藏水洗涤晶体一次，用倾析法倾去溶液，将晶体移至表面皿上，用滤纸吸干，得到氯酸钾。B 管中的次氯酸钠溶液和 C 管中的氯水留作实验用。

二、Cl_2 水、NaClO、$KClO_3$ 的微型实验制备

【仪器】

多用滴管(4mL)、微型支管试管(4mL)、微型 U 形反应管(10mL)、双 U 形反应管(4mL)。

【实验步骤】

1. 氯气、氯酸钾、次氯酸钠的制取及氯气的性质

(1) 微型实验装置如附图 2 所示固定在铁架台上，用乳胶管相连。

(2) 检查装置的气密性　用酒精灯微热支管试管 2，如装置不漏气，支管试管内的气体受热膨胀，可看到试管 3 导气管中的液面下降，双 U 形管 6 和 7 的液面波动。

(3) 操作

① 按照附图 2 的标示装入试剂，再将仪器连接好。

② 按捏多用滴管 1，滴加浓盐酸。微热支管试管（若试管 2 中装有 MnO_2），控制氯气产生的速度。保持氯气发生器中反应物微沸即可。

(4) 注意观察双 U 形管中溶液的颜色发生了几次变化，说明原因，写出反应方程式。

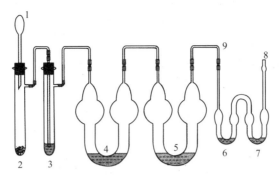

附图 2 制取 Cl_2 水、NaClO、$KClO_3$ 和
检验 Cl_2 性质的微型实验装置

1—多用滴管中装有 5mL 浓盐酸；2—微型支管试管中装有 0.8g MnO_2（或 1.5g $KMnO_4$）；3—微型支管试管中装 2～3mL 浓硫酸用于干燥氯气；4—微型 U 形反应管中装有少量 30% KOH 溶液并置于 70～80℃ 的热水浴中；5—微型 U 形反应管中装有少量 2mol·L^{-1} NaOH 溶液并置于冰水浴中；6—管中装有 0.1mol·L^{-1} KI-淀粉溶液；7—管中装有 0.1mol·L^{-1} KBr 溶液；8—反应系统尾气出口用浸有 0.5 mol·L^{-1} $Na_2S_2O_3$ 溶液的棉花轻轻覆盖住；9—连接用乳胶管

(5) 看到双 U 形管的最后一个 U 形管中的溶液变色了，即移去酒精灯，停止反应，用自由夹夹紧气体发生器的乳胶管。将气体发生器移到通风橱中。将装有浓 KOH 的增容 U 形反应管放入冷水中。观察析出晶体氯酸钾。

(6) 将氯酸钾固体和次氯酸钠溶液转移至小烧杯中，待后续性质实验使用。

2. 氯酸钾、次氯酸钠及碘酸钾的氧化性

(1) 次氯酸钠的性质　在 0.7mL 井穴板的 4 个孔穴内，按附表 1 要求分别滴加 2 滴反应物。再用 1 支多用滴管分别向各穴滴加 2 滴自制的 NaClO 溶液。观察现象，写出反应式。

附表 1　次氯酸钠的性质

孔穴	与 NaClO 作用的反应物	现　象	反应式
1	浓盐酸(扇闻气味，并以 KI-淀粉试纸检验)		
2	0.1mol·L^{-1} $MnSO_4$		
3	1 滴靛蓝溶液，2 滴 1mol·L^{-1} H_2SO_4		
4	2 滴 0.1mol·L^{-1} KI，2 滴 2mol·L^{-1} H_2SO_4		

(2) 氯酸钾的氧化性　在 0.7mL 井穴板的 3 个孔穴内，按附表 2 要求分别滴加 2 滴反应物。再用 2 支多用滴管分别向各穴滴加 2 滴自制的 $KClO_3$ 溶液。观察现象，写出反应式。

附表 2　氯酸钾的性质

孔穴	与 $KClO_3$ 作用的反应物	现　象	反应式
1	浓盐酸(扇闻气味，并以 KI-淀粉试纸检验)		
2	2 滴 0.1mol·L^{-1} KI		
3	2 滴 0.1mol·L^{-1} KI，2 滴 2mol·L^{-1} H_2SO_4		

(3) 碘酸钾的氧化性　在 0.7mL 井穴板的 2 个孔穴内，按附表 3 要求分别滴加反应物。

再用 1 支多用滴管分别向各穴滴加 2 滴饱和的 $KClO_3$ 溶液。观察现象，写出反应式。

附表 3 碘酸钾的氧化性

孔穴	与 KIO_3 作用的反应物	现　　象	反应式
1	2 滴 $2mol·L^{-1}H_2SO_4$ 和淀粉溶液，再滴入 2 滴 $0.2mol·L^{-1}$ 的 $NaHSO_3$ 溶液		
2	2 滴 $2mol·L^{-1}H_2SO_4$ 和淀粉溶液，再滴入 2 滴 $0.2mol·L^{-1}KI$ 溶液		

【思考题】

1. 怎样区分氯酸盐和次氯酸盐？
2. 在 KI 溶液中通入氯气，开始观察到碘析出，继续通过量的氯气，为什么单质碘又消失了？

【注意事项】

氯气为剧毒、有刺激性气味的黄绿色气体，少量吸入人体会刺激鼻、喉部，引起咳嗽和喘息，大量吸入甚至会致死亡。

溴蒸气对气管、肺部、眼、鼻、喉都有强烈的刺激作用，凡涉及溴的实验都应在通风橱内进行。不慎吸入溴蒸气时，可吸入少量氨气和新鲜空气解毒。液溴具有强烈的腐蚀性，能灼伤皮肤。移取液溴时，需戴橡皮手套。溴水的腐蚀性较液溴弱，在取用时不允许直接倒而要使用滴管取用。如果不慎把溴水溅在皮肤上，应立即用水冲洗，再用碳酸氢钠溶液或稀硫代硫酸钠溶液冲洗。

氯酸钾是强氧化剂，与可燃物质接触、加热、摩擦或撞击容易引起燃烧和爆炸，因此决不允许将它们混合保存。氯酸钾易分解，不宜用大力研磨、烘干或烤干。实验时，应将撒落的氯酸钾及时清除干净，不要倒入废液缸中。

实验十四　过渡元素

【实验目的】

1. 掌握铬、锰主要氧化态的化合物的重要性质。
2. 掌握铬、锰的不同氧化态之间转化的条件。
3. 掌握二价铁、钴的还原性和三价铁、钴的氧化性。试验并掌握铁、钴配合物的生成及性质。

【仪器与试剂】

1. 仪器　试管、离心试管、水浴、碘化钾-淀粉试纸。
2. 试剂　$(NH_4)_2Fe(SO_4)_2(s)$、$KSCN(s)$、$MnO_2(s)$、HCl（浓，$2mol·L^{-1}$）、H_2SO_4（浓，$6mol·L^{-1}$，$1mol·L^{-1}$）、$NaOH$（$6mol·L^{-1}$，$0.2mol·L^{-1}$）、氨水（浓，$6mol·L^{-1}$）、$Pb(NO_3)_2$（$0.1mol·L^{-1}$）、$BaCl_2$（$0.1mol·L^{-1}$）、$AgNO_3$（$0.1mol·L^{-1}$）、$K_2Cr_2O_7$（$0.1mol·L^{-1}$）、Na_2SO_3（$0.1mol·L^{-1}$）、$(NH_4)_2Fe(SO_4)_2$（$0.1mol·L^{-1}$）、$CoCl_2$（$0.1mol·L^{-1}$）、$KMnO_4$（$0.1mol·L^{-1}$）、NH_4Cl（$2mol·L^{-1}$）、$MnSO_4$（$0.2mol·L^{-1}$）、$NaNO_2$（$0.5mol·L^{-1}$）、$NaClO$（稀）、$KSCN$（$0.5mol·L^{-1}$）、KI（$0.5mol·L^{-1}$）、$FeCl_3$（$0.2mol·L^{-1}$）、$K_4[Fe(CN)_6]$（$0.5mol·L^{-1}$）、氯水、碘水、H_2O_2（3%）、戊醇、乙醚、CCl_4。

【实验步骤】

1. 铬的化合物的重要性质

(1) 铬(Ⅵ) 的氧化性：$Cr_2O_7^{2-}$ 转变为 Cr^{3+}。

在约 1mL $K_2Cr_2O_7$ 溶液中，加入少量 Na_2SO_3 溶液，观察溶液颜色的变化（如果现象不明显，应该采取什么措施?），写出反应方程式（保留溶液供下面实验用）。

(2) 铬(Ⅵ) 的缩合平衡：$Cr_2O_7^{2-}$ 与 CrO_4^{2-} 的相互转化。

在一支试管中加入 2mL $Cr_2O_7^{2-}$ 溶液，加入几滴 6mol·L^{-1} 的 NaOH 溶液，使其转变为 CrO_4^{2-}；在此 CrO_4^{2-} 溶液中，加入几滴 6mol·L^{-1} 的 H_2SO_4 溶液，使其再转变为 $Cr_2O_7^{2-}$。

(3) 氢氧化铬(Ⅲ) 的两性：Cr^{3+} 转变为 $Cr(OH)_3$ 沉淀，并试验 $Cr(OH)_3$ 的两性。

将步骤(1) 所保留的 Cr^{3+} 溶液分成两份，分别滴加 6mol·L^{-1} NaOH 溶液，记录沉淀的颜色，并写出反应方程式。

将两份沉淀分别与酸、碱溶液反应，观察溶解后溶液的颜色（保留溶液供下面实验用），分别写出 $Cr(OH)_3$ 与酸或碱反应的方程式。

(4) 铬(Ⅲ) 的还原性：$Cr(OH)_4^-$ 转变为 CrO_4^{2-}。

在步骤(3) 得到的 $Cr(OH)_4^-$ 溶液中，加入约 1mL 3% 的 H_2O_2 溶液，水浴加热，观察溶液颜色的变化，写出反应方程式。

(5) 重铬酸盐和铬酸盐的溶解性　在三份 2mL $Cr_2O_7^{2-}$ 和三份 2mL CrO_4^{2-} 溶液中，分别滴加几滴 $Pb(NO_3)_2$、$BaCl_2$ 和 $AgNO_3$ 溶液，观察产物的颜色和状态，比较并解释实验结果，写出反应方程式。

2. 锰的化合物的重要性质

(1) Mn^{2+} 的还原性　在 1mL 0.5mol·L^{-1} $MnSO_4$ 溶液中滴加稀氢氧化钠溶液，观察沉淀的颜色、状态，振荡试管，观察沉淀颜色的变化。写出反应方程式。

(2) 二氧化锰的生成和氧化性　往盛有少量 0.1mol·L^{-1} $KMnO_4$ 溶液中逐滴加入 0.5mol·L^{-1} $MnSO_4$ 溶液，观察沉淀的颜色。往沉淀中加入 3 滴 1mol·L^{-1} H_2SO_4 溶液和 5 滴 0.1mol·L^{-1} Na_2SO_3 溶液，沉淀是否溶解? 写出反应方程式。

(3) 高锰酸钾的性质　在三份 2mL $KMnO_4$ 溶液各加入 2mL Na_2SO_3 溶液，分别加入 2 滴 1mol·L^{-1} H_2SO_4、2 滴 6mol·L^{-1} NaOH、近中性蒸馏水，让其在不同酸、碱性介质中进行反应，比较因介质不同产物有何不同? 写出反应式。

3. 铁(Ⅱ)、钴(Ⅱ) 的化合物的还原性

(1) 铁(Ⅱ) 的还原性

① 酸性介质　往盛有 0.5mL 氯水的试管中加入 3 滴 6mol·L^{-1} H_2SO_4 溶液，然后滴加 $(NH_4)_2Fe(SO_4)_2$ 溶液，观察现象，写出反应式（如现象不明显，可滴加 1 滴 KSCN 溶液，出现红色，证明有 Fe^{3+} 生成）。

② 碱性介质　在一试管中放入 2mL 蒸馏水和 3 滴 6mol·L^{-1} H_2SO_4 溶液煮沸，以赶尽溶液中的空气，然后加入少许硫酸亚铁铵晶体振荡溶解。在另一试管中加入 3mL 6mol·L^{-1} NaOH 溶液煮沸，冷却后，用一长滴管吸取 NaOH 溶液，插入 $(NH_4)_2Fe(SO_4)_2$ 溶液的试管底部，慢慢挤出滴管中的 NaOH 溶液，观察产物颜色和状态。然后振荡、放置一段时间，观察又有何变化，写出反应方程式。产物留作下面实验用。

(2) 钴(Ⅱ)的还原性

① 往盛有 1mL $CoCl_2$ 溶液的试管中滴加几滴氯水,观察有何变化。

② 在盛有 1mL $CoCl_2$ 溶液的试管中滴入稀 NaOH 溶液,观察沉淀的生成(同样方法制备2份沉淀)。一份沉淀置于空气中,另一份沉淀加入新配制的氯水,观察有何变化,第二份留作下面实验用。

4. 铁(Ⅲ)、钴(Ⅲ)的氧化性

(1) 在前面实验中保留下来的氢氧化铁(Ⅲ)、氢氧化钴(Ⅲ)沉淀中分别滴加几滴浓盐酸,振荡后各有何变化,并用湿润的碘化钾-淀粉试纸检验所放出的氯气。

(2) 在上述制得的 $FeCl_3$ 溶液中加入 5 滴 KI 溶液,振荡使其反应,然后再加入 6 滴 CCl_4,振荡后观察现象,写出反应方程式。

5. 配合物的生成

(1) 铁的配合物

① 往盛有 $1mol·L^{-1}$ $K_4[Fe(CN)_6]$ 溶液的试管中,加入约 0.5mL 碘水,摇动试管后,滴入数滴 $FeSO_4$ 溶液,有何现象发生?此为 Fe^{2+} 的鉴定反应。

② 向盛有 1mL 新配制$(NH_4)_2Fe(SO_4)_2$ 溶液的试管中加入几滴碘水,摇动试管后,滴入数滴 KSCN 溶液,振荡试管,向其中加入约 0.5mL 3% H_2O_2 溶液,观察现象。此为 Fe^{3+} 的鉴定反应。

③ 往 0.5mL $FeCl_3$ 溶液中滴加 $K_4[Fe(CN)_6]$ 溶液,观察现象,写出反应方程式。这也是鉴定 Fe^{3+} 的常用方法。

④ 往 0.5mL $0.2mol·L^{-1}$ $FeCl_3$ 溶液中,逐滴加入浓氨水、直至过量,观察沉淀是否溶解。

(2) 钴的配合物

① 往盛有 1mL $CoCl_2$ 溶液的试管里加入少量硫氰酸钾固体,观察固体周围的颜色。再加入 0.5mL 戊醇,振荡后,观察水相和有机相的颜色,这个反应可用来鉴定 Co^{2+}。

② 往 0.5mL $CoCl_2$ 溶液中逐滴加入浓氨水,直至生成的沉淀刚好溶解为止,静置一段时间后,观察溶液的颜色有何变化。

【思考题】

1. 今有一瓶含有 Fe^{3+}、Cr^{3+}、Ni^{2+} 的混合液,如何将它们分离出来,请设计出示意图。

2. 根据实验结果,设计一张铬元素各种氧化态转化关系图。

实验十五　常见阴离子的分离与鉴定

【实验目的】

1. 复习巩固、灵活运用非金属元素化合物的有关性质。

2. 了解和掌握 Cl^-、Br^-、I^- 共存时的分离与鉴定。

3. 了解和掌握 SO_3^{2-}、S^{2-}、$S_2O_3^{2-}$、NO_3^-、PO_4^{3-} 等常见阴离子的鉴定方法。

【实验原理】

常见的阴离子有的具有氧化性,有的具有还原性,所以很少有多种离子共存。在大多数情况下，阴离子彼此不妨碍鉴定，因此通常采用个别鉴定的方法。

Cl^-、Br^-、I^- 能和 Ag^+ 生成难溶于水的 AgCl（白色）、AgBr（淡黄色）、AgI（黄色），它们都不溶于稀 HNO_3 中。AgCl 在氨水、$(NH_4)_2CO_3$ 溶液、$AgNO_3$-NH_3 溶液中，由于生成配合离子 $[Ag(NH_3)_2]^+$ 而溶解，其反应为：

$$AgCl + 2NH_3 \Longleftrightarrow [Ag(NH_3)_2]^+ + Cl^-$$

利用这个性质，可以将 AgCl 和 AgBr、AgI 分离。在分离 AgBr、AgI 后的溶液中，再加入 HNO_3 酸化，AgCl 又重新沉淀，其反应式为：

$$[Ag(NH_3)_2]^+ + Cl^- + 2H^+ \Longleftrightarrow AgCl\downarrow + 2NH_4^+$$

Br^- 和 I^- 可以被氯水氧化为 Br_2 和 I_2，如用 CCl_4 萃取，Br_2 在 CCl_4 层中呈橙黄色，I_2 在 CCl_4 层中呈紫色，借此可鉴定 Br^- 和 I^-。

S^{2-} 在弱碱性条件下，能与 $Na_2[Fe(CN)_5NO]$ 反应生成红紫色配合物，利用这种特征反应能鉴定 S^{2-}，其反应为：

$$S^{2-} + [Fe(CN)_5NO]^{2-} \Longleftrightarrow [Fe(CN)_5NOS]^{4-}$$

SO_3^{2-} 能与 $Na_2[Fe(CN)_5NO]$ 反应生成红色化合物，加入硫酸锌的饱和溶液和 $K_4[Fe(CN)_6]$ 溶液，可使红色显著加深，利用这个反应可以鉴定 SO_3^{2-} 的存在。

$S_2O_3^{2-}$ 与 Ag^+ 生成白色硫代硫酸银沉淀，会迅速变黄色、棕色，最后变为黑色的硫化银沉淀，这是 $S_2O_3^{2-}$ 最特殊的反应之一，可用来鉴定 $S_2O_3^{2-}$ 的存在，其反应为：

$$2Ag^+ + S_2O_3^{2-} \Longleftrightarrow Ag_2S_2O_3\downarrow$$
$$Ag_2S_2O_3 + H_2O \Longleftrightarrow Ag_2S\downarrow + H_2SO_4$$

PO_4^{3-} 能与钼酸铵反应，在酸性条件下生成黄色沉淀，故可用钼酸铵来鉴定，其反应如下：

$$PO_4^{3-} + 3NH_4^+ + 12MoO_4^{2-} + 24H^+ \Longleftrightarrow (NH_4)_3PO_4\cdot 12MoO_3\cdot 6H_2O\downarrow + 6H_2O$$

NO_3^- 可用棕色环法鉴定，其反应如下：

$$3Fe^{2+} + NO_3^- + 4H^+ \Longleftrightarrow 3Fe^{3+} + 2H_2O + NO$$
$$NO + Fe^{2+} \Longleftrightarrow [Fe(NO)]^{2+}（棕色）$$

NO_2^- 和 $FeSO_4$ 在 HAc 溶液中能生成棕色 $[Fe(NO)]SO_4$ 溶液，利用这个反应可以鉴定 NO_2^- 的存在。

$$NO_2^- + Fe^{2+} + 2HAc \Longleftrightarrow NO + Fe^{3+} + 2Ac^- + H_2O$$
$$NO + Fe^{2+} \Longleftrightarrow [Fe(NO)]^{2+}（棕色）$$

【仪器与试剂】

1. 仪器　试管、点滴板、水浴。
2. 试剂　Zn 粉、$FeSO_4\cdot 7H_2O(s)$、HCl($6 mol\cdot L^{-1}$)、HAc($2 mol\cdot L^{-1}$)、HNO_3(浓，$6 mol\cdot L^{-1}$)、H_2SO_4($6 mol\cdot L^{-1}$，浓)、NaOH($2 mol\cdot L^{-1}$)、$NH_3\cdot H_2O$($6 mol\cdot L^{-1}$)、NaCl($0.1 mol\cdot L^{-1}$)、KBr($0.1 mol\cdot L^{-1}$)、KI($0.1 mol\cdot L^{-1}$)、$AgNO_3$($0.1 mol\cdot L^{-1}$)、Na_2S

（0.1mol·L^{-1}）、K$_4$[Fe(CN)$_6$]（0.1mol·L^{-1}）、Na$_2$SO$_3$（0.1mol·L^{-1}）、Na$_2$S$_2$O$_3$（0.1mol·L^{-1}）、KNO$_3$（0.1mol·L^{-1}）、NaNO$_2$（0.1mol·L^{-1}）、Na$_3$PO$_4$（0.1mol·L^{-1}）、CCl$_4$、氯水、ZnSO$_4$（饱和）、钼酸铵试剂、Na$_2$[Fe(CN)$_5$NO]（1%）、(NH$_4$)$_2$CO$_3$（12%）。

【实验步骤】

1. Cl$^-$、Br$^-$、I$^-$的分离与鉴定

（1）分别取 0.1mol·L^{-1} NaCl、KBr、KI 溶液，练习鉴定 Cl$^-$、Br$^-$、I$^-$ 存在的方法。

（2）取 Cl$^-$、Br$^-$、I$^-$ 的混合试液，练习分离和鉴定的方法。分离和鉴定如图 3-2 所示。

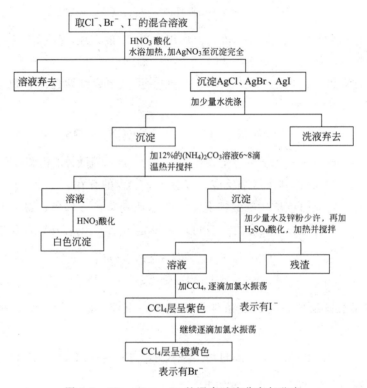

图 3-2　Cl$^-$、Br$^-$、I$^-$ 的混合试液分离与鉴定

2. S^{2-}、SO$_3^{2-}$、S$_2$O$_3^{2-}$ 的鉴定

（1）在一支试管中滴入 Na$_2$S 溶液 5～10 滴，然后滴入 1% 的 Na$_2$[Fe(CN)$_5$NO]，观察溶液颜色。出现紫红色即表示有 S^{2-}。

（2）在一支试管中滴入 2 滴饱和 ZnSO$_4$，然后加入 1 滴 0.1mol·L^{-1} K$_4$[Fe(CN)$_6$] 和 1 滴 1% 的 Na$_2$[Fe(CN)$_5$NO]，并选用 NH$_3$·H$_2$O 使溶液呈中性，再滴加 SO$_3^{2-}$ 溶液，出现红色沉淀即表示有 SO$_3^{2-}$。

（3）在一支试管中滴入 5～10 滴 Na$_2$S$_2$O$_3$ 溶液，然后滴入 AgNO$_3$ 溶液生成沉淀，振荡颜色由白→黄→棕→黑即表示有 S$_2$O$_3^{2-}$。

3. NO$_2^-$、NO$_3^-$、PO$_4^{3-}$ 的鉴定

（1）取少量 0.1mol·L^{-1} KNO$_3$ 溶液和数粒 FeSO$_4$·7H$_2$O 晶体，振荡溶解后，在混合溶液中，沿试管壁慢慢滴入浓 H$_2$SO$_4$，观察浓 H$_2$SO$_4$ 与液面交界处有棕色环生成，则表示有 NO$_3^-$ 存在。

(2) 取少量 0.1mol·L^{-1} NaNO$_2$ 溶液，用 2mol·L^{-1} HAc 酸化，再加入数粒 FeSO$_4$·H$_2$O 晶体，若有棕色出现，表示有 NO$_2^-$ 存在。

(3) 取少量 0.1mol·L^{-1} Na$_3$PO$_4$ 溶液，加入 10 滴浓 HNO$_3$，再加入 20 滴钼酸铵试剂，微热至 40～50℃，若有黄色沉淀生成，则表示有 PO$_4^{3-}$ 存在。

注：由于磷钼酸铵能溶于过量磷酸盐中，所以在鉴定 PO$_4^{3-}$ 时应加过量钼酸铵试剂。

【思考题】

1. 在 AgCl、AgBr、AgI 共存时，为什么实验中用 (NH$_4$)$_2$CO$_3$ 溶液来溶解 AgCl，而不用氨水？

2. 在 Br$^-$ 和 I$^-$ 混合液中，逐滴加入氯水时在 CCl$_4$ 层中，先出现红紫色后呈橙黄色，怎样解释这些现象？

3. 鉴定 SO$_3^{2-}$ 和 S$_2$O$_3^{2-}$ 时，S^{2-} 的存在有干扰，怎样除去 S^{2-} 的干扰？

4. 鉴定 NO$_3^-$ 时，NO$_2^-$ 的存在有干扰，怎样除去 NO$_2^-$ 的干扰？

实验十六　常见阳离子的分离与鉴定

【实验目的】

1. 复习巩固元素化合物的性质和有关知识。
2. 了解和掌握 Pb^{2+}、Ag$^+$、Cu^{2+}、Zn^{2+}、Cd^{2+}、Mn^{2+}、Fe^{3+} 等常见阳离子的分离和鉴定方法。

【实验原理】

阳离子的种类较多，常见的有 20 多种，个别定性检出时，容易发生相互干扰，所以阳离子的分析都是利用阳离子的某些共同的特征，先分成几组，然后再根据阳离子的个别特性加以检出。本实验对 Pb^{2+}、Ag$^+$、Cu^{2+}、Zn^{2+}、Cd^{2+}、Mn^{2+}、Fe^{3+} 等离子进行分离鉴定。

Pb^{2+} 与 CrO$_4^{2-}$ 生成黄色 PbCrO$_4$ 沉淀，可用来鉴定 Pb^{2+}。

Ag$^+$ 与 NaCl 生成 AgCl 沉淀，加 NH$_3$·H$_2$O 沉淀溶解，加 HNO$_3$，又析出沉淀，可用来鉴定 Ag$^+$。

Cu^{2+} 能与 K$_4$[Fe(CN)$_6$] 反应生成红棕色 Cu$_2$[Fe(CN)$_6$] 沉淀，可用来鉴定 Cu^{2+}。

Zn^{2+} 在强碱溶液中与二苯硫腙反应生成粉红色螯合物。Cd^{2+} 与 H$_2$S 饱和溶液反应能生成黄色 CdS 沉淀。Hg^{2+} 与 SnCl$_2$ 反应生成白色 Hg$_2$Cl$_2$，与过量 SnCl$_2$ 反应生成黑色 Hg，利用上述特征反应可鉴定 Zn^{2+}、Cd^{2+}、Hg^{2+}、Sn^{2+}。

在酸性介质中 Cr$_2$O$_7^{2-}$ 与 H$_2$O$_2$ 反应生成蓝色过氧化铬 CrO$_5$：

$$Cr_2O_7^{2-} + 4H_2O_2 + 2H^+ = 2CrO_5 + 5H_2O$$

这个反应常用来鉴定 Cr$_2$O$_7^{2-}$ 或 Cr^{3+}。

在硝酸溶液中，Mn^{2+} 可以被 NaBiO$_3$ 氧化为紫红色的 MnO$_4^-$：

$$5NaBiO_3 + 2Mn^{2+} + 14H^+ = 2MnO_4^- + 5Bi^{3+} + 5Na^+ + 7H_2O$$

通常利用这个反应来鉴定 Mn^{2+}。

Fe^{3+} 与 KSCN 溶液生成血红色溶液 $[Fe(NCS)]^{2+}$，可鉴定 Fe^{3+}。

Pb^{2+}、Ag^+、Cu^{2+}、Zn^{2+}、Cd^{2+}、Mn^{2+}、Fe^{3+} 共存时，分离方法如图 3-3 所示。

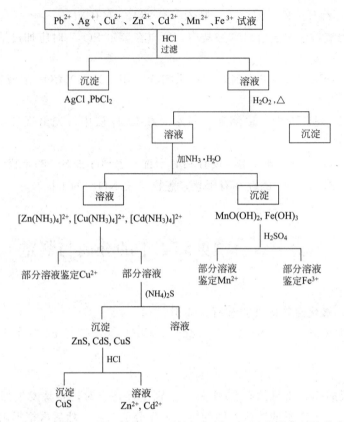

图 3-3 Pb^{2+}、Ag^+、Cu^{2+}、Zn^{2+}、Cd^{2+}、Mn^{2+}、Fe^{3+} 的混合试液分离与鉴定

分离后可根据阳离子的特性加以鉴定

【仪器与试剂】

1. 仪器　试管、离心试管、点滴板、离心机、水浴。

2. 试剂　$NaBiO_3$、$HCl(2mol·L^{-1})$、$HNO_3(2mol·L^{-1}，6mol·L^{-1})$、$H_2SO_4(3mol·L^{-1})$、$NH_3·H_2O(2mol·L^{-1}、6mol·L^{-1})$、$NaOH(6mol·L^{-1})$、$AgNO_3(0.1mol·L^{-1})$、$NaCl(0.1mol·L^{-1})$、$Pb(NO_3)_2(0.1mol·L^{-1})$、$K_2CrO_4(0.1mol·L^{-1})$、$CuSO_4(0.1mol·L^{-1})$、$K_4[Fe(CN)_6](0.1mol·L^{-1})$、$KSCN(0.1mol·L^{-1})$、$ZnSO_4(0.1mol·L^{-1})$、$CdSO_4(0.1mol·L^{-1})$、$SnCl_2(0.1mol·L^{-1})$、$Hg(NO_3)_2(0.1mol·L^{-1})$、$CrCl_3(0.1mol·L^{-1})$、$FeCl_3(0.1mol·L^{-1})$、$MnSO_4(0.1mol·L^{-1})$、$NH_4Ac(3mol·L^{-1})$、$NH_4Cl(3mol·L^{-1})$、$(NH_4)_2S(6mol·L^{-1})$、$H_2O_2(3\%)$、二苯硫腙、乙醚、$H_2S$（饱和溶液）。

【实验步骤】

1. 离子的个别鉴定

(1) 取少量 $0.1mol·L^{-1} Pb(NO_3)_2$ 溶液，加入少量 $0.1mol·L^{-1} K_2CrO_4$，产生黄色 $PbCrO_4$ 沉淀，表示有 Pb^{2+} 存在。

(2) 取少量 $0.1mol·L^{-1} AgNO_3$ 溶液，加入少量 $0.1mol·L^{-1} NaCl$ 溶液，产生 AgCl

沉淀，加入 2mol·L^{-1} 氨水，使其溶解，再加入少量 2mol·L^{-1} 硝酸酸化，则 AgCl 又重新沉淀，证明有 Ag$^+$ 存在。

(3) 在点滴板上滴 1 滴 0.1mol·L^{-1} CuSO$_4$ 溶液，加 1 滴 0.1mol·L^{-1} K$_4$[Fe(CN)$_6$] 溶液，出现红棕色沉淀，表示有 Cu^{2+} 存在。

(4) 取少量 0.1mol·L^{-1} ZnSO$_4$ 溶液，滴加 6mol·L^{-1} NaOH 直至生成的沉淀溶解，加入二苯硫腙，水浴数分钟后，水溶液呈粉红色，有机层则由绿色变为棕色，表示有 Zn^{2+} 存在。

(5) 取少量 0.1mol·L^{-1} CdSO$_4$ 溶液，加入少量 H$_2$S 饱和溶液，生成 CdS 黄色沉淀，表示有 Cd^{2+} 存在。

(6) 取少量 0.1mol·L^{-1} Hg(NO$_3$)$_2$ 溶液，逐滴加入 0.1mol·L^{-1} SnCl$_2$ 溶液，先生成白色 Hg$_2$Cl$_2$ 沉淀，继续加 SnCl$_2$ 溶液，又生成黑色 Hg 沉淀。表示有 Hg^{2+}、Sn^{2+} 存在。

(7) 取少量 0.1mol·L^{-1} CrCl$_3$ 溶液，加入 6mol·L^{-1} NaOH 溶液，使转化为 Cr(OH)$_4^-$ 后再过量 2 滴，然后加入 3% H$_2$O$_2$，微热至溶液呈浅黄色。待试管冷却后，加入少量乙醚，慢慢滴加 6mol·L^{-1} HNO$_3$ 酸化，振荡，在乙醚层出现深蓝色，表示有 Cr^{3+} 存在。

(8) 在点滴板上滴 1 滴 0.1mol·L^{-1} FeCl$_3$，加 1 滴 0.1mol·L^{-1} KSCN，出现血红色，表示有 Fe^{3+}。

(9) 在点滴板上滴 1 滴 0.1mol·L^{-1} MnSO$_4$，加 1 滴 6mol·L^{-1} HNO$_3$，加少许固体 NaBiO$_3$，搅拌，溶液显紫红色，表示有 Mn^{2+}。

2. 混合离子的分离和鉴定　向指导老师领取可能含有 Pb^{2+}、Ag$^+$、Cu^{2+}、Zn^{2+}、Cd^{2+}、Mn^{2+}、Fe^{3+} 混合离子的未知溶液，分离并鉴定有哪些离子的存在。

【思考题】

1. Pb^{2+}、Ag$^+$ 形成 PbCl$_2$、AgCl 沉淀后，如何分离鉴定？
2. Zn^{2+}、Cd^{2+} 共存时，如何分离鉴定？

实验十七　升华操作——樟脑的提纯

【实验目的】

1. 了解升华的原理。
2. 掌握升华的操作和樟脑的提纯方法。

【实验原理】

实验原理参见 2.5.7 升华分离。

【仪器与试剂】

1. 仪器　蒸发皿、电热套、长颈漏斗、棉花、滤纸。
2. 试剂　含杂质的樟脑 5g。

【实验步骤】

称量 5g 粗樟脑，将其研细后置放在蒸发皿中，然后用一张扎有许多小孔（刺孔朝上）的滤纸覆盖在蒸发皿口上（缺口处用适当大小的棉花团堵住），并将一个玻璃漏斗倒置在滤纸上面，在漏斗的颈部塞上一团疏松的棉花。装置见本书 2.5.7 图 2-23(a)。用小火慢慢加热，使蒸发皿中的物质慢慢升华，蒸气透过滤纸小孔上升，凝结在玻璃漏斗的壁上，滤纸面上也会结晶出一部分固体。升华完毕，可用不锈钢刮匙将凝结在漏斗壁上以及滤纸上的结晶小心刮落并收集起来。称量得到的纯樟脑。蒸发皿剩下的固体冷却至室温后也进行称量。

【数据处理与结论】

记录粗樟脑、提纯后樟脑的外观及质量和蒸发皿中剩余物质量，计算回收率（表 3-10）。

表 3-10　实验数据

项目	外观	质量/g	现象
粗樟脑			
纯樟脑			
杂质			

【注意事项】

1. 待升华物质要充分干燥，否则在升华操作时部分有机物会与水蒸气一起挥发，严重影响升华效果。

2. 在蒸发皿上覆盖一层布满小孔的滤纸，主要是为了在蒸发皿上方形成一温差层，使逸出的蒸气容易凝结在玻璃漏斗壁上，提高物质升华的收率。必要时，可在玻璃漏斗外壁上敷上冷湿布，以助冷凝。

3. 为了达到良好的升华分离效果，最好采取砂浴或油浴而避免用明火直接加热，使加热温度控制在待纯化物质的三相点温度以下。如果加热温度高于三相点温度，就会使不同挥发性的物质一同蒸发，从而降低升华效果。

【思考题】

1. 升华操作常用于何种条件的物质分离提纯？
2. 升华操作时应注意哪些事项？
3. 根据你的实验数据结果分析操作因素对实验产率的影响。

实验十八　蒸馏操作和沸点的测定

【实验目的】

1. 熟悉蒸馏和测定沸点的原理，了解蒸馏和测定沸点的意义。
2. 掌握蒸馏和测定沸点的操作要领和方法。
3. 掌握圆底烧瓶、直形冷凝管、蒸馏头、尾接管、锥形瓶等玻璃仪器的正确使用方法，初步掌握蒸馏装置的装配和拆卸技能。

【实验原理】

液体分子由于分子运动有从表面逸出的倾向，这种倾向随着温度的升高而增大，进而在液面上形成蒸气。当分子由液体逸出的速度与分子由蒸气中回到液体中的速度相等，液面上的蒸气达到饱和，称为饱和蒸气。它对液面所施加的压力称为饱和蒸气压。实验证明，液体的蒸气压只与温度有关。即液体在一定温度下具有一定的蒸气压。

当液体的蒸气压增大到与外界施于液面的总压力（通常是大气压力）相等时，就有大量气泡从液体内部逸出，即液体沸腾。这时的温度称为液体的沸点。单纯的液体有机化合物在一定的压力下具有一定的沸点（沸程 0.5~1.5℃）。利用这一点，可以测定纯液体有机物的纯度。

蒸馏是将液体有机物加热到沸腾状态，使液体变成蒸气，又将蒸气冷凝为液体的过程。通过蒸馏可除去不挥发性杂质，可分离沸点相差大于 30℃ 的液体混合物。

蒸馏是分离和提纯液态有机化合物最常用的重要方法之一。通过蒸馏，不仅可以把挥发性物质与不挥发性物质进行分离，还可以把沸点不同的物质进行分离。

在通常状况下，纯粹的液态物质在大气压力下有确定的沸点。如果在蒸馏过程中，沸点发生变动，那就说明物质不纯。因此可借蒸馏的方法来测定纯液体有机物的沸点及定性检验液体有机物的纯度。某些有机化合物往往能和其它组分形成二元或三元共沸混合物，它们也有一定的沸点。因此不能认为沸点一定的物质都是纯物质。

通过蒸馏曲线可以看出蒸馏分为三个阶段。在第一阶段，随着加热，蒸馏瓶内的混合液不断汽化，当液体的饱和蒸气压与施加给液体表面的外压相等时，液体沸腾。在蒸气未达到温度计水银球部位时，温度计读数基本不变化。一旦水银球部位有液滴出现（说明体系正处于气-液平衡状态），温度计内水银柱急剧上升，直至接近易挥发组分沸点，水银柱上升变缓慢，开始有液体被冷凝而流出。将这部分馏出液称为前馏分（或馏头）。由于这部分液体的沸点低于要收集组分的沸点，因此应作为杂质处理。

在第二阶段，前馏分蒸出后，温度稳定在沸程范围内，沸程范围越小，表明组分纯度越高。此时蒸馏出来的液体称为馏分，这部分液体就是所要的产品。随着馏分的蒸出，蒸馏瓶内混合液体的体积不断减少。直至温度超过沸程，即可停止接收。

在第三阶段，如果混合液中只有一种组分需要收集，此时，蒸馏瓶内剩余液体应作为后馏分，而不能作为馏分收集。如果是多组分蒸馏，第一组分蒸完后温度上升至第二组分沸程前馏出的液体，则既是第一组分的馏尾又是第二组分的馏头，当温度稳定在第二组分沸程范围内时，即可接收第二组分馏分。如果蒸馏瓶内液体很少时，温度会急剧下降。此时，应停止蒸馏。无论进行何种蒸馏操作，蒸馏瓶内的液体都不能蒸干，以防蒸馏瓶过热或有过氧化物产生而导致发生爆炸。

【仪器与试剂】

1. 仪器 蒸馏瓶（50mL）、100℃ 温度计、直形冷凝管、尾接管、锥形瓶、量筒。
2. 试剂 工业酒精。

【实验步骤】

1. 安装仪器

蒸馏装置主要由汽化、冷凝和接收三部分组成，如图 3-4 所示。

蒸馏瓶：圆底烧瓶是蒸馏时最常用的容器。它与蒸馏头组合习惯上称为蒸馏烧瓶。圆底烧瓶的选用与被蒸液体的体积有关，通常装入液体的体积为圆底烧瓶容积的 1/3~2/3。在蒸馏低沸点液体时，选用长颈蒸馏瓶；而蒸馏高沸点液体时，选用短颈蒸馏瓶。

温度计：温度计应根据被蒸馏液体的沸点来选，一般应选用比所蒸馏物质的沸点高 10~20℃ 的温度计。沸点低于 100℃ 的物质，可选用 100℃ 温度计；沸点高于 100℃，应选用 250℃ 或 300℃ 水银温度计。

冷凝管：冷凝管可分为水冷凝管和空气冷凝管两类，水冷凝管用于被蒸液体沸点低于 140℃；空气冷凝管用于被蒸液体沸点高于 140℃。用套管式冷凝器时，套管中应通入自来水，自来水用橡胶管接到下端的进水口，而从上端出来的水用橡胶管导入下水道。

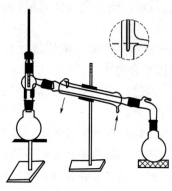

图 3-4　蒸馏装置

尾接管及接收瓶：尾接管（接引管）将冷凝液导入接收瓶中。常压蒸馏常选用锥形瓶为接收瓶。

蒸馏装置的装配方法：仪器安装顺序为先下后上，先左后右。原则上应稳妥、严密，其效果达到美观，横看成面，侧看成线。

把温度计插入螺口接头中，旋紧，螺口接头装配到蒸馏头上磨口。调整温度计的位置，使在蒸馏时它的水银球能完全为蒸气所包围，这样才能正确地测量出蒸气的温度。通常水银球的上端应恰好位于蒸馏头的支管的底边所在的水平线上（如图 3-4 所示）。在铁架台上，首先固定好圆底烧瓶的位置；装上蒸馏头，以后再装其它仪器时，不宜再调整蒸馏烧瓶的位置。在另一铁架台上，用铁夹夹住冷凝管的中上部，调整铁架台与铁夹的位置，使冷凝管的中心线和蒸馏头支管的中心线成一条直线。移动冷凝管，把蒸馏头的支管和冷凝管严密地连接起来；铁夹应调节到正好夹在冷凝管的中央部位，再装上接引管和接收瓶。

2. 加料

先组装好仪器后再加料。取下温度计螺口接头，取待蒸馏工业酒精 20mL 小心通过长颈漏斗放入圆底烧瓶中，漏斗的下端须伸到蒸馏头支管的下面，加入 2～3 粒沸石。接上温度计，注意温度计的位置。再检查一次装置是否稳妥与严密。

3. 加热

用酒精灯等加热时，一定要装石棉铁丝网（烧瓶底部一般应紧贴在石棉铁丝网上）。开始加热时，注意温度的变化，当液体沸腾，蒸气到达水银球部位时，温度计读数急剧上升，调节热源，让水银球上液滴和蒸气温度达到平衡，使蒸馏速度以 1～2 滴/s 为宜。此时温度计读数就是馏出液的沸点。

4. 收集馏液

准备两个接收瓶，一个接收前馏分（或称馏头），另一个（事先需称重）接收所需馏分，并记下该馏分的沸程：即该馏分的第一滴和最后一滴时温度计的读数。

在所需馏分蒸出后，温度计读数会突然下降。此时应停止蒸馏。即使杂质很少，也不要蒸干，以免蒸馏瓶破裂及发生其它意外事故。

5. 拆除蒸馏装置

蒸馏完毕，先应撤出热源，然后停止通水冷却。冷却后，拆除蒸馏装置，拆卸仪器的顺序与安装顺序相反。

【数据处理与结论】

纯乙醇为无色液体，bp=78.3℃，n_D^{20}=1.3614，d_4=0.79。

分别记录前馏分、所需馏分的质量和体积及所需馏分的沸程（表 3-11）。

表 3-11　实验数据

项目	体积/mL	质量/g	沸程/℃	回收率
前馏分				
所需馏分				

【注意事项】

1. 冷却水流速以能保证蒸气充分冷凝为宜，通常只需保持缓缓水流即可。
2. 蒸馏有机溶剂均应用小口接收器，如锥形瓶。
3. 如果维持原来加热程度，不再有馏出液蒸出，温度突然下降时，就应停止蒸馏，即使杂质量很少，也不能蒸干，特别是蒸馏低沸点液体时更要注意不能蒸干，否则易发生意外事故。

【思考题】
1. 什么叫沸点？液体的沸点和大气压有什么关系？
2. 在蒸馏装置中，温度计水银球的位置不符合要求会带来什么结果？
3. 蒸馏时为什么蒸馏烧瓶所盛液体的量既不应超过其容积的 2/3，也不应少于 1/3？
4. 蒸馏时加入沸石的作用是什么？如果蒸馏前忘记加沸石，能否立即将沸石加至将近沸腾的液体中？当重新蒸馏时，用过的沸石能否继续使用？
5. 为什么蒸馏时最好控制馏出液的速度为 1～2 滴·s^{-1} 为宜？
6. 如果液体具有恒定的沸点，那么能否认为它是单纯物质？

实验十九　熔点测定及温度计校正

【实验目的】
1. 了解熔点测定的基本原理及应用。
2. 掌握熔点的测定方法和温度计的校正方法。

【实验原理】

熔点 (mp) 是有机化合物重要的物理常数之一。它不仅可以用来定性鉴定固体有机物，同时根据熔程（自初熔至全熔的温度范围）的大小可定性地判别该物质的纯度。此外，根据混合熔点是否下降，还可以判断熔点相同的化合物是否为同一种物质。

熔点是指在一个大气压下固体化合物固相与液相平衡时的温度。这时固相和液相的蒸气压相等。纯净的固体有机化合物一般都有一个固定的熔点。图 3-5 表示一个纯粹化合物相组分、总供热量和温度之间的关系。当以恒定速率供给热量时，在一段时间内温度上升，固体不熔。当固体开始熔化时，有少量液体出现，固-液两相之间达到平衡，继续供给热量使固相不断转变为液相，两相间维持平衡，温度不会上升，直至所有固体

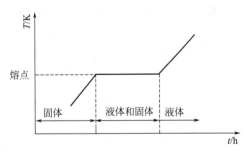

图 3-5　化合物的相随时间和温度的变化

都转变为液体，温度才上升。反过来，当冷却一种纯化合物液体时，在一段时间内温度下降，液体未固化。当开始有固体出现时，温度不会下降，直至液体全部固化后，温度才会再下降。所以纯净化合物的熔点和凝固点是一致的。

因此，要得到正确的熔点，就需要足够量的样品、恒定的加热速率和足够的平衡时间，以建立真正的固液之间的平衡。但实际上一般情况下不可能获得这样大量的样品，而微量法仅需极少量的样品，操作又方便，故广泛采用微量法。但是微量法不可能达到真正的两相平衡，所以不管是毛细管法，还是各种显微电热法，其结果都是一个近似值。在微量法中应该

观测到初熔和全熔两个温度,这一温度范围称为熔程。物质温度与蒸气压的关系如图 3-6 所示,曲线 AB 代表固相的蒸气压随温度的变化,BC 是液体蒸气压随温度变化的曲线,两曲线相交于 B 点。在这个特定的温度和压力下,固液两相并存,这时的温度 T_b 即为该物质的熔点。当温度高于 T_b 时,固相全部转变为液相;低于 T_b 值时,液相全转变为固相。只有固液相并存时,固相和液相的蒸气压是一致的。一旦温度超过 T_b(甚至只有几分之一度时),只要有足够的时间,固体就可以全部转变为液体,这就是纯净有机化合物有敏锐熔点的原因。因此,在测定熔点过程中,当温度接近熔点时,加热速度一定要慢,一般每分钟升温不能超过 1~2℃。只有这样,才能使熔化过程近似于相平衡条件,精确测得熔点。纯物质熔点敏锐,微量法测得的熔程一般不超过 0.5~1℃。

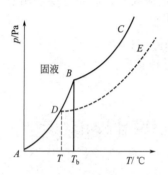

图 3-6 物质的温度与蒸气压关系图

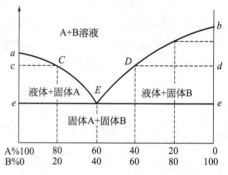

图 3-7 AB 二元组分相图

根据拉乌尔(Raoult)定律,当含有非挥发性杂质时,液相的蒸气压将降低。一般,此时的液相蒸气压随温度变化的曲线 DE 在纯化合物之下,固-液相在 D 点达平衡,熔点降低,杂质越多,化合物熔点越低(图 3-6)。一般有机化合物的混合物都显示这种性质。图 3-7 是二元混合物的相图。a 代表化合物 A 的熔点,b 代表化合物 B 的熔点。如果加热含 80%A 和 20%B 的固体混合物,当温度达到 e 时,A 和 B 将以恒定的比例(60%A 和 40%B 共熔组分)共同熔化,温度也保持不变。可是当化合物 B 全部熔化,只有固体 A 与熔化的共熔组分保持平衡。随着 A 的继续熔化,溶液中 A 的比例升高,其蒸气压增大,固体 A 与溶液维持平衡的温度也将升高,平衡温度与熔融溶液组分之间的关系可用曲线 EC 来描述。当温度升至 c 时,A 就全部熔化。即 B 的存在使 A 的熔点降低,并有较宽的熔程(e-c)。反过来,A 作为杂质可使化合物 B 的熔程变长(e-d),熔点降低。但应注意样品组成恰巧和最低共熔点组分相同时,会像纯净化合物那样显示敏锐的熔点,但这种情况是极少见的。

根据化合物中混有杂质时,不但熔点降低且熔程增大的现象,可对物质进行相关鉴定,这种方法称作混合熔点法。当测得一未知物的熔点与一个已知物质的熔点相同或相近时,可将该已知物与未知物混合,测量混合物的熔点,至少要按 1:9、1:1、9:1 这三种比例混合。若它们是相同化合物,则熔点值不降低;若是不同的化合物,则熔点降低,且熔程变长。

1. 毛细管法

有机化合物的熔点通常用毛细管法来测定。实际上由此法测得的不是一个温度点,而是熔程,即试料从开始熔化到完全熔化为液体的温度范围。纯粹的固态物质通常都有固定的熔点(熔化范围约在 0.5℃ 以内)。如有其它物质混入,则对其熔点有显著的影响,不但使熔程增大,而且往往使熔点降低。因此,熔点测定常常可以用来识别物质和定性地检验物质的纯度。

毛细管法是最常用的熔点测定法，毛细管法测定熔点的装置甚多，如下两种是最常用的装置。第一种装置是首先取一个 100mL 的高型烧杯置于放有铁丝网的铁环上，在烧杯中放入一支玻璃搅拌棒（最好在玻璃棒底端绕一个环，便于上下搅拌），放入约 60mL 浓硫酸作为热浴液体；其次，将毛细管中下部用浓硫酸润湿后，将其紧附在温度计旁，样品部分应靠在温度计水银球的中部，并用橡皮圈将毛细管紧固在温度计上，最后在温度计上端套一软木塞，并用铁夹挂好，将其垂直固定在离烧杯底约 1cm 的中心处。第二种装置是利用 Thiele 管，又叫 b 形管，也叫熔点测定管（如图 3-8 所示）。将熔点测定管夹在铁座架上，装入浓硫酸的量以熔点测定管中高出上侧管约 1cm 为度，熔点测定管口配一缺口单孔软木塞，温度计插入孔中，刻度应朝向软木塞缺口。毛细管如同前法附着在温度计旁。温度计插入熔点测定管中的深度以水银球恰在熔点测定管的两侧管的中部为准。加热时，火焰须与熔点测定管的倾斜部分接触。这种装置测定熔点的好处是管内液体因温度差而发生对流作用，省去人工搅拌的麻烦。但常因温度计的位置和加热部位的变化而影响测定的准确度。

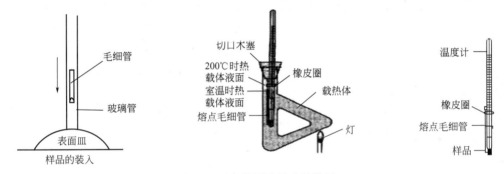

图 3-8　毛细管测定熔点的装置

对于特殊样品的测定，如易升华的物质应用两端封闭的毛细管，并将毛细管全部浸入加热液体中。压力对于熔点的影响极微，所以应用封闭的毛细管测定熔点。易吸潮的物质亦应用两端封闭的毛细管测定熔点，以免测定过程中，样品吸潮而致熔点下降。对于熔点低于室温以下的物质，一般可采用两种方法：一是将装有样品的毛细管与温度计一起冷却使样品结成固体，将此毛细管及温度计一起移至一个冷却到同样低温度的双套管中，撤除冷却介质，容器内温度徐徐上升，观察熔点；二是利用冷却曲线法测定熔点，测定方法见前述。对于蜡状的物质，可以将试样用最低温度熔化后，吸入两端开口的毛细管中，使试样高度达到 10mm。冷却，待凝结成固体后，附在温度计旁。一般以水为传热液体，试样上端应在液面下约 10mm 处，徐徐加热，待试样体积在毛细管中开始上升，检读温度，即为该试样的熔点。有些化合物加热时常易分解，如产生气体、炭化、变色等。由于分解产物的生成，原化合物即混有杂质，熔点即行下降，分解产物生成的数量常依加热时间而异。所以易分解样品的熔点，亦随加热快慢而不同。如酪氨酸（tyrosine），渐渐加热的结果，熔点为 280℃；如快速加热，熔点为 314～318℃。硫脲的熔点亦有 167～372℃（徐徐加热）及 180℃（快速加热）的区别。为了使他人能重复测得相同的熔点，对易分解物质的熔点测定，常需作较详细的说明，并在熔点之后，用括号注明"（分解）"。

2. 显微熔点仪测定熔点

这类仪器型号较多，但共同特点是使用样品量少（2～3 颗小结晶），能测量室温至

300℃的样品熔点,可观察晶体在加热过程中的变化情况,如结晶的失水、多晶的变化及分解。其具体操作如下。

在干净且干燥的载玻片上放微量晶粒并盖一片载玻片,放在加热台上。调节反光镜、物镜和目镜,使显微镜焦点对准样品,开启加热器,先快速后慢速加热,温度快升至熔点时,控制温度上升的速度为每分钟1～2℃。当样品开始有液滴出现时,表示熔化已开始,记录初熔温度。样品逐渐熔化直至完全变成液体,记录全熔温度。在使用这类仪器前必须认真仔细阅读使用指南,严格按操作规程进行操作。

3. 温度计校正

为了进行准确测量,一般温度计在使用前需对其进行校正。校正温度计的方法有如下几种。

(1) 比较法 选一只标准温度计与要进行校正的温度计在同一条件下测定温度。比较其所指示的温度值。

(2) 定点法 选择数种已知准确熔点的标准样品,常用标准样品的熔点见表3-12。测定它们的熔点,以观察到的熔点为纵坐标,以此熔点(T_1)与准确熔点(T_2)之差(ΔT)作横坐标(见图3-9),从图中求得校正后的正确温度误差值,如测得的温度为100℃,则校正后应为101.3℃。

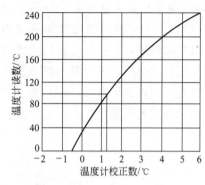

图3-9 熔点法温度计校正示意图

表3-12 常用标准样品的熔点

样品名称	熔点/℃	样品名称	熔点/℃
水-冰	0	尿素	135
对二氯苯	53.1	水杨酸	159
对二硝基苯	174	D-甘露醇	168
邻苯二酚	105	对苯二酚	173～174
苯甲酸	122.4	马尿酸	188～189
二苯胺	53	对羟基苯甲酸	214.5～215.5
萘	80.6	蒽	216.2～216.4
乙酰苯胺	114.3	酚酞	262～263

【仪器与试剂】

1. 仪器 温度计、b形管(Thiele管)。
2. 试剂 浓硫酸、苯甲酸、乙酰苯胺、萘、未知样品。

【实验步骤】

1. 熔点管的准备

毛细管的直径一般为1mm,长度一般为80～100mm。如化合物不易研细,可用稍粗的毛细管。毛细管壁应较薄,便于传热。毛细管一端封闭,另一端必须截平,便于装入样品。拉制好的毛细管应保持在具有木塞的试管中,或将毛细管拉成2倍的长度,两端均加封闭保存。在使用之前,从中部截断分成两根。

2. 样品的装入

将少许样品放于干净表面皿上,用玻璃棒将其研细并聚集成一堆。把毛细管开口一端垂直插入堆集的样品中,使一些样品进入管内,然后,把该毛细管垂直桌面轻轻上下振动,使样品进入管底,再用力在桌面上下振动,尽量使样品装得紧密。或将装有样品、管口向上的毛细管，放入长 50~60cm 垂直桌面的玻璃管中，管下可垫一表面皿，使之从高处落于表面皿上，如此反复几次后，可把样品装实，样品高度为 2~3mm。熔点管外的样品粉末要擦干净以免污染热浴液体。装入的样品一定要研细、夯实，否则影响测定结果。利用传热液体可将毛细管粘贴在温度计旁，样品的位置须处在温度计水银球中间。

3. 测定熔点

按图 3-8 搭好装置，放入加热介质（浓硫酸），用温度计水银球蘸取少量加热介质，小心地将熔点管沾附于水银球壁上，或剪取一小段橡皮圈套在温度计和熔点管的上部。将沾附有熔点管的温度计小心地插入加热浴中，以小火在图示部位加热。开始时升温速度可以快些，当传热液温度距离该化合物熔点 10~15℃时，调整火焰使每分钟上升 1~2℃，愈接近熔点，升温速度应愈缓慢，每分钟 0.2~0.3℃。为了保证有充分时间让热量由管外传至毛细管内使固体熔化，升温速度是准确测定熔点的关键；另一方面，观察者不可能同时观察温度计所示读数和试样的变化情况，只有缓慢加热才可使此项误差减小。当毛细管中样品开始塌落和有湿润现象，出现小滴液体时，表示样品开始熔化，为始熔温度，记下数据；继续微热至样品固体全部消失成为透明液体时，为全熔温度，记下数据。由始熔温度和全熔温度即可得到该化合物的熔距。记录熔点时要记下样品开始塌落并有液相产生（初熔）和固体完全消失时（全熔）的温度计读数。例如，初熔温度 156℃，全熔温度 158℃，则熔点应记录为 156~158℃，而不是它们的平均值 157℃，因为这样所表示的熔程完全不同，前者熔程为 2℃，而后者则表示熔程为 0℃。要注意在加热过程中试样是否有萎缩、变色、发泡、升华、炭化等现象，均应如实记录。

熔点测定至少要有两组重复数据，每次测定都要用新毛细管重新装入样品。测定未知物的熔点时应先将样品填好三根毛细管，首先将其中一根快速地测得未知物的熔点的近似值。待热浴的温度下降约 30℃后，换过第二和第三根样品管仔细地测定。

在测定熔点以前，要把试料研成细末，并放在干燥器或烘箱中充分干燥。

实验完毕，把温度计放好，让其自然冷却至接近室温时才能用水冲洗，否则容易发生水银柱破裂。

【数据处理与结论】

分别记录各物质的熔点及实验现象（表 3-13）。

表 3-13 实验数据

样　品	加热过程中试样变化的现象	熔点(b 形管)	
		初熔/℃	全熔/℃
苯甲酸			
乙酰苯胺			
萘			
未知样品			

【注意事项】

1. 熔点管必须洁净。如含有灰尘等，能产生 4~10℃ 的误差。
2. 熔点管底未封好会产生漏液。
3. 样品粉碎要细，填装要实，否则产生空隙，不易传热，造成熔程变大。
4. 样品不干燥或含有杂质，会使熔点偏低，熔程变大。

5. 样品量太少不便观察，而且熔点偏低；太多会造成熔程变长，熔点偏高。

6. 升温速度应慢，让热传导有充分的时间。升温速度过快，熔点偏高。

7. 熔点管壁太厚，热传导时间长，测得的熔点将偏高。

8. 使用硫酸作加热浴液要特别小心，不能让有机物碰到浓硫酸，否则使浴液颜色变深，有碍熔点的观察。若出现这种情况，可加入少许硝酸钾晶体共热后使之脱色。采用浓硫酸作热浴，适用于测熔点在220℃以下的样品。若要测熔点在220℃以上的样品，可用其它热浴液。

【思考题】

1. 测熔点时，若有下列情况将产生什么结果？
（1）熔点管壁太厚；
（2）熔点管底部未完全封闭，尚有一针孔；
（3）熔点管不洁净；
（4）样品未完全干燥或含有杂质；
（5）样品研得不细或装得不紧密；
（6）加热太快。

2. 纯物质熔距短，熔距短的是否一定是纯物质？为什么？

实验二十 重结晶和过滤

【实验目的】

1. 学习重结晶法提纯固态有机化合物的原理和方法。
2. 掌握抽滤、热滤操作和滤纸的折叠、放置方法。

【实验原理】

固体有机物在溶剂中的溶解度与温度有密切关系。一般情况下温度升高，溶解度增大。若把固体溶解在热的溶剂中达到饱和，冷却时由于溶解度降低，溶液变成过饱和而析出晶体。利用溶剂对被提纯物质及杂质的溶解度不同，可以使被提纯物质从过饱和溶液中析出，而让杂质全部或大部分仍留在溶液中（若在溶剂中的溶解度极小，则可以配成近饱和溶液后热滤除去），从而达到提纯目的。

假设一固体混合物由9.5g被提纯物A和0.5g杂质B组成，选择某溶剂进行重结晶，室温时A、B在此溶剂中的溶解度分别为S_A和S_B，通常存在下列三种情况。

1. 室温下杂质较易溶解（$S_B > S_A$）

设在室温下$S_B = 2.5 \text{g} \cdot 100 \text{mL}^{-1}$，$S_A = 0.5 \text{g} \cdot 100 \text{mL}^{-1}$，如果A在此沸腾溶剂中的溶解度为$9.5 \text{g} \cdot 100 \text{mL}^{-1}$，则使用100mL溶剂即可使混合物在沸腾时全溶。若将此滤液冷却至室温时可析出A 9g（不考虑操作上的损失）而B仍留在母液中，A损失很小，即被提纯物回收率达到94%。如果A在此沸腾溶剂中的溶解度为$47.5 \text{g} \cdot 100 \text{mL}^{-1}$，则只要使用20mL溶剂即可使混合物在沸腾时全溶，这时滤液可析出A 9.4g，B仍可留在母液中，被提纯物的回收率高达99%。

由此可见，如果杂质在冷时的溶解度大而产物在冷时的溶解度小，或溶剂对产物的溶解性能随温度的变化大，这两方面都有利于提高回收率。

2. 杂质较难溶解（$S_B < S_A$）

设在室温下 $S_B=0.5 \text{g} \cdot 100\text{mL}^{-1}$，$S_A=2.5 \text{g} \cdot 100\text{mL}^{-1}$，A 在此沸腾溶剂中的溶解度仍为 $9.5 \text{g} \cdot 100\text{mL}^{-1}$，则在 100mL 溶剂重结晶后的母液中含有 2.5g A 和 0.5g（即全部）B，析出结晶 A 7g，产物的回收率为 74%。但这时，即使 A 在沸腾溶剂中的溶解度更大，使用的溶剂也不能再少了，否则杂质 B 也会部分析出，就需再次重结晶。如果混合物中杂质含量很多，则重结晶的溶剂量就要增加，或者重结晶的次数要增加，致使操作过程冗长，回收率也会极大地降低。

3. 两者溶解度相等（$S_A=S_B$）

设在室温下 A 和 B 的溶解度皆为 $2.5 \text{g} \cdot 100\text{mL}^{-1}$，若也用 100mL 溶剂重结晶，仍可得到纯 A 7g。但如果这时杂质含量很多，则用重结晶分离产物就比较困难。在 A 和 B 含量相等时，重结晶方法就不能用来分离产物了。

从上述讨论可以看出，在任何情况下，杂质的含量过多都是不利的（杂质太多，还会影响结晶速度，甚至妨碍结晶的生成）。一般重结晶只适用于纯化杂质含量在 5% 以下的固体有机混合物。

在进行重结晶时，选择理想的溶剂是一个关键，理想的溶剂必须具备下列条件：

(1) 不与被提纯物质起化学反应；
(2) 被提纯物质在温度高时溶解度比较大，而在室温或更低温度时，溶解度比较小；
(3) 杂质在热溶剂中不溶（或难溶），或者在冷溶剂中易溶；
(4) 容易挥发，易与结晶分离；
(5) 能得到较好的晶体。

除上述条件外，回收率高、便于操作、毒性小、易燃程度低、价格便宜的溶剂更佳。常用溶剂，如水、乙醇、丙酮、苯等。

【仪器与试剂】

1. 仪器　锥形瓶、吸滤瓶、循环水泵、布氏漏斗。
2. 试剂　粗乙酰苯胺。

【实验步骤】

称取 4g 粗乙酰苯胺进行重结晶。

1. 溶剂的选择

一般化合物可以通过查阅手册或辞典中的溶解度一栏相关数据。但溶剂的最后选择是通过试验方法决定的，在进行试验时，必须严防易燃溶剂着火。本实验采用水作溶剂。

2. 溶解

通过试验结果或查阅溶解度数据计算被提取物所需溶剂的量，再将被提取物晶体置于锥形瓶中，加入较需要量稍少的适宜溶剂，加热到微微沸腾一段时间后，若未完全溶解，可再添加溶剂，每次加溶剂后需再加热使溶液沸腾，直至被提取物晶体完全溶解（但应注意，在补加溶剂后，发现未溶解固体不减少，应考虑是不溶性杂质，此时就不要再补加溶剂，以免溶剂过量），然后再加入 15%~20% 溶剂。

(1) 溶剂量的多少，应同时考虑溶解度和过滤操作两个因素。溶剂少，则收率高，但可能给热过滤带来麻烦，并可能造成更大的损失；溶剂过多，显然会影响回收率。故应综合考虑。一般可比需要量多加 15%~20% 的溶剂。

(2) 可以在溶剂沸点温度时溶解固体，但必须注意实际操作温度是多少，否则会因实际操作时，被提纯物晶体大量析出。如对某些晶体析出不敏感的被提纯物，可考虑在溶剂沸点时溶解成饱和溶液，故应视具体情况决定。例如，本次实验在100℃时配成饱和溶液，而热过滤操作温度不可能是100℃，可能是90℃，甚至也可能是80℃，那么在考虑加多少溶剂时，应同时考虑热过滤的实际操作温度。

(3) 为了避免溶剂挥发及可燃性溶剂着火或有毒溶剂中毒，应在锥形瓶上装置回流冷凝管，添加溶剂可从冷凝管的上端加入。

(4) 若溶液中含有色杂质，则应加活性炭脱色，应特别注意活性炭的使用，禁止在沸腾时加入活性炭。应将溶液稍微冷却后，再加入活性炭（用量为固体物质的1%~5%），然后，再煮沸2min左右。

3. 趁热过滤

(1) 若为易燃溶剂，则应防止着火或防止溶剂挥发。

(2) 若减压过滤，则应注意洗净抽滤瓶、滤纸的大小、滤纸的润湿等操作，开始不要减压太甚，以免将滤纸抽破（在热溶剂中，滤纸强度大大下降）。减压过滤程序：剪裁符合规格的滤纸放入漏斗中，用少量溶剂润湿滤纸，开启水泵并关闭安全瓶上的活塞，将滤纸吸紧；打开安全瓶上的活塞，再关闭水泵；借助玻璃棒迅速转移滤液，将待分离物转移入漏斗中，再次开启水泵并关闭安全瓶上的活塞进行减压过滤直至漏斗颈口无液滴为止，打开安全瓶上的活塞，再关闭水泵；停止抽滤，将滤液转至干净烧杯中进行结晶。

4. 结晶

(1) 将滤液在室温或保温下静置使之缓缓冷却（如滤液已析出晶体，可加热使之溶解），析出晶体，再用冷水充分冷却。必要时，可进一步用冰水或冰-盐水等冷却。

(2) 有时由于滤液中有焦油状物质或胶状物存在，使结晶不易析出，或有时因形成过饱和溶液也不析出晶体，在这种情况下，可用玻璃棒摩擦器壁以形成晶种，使溶质分子成定向排列而形成结晶的过程较在平滑面上迅速和容易；或者投入晶种（同一物质的晶体，若无此物质的晶体，可用玻璃棒蘸一些溶液稍干后即会析出晶体），供给定型晶核，使晶体迅速形成。

(3) 有时被提纯化合物呈油状析出，虽然该油状物经长时间静置或足够冷却后也可固化，但这样的固体往往含有较多的杂质（杂质在油状物中常较在溶剂中的溶解度大；其次，析出的固体中还包含一部分母液），纯度不高。用大量溶剂稀释，虽可防止油状物生成，但将使产物大量损失。

这时可将析出油状物的溶液重新加热溶解，然后慢慢冷却。当油状物析出时便剧烈搅拌混合物，使油状物在均匀分散的状况下固化，但最好是重新选择溶剂，使其得到晶形产物。

5. 晶体的收集与洗涤

将晶体抽滤后，先用母液进行收集晶体并初次洗涤，然后用干净的溶剂洗涤（洗涤方法：先将晶体摊平，将干净的溶剂用胶头滴管均匀地洒滴在所有晶体上，然后抽干）。

如重结晶溶剂沸点较高，在用原溶剂至少洗涤一次后，可用低沸点的溶剂洗涤，使最后的结晶产物易于干燥（要注意该溶剂必须是能和第一种溶剂互溶而对晶体是不溶或微溶的）。

过滤少量晶体，可采用简单过滤的装置进行。

抽滤所得母液若有用，可移至其它容器内，再作回收溶剂及纯度较低的产物。

6. 结晶的干燥

在测定熔点前，晶体必须充分干燥，否则测定的熔点会偏低。固体干燥的方法很多，要根据重结晶所用溶剂及晶体的性质来选择。

(1) 空气晾干 不吸潮的低熔点物质在空气中干燥是最简单的干燥方法。

（2）烘干　对空气和温度稳定的物质可在烘箱中干燥，烘箱温度应比被干燥物质的熔点低 20～50℃。

（3）用滤纸吸干　此方法易将滤纸纤维污染到固体物上。

（4）干燥器干燥　置于干燥器中通过干燥剂来干燥。

【数据处理与结论】

对结晶干燥后的乙酰苯胺称重，计算重结晶的收率。

【注意事项】

1. 加热溶解固体完全后，溶液注意补加一定量溶剂，避免形成饱和溶液。
2. 热过滤时防止晶体析出在滤纸和漏斗颈上。
3. 活性炭禁止在沸腾时加入。
4. 冷却析晶要充分，否则晶体量太少。
5. 乙酰苯胺为白色片状结晶，mp=114.3℃。

【思考题】

1. 简述重结晶的主要步骤及各步的主要目的。
2. 活性炭为何要在固体物质完全溶解后加入？为什么也不能在溶液沸腾时加入？
3. 对有机化合物进行重结晶时，最适宜的溶剂应具备哪些条件？
4. 辅助析晶的措施有哪些？

实验二十一　萃取

【实验目的】

1. 学习萃取的原理和方法。
2. 掌握分液漏斗的使用。

【实验原理】

萃取是利用物质在两种不互溶（或微溶）溶剂中溶解度或分配比的不同来达到分离、提取或纯化目的的一种操作。这可以用与水不互溶（或微溶）的有机溶剂从水溶液中萃取有机物来说明。

将含有机化合物的水溶液用有机溶剂萃取时，有机化合物就在两液相间进行分配。在一定温度下，此有机化合物在有机相中和在水相中的浓度比为一常数，此所谓"分配定律"。假如一物质在两液相 A 和 B 中的浓度分别为 c_A 和 c_B，则在一定温度下，$c_A/c_B=K$，K 是一常数，称"分配系数"，它可以近似地看作此物质在两溶剂中的溶解度之比。

当用一定量的有机溶剂从水溶液中萃取有机化合物时，以一次萃取好还是多次萃取好呢？可以利用下列推导来说明。设在体积 V 的水中溶解质量 W_0 的物质，每次用体积 S 与水不互溶的有机溶剂重复萃取。假设 W_1 为萃取一次后剩留在水溶液中的物质质量，则在水相中的浓度和在有机相中的浓度之比等于 K，即：

$$\frac{W_1/V}{(W_0-W_1)/S}=K \text{ 或 } W_1=\frac{KV}{S+KV}W_0$$

令 W_2 为萃取两次后在水中的剩余量，则有：

$$\frac{W_2/V}{(W_1-W_2)/S}=K \text{ 或 } W_2=\frac{KV}{S+KV}W_1=\left(\frac{KV}{S+KV}\right)^2 W_0$$

$$W_n=\left(\frac{KV}{S+KV}\right)^n W_0$$

或者 $W_n=\left(\dfrac{KV}{S/n+KV}\right)^n W_0$（有机溶剂 S 为一定值）

式中，$\dfrac{KV}{S+KV}$ 小于 1，所以 n 越大，W_n 就越小，也就是说把溶剂分成 n 份作多次萃取比用全部量的溶剂作一次萃取效果好，一般 3~5 次最为理想。但是必须注意，上式只适用于几乎和水不互溶的溶剂萃取，如苯、四氯化碳等；对于与水有少量互溶的溶剂，如乙醚等，上面的式子只是近似的。

萃取剂选取原则：①和原溶液中的溶剂互不相溶；②考虑到对被萃取物质溶解度大，又要顾及萃取后易与该物质分离，因此所选溶剂的沸点最好低一点；水溶性较小的物质可用石油醚萃取；水溶性较大的物质可用乙醚萃取；水溶性更大的物质可用乙酸乙酯萃取；③化学稳定性好，难燃难爆，毒性小，挥发度低，腐蚀性低，便于室温下储存和使用；④萃取剂不能与原溶液的溶剂反应；⑤价廉易得，价格便宜，容易再生和回收。

【仪器与试剂】

1. 仪器 分液漏斗（60mL）、碱式滴定管（50mL）、锥形瓶（100mL，250mL）、移液管（10mL）、量筒（10mL，100mL）、洗耳球。

2. 试剂 乙酸乙酯（AR）、NaOH（0.2mol·L^{-1}）、酚酞、醋酸水溶液（1:19）。

【实验步骤】

1. 用乙酸乙酯单次萃取

用移液管移取 10mL 醋酸溶液放于分液漏斗中，用量筒量取 30mL 乙酸乙酯倒入该分液漏斗中，振荡，放气，如此反复操作几次，然后静置。待溶液分层后，放掉下层水层，并用锥形瓶接收待用。乙酸乙酯层从分液漏斗上口倒出进行回收。再用酚酞作指示剂，用已知浓度的 NaOH 溶液滴定锥形瓶中的水层溶液，记录消耗的 NaOH 溶液体积。计算萃取率。

2. 用乙酸乙酯多次萃取

用移液管移取 10mL 醋酸溶液放于分液漏斗中，用量筒量取 10mL 乙酸乙酯倒入该分液漏斗中，振荡，放气，如此反复操作几次，然后静置。待溶液分层后，放掉水层，并用烧杯接收。乙酸乙酯层从分液漏斗上口倒出。将烧杯中水层倒回分液漏斗中，再用量筒量取 10mL 乙酸乙酯萃取。待萃取操作 3 次后（总共用乙酸乙酯 30mL），最后分出的水层用 NaOH 溶液进行滴定，记录消耗的 NaOH 溶液体积。计算萃取率，并与前一操作的结果进行比较。

【数据处理与结论】

计算两种萃取方式的萃取率（见表 3-14），并比较萃取效果。

表 3-14 有关测定数据记录及结果

方法	乙酸乙酯总体积/mL	醋酸溶液总体积/mL	醋酸溶液中 HAc 质量/g	滴定时消耗 NaOH 的量/mL	残留在水层中 HAc 质量/g	残留在水层中占总 HAc 百分率/%	萃取在乙酸乙酯层中 HAc 质量/g	萃取在乙酸乙酯层中占总 HAc 百分率/%
一次萃取	30	10						
三次萃取	3×10	10						

$$萃取率 = \frac{萃取的醋酸质量}{原有醋酸的质量} \times 100\% = \frac{原有醋酸的质量 - 水中剩余醋酸的质量}{原有醋酸的质量} \times 100\%$$

【注意事项】

1. 玻璃塞应用细绳绑牢，活塞应用橡皮筋绑牢；玻璃塞和活塞应紧密，不能漏液；不能把活塞上涂有凡士林的分液漏斗放在烘箱中烘烤；不能用手拿着分液漏斗进行分液操作，应放在固定铁圈上操作；玻璃塞打开后才能开启活塞；下层液体经活塞放出，而上层液体应从漏斗口倒出。

2. 涂凡士林的方法：取下旋塞并用纸将旋塞及旋塞腔擦干，在旋塞孔的大侧涂上一层薄薄的凡士林，在旋塞腔的小侧涂上一层薄薄的凡士林，再小心塞上旋塞并来回旋转数次，使凡士林均匀分布并透明。但上口的顶塞不能涂凡士林。

3. 液/液两相萃取常出现乳化现象，破乳方法：①较长时间放置可自然破乳分层；②加入少量电解质，以增加水的相对密度，由于盐析效应而使有机物在水中溶解度降低而破乳分层；③若溶液为弱碱性，可加少量稀酸以破化乳化、絮状物；④加少量乙醇或第三种有机溶剂破乳；⑤对萃取的两相乳化液一起过滤可破乳。

【思考题】

1. 影响液体萃取效率的因素有哪些？怎样才能选择好溶剂？
2. 选取萃取剂需从哪些方面考虑？
3. 分离时为什么上层液体不能经活塞放出？
4. 若用乙醚、氯仿、己烷、苯 4 种溶剂萃取水溶液，它们将在上层还是下层？
5. 如何判断水层和油层的位置？

实验二十二　有机物质纸色谱与薄层色谱

色谱法（又称层析法）是一种物理的分离方法。色谱法有两个相：一个固定相和一个流动相，因为流动相的流动以及各成分在两相中的溶解和吸附性质的差别而得到分离。按分离方法，色谱法可分为纸色谱法、薄层色谱法、柱色谱法、气相色谱法和液相色谱法。

纸色谱法是以纸为载体，以纸上所含水分或其它物质为固定相，用展开剂展开的分配色谱。按照操作，分上行法和下行法两种。薄层色谱法是以玻璃板、塑料板或铝基片为载体，在载体上涂布均匀的固定相，把要分析或分离的样品点在薄层板上，用展开剂展开，再用显色剂显色的分配色谱。将要分离的混合物点在色谱带或用固定相均匀涂布在薄层板上，用适当的展开剂在密闭的层析缸中展开，被分离的组分随展开剂流动而选择性地分离在原点和溶剂前沿之间，记录原点至样品点中心及展开剂前沿的距离，计算比移值（R_f）：

$$R_f = \frac{原点中心到组分斑点中心的距离}{原点中心到展开剂前沿的距离}$$

每种化合物都有自己特定的比移值。因为同一物质在相同的实验条件下才具有相同的 R_f 值，所以在利用色谱分离与鉴定各种化合物时，为了得到重复和较可靠的结果，必须严格控制条件，如吸附剂和展开剂的种类、层析温度等；在测定时，最好用标准物质进行对照。

纸色谱也可用于有机物的分离、鉴定和定量测定。它特别适用于多官能团或极性大的化合物的分析，例如碳水化合物、氨基酸和天然色素等，只要纸的质量、展开剂和温度等条件相同，比移值（R_f值）对于每种化合物都是一个特定的值，可作为各组分的定性指标。实际上，由于影响比移值的因素很多，实验数据与文献记载的不完全相同，因此在测定时要与标准样品对照才能断定是否为同一物质。纸色谱的缺点是溶剂的展开所需的时间长，操作不如薄层色谱方便。薄层色谱主要用于：①作为柱色谱的先导；②监控反应进程；③检测其它分离纯化过程；④确定混合物中的组分数目；⑤确定两个或多个样品是否为同一物质；⑥根据薄层板上各组分斑点的相对浓度可粗略地判断各组分的相对含量；⑦迅速分离出少量纯净样品。

一、纸色谱

【实验目的】
1. 理解纸色谱法的原理。
2. 掌握纸色谱的基本操作。
3. 学会用纸色谱法鉴定蛋白质水解液的主要氨基酸组分。

【仪器与试剂】
1. 仪器　1号滤纸、铅笔、尺、点样毛细管、移液管（10mL）、带盖的广口瓶或用保鲜薄膜封口的烧杯（200mL）、回形针或订书钉、镊子、喷雾器、烘箱或电炉、铁架台、铁圈、试管。

2. 试剂　各种标准氨基酸[天冬氨酸（Asp）、丙氨酸（Ala）、甘氨酸（Gly）、酪氨酸（Tyr）、脯氨酸（Pro）、亮氨酸（Leu）、谷氨酸（Glu）、半胱氨酸（Cys）和精氨酸（Arg）]、苯酚（80%）、茚三酮乙醇溶液（0.25%）。

【实验步骤】
1. 色谱纸的准备

取一张 20cm×10cm 的长方形 1 号滤纸（只能握此滤纸的顶部边缘），置于一张清洁的纸巾或练习本纸上，放置时"×"要在右上角。

从滤纸的两个下角各剪去一块边长为1cm的方块。距纸底约1.5cm处用铅笔（勿用钢笔或圆珠笔）画一直线。沿此线用铅笔标出十个间距均匀的点，第一个点距左侧3cm。在实验记录本中记下点样顺序，把姓名写在色谱图的右上角（见图3-10）。

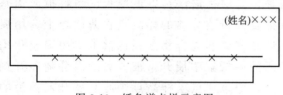

图 3-10　纸色谱点样示意图

2. 点样

用毛细管取 1mm 长度的样品液，点在标记处，斑点大小为 1~2mm。

在点实际的色谱图之前，可先在前面剪下的滤纸上练习点样技术。然后，用点样管分别把每个样品点在原点上，让这些点完全风干后，再在同一点上点第二次。水解产物应点三次。展开之前必须让各样品点完全干燥。

点样顺序为（从左到右）：天冬氨酸（Asp）、丙氨酸（Ala）、甘氨酸（Gly）、酪氨酸（Tyr）、脯氨酸（Pro）、头发蛋白水解液、亮氨酸（Leu）、谷氨酸（Glu）、半胱氨酸（Cys）和精氨酸（Arg）。

3. 展开

用移液管吸取适量 80% 苯酚到 200mL 带盖的广口瓶或用保鲜薄膜封口的 200mL 烧杯中。移入时要小心，不要溅到瓶壁。将滤纸卷成一个大圆筒，使滴点线在底部且在筒的内面，滤纸顶部重叠 0.5cm 并一定要保证底边平齐，用回形针夹起来或用订书钉钉在一起。把圆筒塞入展开室内，使纸的底端浸没于展开剂中，盖上塞子，待溶剂展开至离滤纸顶端边缘 0.5cm 处时，取出色谱纸（勿用手指），并立即用铅笔标出溶剂前沿。注意展开时不要移动展开室。

4. 显色

待色谱纸溶剂风干后，用喷雾器均匀地喷洒 0.25% 茚三酮乙醇溶液于滤纸上，然后置滤纸于 110℃ 烘箱中烘 5min 显色，或用小火烘至斑点出现。

【数据处理与结论】

用铅笔画出所有斑点的轮廓，量出每个样品从原点到斑点的距离及到溶剂前沿的距离，计算每个样品的 R_f 值。对照标准氨基酸的 R_f 值确定头发蛋白水解产物的主要氨基酸组成。记录实验结果。

【注意事项】

1. "×" 在裁纸时就应标在长方形色谱纸上。由于纸的厚度略为有些不均匀，这样做记号的目的是确保学生用的每张色谱纸上的溶剂流向都一样，使 R_f 值更有重复性。

2. 每 10mL 这些 $0.1mol·L^{-1}$ 标准氨基酸溶液用 10 滴 $6mol·L^{-1}$ 盐酸加以酸化。

3. 80% 苯酚由 20mL 水与 80g 苯酚混合而成。将此混合物加热，直至苯酚完全溶解。加入一层石油英（石油醚）保护层可使空气与苯酚水溶液隔绝。若不加石油英，就应尽快使用此溶液。

4. 拿时如不加留心，指印会同显色的斑点一起在色谱图上显出。

5. 剪下的滤纸可留做点样练习之用。

6. 点样时斑点要点得愈小愈好，点好的斑点直径应小于 2mm，并且不能过量。否则会造成展开后的斑点拖尾或相互覆盖。

7. 苯酚接触皮肤会引起灼伤。若不小心弄到皮肤上，应立即用水和肥皂洗涤。

【思考题】

1. 为什么可用缩二脲反应检验蛋白质水解是否完全？
2. 为什么可用茚三酮作为氨基酸的显色剂？

二、薄层色谱

【实验目的】

1. 了解薄层色谱的原理。
2. 掌握薄层色谱的操作技术。

【实验原理】

1. 薄层板

薄层色谱所用的基板通常为玻璃板，也有用塑料板的，根据用途的不同而有不同的规格。作分析鉴定用的多为 7.5cm×2.5cm 的载玻片。若为分离少量纯样品，可将普通玻璃板裁成 20cm×15cm 的大小，将棱角用砂纸稍作打磨，以免割破手指，然后洗净干燥即可使用。近年来，有些厂商将吸附剂涂在大张金属箔片上出售。购回后只需用剪刀剪成合适大小即可点样展开。用完后可用适当溶剂将箔片上样点浸萃掉，经干燥后即可重复使用，但吸附剂涂层很薄，一般只可作分析鉴定用。

2. 层析缸

展开槽也叫层析缸，规格形式不一。图 3-11 绘出了其中的几种，图（a）为立式，（b）为卧式，（c）和（d）为斜靠式，（e）为下行式，（f）为制备纯样品所用的大型展开槽，亦为斜靠式。(a)，(b)，(c)，(d)，(f) 统称上行式。

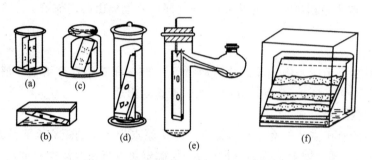

图 3-11　薄层板在不同的层析缸中展开

3. 吸附剂

薄层色谱中所用吸附剂最常见的有硅胶和氧化铝两类。其中不加任何添加剂的以 H 表示，如硅胶 H、氧化铝 H；加有煅石膏（$CaSO_4 \cdot 1/2H_2O$）为黏合剂的用 G 表示（gypsum），如硅胶 G、氧化铝 G；加有荧光素的用 F 表示（fluorescein），如硅胶 HF_{254}，意思是其中所加荧光素可在波长 254nm 的紫外线下激发荧光；同时加有煅石膏和荧光素的用 GF 表示，如硅胶 GF_{254}、氧化铝 GF_{254}。如在制板时以羧甲基纤维素钠的溶液调和，则用 CMC 表示（carboxymethyl cellulose），如硅胶 CMC。添加黏合剂是为了加强薄层板的机械强度，其中以添加 CMC 者机械强度最高；添加荧光素是为了显色的方便。习惯上把加有黏合剂的薄层板称为硬板，不加黏合剂的薄层板称为软板。

供薄层色谱用的吸附剂粒度较小，通常为 200 目，标签上有专门说明，如 Silicagel H for thin layer chromatography，使用时应予注意，不可用柱色谱吸附剂代替，也不可混用。

薄层色谱用的氧化铝也有酸性、中性、碱性之分，还分五个活性等级。选择原则主要由被分离物质的性质决定。

4. 展开剂

在薄层色谱中用作流动相的溶剂称为展开剂，它相当于柱色谱中的淋洗剂，其选择原则也与淋洗剂类同，也是由被分离物质的极性决定的，被分离物极性小，选用极性较小的展开剂；被分离物极性大，选用极性较大的展开剂。环己烷和石油醚是最常使用的非极性展开剂，适合于非极性或弱极性试样；乙酸乙酯、丙酮或甲醇适合于分离极性较强的试样，氯仿和苯是中等极性的展开剂，可用作多官能团化合物的分离和鉴定。若单一展开剂不能很好分离，也可采用不同比例的混合溶剂展开。

选择展开剂的一条快捷的途径是在同一块薄层板上点上被分离样品的几个样点，各样点间至少相距 1cm，再用滴管分别汲取不同的溶剂，各自点在一个样点上，溶剂将从样点向外扩展，形成一些同心的圆环。若样点基本上不随溶剂移动〔见图 3-12(a)〕，或一直随溶剂移动到前沿〔见图 3-12(d)〕，这样的溶剂则不适用。若样点

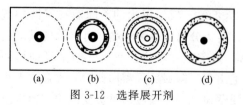

图 3-12　选择展开剂

随溶剂移动适当距离,形成较宽的环带[见图 3-12(b)],或形成几个不同的环带[见图 3-12(c)],则该溶剂一般可作为展开剂使用。

【仪器与试剂】

1. 薄层板制备

也称铺板或铺层,有"干法"和"湿法"两种,由于干燥的吸附剂在玻璃板上附着力差,容易脱落,不便操作,所以很少采用,此处只介绍湿法铺板。

(1) 供分析、鉴定、监控用的载玻片的铺制 首先将吸附剂用溶剂调成糊状,所用溶剂可以是低沸点有机溶剂,也可以是蒸馏水。有机溶剂中应用较广的是氯仿,一般按照每克硅胶 3mL 氯仿的比例在广口瓶中调成糊状,立即以带螺旋的盖子盖紧备用。在铺板时用力摇匀,旋开盖子,将两块载玻片叠在一起,以食指和拇指捏住它们的侧面靠近一端处,缓慢平稳地浸入瓶中的糊状吸附剂里,使糊状物浸没至离载玻片顶端约 1cm 处,然后缓缓提起(图 3-13),在空气中握持片刻,使氯仿大部分挥发掉。将两块载玻片拆开,浸涂面向上,平放在桌上,干燥后即可使用。每次浸涂后应立即将广口瓶盖紧密封,以免溶剂挥发。这样制得的薄层板力学性能稍差。为了提高薄层强度,可用甲醇代替氯仿,或将甲醇与氯仿按不同的比例混合使用。

以蒸馏水作溶剂时,首先将待铺的载玻片平放在水平台面上,将吸附剂置于干净研钵内,按照每克硅胶 G 2~3mL 蒸馏水(或 3~4mL 羧甲基纤维素钠溶液),或每克氧化铝 1~2mL 蒸馏水的比例加入溶剂,立即研磨成糊状。用牛角匙舀取糊状物倒在载玻片上迅速摊布均匀,也可轻敲载玻片边缘,或将载玻片托在手中前后左右稍稍倾斜,靠糊状物的流动性使之分布均匀。然后再平放在台面上,使其固化定型并晾干。固化的过程是吸附剂内的煅石膏吸收水形成新固体的过程,反应式为:

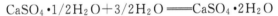

$$CaSO_4 \cdot 1/2H_2O + 3/2H_2O \Longrightarrow CaSO_4 \cdot 2H_2O$$

图 3-13 载玻片浸渍涂层

研磨糊状物和涂铺薄层板都需尽可能迅速。若动作稍慢,糊状物即会结成团块状无法涂铺或不能涂铺均匀,即使再加水也不能再调成均匀的糊状。通常研磨糊状物需在 1min 左右完成,铺完全部载玻片也只需数分钟,最多在十几分钟内完成。每次铺板都需临时研磨糊状物。以蒸馏水作溶剂制得的薄层板具有较好的力学性能,如欲获得力学性能更好的薄层板,可用 1% 的羧甲基纤维素钠水溶液来调制糊状物。将 1g 羧甲基纤维素钠加在 100mL 蒸馏水中,煮沸使充分溶解,然后用砂芯漏斗过滤。用所得滤液如前述方法调糊铺板,这样的薄层板具有足够的力学性能,可以用铅笔在上面写字或作其它记号,但需注意在活化时严格控制烘焙温度,以免温度过高引起纤维素炭化而使薄层变黑。

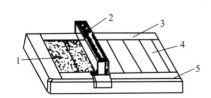

图 3-14 薄层涂布器
1—铺好的薄层板;2—涂布器;
3,5—厚玻璃板;4—玻璃板

(2) 涂布器制板法 图 3-14 为薄层涂布器。将几块玻璃板放在涂布器中间摆好,两边是两块比前者约厚 0.5mm 的玻璃板,向涂布器槽中倒入预先调好的糊状吸附剂,将涂布器自左向右推去即能将糊状物均匀地涂在玻璃板上。待晾干定型之后,将几块玻璃板分开,刮去边上多余的吸附剂即得到一定厚度的薄层色谱板。

(3) 较大薄层板的铺制 供分离纯化用的薄层板具有较大的尺寸,通常都是用蒸馏水来调制糊状物的,方法同前。铺板的方法如下。

① 倾注法　将玻璃板平放在台面上,把研好的糊状物迅速倾倒在玻璃板上,用干净玻璃棒摊平,或手托玻璃板微微倾斜,并轻轻敲击玻璃板背面,使之流动,即可获得平整均匀的薄层。

② 刮平法　将待铺玻璃板平放在台面上,在其长条方向的两边各放一条比玻璃板厚1mm的玻璃板条。将调好的糊状物倒在中间的玻璃板上,用一根有机玻璃尺将糊状物沿一个方向刮平,即形成厚1mm的均匀薄层。待固化定型后抽去两边的玻璃板条即可。

不管以何种方法铺板,都要求铺得的薄层厚薄均一,没有纹路,没有团块凸起。纹路或团块的产生原因是糊状物调得不均匀,或铺制太慢,或在局部固化的板子上又加入新的糊状物,所以为获得均匀的薄层,应动作迅速,一次研匀,一次倾倒,一次铺成。

2. 活化

将晾干后的薄层板移入烘箱内"活化"。活化的温度因吸附剂不同而不同。硅胶薄层板在105～110℃烘焙0.5～1h即可；氧化铝薄层板在200～220℃烘焙4h,其活性约为Ⅱ级,若在150～160℃烘焙4h,活性相当于Ⅲ～Ⅳ级。活化后的薄层板就在烘箱内自然冷却至接近室温,取出后立即放入干燥器内备用。

3. 点样

固体样品通常溶解在合适的溶剂中配成1%～5%的溶液,用内径小于1mm的平口毛细管吸取样品溶液点样。点样前可用铅笔在距薄层板一端约1cm处轻轻地画一条水平横线作为"起始线"。然后将样品溶液小心地点在"起始线"上。样品斑点的直径一般不应超过2mm。如果样品溶液太稀需要重复点样时,需待前一次点样的溶剂挥发之后再点样。点样时毛细管的下端应轻轻接触吸附剂层。如果用力过猛,会将吸附剂层戳成一个孔,影响吸附剂层的毛细作用,从而影响样品的 R_f 值。若在同一块板上点两个以上样点时,样点之间的距离不应小于1cm。点样后待样点上溶剂挥发干净才能放入展开槽中展开。

4. 展开

展开剂带动样点在薄层板上移动的过程叫展开。展开过程是在充满展开剂蒸气的密闭的展开槽中进行的。展开的方式有直立式、卧式、斜靠式、下行式、双向式等。

直立式展开是在立式展开槽中进行的,如图3-11(a)所示。先在展开槽中装入深约0.5cm的展开剂,盖上盖子放置片刻,使蒸气充满展开槽,然后将点好样的薄层板小心地放入其中,使点样端向下(注意展开剂不可浸及样点),盖好盖子。由于吸附剂的毛细作用,展开剂缓缓向上爬升。如果展开剂选得合适,样点也随之展开。当展开剂前沿升至距薄层板上端约1cm处时取出薄层板并立即标记出前沿位置。分别测量各样点中心及前沿到起始线的距离,计算各组分的比移值。如果样品中各组分的比移值都较小,则应该换用极性大一些的展开剂；反之,如果各组分的比移值都较大,则应换用极性小一些的展开剂。每次更换溶剂,必须等展开槽中前一次的溶剂挥发干净后,再加入新的溶剂。更换溶剂后,必须更换薄层板并重新点样、展开,重复整个操作过程。直立式展开只适合于硬板。

卧式展开如图3-11(b)所示,薄层板倾斜15°放置,点样端向下,涂层向上,操作方法同直立式,只是展开槽中所放的展开剂应更浅一些。卧式展开既适用于硬板,也适用于软板。

斜靠式展开如图3-11(c)、图3-11(d)、图3-11(f)所示,薄层板的倾斜角度在30°～90°,一般也只适合于硬板。

下行式展开如图 3-11(e) 所示。薄层板竖直悬挂在展开槽中，一根滤纸条或纱布条搭在展开剂和色谱板上沿，靠毛细作用引导展开剂自板的上端向下展开。此法适合于比移值较小的化合物。

双向式展开是采用方形玻璃板铺制薄层，样品点在角上，先向一个方向展开，然后转动 90° 再换一种展开剂向另一方向展开。此法适合于成分复杂或较难分离的混合物样品。

用于分离的大块薄层板，是在起点线上将样液点成一条线，使用足够大的展开槽展开，如图 3-11(f) 所示，展开后成为带状，用不锈钢铲将各色带刮下分别萃取，各自蒸去溶剂，即可得到各组分的纯品。

若无展开槽，可用带有螺旋盖的广口瓶代替，如图 3-11(c) 所示。若展开槽较大，则应预先在其中放入滤纸衬里，如图 3-11(c)，图 3-11(d)，图 3-11(f) 所示。衬里的作用是使展开剂沿衬里上升并挥发，使展开剂蒸气迅速充满展开槽。

5. 显色

分离和鉴定无色物质，必须先经过显色，才能观察到斑点的位置，判断分离情况。常用的显色方法有如下几种。

（1）碘蒸气显色法　由于碘能与很多有机化合物（烷烃和氯代烃除外）可逆地结合形成有颜色的配合物，所以先将几粒碘的晶体置于广口的密闭容器中，碘蒸气很快地充满容器，再将展开后的薄层板（溶剂已挥发干净）放入其中并密闭起来，有机化合物即与碘作用而呈现出棕色的斑点。取出薄层板后应立即标记出斑点的位置和形状（因为碘易挥发，斑点的棕色在空气中很快就会消失）。

（2）紫外线显色法　如果被分离（或分析）的样品本身是荧光物质，可在暗处在紫外灯下观察到它的光亮的斑点。如果样品并无荧光性，可以选用加有荧光剂的吸附剂来制备薄层板，或在制板时加入适量荧光剂，或在制好的薄层板上用喷雾法喷洒荧光剂以制取荧光薄层板。荧光薄层板经点样、展开后取出，标记好前沿，待溶剂挥发干后放在紫外灯下观察。有机化合物在光亮的背景上呈现暗红色斑点。

（3）试剂显色法　除了上述显色法之外，还可以根据被分离（分析）化合物的性质，采用不同的试剂进行显色。操作时，先将薄层板展开，风干，然后用喷雾器将显色剂直接喷到薄层板上，被分开的有机物组分便呈现出不同颜色的斑点。

6. 计算比移值

及时标记出斑点的形状和位置，特别是对碘蒸气显色法，因为碘易挥发，斑点的棕色在空气中很快就会消失，计算比移值 R_f。

本实验用薄层色谱法分离偶氮苯的两种几何异构体。偶氮苯有顺反两种异构体，多种情况下以反式形式存在，但在日光或紫外线照射下，反式可以部分转化成顺式。

$$\text{反式} \underset{}{\overset{h\nu}{\rightleftharpoons}} \text{顺式}$$

【实验步骤】

1. 将 0.1g 反式偶氮苯溶于 5mL 无水苯中，溶液分成两份置于小试管中，不用时旋紧试管盖。将一个试管置于日光下照射 1h，或用紫外灯（波长为 365nm）照射 0.5h，使部分反式偶氮苯转化为顺式偶氮苯；另一个试管用黑纸包起来以免受到阳光的照射。

2. 将 10mL 环己烷/甲苯（体积比为 3∶1）加入层析缸中，在 2.5cm×7.0cm 的硅胶板上离底边 1cm 处用铅笔画一条直线。用一根干净的毛细管吸取被日光或紫外线照射过的偶氮苯溶液，在薄层板的铅笔线上距左侧 0.7cm 处点样。另取一支干净的毛细管吸取未被日光或紫外线照射过的偶氮苯溶液，在薄层板的铅笔线上距右侧 0.7cm 处点样。

3. 将点好样的薄层板放入层析缸中，层析缸用黑纸包起来。薄层板展开至溶剂前沿离顶部约 1cm 时结束。

4. 取出薄层板，在溶剂挥发前迅速将溶剂前沿标出，然后让溶剂挥发至干。

5. 将观察到薄层板的右侧只有一个样品点，而薄层板的左侧有两个样品点，分别量出展开剂、顺式偶氮苯和反式偶氮苯的爬移距离。

【数据处理与结论】
计算反式和顺式偶氮苯的 R_f 值。

【注意事项】
1. 层析缸市场上可以买到。层析缸中的溶剂一般为 2~3mm 高。可用小烧杯盖上玻璃板代替。
2. 薄层板市场上可以买到。一般是在玻璃板上涂布了硅胶，尺寸为 7.5cm×2.5cm。

【思考题】
1. 薄层色谱有哪些用途？
2. 影响薄层色谱效果的因素有哪些？

实验二十三　从茶叶中提取咖啡因

【实验目的】
1. 了解从茶叶中提取咖啡因的原理和方法。
2. 学会使用脂肪提取器（索氏提取器）的安装及使用。
3. 巩固升华操作技术。

【实验原理】
茶叶中含有多种生物碱，其中以咖啡因为主，约占 1%~5%。另外还含有 11%~12% 的单宁酸（又名鞣酸），0.6% 的色素、纤维素、蛋白质等。咖啡因是弱碱性化合物，易溶于氯仿（12.5%）、水（2%）及乙醇（2%）等。在苯中的溶解度为 1%（热苯为 5%）。单宁酸易溶于水和乙醇，但不溶于苯。

咖啡因是杂环化合物嘌呤的衍生物，它的化学名称为：1,3,7-三甲基-2,6-二氧嘌呤，其结构式如下：

嘌呤　　　　　　　咖啡因

含结晶水的咖啡因系无色针状结晶，味苦，能溶于水、乙醇、氯仿等。在 100℃ 时即失去结晶水,并开始升华,120℃时升华相当显著,至178℃时升华很快。

为了提取茶叶中的咖啡因,往往利用适当的溶剂(如氯仿、乙醇、苯等)在脂肪提取器(图3-15)中连续萃取,脂肪提取器由三部分组成,下部为烧瓶,上部为球形冷凝管,中间为提取器。被提取的物质放在提取器中加热至沸腾后溶剂蒸气通过蒸气上升管进入冷凝管,被冷凝为液体滴入提取器中。器内液体与固体进行液-固萃取。当液面超过虹吸管的顶点时,萃取液自动流回烧瓶中,经加热再蒸发、冷凝、萃取,如此循环,直至大部分可溶性固体物质被萃取,富集于烧瓶为止。然后蒸出溶剂,即得粗咖啡因。粗咖啡因中还含有一些其它生物碱和杂质,利用升华法可进一步纯化咖啡因。

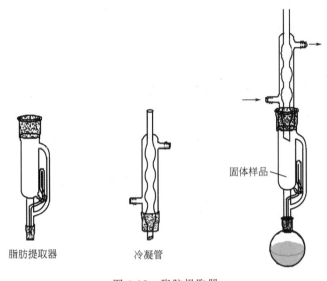

图3-15 脂肪提取器

【仪器与试剂】

1. 仪器 脂肪提取器、蒸馏装置、蒸发皿、滤纸。
2. 试剂 茶叶、95%乙醇、生石灰。

【实验步骤】

先将滤纸做成与提取器大小相适应的套袋。称取10g茶叶,略加粉碎,装入纸袋中,上下端封好,装入脂肪提取器中(装置见图3-15),烧瓶中加入60mL 95%乙醇、几粒沸石,加热,连续提取8~10次(提取时,溶剂蒸气从导气管上升到冷凝管中,被冷凝成液体后,滴入提取器中,萃取出茶叶中的可溶物,此时溶液呈深草青色,当液面上升到与虹吸管一样高时,提取液就从虹吸管流入烧瓶中,这为一次虹吸)。茶叶每次都能被纯粹的溶剂所萃取,使茶叶中的可溶物质富集于烧瓶中。待提取器中的溶剂基本上呈无色或微呈青绿色时(一般需8~10次),可以停止提取,但必须待提取器中的提取液刚刚虹吸下去后,方可停止加热。

稍冷,改成蒸馏装置,回收大部分溶剂,待剩下3~5mL后,停止蒸馏,趁热将残液转入瓷蒸发皿中。用小火蒸发残液至能扯成丝状,不必蒸得太干,拌入1~2g生石灰粉,继续小火加热,用玻璃棒研细成粉末,在上覆盖一张事先刺了许多小孔的滤纸和一个倒扣的玻璃漏斗,漏斗口用棉花塞住,将蒸发皿小火徐徐加热,进行升华,通常需要10~15min,停止加热,让其自然冷却至不太烫手时,小心取下漏斗和滤纸,会看到在滤纸上附着有大量无色针状晶体。

【数据处理与结论】

称量提取的咖啡因，计算茶叶中咖啡因的含量。纯咖啡因为白色针状的晶体，mp＝234.5℃。

【注意事项】

1. 脂肪提取器为配套仪器，其任一部件损坏将会导致整套仪器的报废，特别是虹吸管极易折断，所以在安装仪器和实验过程中需特别小心。

2. 用滤纸包茶叶末时要严实，防止茶叶末漏出堵塞虹吸管；滤纸包大小要合适，既能紧贴套管内壁，又能方便取放，且其高度不能超出虹吸管高度。

3. 若套筒内萃取液色浅，即可停止萃取。浓缩萃取液时不可蒸得太干，以防转移损失。否则因残液很黏而难于转移，造成损失。

4. 拌入生石灰要均匀，生石灰的作用除吸水外，还可中和除去部分酸性杂质（如鞣酸）。

5. 生石灰拌入残留物中形成茶砂，将茶砂炒干。此时注意控制温度不要太高，一般在50～60℃即可。温度太高，会使产物提前升华。升华过程中要控制好温度。若温度太低，升华速度较慢；若温度太高，会使产物发黄（分解）。刮下咖啡因时要小心操作，防止混入杂质。

【思考题】

1. 提纯咖啡因粗品时，为什么要加入氧化钙？
2. 从茶叶中提取的咖啡因有绿色光泽，为什么？
3. 咖啡碱、茶碱与可可碱在结构上有什么区别？有何种用途？对人体有何利弊？
4. 本实验中，从回流提取、烘烤茶叶到升华操作，应如何减少产品损失？
5. 除可用乙醇萃取咖啡因外，还可采用哪些溶剂萃取？

实验二十四　环己烯的制备

【实验目的】

1. 学习以浓硫酸催化环己醇脱水制备环己烯的原理和方法。
2. 学习分馏原理及分馏柱的使用方法。
3. 巩固练习并掌握蒸馏、分液、干燥等实验操作方法。

【实验原理】

烯烃是重要的有机化工原料。工业上主要通过石油裂解的方法制备烯烃，有时也利用醇在氧化铝等催化剂存在下，进行高温催化脱水来制取，实验室则主要用浓硫酸、浓磷酸作催化剂使醇脱水或卤代烃在醇钠作用下脱卤化氢来制备烯烃。

本实验采用浓硫酸做催化剂使环己醇脱水制备环己烯。反应式如下：

$$\text{环己醇} \xrightarrow[165\sim170℃]{H_2SO_4} \text{环己烯} + H_2O$$

醇的脱水是在强酸催化下按单分子消除反应（E_1）进行，酸使醇羟基质子化，使其易于离去而生成正碳离子，后者失去一个质子，就生成烯烃，整个反应是可逆的。

实验二十四 环己烯的制备

[反应式：环己醇 ⇌(H⁺) 质子化环己醇 ⇌(−H₂O) 环己基正离子 ⇌ 环己烯]

【仪器与试剂】

1. 仪器　圆底烧瓶（50mL）、刺形分馏柱、温度计、冷凝管、接液管、锥形瓶（50mL）、分液漏斗。
2. 试剂　环己醇、浓硫酸、氯化钠、无水氯化钙、碳酸钠水溶液（5%）。

【实验步骤】

1. 反应装置

反应装置见图 3-16，在 50mL 干燥的圆底烧瓶中加入 15.0mL 环己醇、1mL 浓硫酸和几粒沸石，充分摇振使之混合均匀。

2. 加热回流、蒸出粗产物

将烧瓶在石棉网上小火空气浴缓缓加热至沸，控制分馏柱顶部的馏出温度不超过 90℃，馏出液为带水的浑浊液。至无液体蒸出时，可升高加热温度，当烧瓶中只剩下很少残液并出现阵阵白雾时，即可停止蒸馏。

3. 分离并干燥粗产物

将馏出液用固体氯化钠饱和，然后用 5% 的碳酸钠溶液中和至溶液 pH=7。将液体转入分液漏斗中，振摇后静置分层，进行分离。倒入锥形瓶中，用无水氯化钙干燥。

图 3-16　反应装置

4. 蒸馏

待溶液清亮透明后，小心滗入干燥的小烧瓶中，加入 1~2 粒沸石进行蒸馏，收集 80~85℃ 产品。

【数据处理与结论】

环己烯为无色液体，bp=82.98℃，$n_D^{20}=1.4465$，$d_4^{20}=0.808$。

【注意事项】

1. 环己醇在常温下是黏稠状液体，因而若用量筒量取时，应注意转移中的损失。
2. 环己醇与硫酸应充分混合，否则在加热过程中可能会局部炭化，使溶液变黑。
3. 由于反应中环己烯与水形成共沸物（沸点 70.8℃，含水 10%）；环己醇也能与水形成共沸物（沸点 97.8℃，含水 80%）。因此在加热时温度不可过高，蒸馏速率不宜太快，以减少未反应的环己醇蒸出。文献要求柱顶控制在 73℃ 左右，但反应速率太慢。本实验为了加快蒸出的速度，可控制在 90℃ 以下。
4. 反应终点的判断可参考以下几个参数：①反应进行 40min 左右；②分馏出的环己烯和水的共沸物达到理论计算量；③反应烧瓶中出现白雾；④柱顶温度下降后又升到 90℃ 以上。
5. 洗涤分水时，水层应尽可能分离完全，否则将增加无水氯化钙的用量，使产物更多地被干燥剂吸附而导致损失。这里用无水氯化钙干燥较适合，因它还可除去少量环己醇。无水氯化钙的用量视粗产品中的含水量而定，一般干燥时间应在半个小时以上，最好干燥过夜。但由于时间关系，实际实验过程中，可能干燥时间不够，这样在最后蒸馏时，可能会有较多的前馏分（环己烯和水的共沸物）蒸出。

【思考题】
1. 在纯化环己烯时，用等体积的饱和食盐水洗涤，而不用水洗涤，目的何在？
2. 本实验提高产率的措施是什么？
3. 实验中为什么要控制柱顶温度不超过 90℃？

实验二十五　1-溴丁烷的制备

【实验目的】
1. 了解以正丁醇、溴化钠和浓硫酸为原料制备 1-溴丁烷的基本原理和方法。
2. 掌握带有害气体吸收装置的加热回流操作。
3. 进一步熟悉巩固洗涤、干燥和蒸馏操作。

【实验原理】
以正丁醇、溴化钠及硫酸为原料是制备 1-溴丁烷常用的方法。

$$NaBr + H_2SO_4 \xrightarrow{微热} HBr + NaHSO_4$$

$$n\text{-}C_4H_9OH + HBr \xrightleftharpoons{H_2SO_4} n\text{-}C_4H_9Br + H_2O$$

若 H_2SO_4 浓度太大，会引起一系列副反应。

$$H_2SO_4 + 2HBr \longrightarrow SO_2 + 2H_2O + Br_2$$

$$2n\text{-}C_4H_9OH \xrightarrow[\triangle]{H_2SO_4} C_4H_9OC_4H_9 + H_2O$$

$$n\text{-}C_4H_9OH \xrightarrow[\triangle]{H_2SO_4} CH_2\!\!=\!\!CHC_2H_5 + H_2O$$

本实验主反应为可逆反应，提高产率的措施是让 HBr 过量，并用 NaBr 和 H_2SO_4 代替 HBr，边生成 HBr 边参与反应，这样可提高 HBr 的利用率；H_2SO_4 还起到催化脱水作用。反应中，为防止反应物醇被蒸出，采用了回流装置。由于 HBr 有毒，为防止 HBr 逸出，污染环境，需安装气体吸收装置。回流后再进行粗蒸馏，一方面使生成的产品 1-溴丁烷分离出来，便于后面的洗涤操作；另一方面，粗蒸过程可进一步使醇与 HBr 的反应趋于完全。

粗产品中含有未反应的醇和副反应生成的醚，用浓 H_2SO_4 洗涤可将它们除去。因为二者能与浓 H_2SO_4 形成𨦡盐而溶于浓 H_2SO_4 中。

$$C_4H_9OH + H_2SO_4 \longrightarrow [C_4H_9\overset{+}{O}H_2]HSO_4^-$$

$$C_4H_9OC_4H_9 + H_2SO_4 \longrightarrow [C_4H_9\underset{H}{\overset{+}{O}}C_4H_9]HSO_4^-$$

如果 1-溴丁烷含有正丁醇，蒸馏时则会形成沸点较低的前馏分（1-溴丁烷和正丁醇的共沸混合物沸点为 98.6℃，含正丁醇 13%），而导致精制品产率降低。

【仪器与试剂】
1. 仪器　圆底烧瓶（100mL）、球形冷凝管、直形冷凝管、弯形接收管、温度计、蒸馏头、分液漏斗、锥形瓶。
2. 试剂　6.2mL 正丁醇、8.3g NaBr、浓 H_2SO_4、饱和 $NaHCO_3$ 溶液、无水 $CaCl_2$。

【实验步骤】

在 100mL 圆底烧瓶上安装球形冷凝管，冷凝管的上口接一气体吸收装置（见图 3-17），用自来水作吸收液。

在圆底烧瓶中加入 10mL 水，并小心缓慢地加入 10mL 浓硫酸，混合均匀后冷至室温。再依次加入 6.2mL 正丁醇、8.3g 无水溴化钠，充分摇匀后加入几粒沸石，装上回流冷凝管和气体吸收装置。用石棉网小火加热至沸，调节火焰使反应物保持沸腾而又平稳回流。由于无机盐水溶液密度较大，不久会产生分层，上层液体为正溴丁烷，回流约需 30min。

反应完成后，待反应液冷却，卸下回流冷凝管，改为蒸馏装置，蒸出粗产品正溴丁烷，仔细观察馏出液，直到无油滴蒸出为止。

将馏出液转入分液漏斗中，用等体积的水洗涤，将油层从下面放入一个干燥的小锥形瓶中，然后每次用 3mL 浓硫酸洗涤两次，每一次都要充分摇匀。将混合物转入分液漏斗中，静置分层，放出下层的浓硫酸。有机层依次用等体积的水（如果产品有颜色，在这步洗涤时，可加入少量亚硫酸氢钠，振摇几次就可除去）、饱和碳酸氢钠溶液、水分别洗涤后，转入干燥的锥形瓶中，加入无水氯化钙干燥，间歇摇动锥形瓶，至溶液澄清为止。

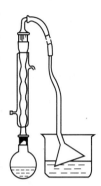

图 3-17　气体吸收装置

将干燥好的产物转入蒸馏瓶中（小心，勿使干燥剂进入烧瓶中），加入 2~3 粒沸石，加热蒸馏，收集 99~103℃ 的馏分，产量约 6.5g。

【数据处理与结论】

1-溴丁烷为无色液体，bp＝101.6℃，d_4^{20}＝1.276。

【注意事项】

1. 装置要严密。

2. 加料顺序不能颠倒。应先加水，再加浓硫酸，依次是醇、NaBr（不要让溴化钠黏附在液面以上的烧瓶壁上）。加水的目的是：减少 HBr 的挥发；防止产生泡沫；降低浓硫酸的浓度，以减少副产物的生成。

在此过程中要不断地摇晃，水中加浓硫酸时振摇，是防止局部过热；加正丁醇时混匀，是防止局部炭化；加 NaBr 时振摇，是防止 NaBr 结块，影响 HBr 的生成。加完物料后要充分摇匀，防止硫酸局部过浓，一加热就会产生氧化副反应，使产品颜色加深。

$$2NaBr + 3H_2SO_4 \longrightarrow Br_2 + SO_2 + 2H_2O + 2NaHSO_4$$

加热时，一开始不要加热过猛，否则，反应生成的 HBr 来不及反应就会逸出，另外反应混合物的颜色也会很快变深。操作情况良好时，油层仅呈浅黄色，冷凝管顶端应无明显的 HBr 逸出。

3. 粗蒸正溴丁烷时，黄色的油层会逐渐被蒸出，应蒸至油层消失后，馏出液无油滴蒸出为止。检验的方法是用一支试管，里面事先装一定的水，用其接一两滴馏出液，观察其滴入水中的情况，如果滴入水中后，扩散开来，说明已无产品蒸出；如果滴入水中后，呈油珠下沉，说明仍有产品蒸出。当无产品蒸出后，若继续蒸馏，馏出液又会逐渐变黄，呈强酸性。这是由于蒸出的是 HBr 水溶液和 HBr 被硫酸氧化生成的 Br_2，不利于后续的纯化。

4. 粗蒸时，用温度计观察蒸气出口的温度，当蒸气温度持续上升到 105℃ 以上而馏出液增加甚慢时即可停止蒸馏，这样判断蒸馏终点比观察馏出液有无油滴更为方便准确。用浓硫酸洗涤粗产品时，一定要事先将油层与水层彻底分开，否则浓硫酸被稀释而降低洗涤的效果。如果粗蒸时蒸出的 HBr 洗涤前未分离除尽,加入浓硫酸后就被氧化生成 Br_2,而使油层和酸层都变为橙黄色或橙红色。

5. 酸洗后,如果油层有颜色,是由于氧化生成的 Br_2 造成的,在随后水洗时,可加入少量 $NaHSO_3$,充分振摇而除去。

$$Br_2 + 3NaHSO_3 \longrightarrow 2NaBr + NaHSO_4 + 2SO_2 + H_2O$$

6. 用无水氯化钙干燥时,一般用块状的,粉末的容易造成悬浮而不好分离。氯化钙的用量视粗产品中含水量而定。一般加 2~3 块,摇动后,如果溶液变澄清,氯化钙表面没有变化就可以了。如果粗产品中含水量较多,摇动后,氯化钙表面会变湿润,这时应再补加适量的氯化钙。用氯化钙干燥产品,一般至少放置半个小时,最好放置过夜,才能干燥完全,但实验中由于时间关系,只能干燥 5~10min。有时干燥前溶液呈浑浊,经干燥后溶液变澄清,但这并不一定说明它已不含水分。干燥后,干燥剂可通过过滤而除去,但本实验为了省事,可用倾倒的方法,用玻璃棒挡住别让干燥剂进入蒸馏瓶中就可以了。

7. 本实验最后蒸馏收集 99~103℃ 的馏分,但是,由于干燥时间较短,水一般除不尽,因此,水和产品形成的共沸物会在 99℃ 以前就被蒸出来,这称为前馏分,不能作为产品收集,要另用瓶接收,等到 99℃ 后,再用事先称重的干燥的锥形瓶接收产品。

【思考题】
1. 反应粗产物是怎样从反应体系中分离出来的?
2. 粗产物中可能含有哪些杂质?如何除去的?
3. 反应装置中采取哪些措施避免 HBr 的逸出而污染环境?

实验二十六 正丁醚的制备

【实验目的】
1. 掌握醇分子间脱水制备醚的反应原理和实验方法。
2. 学习分水器的使用操作。

【实验原理】
正丁醇在浓硫酸的作用下发生分子间脱水生成正丁醚,其反应式如下:

$$2C_4H_9OH \xrightarrow{H_2SO_4} C_4H_9-O-C_4H_9 + H_2O$$

可能的副反应:

$$2C_4H_9OH \xrightarrow{H_2SO_4} C_2H_5CH=CH_2 + H_2O$$

【仪器与试剂】
1. 仪器 三口烧瓶(100mL)、150℃温度计、冷凝管、分水器、分液漏斗、蒸馏烧瓶、锥形瓶。
2. 试剂 正丁醇、浓硫酸、无水氯化钙、氢氧化钠(5%)、氯化钙(饱和溶液)。

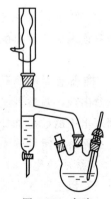

图 3-18 实验反应装置

【实验步骤】
按图 3-18 装好实验装置,在 100mL 三口烧瓶中,加入 15.5mL 正丁醇、2.5mL 浓硫酸和几粒沸石,摇匀后,一口装上温度计,温度计应插入液面以下,另一口装上分水器,分水器的上端接一回流冷凝管。先在分水器内放置 $(V-1.75)$ mL水,另一口用塞子塞紧。然后加热至微沸,进行回流分水。反应中产生的水经冷凝后收集在分水器的下层,上层有机相积至分水器支管时,即可返回烧瓶中。大约经1.5h后,三口瓶中反应液温度可达134～136℃。当分水器全部被水充满时停止反应。将反应液冷却到室温后倒入盛有25mL水的分液漏斗中,充分振摇,静置后弃去下层液体。上层粗产物依次用10mL 50%硫酸、12mL水、8mL 5%氢氧化钠溶液、8mL水和8mL饱和氯化钙溶液洗涤,然后产物用1g无水氯化钙干燥。干燥后的产物进行蒸馏,收集140～144℃馏分,产量为3.5～4g。

【数据处理与结论】

正丁醚为无色液体,bp=142.4℃,$n_D^{20}=1.3992$。

【注意事项】

1. 投料时需充分摇动,否则硫酸局部过浓,加热后易使反应溶液炭化变黑。

2. 醇转变成醚如果是定量进行的话,那么反应中生成的水可以定量地算出,本实验就是根据理论计算出生成水的体积,然后由装满水的分水器中给予扣除,当反应生成的水正好充满分水器,而将从冷凝后的醇正好溢流返回反应瓶中,从而达到自动分离并指示反应完全的目的。按反应方程式计算,生成水约为1.5g,实际分出水层的体积大于理论计算量,因为有单分子脱水的副产物生成。因此,将分水器中装满水后,先分掉约1.75mL水。

3. 制备正丁醚的较宜温度是130～140℃,但开始回流时,这个温度很难达到,因为正丁醚可与水形成共沸物(共沸点为94.1℃,含水量33.4%);另外,正丁醚与水及正丁醇形成三元共沸物(共沸点90.6℃,含水29.9%、正丁醇34.6%),正丁醇也可与水形成共沸物(共沸点93℃,含水44.5%),故应在100～115℃反应半小时之后才可达到130℃以上。随着水被蒸出,温度逐渐升高,最后达到135℃以上,即应停止加热。如果温度升得太高,反应溶液会炭化变黑,并有大量副产物丁烯生成。

4. 50%硫酸的配制方法 20mL浓硫酸缓慢加入到34mL水中。在酸洗过程中,要注意安全。

5. 正丁醇可溶在50%硫酸溶液中,而正丁醚微溶。

【思考题】

1. 如何判断反应已经比较完全?
2. 反应物冷却后为什么要倒入25mL水中?各步的洗涤目的何在?
3. 能否用本实验方法由乙醇和2-丁醇反应制备乙基仲丁基醚?你认为用什么反应才比较好?
4. 如果反应温度过高,反应时间过长,可导致什么结果?
5. 如果最后蒸馏前的粗品中含有丁醇,能否用分馏的方法将它除去?这样做好不好?
6. 为什么要先在分水器内放置 $(V-V_0)$ mL水(V_0为反应中生成的水量)?
7. 本实验需采用50% H_2SO_4洗涤粗产品,为什么不用70%以上浓 H_2SO_4 洗涤粗产品?

实验二十七 环己酮的制备

【实验目的】

1. 了解由环己醇氧化制备环己酮的原理和方法。

2. 进一步掌握分液漏斗的使用方法。

【实验原理】

一级醇及二级醇的羟基所连接的碳原子上有氢，可以被氧化成醛、酮或羧酸。三级醇由于醇羟基相连的碳原子上没有氢，不易被氧化，如在剧烈的条件下，先失水，然后发生碳碳键氧化断裂，形成含碳较少的产物。用高锰酸钾作氧化剂，在冷、稀、中性的高锰酸钾水溶液中，一级醇、二级醇不被氧化，如在比较强烈的条件下（如加热）可被氧化，一级醇生成羧酸钾盐，溶于水，并有二氧化锰沉淀析出。二级醇氧化为酮，但易进一步氧化，使碳碳键断裂，故很少用于合成酮。由二级醇制备酮，最常用的氧化剂为重铬酸钠与浓硫酸的混合液，或三氧化铬的冰醋酸溶液等，酮在此条件下比较稳定，产率也较高，因此是比较有用的方法。

$$3\ \text{C}_6\text{H}_{11}\text{OH} + \text{Na}_2\text{Cr}_2\text{O}_7 + 4\text{H}_2\text{SO}_4 \longrightarrow 3\ \text{C}_6\text{H}_{10}\text{O} + \text{Cr}_2(\text{SO}_4)_3 + \text{Na}_2\text{SO}_4 + 7\text{H}_2\text{O}$$

【仪器与试剂】

1. 仪器　圆底烧瓶（100mL）、温度计、蒸馏装置、分液漏斗。
2. 试剂　浓硫酸、环己醇、重铬酸钠、草酸、食盐、无水碳酸钾。

【实验步骤】

在 100mL 圆底烧瓶内，放置 30mL 冰水，在搅拌下慢慢加入 5mL 浓硫酸，充分混匀，小心加入 5mL 环己醇。在上述混合液内插入一支温度计，将溶液冷却至 30℃ 以下。在一个烧杯中将 5.2g 重铬酸钠（$\text{Na}_2\text{Cr}_2\text{O}_7 \cdot 2\text{H}_2\text{O}$，0.0175mol）（或用重铬酸钾 5.15g，0.0175mol）溶解于 3mL 水中。取此溶液 0.5mL 加入圆底烧瓶中，充分振摇，这时可观察到反应温度上升和反应液由橙红色变为墨绿色，表明氧化反应已经发生。继续向圆底烧瓶中滴加剩余的重铬酸钠（或重铬酸钾）溶液，同时不断振摇烧瓶，控制滴加速度，保持烧瓶内反应液温度在 55～60℃。若超过此温度时立即在冰水浴中冷却。滴加完毕，继续振摇反应瓶直至观察到温度自动下降 1～2℃ 以上。然后再加入少量的草酸（约需 0.3g），使反应液完全变成墨绿色，以破坏过量的重铬酸盐。

在反应瓶内加入 25mL 水，再加 2 粒沸石，装成蒸馏装置（实际上是一种简化的水蒸气蒸馏装置），将环己酮与水一起蒸馏出来，环己酮与水能形成共沸点为 95℃ 的共沸混合物。直至馏出液不再浑浊后再多蒸馏出约 5mL（共收集馏液 20～25mL），用食盐（需 4～5g）饱和馏出液后移入分液漏斗中，静置后分出有机层，产物用无水碳酸钾干燥，蒸馏，收集 150～156℃ 馏分。称重，计算产率（产量 3～3.5g）。

【数据处理与结论】

环己酮为无色液体，bp=156.6℃，$n_D^{20}=1.4507$，$d_4=0.9478$。

【注意事项】

1. 配制氧化剂溶液时一定要注意加料顺序。
2. 本实验铬酸氧化醇是一个放热反应，实验中必须严格控制反应温度，以避免反应过于剧烈。反应中需控制好温度，温度过低反应困难，过高则副反应增多。
3. 水的馏出量不宜过多，否则即使使用盐析，仍不可避免有少量环己酮溶于水中而损失掉（环己酮在水中的溶解度在 31℃ 时为 2.4g）。

【思考题】

1. 用铬酸氧化法制备环己酮，为什么要严格控制反应温度在 55～60℃，温度过高或过低有什么不好？
2. 反应完全时，溶液为什么是墨绿色的？
3. 蒸粗产物时利用的是有机实验基本操作中的什么原理？
4. 馏出液中为什么要加入精盐？若不加，对实验结果有什么影响？

实验二十八　己二酸的制备

【实验目的】
1. 学习用环己醇制备己二酸的原理和方法。
2. 进一步掌握浓缩、过滤、重结晶等操作技能。

【实验原理】
己二酸（俗称肥酸）是脂肪族二元羧酸中最重要的二元羧酸之一，具有商业应用价值的二元羧酸，它主要用在制造尼龙 66，其次是用于生产聚氨酯和增塑剂的原料等领域，它可以用硝酸或高锰酸钾氧化环己醇制得，环己醇先氧化生成环己酮，环己酮进一步被氧化生成己二酸。

$$\text{环己醇} \xrightarrow{HNO_3} HO_2CCH_2CH_2CH_2CH_2CO_2H$$

【仪器与试剂】
1. 仪器　球形冷凝管、温度计、分液漏斗、三口烧瓶（100mL）、布氏漏斗、抽滤瓶等。
2. 试剂　HNO_3（50%）、NH_4VO_3、环己醇、稀 NaOH 溶液。

【实验步骤】
在装有回流冷凝管、温度计和分液漏斗的 100mL 三口烧瓶中，放置 18mL（0.18mol）50% HNO_3 及少许偏钒酸铵（约 0.03g），并在冷凝管上接一气体吸收装置，用稀 NaOH 吸收反应过程中产生的二氧化氮气体。三口烧瓶用水浴预热到 50℃ 左右，移去水浴，先滴入 5～6 滴环己醇，同时加以摇动，至反应开始放出二氧化氮气体，然后慢慢滴加其余部分的环己醇，总量为 6mL（约 0.06mol），调节滴加速度，使瓶内温度维持在 50～60℃（滴加时应不时加以摇动）。滴加完毕约需 15min。加完后继续摇荡，并用 80～90℃ 的热水浴加热 10min，至几乎无棕红色气体放出为止。然后将此溶液倒入 100mL 的烧杯中，冷却后析出己二酸固体，抽滤，用 15mL 冷水洗涤两次，干燥，粗产物约 6g。

粗制的己二酸可以用水重结晶。产量约 5.1g。

【数据处理与结论】
纯己二酸为白色棱状晶体，mp=153℃。

【注意事项】
1. 环己醇和硝酸切不可用同一量筒量取。
2. 偏钒酸铵不可多加，否则产品发黄。
3. 本实验为强烈放热反应，所以滴加环己醇的速度不宜过快，以免反应过剧，引起爆炸。一般可在环己醇中加 1mL 水，一是减少环己醇因黏稠带来的损失，二是避免反应过剧。
4. 实验产生的二氧化氮气体有毒，所以装置要求严密不漏气，并要做好尾气吸收。

【思考题】
1. 为什么反应必须严格控制环己醇的滴加速度？
2. 为什么在反应过程中要保持反应物处于沸腾状态？

实验二十九 肉桂酸的制备

【实验目的】
1. 学习肉桂酸的制备原理和方法。
2. 进一步掌握回流、水蒸气蒸馏、抽滤等基本操作。

【实验原理】

利用 Perkin 反应，将芳醛与醋酐混合后，在相应的羧酸盐存在下，加热制得 α,β-不饱和羧酸。

$$\text{C}_6\text{H}_5\text{CHO} + (\text{CH}_3\text{CO})_2\text{O} \xrightarrow[140\sim180℃]{\text{CH}_3\text{COOK}} \text{C}_6\text{H}_5\text{CH}=\text{CHCOOH} + \text{CH}_3\text{COOH}$$

本法是按 Kalnin 提出的方法，用无水 K_2CO_3 代替 CH_3COOK，其优点是反应时间短和产率较高。

【仪器与试剂】
1. 仪器 圆底烧瓶（100mL）、空气冷凝管、水蒸气蒸馏装置、抽滤瓶、布氏漏斗、烧杯（250mL）等。
2. 试剂 苯甲醛、NaOH 溶液（10%）、醋酸酐、刚果红试纸、无水 K_2CO_3、无水乙醇、浓盐酸、活性炭。

【实验步骤】
1. 肉桂酸的合成

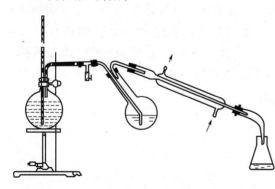

图 3-19 水蒸气蒸馏装置

在 100mL 干燥的圆底烧瓶中加入 1.5mL（1.575g，约 15mmol）新蒸馏过的苯甲醛、4mL（4.32g，42mmol）新蒸馏过的醋酐以及研细的 2.2g 无水碳酸钾，加入两粒沸石，装好回流装置。加热回流 40min，火焰由小到大使溶液刚好回流。停止加热，待反应物冷却后，往瓶内加入 20mL 热水，以溶解瓶内固体，同时改装成水蒸气蒸馏装置（图 3-19）。开始水蒸气蒸馏，至无白色液体蒸出为止。将蒸馏瓶冷却至室温，加入 10%NaOH（约 10mL）以保证所有的肉桂酸转变成钠盐而溶解。待白色晶体溶解后，滤去不溶物，滤液转入锥形瓶中煮沸，稍冷却后加入 0.2g 活性炭，继续煮沸 2min 左右，脱色后趁热抽滤，滤去活性炭，滤液倒入 250mL 烧杯中，冷却至室温，搅拌下加入浓 HCl，酸化至刚果红试纸变蓝色，冷却抽滤得到白色晶体。

2. 重结晶

粗产品置于 250mL 烧杯中，用水-乙醇重结晶，先加 60mL 水，煮沸，等大部分固体溶解后，稍冷，加入 10mL 无水乙醇，加热至全部固体溶解后，冷却，白色晶体析出，抽滤，产品在空气中晾干后，称重。

【数据处理与结论】

肉桂酸为白色晶体，mp=133℃，bp=300℃，$d_4^{20}=1.2475$。

【注意事项】

1. 苯甲醛久置会自动氧化产生部分苯甲酸，不但影响反应的进行，还会混入产物，不易分离，故在使用前需要纯化。方法是先用 10% 碳酸钠溶液洗涤，再用水洗至中性，用无水硫酸镁干燥，干燥时可加入少量锌粉防止氧化。将干燥好的苯甲醛减压蒸馏，收集 (79±1)℃/3333Pa 或 (69±1)℃/2000Pa 或 (62±1)℃/1333Pa 的馏分。也可加入少量锌粉进行常压蒸馏，收集 177~179℃ 馏分。新开瓶的苯甲醛可不必洗涤，直接进行减压或常压蒸馏。

2. 醋酐久置会吸收空气中水汽而水解为醋酸，故在使用前需蒸馏纯化。加料应迅速，防止醋酸酐吸潮。

3. 所用仪器、药品均需干燥，否则严重影响实验。

4. 控制火焰的大小至刚好回流，以防产生的泡沫冲至冷凝管。

【思考题】

1. 苯甲醛和丙酸酐在无水的丙酸钾存在下相互作用得到什么产物？写出反应式。

2. 反应中如果使用与酸酐不同的羧酸盐，会得到两种不同的芳香丙烯酸，为什么？

3. 实验中若用氢氧化钾代替碳酸钾碱化时有什么不好？

实验三十　苯甲酸乙酯的制备

【实验目的】

1. 掌握酯化反应原理及苯甲酸乙酯的制备方法。
2. 巩固分水器的使用及液体有机化合物的精制方法。
3. 掌握减压蒸馏操作。

【实验原理】

酸催化直接酯化法是工业和实验室制备羧酸酯最重要的方法，需用的催化剂有硫酸、磷酸和对甲苯磺酸等。酸的作用是使羰基质子化从而提高羰基的反应活性。反应是可逆的，为了使反应向有利于生成酯的方向移动，通常采用过量的羧酸或醇，或者除去反应中生成的酯或水，或者二者同时采用。

$$\text{C}_6\text{H}_5\text{CO}_2\text{H} + \text{C}_2\text{H}_5\text{OH} \xrightarrow{\text{H}_2\text{SO}_4} \text{C}_6\text{H}_5\text{CO}_2\text{C}_2\text{H}_5 + \text{H}_2\text{O}$$

理论上催化剂不影响平衡混合物的组成，但实验表明，加入过量的酸，可以增大反应的平衡常数。因为过量酸的存在，改变了体系的环境，并通过水合作用除去了反应中生成的部分水。提高反应产率常用的方法是除去反应中形成的水，在某些酯化反应中，醇、酯和水之间可以形成二元或三元最低恒沸物;也可以在反应体系中加入能与水、醇形成恒沸物的第三组分,如苯、环己烷、CCl_4 等,以除去反应中不断生成的水。

【仪器与试剂】

1. 仪器　分水器、分液漏斗、圆底烧瓶、冷凝管、锥形瓶、减压蒸馏装置等。
2. 试剂　苯甲酸、无水乙醇、浓硫酸、Na_2CO_3、$CaCl_2$、环己烷、乙醚。

【实验步骤】

在 50mL 圆底烧瓶中放入 4g 苯甲酸、10mL 无水乙醇、15mL 环己烷和 2mL 浓硫酸,摇匀后加入 2~3 粒沸石,再装上分水器,事先从分水器上端小心加水至分水器支管处,然后再放去 6mL 水,分水器上端装上回流冷凝管。加热回流,开始时回流速度不宜过快。随着回流的进行,分水器中出现了上、中、下三层液体,且中层越来越多。1.5~2h 后,分水器中的中层液体已达 5~6mL,即可停止加热,放出里面液体。继续用水浴加热,使多余的乙醇和环己烷蒸至水分离器中,充满时可由活塞放出。当烧瓶出现白雾时停止加热,防止炭化。

冷却后,将烧瓶中的残留液倒入盛有 30mL 冷水的烧杯中,用数毫升乙醇洗涤烧瓶,并与烧杯中的水溶液合并。在此溶液中,分批加入碳酸钠粉末并不断搅拌,直至二氧化碳不再逸出、溶液 pH=7 为止,约需 4g 碳酸钠。将溶液转移至分液漏斗中,分出粗产物(注意有机层是哪层)再用 15mL 乙醚提取水层,合并粗产物和醚萃取液,用无水氯化钙干燥。

蒸馏回收乙醚后,残余物进行减压蒸馏(其装置见图 3-20),得到纯品苯甲酸乙酯。收集 bp 76~76.5℃/6.5mmHg(1mmHg=133.322Pa,下同),温度控制 90~120℃。

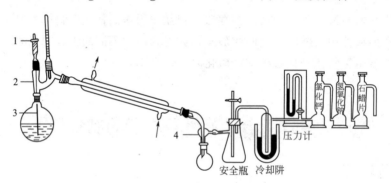

图 3-20　减压蒸馏装置图
1—螺旋夹;2—克氏蒸馏头;3—毛细管;4—真空吸收管

【数据处理与结论】

苯甲酸乙酯为无色澄清液体,有强的冬青油和水果香气。mp=-34℃,bp=213℃,$d_4=1.0458$,$n_D^{20}=1.5007$。

【注意事项】

1. 加浓硫酸之前先将其它反应物加入,再慢慢滴加,且边加边摇,以免局部炭化。
2. 加碳酸钠粉末时,要分批,边加边搅拌。中和必须彻底,否则在蒸馏产物时,前馏分的量明显增加。
3. 减压蒸馏操作时,按操作规程进行(见本书 2.5.5.4)。

【思考题】

1. 本实验采用何种措施提高酯的产率?
2. 通过计算解释实验开始时分水器放去 5~6mL 水的由来?

3. 何种原料过量？为什么？为什么要加环己烷？
4. 浓硫酸的作用是什么？常用酯化反应的催化剂有哪些？
5. 减压蒸馏中安全瓶的作用是什么？应采用什么样的接收器？

实验三十一　乙酰乙酸乙酯的制备

【实验目的】
1. 了解乙酰乙酸乙酯制备的原理和方法。
2. 进一步掌握无水操作及减压蒸馏操作。

【实验原理】
含 α-活泼氢的酯在强碱性试剂（如 C_2H_5ONa、$NaNH_2$、NaH、三苯甲基钠或格氏试剂）存在下，能与另一分子酯发生 Claisen 酯缩合反应，生成 β-羰基酸酯。乙酰乙酸乙酯就是通过这一反应制备的。虽然反应中使用金属钠作缩合试剂，但真正的催化剂是钠与乙酸乙酯中残留的少量乙醇作用产生的乙醇钠。

$$2CH_3CO_2Et \xrightarrow[2)H_3O^+]{1)EtONa} CH_3COCH_2CO_2Et + C_2H_5OH$$

乙酰乙酸乙酯与其烯醇式是互变异构（或动态异构）现象的一个典型例子，它们是酮式和烯醇式平衡的混合物，在室温时含92％的酮式和8％的烯醇式。单个异构体具有不同的性质并能分离为纯态，但在微量酸、碱催化下，迅速转化为二者的平衡混合物。

【仪器与试剂】
1. 仪器　回流装置、减压蒸馏装置、分液漏斗等。
2. 试剂　乙酸乙酯、金属钠、二甲苯、HAc（50％）、饱和 NaCl、无水 Na_2SO_4。

【实验步骤】
1. 钠珠的制备

在干燥的25mL圆底烧瓶中加入0.5g金属钠和2.5mL二甲苯，装上冷凝管，加热使钠熔融。用力振摇得细粒状钠珠，直到冷却钠珠不再结合在一起，拆去冷凝管，用磨口玻璃塞塞紧烧瓶。

2. 乙酰乙酸乙酯的制备

稍经放置，钠珠沉于瓶底，将二甲苯倾倒入二甲苯回收瓶中（切勿倒入水槽或废物缸，以免着火）。迅速向瓶中加入5.5mL乙酸乙酯，重新装上回流冷凝管，并在其顶端装上氯化钙干燥管。反应随即开始，并有氢气泡逸出。如反应很慢时，可稍加温热。待激烈的反应过后，将反应瓶加热，保持微沸状态，直至所有金属钠全部作用完为止，反应约需0.5h。此时生成的乙酰乙酸乙酯钠盐为橘红色透明溶液（有时析出黄白色沉淀）。待反应物稍冷后，在摇荡下加入50％的醋酸溶液，直到反应液呈弱酸性（约需3mL）。此时，所有的固体物质均已溶解。将溶液转移到分液漏斗中，加入等体积的饱和氯化钠溶液，摇振片刻。静置后，乙酰乙酸乙酯分层析出。分出上层粗产物，用无水硫酸钠干燥后滤入蒸馏瓶，并用少量乙酸乙酯洗涤干燥剂，一并转入蒸馏瓶中。

3. 精制

先蒸馏掉乙酸乙酯，然后进行减压蒸馏（图3-20）。减压蒸馏时须缓慢加热，待残留的低沸点物质蒸出后,再升高温度,收集乙酰乙酸乙酯。产量约 1.1g(产率 40%)。

【数据处理与结论】

乙酰乙酸乙酯为无色液体,bp=181℃,$d_4=1.021$,$n_D^{20}=1.4190$。

【注意事项】

1. 所用试剂及仪器必须干燥。
2. 钠遇水即燃烧、爆炸,使用时应十分小心。
3. 钠珠的制作过程中一定不能停,且要来回振摇,使瓶内温度下降,不至于使钠珠结块为止。
4. 用醋酸中和时,若有少量固体未溶,可加少许水溶解,避免加入过多的酸。
5. 减压蒸馏时,先粗略得出在体系压力下乙酰乙酸乙酯的沸点(表 3-15)。

表 3-15 乙酰乙酸乙酯的沸点与压力关系

压力/mmHg	760	80	60	40	30	20	18	14	12	10	5	1.0	0.1
沸点/℃	181	100	97	92	88	82	78	74	71	67.3	54	28.5	5

6. 蒸馏完毕时,撤去电热套,慢慢旋开二通活塞,平衡体系内外压力,关闭油泵。

【思考题】

1. 什么是 Claisen 酯缩合反应中的催化剂?本实验为什么可以用金属钠代替?为什么计算产率时要以金属钠为基准?本实验加入 50% 醋酸溶液有何作用?
2. 加入饱和食盐水的目的是什么?
3. 中和过程开始析出的少量固体是什么?
4. 乙酰乙酸乙酯沸点并不高,为什么要用减压蒸馏的方式?
5. 如何证明常温下得到的乙酰乙酸乙酯是两种互变异构体的平衡混合物?

实验三十二 Cannizzaro 反应——苯甲酸和苯甲醇的制备

【实验目的】

1. 理解苯甲醛由 Cannizzaro 歧化反应制备苯甲醇和苯甲酸的原理和方法。
2. 巩固分液漏斗的使用及重结晶、抽滤等操作。
3. 掌握低沸点、易燃有机溶剂的蒸馏操作。
4. 掌握有机酸的分离方法。

【实验原理】

芳醛和其它无 α-氢原子的醛在浓的强碱溶液作用下,发生 Cannizzaro 反应,一分子醛被氧化成羧酸(在碱性溶液中成为羧酸盐),另一分子醛则被还原成醇。本实验是应用 Cannizzaro 反应,以苯甲醛为反应物,在浓氢氧化钠作用下生成苯甲醇和苯甲酸。

副反应：

$$\underset{}{C_6H_5CHO} \xrightarrow{O_2} C_6H_5COOH$$

【仪器与试剂】

1. 仪器 锥形瓶、圆底烧瓶、直形冷凝管、接引管、接收器、蒸馏头、温度计、分液漏斗、烧杯、短颈漏斗、玻璃棒、布氏漏斗、吸滤瓶。

2. 试剂 苯甲醛、NaOH、浓盐酸、乙醚、饱和 $NaHSO_3$ 溶液、Na_2CO_3 溶液（10%）、无水 $MgSO_4$。

【实验步骤】

1. 歧化反应

在 125mL 圆底烧瓶中，放入 20g 氢氧化钠和 50mL 水配制成的水溶液，振荡使氢氧化钠完全溶解。冷却至室温。在振荡下，分批加入 20mL 新蒸馏过的苯甲醛，分层，装回流冷凝管。加热回流 1h 间歇振摇直至苯甲醛油层消失，反应物变透明。

2. 苯甲醇的提取

反应物中加入足够量的水（最多 30mL），不断振摇，使其中的苯甲酸盐全部溶解。将溶液倒入分液漏斗中，每次用 20mL 乙醚萃取，共三次。合并上层的乙醚提取液，分别用 8mL 饱和亚硫酸氢钠，16mL 10%碳酸钠和 16mL 水洗涤。分离出上层的乙醚提取液，用无水硫酸镁干燥。

将干燥的乙醚溶液滗入 100mL 圆底烧瓶，进行常压蒸馏，蒸完乙醚（回收）后；然后改用空气冷凝管，收集 204～206℃的馏分。

3. 苯甲酸的制取

乙醚萃取后的溶液，用浓盐酸酸化使刚果红试纸变蓝，充分搅拌，冷却使苯甲酸析出完全，抽滤，洗涤。干燥，称重。

【数据处理与结论】

纯苯甲醇为无色液体，bp=205.3℃，$d_4^{24}=1.0419$，$n_D^{20}=1.5369$。

纯苯甲酸为无色针状晶体，mp=122.13℃。

【注意事项】

1. 原料苯甲醛易被空气氧化，所以保存时间较长的苯甲醛，使用前应重新蒸馏，否则苯甲醛已氧化成苯甲酸而使苯甲醇的产量相对减少及严重影响实验效果。

2. 在反应时充分摇荡目的是让反应物充分混合，否则对产率的影响很大。

3. 在第一步反应时加水后，苯甲酸盐如不能溶解，可稍微加热。

4. 合并的乙醚层用无水硫酸镁或无水碳酸钾干燥时，振荡后要静置片刻至澄清，并充分静置约 30min。干燥后的乙醚层慢慢滗入干燥的蒸馏瓶中。

5. 蒸馏乙醚时严禁使用明火。乙醚蒸完后立刻回收，直接用电热套加热。蒸完乙醚后，用空气冷凝管蒸馏苯甲醇；水层如果酸化不完全，会使苯甲酸不能充分析出，导致产物损失。

【思考题】

1. 为什么苯甲醛在使用前应重新蒸馏？

2. 制取苯甲醇时，各步洗涤分别除去什么？

3. 萃取后的水溶液，酸化到中性是否最合适？为什么？不用试纸，怎样知道酸化已恰当？

实验三十三　Beckmann 反应——己内酰胺的制备

【实验目的】
1. 由环己酮与羟胺反应合成环己酮肟。
2. 环己酮肟在酸性条件下发生 Beckmann 重排，生成己内酰胺。
3. 用减压蒸馏提纯己内酰胺粗产品。

【实验原理】
酮与羟胺作用生成肟：

$$\underset{R''}{\overset{R'}{\diagdown}}C=O + H_2NOH \longrightarrow \underset{R''}{\overset{R'}{\diagdown}}C=NOH + H_2O$$

肟在酸性催化剂如硫酸、多聚磷酸、苯磺酰氯等作用下，发生分子重排生成酰胺的反应称为贝克曼重排反应。反应历程如下：

$$\underset{R''}{\overset{R'}{\diagdown}}C=\underset{}{\overset{OH}{N}} \xrightarrow{H^+} \underset{R''}{\overset{R'}{\diagdown}}C=\overset{+}{N}\underset{}{\overset{OH_2}{}} \xrightarrow{-H_2O} \underset{R''}{\overset{R'}{\diagdown}}C=\overset{+}{N} \longrightarrow \underset{}{\overset{R'}{}}C\overset{+}{=}N-R''$$

$$\xrightarrow{H_2O} \underset{\overset{+}{H_2O}}{\overset{R'}{\diagdown}}C=N-R'' \xrightarrow{-H^+} \underset{HO}{\overset{R'}{\diagdown}}C=N-R'' \longrightarrow \underset{O}{\overset{R'}{\diagdown}}C-NHR''$$

上面的反应式说明肟重排时，其结果是羟基与处于反位的基团对调位置。

贝克曼重排反应不仅可以用来测定酮的结构，而且有一定的应用价值。如环己酮肟重排得到己内酰胺，后者经开环聚合得到尼龙-6。己内酰胺是一种重要的有机化工原料，己内酰胺主要用于制造尼龙-6，也用作医药原料等。

环己酮 + H$_2$NOH ⟶ 环己酮肟

环己酮肟 $\xrightarrow{H_2SO_4(浓)}$ $\xrightarrow{20\% NH_3 \cdot H_2O}$ 己内酰胺

【仪器与试剂】
1. 仪器　锥形瓶、烧杯、滴液漏斗、温度计、分液漏斗、圆底烧瓶、克氏蒸馏头、直形冷凝管、布氏漏斗、吸滤瓶。
2. 试剂　环己酮、盐酸羟胺、无水醋酸钠、浓硫酸、浓氨水、氯仿、无水 Na$_2$SO$_4$。

【实验步骤】

1. 环己酮肟的制备

在 250mL 锥形瓶加入 7g 盐酸羟胺和 10g 无水醋酸钠，加 30mL 水将固体溶解，小火加热此溶液至 35～40℃。分批慢慢加入 7g 环己酮，边加边摇动反应瓶，很快有固体析出。加完后用橡皮塞塞住瓶口，并不断激烈振荡锥形瓶 5～10min。环己酮肟呈白色粉状固体析出。冷却后，抽滤，粉状固体用少量水洗涤、抽干后置于培养皿中干燥，或在 50～60℃下烘干。

2. 环己酮肟重排制备己内酰胺

在小烧杯加入 6mL 冷水，在冷水浴冷却下小心地慢慢加入 8mL 浓硫酸，配得 70% 的硫酸溶液。在另一小烧杯中加入 7g 干燥的环己酮肟，用 7mL 70% 的硫酸溶解后，转入滴液漏斗，烧杯用 1.5mL 70% 硫酸洗涤后并入滴液漏斗。在一个 250mL 烧杯中加入 4.5mL 70% 硫酸，用木夹夹住烧杯，用小火加热至 130～135℃，缓缓搅拌，保持 130～135℃，边搅拌边滴加环己酮肟溶液，滴完后继续搅拌 5～10min。反应液冷却至 80℃以下，再用冰盐浴冷却至 0～5℃。在冷却下，边搅拌边小心地通过滴液漏斗滴加浓氨水（约 25mL）至 pH=8。滴加过程中控制温度不超过 20℃。用少量水（不超过 10mL）溶解固体。反应液倒入分液漏斗，用二氯甲烷萃取三次，每次 10mL。合并有机层并用等体积水洗涤两次后，用无水 Na_2SO_4 干燥后，常压蒸馏除去二氯甲烷。残液转移到锥形瓶中，将锥形瓶在温水浴温热下，在通风柜中浓缩至 5mL 左右，放置冷却，析出白色结晶。进行重结晶。

【数据处理与结论】

1. 环己酮肟为白色固体，熔点为 80～90℃，产量为 7～7.5g。
2. 己内酰胺为无色或白色晶体，熔点 69～70℃，产量为 4～5g。

【注意事项】

1. 与羟胺反应时温度不宜过高。加完环己酮以后，充分摇荡反应瓶使反应完全，若环己酮肟呈白色小球状，则表示反应未完全，需继续振摇。

2. 配制 70% 硫酸溶液时是将酸加入水中，绝不可搞错。因放热强烈，必须水浴冷却。

3. 重排反应很激烈，并要保持温度在 130～135℃，滴加过程中必须一直加热。温度均不可太高，以免副反应增加。

4. 用氨水中和时会大量放热，故开始滴加氨水时尤其要放慢滴加速度，否则温度太高，将导致酰胺水解。

5. 己内酰胺也可用重结晶方法提纯：将粗产物转入分液漏斗，每次用 10mL 四氯化碳萃取 3 次，合并萃取液，用无水硫酸镁干燥后，滤入一干燥的锥形瓶。加入沸石后在水浴上蒸去大部分溶剂，直到剩下 8mL 左右溶液为止。小心向溶液加入石油醚（30～60℃）到恰好出现浑浊为止。将锥形瓶置于冰浴中冷却结晶，抽滤，用少量石油醚洗涤结晶。如加入石油醚的量超过原溶液 4～5 倍仍未出现浑浊，说明开始所剩下的四氯化碳量太多。需加入沸石后重新蒸去大部分溶剂直到剩下很少量的四氯化碳时，重新加入石油醚进行结晶。

【思考题】

1. 在制备环己酮肟时，为什么要加入醋酸钠？
2. 如果用氨水中和时，反应温度过高，将发生什么反应？
3. 某肟发生 Beckmann 重排后得到一化合物 $C_3H_7CONHCH_3$，试推测该肟的结构？
4. (Z)-甲基乙基酮肟 $H_3C-\overset{N-OH}{\overset{\|}{C}}-C_2H_5$ 经 Beckmann 重排得到什么产物？

实验三十四　7,7-二氯双环[4.1.0]庚烷

【实验目的】
1. 了解相转移催化、卡宾的生成及其加成反应。
2. 进一步熟悉机械搅拌装置。
3. 掌握洗涤、蒸馏、减压蒸馏等操作。

【实验原理】
碳烯（又称卡宾 carbene）是一类活性中间体总称，其通式为 R_2C:，最简单的卡宾是亚甲基（:CH_2），卡宾存在的时间很短，一般是在反应过程中产生，然后立即进行下一步反应。卡宾是缺电子的，可以与不饱和键发生亲电加成反应。

二氯卡宾（:CCl_2）是一种卤代卡宾。氯仿和叔丁醇钾作用，发生 α-消除反应即得二氯卡宾。

$$CHCl_3 + t\text{-BuO}^- K^+ \rightleftharpoons {}^{\ominus}:CCl_3 + t\text{-BuOH} + K^+$$

$$^{\ominus}:CCl_3 \rightleftharpoons :CCl_2 + Cl^-$$

二氯卡宾与环己烯作用，即生成 7,7-二氯双环[4.1.0]庚烷：

上述反应一般应在强碱而且高度无水的条件下进行。但若利用相转移催化技术，则可使反应条件温和，在水相中进行，并提高产率。

相转移催化是近十年来发展起来的一项新实验技术，对提高互不相溶两相间的反应速率、简化操作、提高产率有很好的效果。在相转移催化剂如三乙基苄基氯化铵（TEBA）存在下，氯仿与浓氢氧化钠水溶液起反应，产生的 :CCl_2 立即与环己烯作用，生成 7,7-二氯双环[4.1.0]庚烷。一般认为该反应的机理为：

$$\overset{+}{Et_3N}CH_2C_6H_5Cl \xrightarrow[\text{水相}]{OH^-} \overset{+}{Et_3N}CH_2C_6H_5OH^- + Cl^-$$

$$\overset{+}{Et_3N}CH_2C_6H_5OH^- + CHCl_3 \xrightarrow{\text{相界面}} \overset{+}{Et_3N}CH_2C_6H_5^-CCl_3 + H_2O$$

$$\overset{+}{Et_3N}CH_2C_6H_5^-CCl_3 \xrightarrow{\text{有机相}} \overset{+}{Et_3N}CH_2C_6H_5Cl + :CCl_2$$

在相转移催化剂存在下，在有机相中原位产生的 :CCl_2 立即和环己烯作用，生成 7,7-二氯双环[4.1.0]庚烷，产率可达 60%。为使相转移反应顺利进行，反应必须在强烈的搅拌下进行。

【仪器与试剂】
1. 仪器　三口烧瓶（100mL）、球形冷凝管、温度计、烧杯、分液漏斗、锥形瓶（50mL）、机械搅拌器、减压系统。
2. 试剂　环己烯、氯仿、三乙基苄基氯化铵（TEBA）、氢氧化钠、乙醇、浓盐酸、无水硫酸镁。

【实验步骤】
在 100mL 三口烧瓶上，依次装配好机械搅拌器、回流冷凝管及温度计。在三口烧瓶中

加入10.1mL（0.1mol）环己烯、30mL（0.37mol）氯仿和0.5g TEBA。将16g NaOH溶于16mL水中得到1∶1的氢氧化钠水溶液。开动搅拌，将氢氧化钠溶液分4次从冷凝管上口加入。此时反应液温度慢慢上升至60℃左右，反应液渐渐变成棕黄色并伴有固体析出。当温度开始下降时，可用热水浴维持反应温度在55～60℃，回流1h。将反应液冷至室温，用50mL水洗涤两次，然后用无水硫酸镁干燥。安装蒸馏装置，水浴常压蒸去氯仿，然后进行减压蒸馏。收集80～82℃/16mmHg馏分。产量约10g。

【数据处理与结论】

纯7,7-二氯双环[4.1.0]庚烷为无色液体，bp＝198℃。

【注意事项】

1. 本反应为非均相的相转移催化反应，必须在强烈的搅拌下进行。
2. 若天冷不能自然升温至60℃，可用热水浴稍作加热。
3. 产品也可用空气冷凝管进行常压下蒸馏得到，沸程为190～200℃。

【思考题】

1. 根据相转移反应的机理，写出二氯卡宾的产生及反应过程。
2. 反应中为什么用大大过量的氯仿？
3. 在7,7-二氯双环[4.1.0]庚烷的制备实验中，为什么要使用机械搅拌反应装置？
4. 在7,7-二氯双环[4.1.0]庚烷的制备实验中，TEBA的作用是什么？它的用量对操作有何影响？

实验三十五　羟醛缩合反应——苯亚甲基苯乙酮的合成

【实验目的】

1. 掌握羟醛缩合反应的原理和机理。
2. 学会苯亚甲基苯乙酮的合成方法。
3. 巩固抽滤、洗涤、干燥等基本操作。

【实验原理】

在稀碱（如10%氢氧化钠溶液）的催化下，一分子（酮）的α-氢原子加到另一分子醛的羰基氧原子上，其它部分加到羰基碳上，生成β-羟基醛（酮），若β-羟基醛分子内含有α-H原子，在加热或酸作用下发生分子内脱水，生成稳定共轭体系的α,β-不饱和醛（酮），这种反应叫羟醛缩合或醇醛缩合（aldol condensation）。苯亚甲基苯乙酮是由苯甲醛与苯乙酮反应制得。

$$\text{PhCHO} + \text{PhCOCH}_3 \xrightarrow{\text{OH}^-} \text{PhCH(OH)CH}_2\text{COPh} \xrightarrow{-\text{H}_2\text{O}} \text{PhCH=CHCOPh}$$

【仪器与试剂】

1. 仪器　回流装置、滴液漏斗、抽滤装置、烧杯、石蕊试纸等。
2. 试剂　氢氧化钠（10%）、苯乙酮、苯甲醛、乙醇（95%）。

【实验步骤】

在装有搅拌器、温度计和滴液漏斗的 100mL 三口烧瓶中放置 12.5mL 10%氢氧化钠溶液、7.5mL 乙醇和 3mL 苯乙酮（3.085g，0.025 mol），在搅拌下自滴液漏斗中滴加 2.5mL 苯甲醛（2.625g，0.025 mol），控制滴加速度使反应温度维持在 25~30℃，必要时用冷水浴冷却。滴完后维持此温度继续搅拌 0.5h，再在室温下搅拌 1~1.5h，有晶体析出。停止搅拌，以冰浴冷却 10~15min 使结晶完全。

抽滤收集产物，用水充分洗涤至洗出液呈中性，然后用约 5mL 冷乙醇洗涤晶体，挤压抽干。粗产物用 95%乙醇重结晶（每克粗品需 4~5mL 溶剂，若颜色较深，可用少量活性炭脱色），得浅黄色片状结晶 3~3.5g，收率为 57.7%~67.3%。

【数据处理与结论】
苯亚甲基苯乙酮为浅黄色片状晶体，mp=59℃。

【注意事项】
1. 稀碱最好新配。
2. 一定要按顺序加入试剂，因为可抑制反应发生过快。
3. 反应温度以 25~30℃ 为宜，偏高，则副产物较多；过低则产物发黏，不易过滤和洗涤。
4. 洗涤要充分，转移至烧杯中进行。
5. 产物对某些人皮肤过敏，注意尽量不与皮肤接触。
6. 纯粹的苯亚甲基苯乙酮有几种不同的晶体形态，其熔点分别为：α 体 58~59℃（片状）；β 体 56~57℃（棱状或针状）；γ 体 48℃。通常得到的是片状的 α 体。

【思考题】
1. 本反应中若将稀碱换成浓碱可以吗？为什么？
2. 先加苯甲醛，后加苯乙酮可以吗？为什么？
3. 用水洗涤的目的是什么？

实验三十六　α-苯乙胺的合成

【实验目的】
1. 学习 Leuchart 反应合成外消旋体 α-苯乙胺的原理和方法。
2. 通过外消旋 α-苯乙胺的制备，进一步综合运用回流、蒸馏、萃取的测定等基本操作。
3. 通过本实验提高实验化学的研究能力和素质。

【实验原理】
醛、酮与甲酸和氨（或伯胺、仲胺），或与甲酰胺发生还原胺化反应，称为鲁卡特（Leuchart）反应。反应通常不需要溶剂，将反应物混合在一起加热（100~180℃）即能发生。选用适当的胺（或氨）可以合成伯、仲、叔胺。反应中氨首先与羰基发生亲核加成，接着脱水生成亚胺，亚胺随后被还原生成胺。与还原胺化不同，这里不是用催化氢化，而是用甲酸作为还原剂。它是由羰基化合物合成胺的一种重要方法。本实验是苯乙酮与甲酸铵作用得到外消旋体(±)-α-苯乙胺。

反应过程为：

$$HCOONH_4 \rightleftharpoons HCOOH + NH_3$$

$$\text{C=O} + NH_3 \rightleftharpoons \underset{NH_2}{\text{C-OH}} \xrightarrow{-H_2O} \text{C=NH} \xrightarrow{NH_4^+} \text{C=NH}_2^+$$

$$\text{O-C-H} + \text{C=NH}_2^+ \longrightarrow \text{H-C-NH}_2 + CO_2$$

依照前面的机理生成的 α-苯乙胺再与过量的甲酸形成甲酰胺，经酸水解形成铵盐，再用碱将其游离，得到 α-苯乙胺。

$$\text{PhCOCH}_3 + 2HCOONH_4 \longrightarrow \text{PhCH(CH}_3\text{)NHCHO} + NH_3\uparrow + CO_2\uparrow + H_2O$$

$$\text{PhCH(CH}_3\text{)NHCHO} + HCl + H_2O \longrightarrow \text{PhCH(CH}_3\text{)NH}_3^+Cl^- + HCOOH$$

$$\text{PhCH(CH}_3\text{)NH}_3^+Cl^- + NaOH \longrightarrow \text{PhCH(CH}_3\text{)NH}_2 + NaCl + H_2O$$

α-苯乙胺的旋光异构体可作为碱性拆分剂，用于拆分酸性外消旋体。α-苯乙胺是制备精细化学品的一种重要中间体，它的衍生物广泛用于医药化工领域，主要用于合成医药、染料、香料、乳化剂等。

【仪器与试剂】

1. 仪器　圆底烧瓶、三口烧瓶、球形冷凝管、直形冷凝管、空气冷凝管、烧杯、分液漏斗、蒸馏头、锥形瓶、玻璃小漏斗、温度计、电热套等。

2. 试剂　苯乙酮、甲酸铵、甲苯、浓 HCl、25%NaOH 溶液、固体 NaOH。

【实验步骤】

1. 合成

在 100mL 圆底烧瓶中，加入 12.0g 苯乙酮、22.2g 甲酸铵和几粒沸石，装上蒸馏头并装配成简单蒸馏装置。蒸馏头上口插入一支温度计，其水银球浸入反应混合物中。在石棉网上小火缓缓加热，反应物慢慢熔化，当温度升到 150～155℃时，熔化后的液体呈两相，继续加热反应物便成一相，反应物剧烈沸腾，并有水和苯乙酮被蒸出，同时不断地产生泡沫并放出二氧化碳和氨气。继续缓慢地加热到达 185℃（勿超过 185℃），停止加热。反应过程中可能在冷凝管中生成一些固体碳酸铵，此时可暂时关闭冷却水，使固体溶解，避免冷凝管堵塞。将馏出液用分液漏斗分出苯乙酮并倒回反应瓶中，再继续加热 2h，控制反应温度不超过 185℃。

将反应物冷至室温，转入分液漏斗中，用 30mL 水洗涤，以除去甲酸铵和甲酰胺，将分出的 N-甲酰-α-苯乙胺粗品倒入原反应瓶中。向反应瓶中加入 12mL 浓盐酸和几粒沸石改为回流装置，保持微沸回流 0.5h，使 N-甲酰-α-苯乙胺水解。

2. 分离和提纯

将反应液冷至室温，然后每次用 10mL 甲苯萃取两次，合并的萃取液倒入指定回收容器中。水层转移到 250mL 三口烧瓶中。

将三口烧瓶置于冰水浴中冷却，慢慢加入 40mL25％氢氧化钠溶液，并不断振摇，然后加热进行水蒸气蒸馏。用 pH 试纸检查馏出液，开始为碱性，至馏出液的 pH 值为 7 时，停止水蒸气蒸馏，收集 120～160mL 馏出液。

将含游离胺的馏出液每次用 20mL 甲苯萃取三次，合并萃取液，加入粒状氢氧化钠干燥。干燥后粗产品先蒸馏除去甲苯，再蒸馏收集 180～190℃ 的馏分。称量产品并计算产率。

【数据处理与结论】

纯(±)-α-苯乙胺为无色液体，有鱼腥臭味。bp＝187.4℃，$d_4=0.9395$，$n_D^{20}=1.5260$。

【注意事项】

1. 反应过程中，若温度过高，可能导致部分碳酸铵凝固在冷凝管中。反应液温度达到 185℃ 约需 2h。

2. 如在冷却过程中有晶体析出，可用最少量的水溶解。

3. 游离胺易吸收空气中的 CO_2 形成碳酸盐，故在干燥时应塞住瓶口隔绝空气。

4. 本实验也可以在蒸出甲苯后进行减压蒸馏，收集 82～83℃/2.4kPa（18mmHg）馏分。

5. α-苯乙胺具有较强的腐蚀性，注意安全。

【思考题】

1. 采用鲁卡特反应合成(±)-α-苯乙胺为什么只能获得其外消旋体？欲获得(＋)-苯乙胺或(－)-苯乙胺，如何进行拆分？

2. 本实验为什么要比较严格地控制反应温度？

3. 苯乙酮与甲酸铵反应后，用水洗涤的目的是什么？

4. 实验过程中有两次用甲苯进行萃取，其目的分别是什么？

实验三十七　NaOH 和 HCl 溶液的配制及比较滴定

【实验目的】

1. 掌握酸、碱式滴定管的使用操作技术。
2. 掌握酸、碱标准溶液的配制方法。
3. 掌握利用指示剂变色确定滴定终点的判断方法。

【实验原理】

滴定分析法是将滴定剂（已知准确浓度的标准溶液）滴加到含有被测组分的试液中，直到化学反应完全时为止，然后根据滴定剂的浓度和消耗的体积计算被测组分含量的一种方法。因此，在滴定分析实验中，必须学会标准溶液的配制和标定，学会滴定管的正确使用和滴定终点的正确判断。

浓 HCl 浓度不确定、易挥发；NaOH 不易制纯，在空气中易吸收 CO_2 和水分。因此，HCl、NaOH 标准溶液要采用间接配制法配制，即先配制近似浓度的溶液，再用基准物质标定。

$0.10mol·L^{-1}$ NaOH 溶液滴定等浓度的 HCl 溶液，滴定的突跃范围为 pH4.3～9.7，

可选用酚酞（变色范围 pH8.0~9.6）和甲基橙（变色范围 pH3.1~4.4）作指示剂。甲基橙和酚酞变色的可逆性好，当浓度一定的 NaOH 和 HCl 相互滴定时，所消耗的体积比 V_{HCl}/V_{NaOH} 应是固定的。在使用同一指示剂的情况下，改变被滴定溶液的体积，此体积比应基本不变，借此，可训练学生的滴定基本操作技术和正确判断终点的能力。通过观察滴定剂落点处周围颜色改变的快慢判断终点是否临近；临近终点时，要能控制滴定剂一滴一滴或半滴半滴地加入，至最后一滴或半滴引起溶液颜色的明显变化，立即停止滴定，即为滴定终点。

滴定分析的基本操作见本书 2.7 的内容。

【仪器与试剂】

1. 仪器 烧杯（250mL）、锥形瓶（250mL）、酸式滴定管（50mL）、碱式滴定管（50mL）。

2. 试剂 NaOH、HCl、甲基橙（1g·L^{-1}）、酚酞乙醇溶液（2g·L^{-1}）。

【实验步骤】

1. 配制 0.10mol·L^{-1} NaOH 溶液和 HCl 溶液

(1) 0.10mol·L^{-1} NaOH 溶液的配制 用洁净的小烧杯于台秤上称取 2.0g NaOH(s)，加纯水 50mL，使全部溶解后，转入 500mL 试剂瓶中，用少量纯水涮洗小烧杯数次，将涮洗液一并转入试剂瓶中，再加水至总体积 500mL，盖上橡皮塞，摇匀。

(2) 0.10mol·L^{-1} HCl 溶液的配制 在通风橱内用洁净的小量筒量取市售浓 HCl 4.2~4.5mL，倒入 500mL 试剂瓶中，加水稀释至 500mL，盖上玻璃塞，摇匀。

2. 滴定操作练习

(1) 准备好酸式和碱式滴定管各一支。分别用 5~10mL HCl 和 NaOH 溶液润洗酸式和碱式滴定管 2~3 次。再分别装入 HCl 溶液和 NaOH 溶液，调节液面至零刻度或稍下一点的位置，静置 1min 后，记下初读数。

(2) 以酚酞作指示剂用 NaOH 溶液滴定 HCl 溶液 从酸式滴定管放出约 20mL 0.10mol·L^{-1} HCl 于锥形瓶中，加入 1~2 滴酚酞，在不断摇动下，用 0.10mol·L^{-1} NaOH 溶液滴定，注意控制滴定速度，当滴加的 NaOH 落点处周围红色褪去较慢时，表明临近终点，用洗瓶洗涤锥形瓶内壁，控制 NaOH 溶液一滴一滴或半滴半滴地滴出。至溶液呈微红色，且半分钟不褪色即为终点，记下读数。又由酸式滴定管放入 1~2mL HCl，再用 NaOH 溶液滴至终点。如此反复练习滴定、终点判断及读数若干次。滴定至终点时读取并准确记录 HCl 和 NaOH 溶液的体积，平行测定三次。

(3) 以甲基橙作指示剂用 HCl 溶液滴定 NaOH 溶液 从碱式滴定管放出约 20mL 0.10mol·L^{-1} NaOH 于锥形瓶中，加入 1~2 滴甲基橙，在不断摇动下，用 0.10mol·L^{-1} HCl 溶液滴定至溶液由黄色恰呈橙色为终点。再由碱式滴定管放入 1~2mL NaOH，继续用 HCl 溶液滴定至终点，如此反复练习滴定及终点判断若干次。滴定至终点时读取并准确记录 HCl 和 NaOH 溶液的体积，平行测定三次，要求相对平均偏差不大于 0.3%。

【数据处理与结论】

1. 采用酚酞作指示剂，以 NaOH 溶液滴定 HCl，计算 V_{HCl}/V_{NaOH} 及其相对平均偏差 $\overline{d}_r$。

2. 采用甲基橙作指示剂，以 HCl 溶液滴定 NaOH，计算 V_{HCl}/V_{NaOH} 及其相对平均偏差 $\overline{d}_r$。

3. 将两种相互滴定所得结果（表 3-16）进行比较，并讨论之。

表 3-16 数据记录示例

序　号	1	2	3	序　号	1	2	3
V_{HCl}初读数/mL	0.00	0.00	0.00	V_{NaOH}初读数/mL	0.00	0.00	0.00
V_{HCl}终读数/mL	21.15	21.14	21.16	V_{NaOH}终读数/mL	21.08	21.10	21.10
V_{HCl}/mL	21.15	21.14	21.16	V_{NaOH}/mL	21.08	21.10	21.10

【注意事项】

1. 不含 CO_3^{2-} 盐的 NaOH 溶液可用下列三种方法配制。

（1）在台秤上用小烧杯称取较理论量稍多的 NaOH(s)，用不含 CO_2 的纯水迅速冲洗一次，以除去固体表面少量的 Na_2CO_3 溶液后，再用水溶解、稀释至所需浓度。稀释用水，一般是将纯水煮沸数分钟，再冷却。

（2）制备 NaOH 的饱和溶液（500g·L^{-1}）。由于浓碱中 Na_2CO_3 几乎不溶解，待 Na_2CO_3 下沉后，吸取上层清液，稀释至所需浓度。

（3）在 NaOH 溶液冲加入少量 $Ba(OH)_2$ 或 $BaCl_2$，CO_3^{2-} 就以 $BaCO_3$ 形式沉淀下来，取上层清液稀释至所需浓度。

2. 用 NaOH 滴定 HCl，以酚酞作指示剂，终点为微红色，半分钟不褪。如果放置较长时间后慢慢褪去，是由于溶液中吸收了空气中的 CO_2 生成 H_2CO_3 所致。

【思考题】

1. HCl 和 NaOH 标准溶液能否用直接配制法配制？为什么？

2. 配制酸碱标准溶液时，为什么用量筒量取 HCl，用台秤称取 NaOH(s)，而不用吸量管和分析天平？

3. 标准溶液装入滴定管之前，为什么要用该溶液润洗滴定管 2~3 次？而锥形瓶是否也需先用该溶液润洗或烘干，为什么？

4. 滴定至临近终点时加入半滴的操作是怎样进行的？

实验三十八　NaOH 和 HCl 标准溶液浓度的标定

【实验目的】

1. 掌握酸、碱标准溶液浓度标定的原理和方法。
2. 掌握电子分析天平的称量方法。
3. 掌握容量瓶、移液管的使用操作技术。

【实验原理】

1. 标定碱的基准物质

（1）邻苯二甲酸氢钾（$KHC_8H_4O_4$）　它易制得纯品，在空气中不吸水，容易保存，摩尔质量较大，是一种较好的基准物质，标定反应如下：

$$\text{COOH-C}_6\text{H}_4\text{-COOK} + \text{NaOH} \longrightarrow \text{COONa-C}_6\text{H}_4\text{-COOK} + H_2O$$

反应产物是二元弱碱邻苯二甲酸钾钠，在水溶液中显微碱性，因此应选用酚酞为指示剂。邻苯二甲酸氢钾通常在 105～110℃下干燥 2h 后备用，干燥温度过高，则脱水成为邻苯二甲酸酐。

(2) 草酸（$H_2C_2O_4 \cdot 2H_2O$） 它在相对湿度为 5%～95%时不会风化失水，故将其保存在磨口玻璃瓶中即可，草酸固体状态比较稳定，但溶液状态的稳定性较差，空气能使 $H_2C_2O_4$ 慢慢氧化，光和 Mn^{2+} 能催化其氧化，因此，$H_2C_2O_4$ 溶液应置于暗处存放。

草酸是二元酸，K_{a1} 和 K_{a2} 相差不大，不能分步滴定，但两级解离的 H^+ 能一次被滴定。标定反应为：

$$2NaOH + H_2C_2O_4 = Na_2C_2O_4 + 2H_2O$$

反应产物为 $Na_2C_2O_4$，在水溶液中显微碱性，可选用酚酞作指示剂。

2. 标定酸的基准物质

(1) 无水碳酸钠（Na_2CO_3） 它易吸收空气中的水分，先将其置于 270～300℃ 干燥 1h，然后保存于干燥器中备用，其标定反应为：

$$Na_2CO_3 + 2HCl = 2NaCl + H_2O + CO_2$$

化学计量点时，为 H_2CO_3 饱和溶液，pH 为 3.9，以甲基橙作指示剂，应滴定到溶液呈橙色为终点，为使 H_2CO_3 的过饱和部分不断分解逸出，临近终点时应将溶液剧烈摇动或加热。

(2) 硼砂（$Na_2B_4O_7 \cdot 10H_2O$） 它易于制得纯品，吸湿性小，摩尔质量大，但由于含结晶水，当空气中相对湿度小于 39%时，有明显的风化而失水的现象，常保存在相对湿度为 60%的恒温器（下置饱和蔗糖和食盐溶液中）。其标定反应为：

$$Na_2B_4O_7 + 2HCl + 5H_2O = 2NaCl + 4H_3BO_3$$

产物为 H_3BO_3，其水溶液 pH 约为 5.1，可用甲基红作指示剂。

【仪器与试剂】

1. 仪器 容量瓶（100mL）、烧杯（100mL，250mL）、移液管（25mL）、锥形瓶（250mL）、酸式滴定管（50mL）、碱式滴定管（50mL）。

2. 试剂 邻苯二甲酸氢钾、无水 Na_2CO_3、HCl、NaOH、酚酞乙醇溶液（$2g \cdot L^{-1}$）、甲基橙（$1g \cdot L^{-1}$）。

【实验步骤】

1. NaOH 溶液浓度的标定

准确称取邻苯二甲酸氢钾 0.40～0.50g 于 250mL 锥形瓶中，加 20～30mL 水，温热使之溶解，冷却后加 1～2 滴酚酞，用 $0.10mol \cdot L^{-1}$ NaOH 溶液滴定至溶液呈微红色，半分钟不褪色，即终点。平行标定三份。

2. HCl 溶液浓度的标定

准确称取 0.10～0.12g 无水 Na_2CO_3（或准确称取 0.40～0.50g 无水 Na_2CO_3 于 100mL 烧杯中，溶解后，在容量瓶中配成 100mL，用移液管取 25.00mL），置于 250mL 锥形瓶中，加入 1～2 滴甲基橙，用 HCl 标准溶液滴定至溶液由黄色变为橙色，即为终点。平行标定三份，要求相对平均偏差不大于 0.3%。

【数据处理与结论】

1. 计算 NaOH 标准溶液浓度 c_{NaOH} 及其相对平均偏差。
2. 计算 HCl 标准溶液的浓度 c_{HCl} 及其相对平均偏差。

【注意事项】

在 CO_2 存在下终点变色不够敏锐,因此,在接近滴定终点之前,最好把溶液加热至沸,并摇动以赶走 CO_2,冷却后再滴定。

【思考题】

1. 如何计算称取基准物邻苯二甲酸氢钾或 Na_2CO_3 的质量范围?称得太多或太少对标定有何影响?
2. 溶解基准物时加入 20~30mL 水,是用量筒量取还是用移液管移取?为什么?
3. 如果基准物未烘干,将使标准溶液的标定结果偏高还是偏低?
4. 以酚酞作指示剂,用已标定的 NaOH 标准溶液滴定 HCl 溶液,若 NaOH 溶液因储存不当吸收了 CO_2,对测定结果有何影响?

实验三十九　食用白醋中总酸度的测定

【实验目的】

1. 了解酸碱滴定法中强碱滴定弱酸的反应原理。
2. 掌握食用白醋总酸度测定的原理和方法。
3. 掌握 NaOH 标准溶液浓度的标定方法。
4. 熟悉酸碱指示剂的选用方法。
5. 掌握吸量管的使用操作技术。

【实验原理】

在日常的质量检验中,需要测定弱酸含量的分析任务比较多,例如食用白醋中酸度测定就是利用 NaOH 滴定该商品中乙酸的含量。乙酸是弱酸,若想采用酸碱滴定法(强碱滴定弱酸)测定乙酸的含量,则乙酸必须符合弱酸的滴定条件,即 $c_{sp}K_a \geq 10^{-8}$。由于反应产物为强碱弱酸盐,滴定突跃在弱碱性范围内,因酚酞的变色范围为 pH=8.0~9.6,故常选用酚酞作指示剂,滴定终点时溶液由无色变为浅粉红色。然后根据已标定的 NaOH 标准溶液的浓度,以及滴定时消耗的 NaOH 标准溶液的体积,即可求出乙酸的含量。

【仪器与试剂】

1. 仪器　烧杯(250mL)、吸量管(5mL)、锥形瓶(250mL)、碱式滴定管(50mL)。
2. 试剂　NaOH、酚酞指示剂、邻苯二甲酸氢钾。

【实验步骤】

1. NaOH 标准溶液配制及标定(见实验三十八)。
2. 食用白醋总酸度的测定

准确吸取适量的食用白醋于 250mL 锥形瓶中,加入约 20mL 蒸馏水,再加酚酞指示剂 1~2 滴,用 NaOH 标准溶液滴定至溶液呈微红色,且 30s 内不褪色,即为滴定终点,记下碱式滴定管滴定前后的体积读数。平行测定三次。

【数据处理与结论】

1. 计算 NaOH 标准溶液浓度 c_{NaOH}。
2. 计算食用白醋中 HAc 的质量浓度,以 $g \cdot L^{-1}$ 表示,并对测定结果进行分析。

【注意事项】

1. 一般来讲,当弱酸溶液的浓度 c 和弱酸的解离常数 K_a 的乘积,即 $cK_a \geq 10^{-8}$ 时,可出现≥0.3pH单位的滴定突跃，这时人眼能够辨别指示剂颜色的改变，滴定就可以直接进行。而终点误差也在允许的±0.1%范围内。

2. 把化学计量点前后，±0.1%范围内pH的急剧变化称为"滴定突跃"。在酸碱滴定中，如果用指示剂指示滴定终点，则应根据化学计量点附近的滴定突跃范围大小来选择指示剂，使指示剂的变色范围处于或部分处于化学计量点附近的滴定突跃范围内。

【思考题】

1. 如果已标定的NaOH标准溶液吸收了空气中的CO_2，对食用白醋总酸度的测定有何影响？为什么？
2. 本实验中为什么选用酚酞作指示剂？其选择原则是什么？用甲基橙或中性红是否可以？试说明理由。
3. 强酸滴定弱碱的滴定曲线与强碱滴定弱酸的曲线相比，有无区别？并说明。

实验四十　混合碱的分析（双指示剂法）

【实验目的】

1. 掌握双指示剂法测定混合碱中碳酸氢钠和碳酸钠含量的原理和方法。
2. 进一步掌握容量瓶、移液管的使用操作技术。

【实验原理】

混合碱是Na_2CO_3与NaOH或Na_2CO_3与$NaHCO_3$的混合物，可采用双指示剂法进行分析，测定各组分的含量。

在混合碱的试液中加入酚酞指示剂，用HCl标准溶液滴定至溶液呈微红色。此时试液中所含NaOH完全被中和，Na_2CO_3也被滴定成$NaHCO_3$，反应如下：

$$NaOH + HCl = NaCl + H_2O$$
$$Na_2CO_3 + HCl = NaCl + NaHCO_3$$

设滴定体积V_1(mL)。再加入甲基橙指示剂，继续用HCl标准溶液滴定至溶液由黄色变为橙色即为终点。此时$NaHCO_3$被中和成H_2CO_3，反应为：

$$NaHCO_3 + HCl = NaCl + H_2O + CO_2$$

设消耗HCl标准溶液的体积V_2(mL)。根据V_1和V_2可以判断出混合碱的组成。

设试液的体积为V(mL)。

当$V_1 > V_2$时，试液为NaOH和Na_2CO_3的混合物，NaOH和Na_2CO_3的含量（以质量浓度ρ/g·L^{-1}表示）可由下式计算：

$$\rho_{NaOH} = \frac{(V_1 - V_2) c_{HCl} M_{NaOH}}{V}$$

$$\rho_{Na_2CO_3} = \frac{2V_2 c_{HCl} M_{Na_2CO_3}}{2V}$$

当$V_1 < V_2$时，试液为Na_2CO_3和$NaHCO_3$的混合物，$NaHCO_3$和Na_2CO_3的含量（以质量浓度ρ/g·L^{-1}表示）可由下式计算：

$$\rho_{NaHCO_3} = \frac{(V_2 - V_1) c_{HCl} M_{NaHCO_3}}{V}$$

$$\rho_{Na_2CO_3} = \frac{2V_1 c_{HCl} M_{Na_2CO_3}}{2V}$$

【仪器与试剂】

1. 仪器　容量瓶（100mL）、烧杯（100mL）、移液管（25mL）、锥形瓶（250mL）、酸式滴定管（50mL）。

2. 试剂　HCl、甲基橙（1g·L^{-1}）、酚酞乙醇溶液（2g·L^{-1}）。

【实验步骤】

1. HCl 标准溶液的配制与标定（见实验三十八）。

2. 混合碱的测定

用移液管移取 25.00mL 混合碱试液于 250mL 锥形瓶中，加 2～3 滴酚酞指示剂，以 0.10mol·L^{-1} HCl 标准溶液滴定至溶液由红色变为微红色，为第一终点，记下 HCl 标准溶液的体积 V_1，再加入 2 滴甲基橙，继续用 HCl 标准溶液滴定至溶液由黄色恰变橙色，为第二终点，记下 HCl 标准溶液的体积 V_2。平行测定三次，根据 V_1、V_2 的大小判断混合物的组成，计算各组分的含量。要求相对平均偏差不大于 0.3%。

【数据处理与结论】

1. 计算 HCl 标准溶液的浓度 c_{HCl}。

2. 计算混合碱各组分的质量浓度 ρ。

【注意事项】

1. 混合碱由 NaOH 和 Na_2CO_3 组成时，酚酞指示剂可适当多加几滴，否则常因滴定不完全使 NaOH 的测定结果偏低，Na_2CO_3 的测定结果偏高。

2. 最好用浓度相当的 $NaHCO_3$ 酚酞溶液作对照。在达到第一终点前，不要因为滴定速度过快，造成溶液中 HCl 局部过浓，引起 CO_2 的损失，带来较大的误差，滴定速度亦不能太慢，摇动要均匀。

3. 近终点时，一定要充分摇动，以防形成 CO_2 的过饱和溶液而使终点提前到达。

【思考题】

1. 用双指示剂法测定混合碱组成的方法原理是什么？

2. 采用双指示剂法测定混合碱，试判断下列五种情况下混合碱的组成？

(1) $V_1 = 0$，$V_2 > 0$

(2) $V_1 > 0$，$V_2 = 0$

(3) $V_1 > V_2$

(4) $V_1 < V_2$

(5) $V_1 = V_2$

实验四十一　EDTA 标准溶液的配制及标定

【实验目的】

1. 掌握 EDTA 标准溶液的配制方法。

2. 掌握 EDTA 标准溶液浓度标定的原理和方法。

【实验原理】

乙二胺四乙酸简称 EDTA，常用 H_4Y 表示，是一种氨羧络合剂，能与大多数金属离子形成稳定的 1:1 型螯合物，但溶解度较小，22℃在 100mL 水中仅溶解 0.02g，通常使用其二钠盐配制络合滴定法的标准溶液。乙二胺四乙酸二钠盐（$Na_2H_2Y \cdot 2H_2Y$）也简称为 EDTA，22℃在 100mL 水中可溶解 11.1g，约 $0.3mol \cdot L^{-1}$，其溶液 pH 约为 4.4。

市售的 EDTA 含水 0.3%～0.5%，且含有少量杂质，制成纯晶手续繁复；加之水和其它试剂中含有金属离子，故采用间接配制法配制 EDTA 标准溶液。

标定 EDTA 溶液常采用金属 Zn、Cu、Pb、Bi 等，金属氧化物 ZnO、Bi_2Y_3 等及盐类 $CaCO_3$、$MgSO_4 \cdot 7H_2O$、$Zn(Ac)_2 \cdot 3H_2O$ 等为基准物质。通常选用其中与被测物组分相同的物质作基准物，使标定条件与测定条件尽量一致，可减少方法误差。如测定水的硬度及石灰石中 CaO、MgO 含量时宜用 $CaCO_3$ 或 $MgSO_4 \cdot 7H_2O$ 作基准物。络合滴定中所用纯水应不含 Fe^{3+}、Al^{3+}、Cu^{2+}、Ca^{2+}、Mg^{2+} 等杂质离子，通常采用去离子水或二次蒸馏水。

EDTA 溶液应当储存在聚乙烯瓶或硬质玻璃瓶中，若储存于软质玻璃瓶中，会不断溶解玻璃瓶中的 Ca^{2+} 形成 CaY^{2-}，使 EDTA 浓度不断降低。

用 $CaCO_3$ 标定 EDTA 时，通常选用钙指示剂指示终点，用 NaOH 控制溶液 pH 为 12～13，其变色原理如下：

滴定前　　　　　　　　Ca + In(蓝色) ══ CaIn(红色)
滴定中　　　　　　　　Ca + Y ══ CaY
终点时　　　　　　　　CaIn(红色) + Y ══ CaY + In(蓝色)

用 Zn 标定 EDTA 时，选用二甲酚橙（XO）作指示剂，以盐酸-六亚甲基四胺控制溶液 pH 为 5～6。其终点反应式为：

Zn-XO（紫红色）+ Y ══ ZnY + XO（黄色）

【仪器与试剂】

1. 仪器　容量瓶（100mL）、烧杯（100mL）、移液管（25mL）、锥形瓶（250mL）、酸式滴定管（50mL）。

2. 试剂　$Na_2H_2Y \cdot 2H_2O$（s）、$CaCO_3$（优级纯）、HCl 溶液（$6mol \cdot L^{-1}$）、钙指示剂（1g 钙指示剂与 100g NaCl 混合磨匀）、K-B 指示剂（称取 0.2g 酸性铬蓝 K 和 0.4g 萘酚绿 B 于烧杯中，加水溶解后，稀释至 100mL）、氨性缓冲溶液（pH=10）、三乙醇胺（1+2）、NaOH（$40g \cdot L^{-1}$）、$ZnSO_4 \cdot 7H_2O$（优级纯）或金属锌（$w > 99.9\%$）、六亚甲基四胺（$200g \cdot L^{-1}$）、二甲酚橙（$2g \cdot L^{-1}$）。

【实验步骤】

1. $0.020mol \cdot L^{-1}$ EDTA 溶液的配制

称取 4.0g $Na_2H_2Y \cdot 2H_2O$（乙二胺四乙酸二钠）于 500mL 烧杯中，加 200mL 水，温热使其溶解完全，转入至聚乙烯瓶中，用水稀释至 500mL，摇匀。

2. 以 $CaCO_3$ 为基准物标定 EDTA

(1) 配制 $0.020mol \cdot L^{-1}$ 钙标准溶液　准确称取 120℃干燥过的 $CaCO_3$ 0.15～0.20g 一份于 100mL 烧杯中，用少量水润湿，盖上表面皿，慢慢滴加 $6mol \cdot L^{-1}$ HCl 溶液 2～3mL 使其完全溶解，加少量水稀释，定量转移至 100mL 容量瓶中，用水稀释至刻度，摇匀。

(2) EDTA 溶液浓度的标定。

方法一：移取 25.00mL 钙标准溶液置于 250mL 锥形瓶中，加 5mL $40g \cdot L^{-1}$ NaOH 溶

液及少量钙指示剂,摇匀后,用 EDTA 溶液滴定至溶液由酒红色恰变为纯蓝色,即为终点。平行标定三份,计算 EDTA 标准溶液的浓度。

方法二:移取 25.00mL 钙标准溶液置于 250mL 锥形瓶中,加 20mL 氨性缓冲溶液,再加 5mL 三乙醇胺、1~2 滴 K-B 指示剂,用 EDTA 标准溶液滴定至溶液由酒红色变为纯蓝色为终点。平行标定三份,计算 EDTA 标准溶液浓度。

3. 以金属 Zn 为基准物标定 EDTA

(1) 配制 0.020mol·L^{-1} Zn^{2+} 标准溶液　准确称取金属 Zn $0.12\sim0.15$g 于 100mL 烧杯中,加入 6mol·L^{-1} HCl 2~3mL,盖上表面皿,待其完全溶解后,吹洗表面皿和烧杯内壁,将溶液定量转移至 100mL 容量瓶中,用水稀释至刻度,摇匀。

(2) EDTA 溶液浓度的标定　移取 25.00mL Zn^{2+} 标准溶液置于 250mL 锥形瓶中,加 2 滴二甲酚橙,滴加 200g·L^{-1} 六亚甲基四胺至溶液呈稳定的紫红色,再过量加 5mL 后,用 EDTA 溶液滴定至溶液由紫红色恰变为亮黄色为终点。平行标定三份,计算 EDTA 溶液的浓度。

【数据处理与结论】

计算 EDTA 标准溶液的浓度 c_{EDTA}。

【思考题】

1. 络合滴定中为什么加入缓冲溶液?
2. 用 $CaCO_3$ 为基准物,以钙指示剂为指示剂标定 EDTA 浓度时,应控制溶液的酸度为多大?为什么?如何控制?
3. 计算以二甲酚橙为指示剂,用 Zn^{2+} 标定 EDTA 浓度的实验中,溶液的 pH 为多少?
4. 络合滴定法与酸碱滴定法相比,有哪些不同点?操作中应注意哪些问题?

实验四十二　水总硬度的测定

【实验目的】

掌握水总硬度的测定原理和方法。

【实验原理】

通常称含较多量 Ca^{2+}、Mg^{2+} 的水为硬水,水的总硬度是指水中 Ca^{2+}、Mg^{2+} 的总量,它包括暂时硬度和永久硬度。水中 Ca^{2+}、Mg^{2+} 以酸式碳酸盐形式存在的称为暂时硬度;若以硫酸盐、硝酸盐和氯化物形式存在的称为永久硬度。

水硬度是表示水质的一个重要指标,是指水中含钙盐和镁盐的量。水硬度的表示方法是以钙、镁离子总量折合成 $CaCO_3$ 或 CaO 的量表示。常用 $CaCO_3$(mg·L^{-1})或 $CaCO_3$(mmol·L^{-1})表示。计算公式:

$$\text{总硬度} = \frac{c_{EDTA} V_{EDTA} M_{CaCO_3}}{V_s} \times 1000$$

或

$$\text{总硬度} = \frac{c_{EDTA} V_{EDTA}}{V_s} \times 1000$$

硬度又分钙硬度和镁硬度,钙硬度是由 Ca^{2+} 引起的,镁硬度是由 Mg^{2+} 引起的。因此,水硬度即水中钙、镁总量的测定,为确定用水质量和进行水的处理提供依据。

水的总硬度测定一般采用络合滴定法，在 pH＝10 的氨性缓冲溶液中，以铬黑 T（EBT）为指示剂，用 EDTA 标准溶液直接测定 Ca^{2+}、Mg^{2+} 总量。由于 $K_{CaY}>K_{MgY}>K_{Mg\text{-}EBT}>K_{Ca\text{-}EBT}$，铬黑 T 先与部分 Mg 络合为 Mg-EBT（酒红色）。当 EDTA 滴入时，EDTA 与 Ca^{2+}、Mg^{2+} 络合，终点时 EDTA 夺取 Mg-EBT 中的 Mg^{2+}，将 EBT 置换出来，溶液由酒红色转为纯蓝色。测定水中钙硬时，另取等量水样加 NaOH 调节溶液 pH 为 12～13，使 Mg^{2+} 生成 $Mg(OH)_2$ 沉淀，加入钙指示剂用 EDTA 滴定，测定水中 Ca^{2+} 含量。已知 Ca^{2+}、Mg^{2+} 的总量及 Ca^{2+} 的含量，即可算出水中 Mg^{2+} 的含量即镁硬度。

滴定时，Fe^{3+}、Al^{3+} 的干扰可用三乙醇胺掩蔽，Cu^{2+}、Pb^{2+}、Zn^{2+} 等金属离子可用 KCN、Na_2S 予以掩蔽。

【仪器与试剂】

1. 仪器 容量瓶（100mL）、烧杯（100mL）、移液管（25mL）、锥形瓶（250mL）、酸式滴定管（50mL）。

2. 试剂 $Na_2H_2Y\cdot 2H_2O$（s）、铬黑 T 指示剂（$5g\cdot L^{-1}$，称取 0.5g 铬黑 T，加入 20mL 三乙醇胺，用水稀释至 100mL）、K-B 指示剂、氨性缓冲溶液（pH＝10）、三乙醇胺（1＋2）、NaOH（$40g\cdot L^{-1}$）。

【实验步骤】

1. EDTA 标准溶液的配制与标定（见实验四十一）

2. 总硬度的测定

用移液管取适量水样 V(mL) 于 250mL 锥形瓶中，加 10mL 氨性缓冲溶液，再加 5mL 三乙醇胺、3～4 滴铬黑 T 或 1～2 滴 K-B 指示剂，用 EDTA 标准溶液滴定至溶液由酒红色变为纯蓝色为终点。记取 EDTA 耗用的体积为 V_1(mL)。平行测定三份。计算水的总硬度。

3. 钙硬度的测定

移取与步骤 2 等量水样于 250mL 锥形瓶中，加入 5mL $40g\cdot L^{-1}$ NaOH，再加少许钙指示剂，用 EDTA 标准溶液滴定至溶液由酒红色变为纯蓝色为终点。记取 EDTA 耗用的体积为 V_2(mL)，平行测定三份。

按下式分别计算水中 Ca^{2+}、Mg^{2+} 的含量（以 $mg\cdot L^{-1}$ 表示），要求结果的相对平均偏差不大于 0.3％。

$$\rho_{Ca^{2+}}=\frac{(c\overline{V_2})_{EDTA}M_{Ca}}{V_{水}}\times 1000$$

$$\rho_{Mg^{2+}}=\frac{c(\overline{V_1}-\overline{V_2})_{EDTA}M_{Mg}}{V_{水}}\times 1000$$

【数据处理与结论】

1. 计算 EDTA 标准溶液的浓度 c_{EDTA}。
2. 计算水的总硬度、钙硬度和镁硬度。

【注意事项】

1. 铬黑 T 与 Mg^{2+} 显色的灵敏度高，与 Ca^{2+} 显色的灵敏度低，当水样中钙含量很高而镁含量很低时，往往得不到敏锐的终点。可在水样中加入少许 Mg-EDTA，利用置换滴定法的原理提高终点变色的敏锐性，或者改用 K-B 指示剂。

2. 若水样中含锰量超过 $1mg\cdot L^{-1}$，在碱性溶液中易氧化成高价，使指示剂变为灰白或浑浊的玫瑰色。可在水样中加入 0.5~2mL 10g·L^{-1} 盐酸羟胺，还原高价锰，以消除干扰。

3. 使用三乙醇胺掩蔽 Fe^{3+}、Al^{3+}，须在 pH<4 下加入，摇动后再调节 pH 至滴定酸度。实验只提供三乙醇胺溶液，所测水样是否需要加入三乙醇胺，应由实验决定。若水样含铁量超过 10mg·L^{-1} 时，掩蔽有困难，需要用纯水稀释到含 Fe^{3+} 不超过 7 mg·L^{-1}。

4. 如水样为自来水，通常取 100mL，如人工配制水样通常取 20.00mL。

5. 滴定时因反应速率较慢，在接近终点时，标准溶液慢慢加入，并充分摇动；因氨性溶液中，当 $Ca(HCO_3)_2$ 含量高时，可慢慢析出 $CaCO_3$ 沉淀使终点拖后，不敏锐。这时可于滴定前将溶液酸化，即加入 1~2 滴 6mol·L^{-1} HCl，煮沸溶液以除去 CO_2。但 HCl 不宜多加，否则影响滴定时溶液的 pH。

【思考题】

1. 什么叫水的总硬度？怎样计算水的总硬度？

2. 为什么滴定 Ca^{2+}、Mg^{2+} 总量时要控制 pH≈10，而滴定 Ca^{2+} 分量时要控制 pH 为 12~13？若 pH>13 时，测定 Ca^{2+} 对结果有何影响？

3. 如果只有铬黑指示剂，能否测定 Ca^{2+} 的含量？如何测定？

实验四十三　铅铋混合液中铅铋的连续配位滴定

【实验目的】

1. 掌握用金属锌标定 EDTA 溶液浓度的方法。
2. 了解在络合滴定中利用控制酸度的办法进行金属离子连续滴定的原理。
3. 了解络合滴定中缓冲溶液的作用。
4. 掌握二甲酚橙指示剂的使用条件及性质。

【实验原理】

Bi^{3+}、Pb^{2+} 均能和 EDTA 形成稳定的 1:1 配合物。$\lg K$ 值分别为 27.94 和 18.04。由于两者稳定性相差很大，$\Delta pK=9.9>6$，故可采用控制不同酸度的方法在一份试液中连续进行滴定 Bi^{3+} 和 Pb^{2+}。在测定中，均以二甲酚橙 (XO) 作指示剂，XO 在 pH<6 时呈黄色，在 pH>6.3 时呈红色；而它与 Bi^{3+}、Pb^{2+} 所形成的配合物呈紫红色，它们的稳定性与 Bi^{3+}、Pb^{2+} 和 EDTA 所形成的配合物相比要低；而 $K_{Bi-XO}>K_{Pb-XO}$。

在 Bi^{3+}、Pb^{2+} 混合溶液中，首先调节溶液的 pH=1，以二甲酚橙为指示剂，用 EDTA 标准溶液滴定至溶液由紫红色变为亮黄色，即达到 Bi^{3+} 的滴定终点，而 Pb^{2+} 则不被滴定，在滴定 Bi^{3+} 后的溶液中，加入六亚甲基四胺溶液，调节溶液 pH 为 5~6，这时 Pb^{2+} 与二甲酚橙形成紫红色配合物，溶液再次呈现紫红色，然后用 EDTA 标准溶液继续滴定至溶液由紫红色变为亮黄色，即为 Pb^{2+} 的滴定终点。

【仪器与试剂】

1. 仪器　容量瓶 (100mL)、烧杯 (100mL, 250mL)、移液管 (25mL)、锥形瓶 (250mL)、酸式滴定管 (50mL)、量筒 (10mL、50mL、100mL)。

2. 试剂　$Na_2H_2Y·2H_2O(s)$，二甲酚橙 (2g·L^{-1})，六亚甲基四胺溶液 (200g·L^{-1})，金属锌片 ($w>99.9\%$)，HCl (6mol·L^{-1})，HNO_3 (0.10mol·L^{-1})，Bi^{3+}、Pb^{2+} 混合液 (含 Bi^{3+}、Pb^{2+} 各约为 0.010mol·L^{-1}，含 HNO_3 0.15mol·L^{-1})。

【实验步骤】

1. 0.02mol·L^{-1}EDTA 标准溶液的配制与标定（见实验四十一）。

2. 试液中铅铋的测定

准确移取 25.00mL Bi^{3+}、Pb^{2+} 混合溶液三份，分别置于 250mL 锥形瓶中（如果样品为铅铋合金，可准确称取试样 0.15~0.18g，加 2mol·L^{-1} HNO$_3$ 10mL，微热溶解后，稀释至 100mL，此时 pH=1），加入 10mL 0.10mol·L^{-1} HNO$_3$，加 1~2 滴二甲酚橙指示剂，用 EDTA 标准溶液滴定至溶液由紫红色突变为亮黄色，即为终点，记下消耗 EDTA 标准溶液的体积 V_1(mL)；然后加入 200g·L^{-1} 六亚甲基四胺溶液，至溶液呈稳定紫红色后，再过量滴加 5mL，此时溶液的 pH 为 5~6，继续用 EDTA 标准溶液滴定至溶液由紫红色变为亮黄色，即为终点，记下消耗 EDTA 标准溶液的体积 V_2(mL)。平行测定三份。

【数据处理与结论】

1. 计算 EDTA 标准溶液的浓度 c_{EDTA}。
2. 计算混合液中 Bi^{3+}、Pb^{2+} 的质量浓度（g·L^{-1}）（若为固体样品，则计算含量）。

【注意事项】

Bi^{3+} 易水解，开始配制混合试液时，所含 HNO$_3$ 浓度较高，临使用前加水稀释至约为 0.15mol·L^{-1}。

【思考题】

1. 用纯锌标定 EDTA 溶液时，为什么要加入六亚甲基四胺溶液？
2. 本实验中，能否先在 pH=5~6 的溶液中滴定 Pb^{2+}，然后再调节溶液的 pH=1 来滴定 Bi^{3+}？
3. Bi^{3+}、Pb^{2+} 连续滴定时，为什么用二甲酚橙指示剂？用铬黑 T 指示剂可以吗？

实验四十四　铝盐中铝含量的测定

【实验目的】

1. 掌握 EDTA 标准溶液的配制及浓度标定的原理和方法。
2. 掌握铝盐中铝含量的测定原理和方法。

【实验原理】

在滴定 Al^{3+} 的最高酸度（pH≈4.1）下，Al^{3+} 也会水解生成一系列多核羟基配合物，它们与 EDTA 的反应缓慢，络合比不恒定，而 Al^{3+} 又封闭二甲酚橙指示剂。但在较高酸度下，Al^{3+} 与过量的 EDTA 在煮沸下基本反应完全，因此采用返滴定法或置换滴定法测定 Al^{3+}。

采用返滴定法测定时，先调节溶液 pH 约为 4，加入过量的 EDTA 煮沸，使 Al^{3+} 与 EDTA 络合，冷却后再调节溶液 pH 为 5~6，以二甲酚橙为指示剂，用 Zn^{2+} 标准溶液滴定过量的 EDTA，即可求得 Al^{3+} 的含量。但返滴定法选择性不高，所有与 EDTA 形成稳定配合物的金属离子都干扰测定，因此，仅适用于简单试样中 Al^{3+} 的测定；对于复杂试样中铝的测定，还须在返滴定法的基础上，再结合置换滴定法测定。即利用 F$^-$ 与 Al^{3+} 生成更稳定的 AlF$_6^{3-}$ 的性质，加入 NH$_4$F 以置换出与 Al^{3+} 等量络合的 EDTA，再用 Zn^{2+} 标准溶液滴定之，从而精确计算 Al^{3+} 的含量。置换滴定法测定 Al^{3+} 时，Ti^{4+}、Zr^{4+}、Sn^{4+} 发生与 Al^{3+} 相同的置换反应而干扰 Al^{3+} 的测定，这时就要加入络合掩蔽剂将它们掩蔽，例如用苦杏仁酸掩蔽 Ti^{4+} 等。

【仪器与试剂】

1. 仪器　容量瓶（100mL，250mL）、烧杯（100mL，250mL）、移液管（25mL）、锥形瓶（250mL）、酸式滴定管（50mL）、量筒（10mL，50mL，100mL）、塑料烧杯（50mL）。

2. 试剂　NaOH（200g·L^{-1}）、HCl（6mol·L^{-1}、3mol·L^{-1}）、Na$_2$H$_2$Y·2H$_2$O（s）、金属 Zn、NH$_3$·H$_2$O（1+1）、六亚甲基四胺（200g·L^{-1}）、二甲酚橙（2g·L^{-1}）、NH$_4$F（200g·L^{-1}，储于塑料瓶中）。

【实验步骤】

1. EDTA 标准溶液的配制与标定（见实验四十一）。

2. 试样的溶解

准确称取适量的铝盐试样于 50mL 塑料烧杯中，加入 10mL 200g·L^{-1} NaOH，在沸水浴上使其溶解完全。稍冷后加 6mol·L^{-1} HCl 至有絮状沉淀产生，再多加 10mL 6mol·L^{-1} HCl 至沉淀溶解，将其定量转移至 250mL 容量瓶中，用水稀释至刻度，摇匀。

3. 试液中铝的测定

移取铝盐试液 25.00mL 于 250mL 锥形瓶中，加入 30mL 0.020mol·L^{-1} EDTA 标准溶液、2 滴二甲酚橙，此时溶液呈黄色，滴加 NH$_3$·H$_2$O 至溶液呈紫红色，再滴加 3mol·L^{-1} HCl 使溶液呈黄色，并过量 3 滴。煮沸 3min 冷却。加入 20mL 六亚甲基四胺，此时溶液应为黄色，如果溶液呈红色，还须滴加 3mol·L^{-1} HCl，使其变黄。用 Zn^{2+} 标准溶液滴定，当溶液由黄色变为紫红色停止滴定，不计体积。再加入 10mL 200g·L^{-1} NH$_4$F，加热至微沸，取下冷至室温，再补加 2 滴二甲酚橙，此时溶液应为黄色。若为红色，应滴加 3mol·L^{-1} HCl 使溶液呈黄色。再用 Zn 标准溶液滴定，当溶液由黄色变为紫红色时，即为终点。平行测定三次。

【数据处理与结论】

根据耗用的 Zn^{2+} 标准溶液体积，计算试样中 Al 的质量分数。

【注意事项】

1. 将含有六亚甲基四胺的溶液加热时，由于六亚甲基四胺的部分水解，而使溶液 pH 升高，致使二甲酚橙显红色，此时应补加 HCl 使溶液呈黄色后，再进行滴定：

$$(CH_2)_6N_4 + 6H_2O \Longrightarrow 6HCHO + 4NH_3$$

2. 由于 NH$_4$F 会腐蚀玻璃，实验完毕应尽快弃去废液，清洗仪器。

【思考题】

1. 为什么测定简单试样中的 Al^{3+} 用返滴定法，而测定复杂试样中的 Al^{3+} 则须采用置换滴定法？

2. 用返滴定法测定简单试样中的 Al^{3+} 时，所加入过量 EDTA 溶液的浓度是否必须准确？为什么？

3. 本实验中的 EDTA 溶液是否要标定？

4. 为什么加入过量的 EDTA 后，第一次用 Zn^{2+} 标准溶液滴定时，可以不计所消耗的体积？但此时是否须准确滴定溶液由黄色变成紫红色？为什么？

实验四十五　高锰酸钾标准溶液的配制和标定

【实验目的】

掌握 KMnO$_4$ 标准溶液的配制及浓度标定的原理和方法。

【实验原理】

市售的 $KMnO_4$ 试剂常含有少量 MnO_2 和其它杂质，如硫酸盐、氯化物及硝酸盐等；另外，蒸馏水中常含有少量的有机物质，能使 $KMnO_4$ 还原，且还原产物能促进 $KMnO_4$ 自身分解，分解方程式如下：

$$4MnO_4^- + 2H_2O = 4MnO_2 + 3O_2\uparrow + 4OH^-$$

见光时分解更快。因此，$KMnO_4$ 的浓度容易改变，不能用直接法配制准确浓度的高锰酸钾标准溶液，必须正确地配制和保存，如果长期使用，必须定期进行标定。

标定 $KMnO_4$ 的基准物质较多，有 As_2O_3、$H_2C_2O_4 \cdot 2H_2O$、$Na_2C_2O_4$ 和纯铁丝等。其中以 $Na_2C_2O_4$ 最常用，$Na_2C_2O_4$ 不含结晶水，不宜吸湿，宜纯制，性质稳定。用 $Na_2C_2O_4$ 标定 $KMnO_4$ 的反应为：

$$2MnO_4^- + 5C_2O_4^{2-} + 16H^+ = 2Mn^{2+} + 10CO_2\uparrow + 8H_2O$$

滴定时利用 MnO_4^- 本身的紫红色指示终点，称为自身指示剂。

【仪器与试剂】

1. 仪器　容量瓶（100mL）、烧杯（100mL）、移液管（25mL）、锥形瓶（250mL）、酸式滴定管（50mL）。

2. 试剂　$KMnO_4(s)$、$Na_2C_2O_4(s)$、$H_2SO_4(3mol \cdot L^{-1})$。

【实验步骤】

1. 配制 $0.020mol \cdot L^{-1} KMnO_4$ 溶液

称取 1.6g $KMnO_4$ 溶于 500mL 水中，盖上表面皿，加热至沸并保持微沸状态数分钟，冷却后，上层清液储于清洁带塞的棕色瓶中。

2. $KMnO_4$ 溶液的标定

准确称取 0.13～0.16g 基准物质 $Na_2C_2O_4$ 置于 250mL 锥形瓶中，加 40mL 水、10mL $3mol \cdot L^{-1} H_2SO_4$，加热至 70～80℃（即开始冒蒸汽时的温度），趁热用 $KMnO_4$ 溶液进行滴定。由于开始时滴定反应速率较慢，滴定的速度也要慢，一定要等前一滴 $KMnO_4$ 的红色完全褪去再滴入下一滴。随着滴定的进行，溶液中产物即催化剂 Mn^{2+} 的浓度不断增大，反应速率加快，滴定的速度也可适当加快，此为自身催化作用。直至滴定的溶液呈微红色，半分钟不褪色即为终点。注意终点时溶液的温度应保持在 60℃以上。平行标定三份。

【数据处理与结论】

计算 $KMnO_4$ 标准溶液的浓度。

【注意事项】

1. 在室温条件下，$KMnO_4$ 与 $C_2O_4^{2-}$ 之间的反应速率缓慢，故加热提高反应速率。但温度又不能太高，如温度超过 85℃，则有部分 $H_2C_2O_4$ 分解，反应式如下：

$$H_2C_2O_4 = CO_2\uparrow + CO\uparrow + H_2O$$

2. $KMnO_4$ 颜色较深，液面的弯月面下沿不易看出，读数时应以液面的上沿最高线为准。

3. 若滴定速度过快，部分 $KMnO_4$ 将来不及与 $Na_2C_2O_4$ 反应而在热的酸性溶液中按下式分解：

$$4MnO_4^- + 4H^+ = 4MnO_2 + 3O_2\uparrow + 2H_2O$$

4. $KMnO_4$ 滴定终点不太稳定，这是由于空气中含有还原性气体及尘埃等杂质，能使 $KMnO_4$ 缓慢分解，而使微红色消失，故经过半分钟不褪色即可认为已达到终点。

【思考题】

1. 配制 $KMnO_4$ 标准溶液时,为什么要将 $KMnO_4$ 溶液煮沸一定时间并放置数天?配好的 $KMnO_4$ 溶液为什么要过滤后才能保存?过滤时是否可以用滤纸?

2. 配制好 $KMnO_4$ 溶液为什么要盛放在棕色瓶中保存?如果没有棕色瓶怎么办?

3. 在滴定时,$KMnO_4$ 溶液为什么要放在酸式滴定管中?

4. 用 $Na_2C_2O_4$ 标定 $KMnO_4$ 时,为什么必须在 H_2SO_4 介质中进行?可以用 HNO_3 或 HCl 调节酸度吗?为什么要加热到 70~80℃?溶液温度过高或过低有何影响?

5. 标定 $KMnO_4$ 溶液时,为什么第一滴 $KMnO_4$ 加入后溶液的红色褪去很慢,而以后红色褪去越来越快?

实验四十六 高锰酸钾法测定过氧化氢的含量

【实验目的】

掌握高锰酸钾法测定过氧化氢含量的原理和方法。

【实验原理】

过氧化氢具有还原性,在酸性介质和室温条件下能被高锰酸钾定量氧化,其反应方程式为:

$$2MnO_4^- + 5H_2O_2 + 6H^+ = 2Mn^{2+} + 5O_2\uparrow + 8H_2O$$

室温时,开始反应缓慢,随着 Mn^{2+} 的生成而加速。H_2O_2 加热时易分解,因此,滴定时通常加入 Mn^{2+} 作催化剂。

【仪器与试剂】

1. 仪器 容量瓶(100mL)、烧杯(100mL)、移液管(25mL,2mL)、锥形瓶(250mL)、酸式滴定管(50mL)。

2. 试剂 $KMnO_4$、H_2SO_4(3mol·L^{-1})、$MnSO_4$(1mol·L^{-1})。

【实验步骤】

1. $KMnO_4$ 标准溶液的配制与标定(见实验四十五)

2. 试样中过氧化氢的测定

用移液管移取 H_2O_2 试样溶液 2.00mL 置于 250mL 容量瓶中,加水稀释至刻度,充分摇匀。准确移取稀释过的 H_2O_2 溶液 25.00mL 于 250mL 锥形瓶中,加入 3mol·L^{-1} H_2SO_4 5mL,用 $KMnO_4$ 标准溶液滴定到溶液呈微红色,半分钟不褪即为终点。平行测定三次。

【数据处理与结论】

1. 计算 $KMnO_4$ 标准溶液的浓度。

2. 计算试样中 H_2O_2 的质量浓度(g·L^{-1})。

【注意事项】

H_2O_2 试样若是工业产品,用高锰酸钾法测定不合适,因为产品中常加有少量乙酰苯胺等有机化合物作稳定剂,滴定时也将被 $KMnO_4$ 氧化,引起误差。此时应采用碘量法或硫酸铈法进行测定。

【思考题】

1. 用高锰酸钾法测定 H_2O_2 时,能否用 HNO_3 或 HCl 来控制酸度?

2. 用高锰酸钾法测定 H_2O_2 时,为何不能通过加热来加速反应?

实验四十七　$SnCl_2$-$TiCl_3$-$K_2Cr_2O_7$ 法测定铁矿石中铁的含量

【实验目的】

1. 掌握重铬酸钾标准溶液的配制方法。
2. 初步掌握氧化还原预处理的原理、方法及操作。
3. 掌握重铬酸钾法测定铁含量的原理和方法（无汞法）。

【实验原理】

铁矿石的种类很多，具有炼铁价值的矿石主要有磁铁矿（Fe_3O_4）、赤铁矿（Fe_2O_3）和菱铁矿（$FeCO_3$）等。

矿样用 HCl 溶解后，首先在热浓的 HCl 溶液中用 $SnCl_2$ 将大部分 Fe(Ⅲ) 还原为 Fe(Ⅱ)，再用 $TiCl_3$ 还原剩余的 Fe(Ⅲ)，反应方程式为：

$$2Fe^{3+} + SnCl_2 + 4Cl^- = 2Fe^{2+} + [SnCl_6]^{2-}$$
$$Fe^{3+} + Ti^{3+} + H_2O = Fe^{2+} + TiO^{2+} + 2H^+$$

当全部 Fe(Ⅲ) 定量还原为 Fe(Ⅱ) 之后，稍过量的 $TiCl_3$ 即可使溶液中作为指示剂的 Na_2WO_4 由无色还原为蓝色的 W(Ⅴ)，俗称钨蓝。然后用少量的稀 $K_2Cr_2O_7$ 溶液将过量的钨蓝氧化，使蓝色恰好消失，从而指示预还原的终点。

定量还原 Fe(Ⅲ) 时，不能单独用 $SnCl_2$，因 $SnCl_2$ 不能还原 W(Ⅵ) 至 W(Ⅴ)，无法指示预还原的终点，因此无法准确控制其用量，而过量的 $SnCl_2$ 又没有适当的无汞法消除。但也不能单独用 $TiCl_3$ 还原 Fe(Ⅲ)，因在溶液中如果引入较多的钛盐，当用水稀释时，大量 Ti(Ⅳ) 易水解而生成沉淀，影响测定。故只能采用 $SnCl_2$-$TiCl_3$ 联合预还原法。

预处理后，在硫磷混酸介质中，以二苯胺磺酸钠为指示剂，用 $K_2Cr_2O_7$ 标准溶液滴定至溶液呈紫色，即达终点。

随着滴定的进行，Fe(Ⅲ) 的浓度越来越大，$[FeCl_4]^-$ 的黄色不利于终点的观察，可加入 H_3PO_4 与 Fe^{3+} 生成无色的 $Fe(HPO_4)_2^-$ 络离子而消除。同时，由于 $Fe(HPO_4)_2^-$ 的生成，降低了 Fe(Ⅲ)/Fe(Ⅱ) 电对的电位，使化学计量点附近的电位突跃范围增大，指示剂二苯胺磺酸钠的变色点落入突跃范围之内，提高了滴定的准确度。

$SnCl_2$-$TiCl_3$-$K_2Cr_2O_7$ 无汞法测铁避免了有汞法对环境的污染，目前已列为铁矿石分析的国家标准。

【仪器与试剂】

1. 仪器　容量瓶（250mL）、烧杯（100mL）、移液管（25mL）、锥形瓶（250mL）、酸式滴定管（50mL）、电热板。

2. 试剂　$K_2Cr_2O_7$(s)、HCl、$SnCl_2$(50g·L^{-1}，称取 5g $SnCl_2·2H_2O$ 溶于 100mL 6mol·L^{-1} HCl 中，使用前一天配制)、$TiCl_3$(15g·L^{-1}，取 100mL 150g·L^{-1} $TiCl_3$ 与 200mL 6mol·L^{-1} HCl 及 700mL 水混合，储于棕色瓶中)、硫磷混酸溶液(将 150mL 浓 H_2SO_4 缓缓加入 700mL 水中，冷却后再加入 150mL 浓 H_3PO_4)、Na_2WO_4(100g·L^{-1})、二苯胺磺酸钠(2g·L^{-1})。

【实验步骤】

1. 0.017mol·L^{-1} $K_2Cr_2O_7$ 标准溶液的配制

准确称取 1.2~1.3g $K_2Cr_2O_7$ 于 100mL 烧杯中,加适量水溶解后定量转入 250mL 容量瓶中,用水稀释至刻度,摇匀。计算其准确浓度。

2. 矿样的溶解

准确称取约 0.2g 铁矿石试样三份,分别置于 250mL 锥形瓶中,用少量水润湿,加入 10mL 浓 HCl,并滴加 8~10 滴 $SnCl_2$ 溶液助溶。盖上表面皿,在近沸的水中或在低温电热板上加热 20~30min,至残渣变为白色(SiO_2),此时溶液呈澄清的橙黄色,表明试样溶解完全。用少量水吹洗表面皿和锥形瓶内壁。

3. 预处理

趁热用滴管小心滴加 $SnCl_2$ 溶液还原 Fe^{3+},边滴边摇,直到溶液由棕黄色变为浅黄色,表明大部分 Fe(Ⅲ) 已被还原。加入 60mL 水和 4 滴 Na_2WO_4,加热。在摇动下逐滴加入 $TiCl_3$ 至溶液出现稳定浅蓝色。冲洗瓶壁,并用自来水冲洗锥形瓶外壁使溶液冷却至室温。小心滴加稀释 10 倍的 $K_2Cr_2O_7$ 溶液,至蓝色刚刚消失。

将试液加水稀释至 150mL,加入 15mL 硫磷混酸,再加入 5~6 滴二苯胺磺酸钠指示剂,立即用 $K_2Cr_2O_7$ 标准溶液滴定至溶液呈稳定的紫色,即为终点。

【数据处理与结论】

计算铁矿石中铁的质量分数。

【注意事项】

1. 用 $SnCl_2$ 还原 Fe^{3+} 时,溶液温度不能太低,否则反应速率慢,黄色褪去不易观察,易使 $SnCl_2$ 过量。
2. 用 $TiCl_3$ 还原 Fe^{3+} 时,溶液温度也不能太低,否则反应速率慢,易使 $TiCl_3$ 过量。
3. 由于二苯胺磺酸钠也要消耗一定量的 $K_2Cr_2O_7$,故不能多加。
4. 在硫磷混酸中铁电对的电极电位降低,Fe^{2+} 更易被氧化,故不应放置而应立即滴定。

【思考题】

1. 在预处理时为什么 $SnCl_2$ 溶液要趁热逐滴加入?
2. 在预还原 Fe(Ⅲ) 至 Fe(Ⅱ) 时,为什么要用 $SnCl_2$ 和 $TiCl_3$ 两种还原剂?只使用其中一种有什么缺点?
3. 在滴定前中加入 H_3PO_4 的作用是什么?加入 H_3PO_4 后为什么要立即滴定?

实验四十八　$Na_2S_2O_3$ 溶液的配制和标定

【实验目的】

掌握 $Na_2S_2O_3$ 标准溶液配制及浓度标定的原理和方法。

【实验原理】

固体试剂 $Na_2S_2O_3 \cdot 5H_2O$ 通常含有一些杂质,且易风化和潮解,因此,$Na_2S_2O_3$ 标准溶液采用标定法配制。

$Na_2S_2O_3$ 溶液不够稳定,容易分解。水中的 CO_2、细菌和光照都能使其分解,水中的氧也能将其氧化。故配制 $Na_2S_2O_3$ 溶液时,最好采用新煮沸并冷却的蒸馏水,以除去水中的 CO_2 和 O_2 并杀死细菌;加入少量 Na_2CO_3 使溶液呈弱碱性抑制 $Na_2S_2O_3$ 的分解和细菌的生长;储于棕色瓶中,放置几天后再进行标定。长期使用的溶液应定期标定。

通常采用 $K_2Cr_2O_7$ 作为基准物，以淀粉为指示剂，用间接碘量法标定 $Na_2S_2O_3$ 溶液。因为 $K_2Cr_2O_7$ 与 $Na_2S_2O_3$ 的反应产物有多种，不能按确定的反应式进行，故不能用 $K_2Cr_2O_7$ 直接滴定 $Na_2S_2O_3$。而应先使 $K_2Cr_2O_7$ 与过量的 KI 反应，析出与 $K_2Cr_2O_7$ 计量相当的 I_2，再用 $Na_2S_2O_3$ 溶液滴定 I_2，反应方程式如下：

$$Cr_2O_7^{2-} + 6I^- + 14H^+ = 2Cr^{3+} + 3I_2 + 7H_2O$$

$$2S_2O_3^{2-} + I_2 = 2I^- + S_4O_6^{2-}$$

$Cr_2O_7^{2-}$ 与 I^- 反应速率较慢，为了加快反应速率，可控制溶液酸度为 $0.2\sim0.4\,mol\cdot L^{-1}$，同时加入过量的 KI，并在暗处放置一定时间。但在滴定前需将溶液稀释以降低酸度，以防止 $Na_2S_2O_3$ 在滴定过程中遇强酸而分解，降低 I^- 被氧化的速度和降低 Cr^{3+} 浓度。

【仪器与试剂】

1. 仪器　容量瓶（100mL）、烧杯（100mL）、移液管（25mL）、锥形瓶（250mL）、碘量瓶（250mL）、酸式滴定管（50mL）。

2. 试剂　$K_2Cr_2O_7(s)$、$Na_2S_2O_3\cdot5H_2O(s)$、$KI(100g\cdot L^{-1}$，使用前配制)、淀粉指示剂 $(5g\cdot L^{-1})$、$Na_2CO_3(s)$、$HCl(6mol\cdot L^{-1})$。

【实验步骤】

1. $0.017mol\cdot L^{-1}$ $K_2Cr_2O_7$ 标准溶液的配制（见实验四十七）。

2. $0.10mol\cdot L^{-1}$ $Na_2S_2O_3$ 标准溶液的配制

称取 13g $Na_2S_2O_3\cdot5H_2O$，溶于 500mL 新煮沸的冷蒸馏水中，加 0.1g Na_2CO_3，保存于棕色瓶中，放置一周后进行标定。

3. $Na_2S_2O_3$ 标准溶液的标定

用移液管吸取 $K_2Cr_2O_7$ 标准溶液 25.00mL 于 250mL 碘量瓶中，加 $6mol\cdot L^{-1}$ HCl 溶液 5mL，加入 $100g\cdot L^{-1}$ KI 溶液 20mL。加塞后摇匀，于暗处放置 5min。然后加入 100mL 水稀释，用 $Na_2S_2O_3$ 溶液滴定至浅黄绿色后，加入 2mL 淀粉指示剂，继续滴定至溶液蓝色恰好消失并变为绿色即为终点。平行标定三次。

【数据处理与结论】

计算 $Na_2S_2O_3$ 标准溶液的浓度。

【注意事项】

1. $K_2Cr_2O_7$ 与 KI 的反应需一定的时间才能进行得比较完全，故需放置约 5min。

2. 淀粉指示剂应在临近终点时加入，而不能加入得过早，否则将有较多的 I_2 与淀粉指示剂结合，而这部分 I_2 在终点时解离较慢，造成终点拖后。

【思考题】

1. 如何配制和保存 $Na_2S_2O_3$ 溶液？

2. 用 $K_2Cr_2O_7$ 作基准物质标定 $Na_2S_2O_3$ 溶液时，为什么加入的 KI 必须过量？为什么要放置一定时间后才能加水稀释？为什么在滴定前还要加水稀释？

实验四十九　间接碘量法测铜盐中的铜含量

【实验目的】

1. 掌握间接碘量法测定铜盐中铜含量的原理与方法。

2. 掌握间接碘量法的滴定操作要领。

【实验原理】

在弱酸性的条件下，Cu^{2+} 可以被 KI 还原为 CuI，同时析出与之计量相当的 I_2，用 $Na_2S_2O_3$ 标准溶液滴定，以淀粉为指示剂。反应方程式如下：

$$2Cu^{2+} + 4I^- = 2CuI\downarrow + I_2$$

$$2S_2O_3^{2-} + I_2 = S_4O_6^{2-} + 2I^-$$

间接碘量法必须在弱酸性或中性溶液中进行，在测定 Cu^{2+} 时，通常用 NH_4HF_2 控制溶液的酸度为 pH3~4。这种缓冲溶液（HF/F^-）同时也提供了 F^- 作为掩蔽剂，可以使共存的 Fe^{3+} 转化为 $[FeF_6]^{3-}$ 以消除其对 Cu^{2+} 测定的干扰。若试样中不含 Fe^{3+}，可不加 NH_4HF_2，在 H_2SO_4 为介质的微酸溶液中进行。

由于 CuI 沉淀表面易吸附少量 I_2，这部分 I_2 不与淀粉作用，而使终点提前。为此应在临近终点时加入 NH_4SCN 或 KSCN 溶液，使 CuI 转化为溶解度更小的 CuSCN，而 CuSCN 不吸附 I_2，从而使被吸附的那部分 I_2 释放出来，提高了测定的准确度。

【仪器与试剂】

1. 仪器 容量瓶（100mL）、烧杯（100mL）、移液管（25mL）、锥形瓶（250mL）、碘量瓶（250mL）、酸式滴定管（50mL）。

2. 试剂 $Na_2S_2O_3 \cdot 5H_2O(s)$、KI（100g·$L^{-1}$，使用前配制）、KSCN（100g·$L^{-1}$）、$H_2SO_4$（1mol·$L^{-1}$）、淀粉（5g·$L^{-1}$）。

【实验步骤】

1. $Na_2S_2O_3$ 标准溶液的配制与标定（见实验四十六）。

2. 铜盐中铜的测定

准确称取 $CuSO_4 \cdot 5H_2O$ 试样 0.5~0.6g，分别置于 250mL 锥形瓶中，加 1mol·L^{-1} H_2SO_4 溶液 5mL 和 100mL 水使其溶解，加入 100g·L^{-1} KI 溶液 10mL，立即用 $Na_2S_2O_3$ 标准溶液滴定至浅黄色，加入 2mL 淀粉指示剂，继续滴至浅蓝色，再加 100g·L^{-1} KSCN 溶液 10mL，溶液蓝色转深，再继续用 $Na_2S_2O_3$ 标准溶液滴定至蓝色恰好消失为终点。此时溶液呈米色或浅肉红色。平行测定三次。

【数据处理与结论】

1. 计算 $Na_2S_2O_3$ 标准溶液的浓度。

2. 计算 $CuSO_4 \cdot 5H_2O$ 中 Cu 的质量分数。

【注意事项】

NH_4SCN 或 KSCN 溶液只能在临近终点时加入，否则大量 I_2 的存在有可能氧化 SCN^-，从而影响测定的准确度。

【思考题】

1. 本实验加入 KI 的作用是什么？

2. 本实验为什么要加入 KSCN？为什么不能过早地加入？

3. 若试样中含有铁，则加入何种试剂以消除铁对测定铜的干扰并控制溶液 pH 为 3~4？

实验五十　直接碘量法测定维生素 C 的含量（半微量滴定分析法）

【实验目的】

1. 掌握碘标准溶液的配制和标定。
2. 掌握半微量直接碘量法测定维生素C含量的原理、方法和技术。

【实验原理】

维生素C又称为抗坏血酸，属于水溶性维生素，其分子式为$C_6H_8O_6$，分子量为176.12。维生素C在医药和化学上的应用非常广泛，是分析化学中常用的还原剂。$E^{\ominus}(I_3^-/I^-)=0.545V$，$E^{\ominus}(C_6H_6O_6/C_6H_8O_6)=0.18V$，因此，用$I_2$标准溶液可直接测定维生素C含量。维生素C分子中的烯二醇基被I_2氧化成二酮基：

$$\text{C-C=C-C-C-CH}_2\text{OH} + I_2 \longrightarrow \text{C-C-C-C-C-CH}_2\text{OH} + 2HI$$

反应是等物质的量的定量反应。用直接碘量法可测定药片、注射液、蔬菜、水果中维生素C的含量。

由于维生素C的还原性很强，在空气中极易被氧化，特别是在碱性溶液中更易被氧化，所以，测定时需加入稀乙酸，使溶液保持足够的酸度，以减少副反应的发生。

虽然用升华法可得纯碘，但由于碘的升华作用，称量时易引起损失，且碘蒸气对天平零件有一定的腐蚀作用，故碘标准溶液多采用间接法配制。碘在纯水中溶解度很小，通常都是利用I_2与I^-生成I_3^-配离子的反应，配制成有过量碘化钾存在的碘溶液，I_3^-的形成增大了碘的溶解度，也减少了碘的挥发损失。本实验先标定$Na_2S_2O_3$溶液的浓度，再用$Na_2S_2O_3$溶液标定I_2溶液。

光照和受热都能促进溶液中I^-的氧化，所以配好的含有碘化钾的碘标准溶液应放在棕色瓶中，置于暗处保存。

【仪器与试剂】

1. 仪器 试剂瓶（棕色，250mL）、容量瓶（100mL）、烧杯（100mL）、移液管（10mL、25mL）、锥形瓶（250mL）、酸式滴定管（50mL）。

2. 试剂 $Na_2S_2O_3 \cdot 5H_2O$、I_2、KI、淀粉指示剂（$5g \cdot L^{-1}$）、Na_2CO_3、HAc（$2mol \cdot L^{-1}$）。

【实验步骤】

1. $0.01mol \cdot L^{-1} Na_2S_2O_3$ 标准溶液的配制和标定（见实验四十八）

2. $c(1/2\ I_2)=0.01mol \cdot L^{-1}\ I_2$ 标准溶液的配制和标定

(1) $c(1/2\ I_2)=0.1mol \cdot L^{-1}\ I_2$ 储备液的配制 将3.3g I_2与5g KI置于研钵中，在通风橱中加入少量水研磨，待I_2全部溶解后，将溶液转入棕色试剂瓶中，加水稀释至250mL，摇匀，放暗处保存。

(2) $c(1/2\ I_2)=0.01mol \cdot L^{-1}\ I_2$ 标准溶液的配制 用100mL量筒取$c(1/2\ I_2)=0.1mol \cdot L^{-1}\ I_2$储备液20mL于棕色瓶中，加水稀释配至200mL溶液。

(3) $c(1/2\ I_2)=0.01mol \cdot L^{-1}\ I_2$ 标准溶液的标定 准确移取10mL $Na_2S_2O_3$标准溶液于锥形瓶中，加入8滴0.5%淀粉指示剂，用I_2标准溶液滴定至稳定的浅蓝色，30s不褪色即为终点。平行标定三次。

3. 维生素C含量的测定

准确称取0.15~0.20g维生素C片于100mL烧杯中，加入新煮沸过的冷蒸馏水，使其溶解，定量转入100mL容量瓶中，定容。准确移取10mL待测液于锥形瓶中，加入10mL

2mol·L^{-1} HAc 和 8 滴 0.5% 淀粉指示剂，立即用 I_2 标准溶液滴定至稳定的浅蓝色即为终点。平行测定三次。

【数据处理与结论】

1. 计算 I_2 标准溶液的浓度 $c(1/2\ I_2)$。
2. 计算维生素 C 的质量分数。

【思考题】

1. 配制 I_2 标准溶液时为什么要加入 KI？
2. 溶解维生素 C 片时，为什么要用新煮沸过的冷蒸馏水？

实验五十一　钡盐中钡含量的测定（灼烧法）

【实验目的】

1. 掌握沉淀重量法测定钡盐中钡含量的原理和方法。
2. 掌握沉淀、过滤洗涤、陈化、炭化、灰化、灼烧等重量分析法的基本操作技术。
3. 加深理解晶形沉淀的沉淀条件。

【实验原理】

Ba^{2+} 能生成 $BaCO_3$、$BaCrO_4$、$BaSO_4$、BaC_2O_4 等一系列难溶化合物，其中 $BaSO_4$ 的溶解度最小（$K_{sp}=1.1\times10^{-10}$），其组成与化学式相符合，摩尔质量较大，性质稳定，符合重量分析对沉淀的要求。故通常以 $BaSO_4$ 沉淀形式和称量形式测定 Ba^{2+}。为了获得颗粒较大和纯净的 $BaSO_4$ 晶形沉淀，试样溶于水后，加 HCl 酸化，使部分 SO_4^{2-} 成为 HSO_4^-，以降低溶液的相对过饱和度，同时可防止其它弱酸盐，如 $BaCO_3$ 沉淀产生。加热近沸，在不断搅动下缓慢滴加适当过量的沉淀剂稀 H_2SO_4，形成的 $BaSO_4$ 沉淀经陈化、过滤、洗涤、灼烧后，以 $BaSO_4$ 形式称量，即可求得试样中 Ba 的含量。

【仪器与试剂】

1. 仪器　瓷坩埚（30mL）、烧杯（250mL、100mL）、长颈漏斗、马弗炉、慢速定量滤纸。
2. 试剂　HCl(2mol·L^{-1})、H_2SO_4(1mol·L^{-1})、$AgNO_3$(0.1mol·L^{-1})。

【实验步骤】

1. 称样及溶解

准确称取 $BaCl_2·2H_2O$ 试样 0.4~0.5g 两份，分别置于 250mL 烧杯中，各加入蒸馏水 100mL，搅拌溶解（注意：玻璃棒直至过滤、洗涤完毕才取出）。加入 2mol·L^{-1} HCl 溶液 4mL，加热近沸（勿使沸腾以免溅失）。

2. 沉淀、陈化

取 4mL 1mol·L^{-1} H_2SO_4 两份，分别置于 100mL 烧杯中，加水 30mL，加热至沸，趁热将稀 H_2SO_4 用滴管逐滴加入至试样溶液中，并不断搅拌，搅拌时，玻璃棒不要触及杯壁和杯底，以免划伤烧杯，使沉淀黏附在烧杯壁划痕内难以洗下。沉淀作用完毕，待 $BaSO_4$ 沉淀下沉后，于上层清液中加入稀 H_2SO_4 1~2 滴，观察是否有白色沉淀以检验其沉淀是否完全。盖上表面皿，在沸腾的水浴上陈化半小时，其间要搅动几次，放置冷却后过滤。

3. 沉淀的过滤和洗涤

取慢速定量滤纸两张,按漏斗角度的大小折叠好滤纸,使其与漏斗很好地贴合,以水润湿,并使漏斗颈内保持水柱,将漏斗置于漏斗架上,漏斗下面各放一只清洁的烧杯。小心地将沉淀上面清液沿玻璃棒倾入漏斗中,再用倾注法洗涤沉淀 3~4 次,每次用 15~20mL 洗涤液(3mL 1.0mol·L^{-1} H$_2$SO$_4$,用 200mL 蒸馏水稀释即成)。然后将沉淀定量转移至滤纸上,以洗涤液洗涤沉淀,直到无 Cl$^-$ 为止(AgNO$_3$ 溶液检查)。

4. 沉淀的烘干与灼烧

取两只洁净带盖的坩埚,在 800~850℃下灼烧至恒重后,记下坩埚的质量。将洗净的沉淀和滤纸用洁净的药铲或顶端扁圆的玻璃棒将滤纸三层部分掀起两处,再用洁净的手指从翘起的滤纸下面将其取出,打开成半圆形,自右端 1/3 半径处向左折叠一次,再自上而下折一次,然后从右向左卷成小卷(见图 3-21),包好后,放入已恒重的坩埚中,置于电炉上加热,包裹层数较多的一面朝上,把坩埚盖半掩着倚于坩埚口,将滤纸和沉淀烘干至滤纸全部炭化、灰化后(见图 3-22、图 3-23),置于马弗炉中,于 800~850℃下灼烧至恒重,然后进行称量。

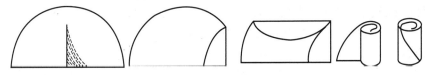

图 3-21 晶形沉淀的包裹

图 3-22 坩埚侧放泥三角上

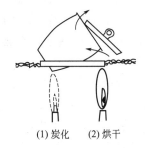

(1)炭化 (2)烘干

图 3-23 炭化和灰化

【数据处理与结论】

根据试样和沉淀的质量计算试样中 Ba 的质量分数。

【注意事项】

1. 加入稀 HCl 酸化,使部分 SO$_4^{2-}$ 成为 HSO$_4^-$,稍微增大沉淀的溶解度,而降低溶液的过饱和度,同时可防止胶溶作用。

2. 在热溶液中进行沉淀,并不断搅拌,以降低过饱和度,避免局部浓度过高的现象,同时也减少杂质的吸附现象。

3. 盛滤液的烧杯必须洁净,因 BaSO$_4$ 沉淀易穿透滤纸,若遇此情况需重新过滤。

4. Cl$^-$ 是混在沉淀中的主要杂质,当其完全除去时,可认为其它杂质已完全除去。检验的方法是,用表面皿收集数滴滤液,以 AgNO$_3$ 溶液检验。

5. 滤纸和沉淀烘干至滤纸全部炭化变黑,注意只能冒烟,不能冒火,以免沉淀颗粒随火飞散而损失。炭化后可逐渐提高温度,使滤纸灰化,待滤纸全部呈白色后,再移至马弗炉中灼烧至恒重。

【思考题】

1. 为什么沉淀 BaSO$_4$ 时要在热稀溶液中进行?而在冷却后才能过滤?

2. 为了得到纯净、粗大的 $BaSO_4$ 晶形沉淀，本实验中采取了哪些措施？为什么要采取这些措施？

3. 在重量分析中，为加快沉淀的过滤、洗涤速度，在选择漏斗、折滤纸、过滤和洗涤沉淀等操作中应注意哪些问题？

4. 如果要测定 SO_4^{2-} 含量，选用 $BaCl_2$ 为沉淀剂，$BaCl_2$ 能否过量太多？为什么？选用什么溶液作洗涤剂？H_2SO_4、$BaCl_2$ 溶液可以吗？

实验五十二　钡盐中钡含量的测定（微波法）

【实验目的】

1. 了解微波法测定钡盐中钡含量的原理和方法。
2. 掌握晶形沉淀的制备方法及重量分析法的基本操作技术。
3. 了解微波加热技术在重量分析法中的应用。

【实验原理】

在重量分析法中，为了测定钡盐中的钡含量，需转化为 $BaSO_4$ 的称量形式，求得试样中 Ba 的含量，因此，在称量前必须干燥除水，以保证测定的准确度和精密度。微波法与传统的灼烧法沉淀操作条件相同，不同的是使用微波炉干燥 $BaSO_4$ 沉淀。

传统的 $BaSO_4$ 重量法采用马弗炉高温（800℃）灼烧至产品恒重，由外到内热传导，升温慢，操作繁琐，耗能多，耗时长。微波能突破了常规加热方法的局限性和低效率，具有加热迅速、能瞬时达高温、热损耗小、热利用率高、改善工作环境等优点，微波的"体加热作用"可在不同深度同时产生热，分子通过对微波能的吸收和微波炉内交变磁场的作用，快速升温与冷却，加热均匀，可省时，节能，改善加热质量，对于干燥稳定的 $BaSO_4$ 晶形沉淀至恒重，效果明显。

由于微波干燥的时间短，选用的微波炉功率低，在使用微波法干燥 $BaSO_4$ 沉淀时，包杂在 $BaSO_4$ 沉淀中的高沸点杂质如 H_2SO_4 等不易在干燥过程中被分解或挥发除去，故对沉淀条件和沉淀洗涤操作要求更加严格。沉淀时应将含 Ba^{2+} 的试液进一步稀释，并使过量的沉淀剂控制在 20%～50%，沉淀剂的滴加速率要缓慢，尽可能减少包藏在沉淀中的杂质。

【仪器与试剂】

1. 仪器　玻璃坩埚（30mL）、烧杯（250mL，100mL）、慢速定量滤纸、微波炉。
2. 试剂　HCl（$2mol \cdot L^{-1}$）、H_2SO_4（$1mol \cdot L^{-1}$）、HNO_3（$2mol \cdot L^{-1}$）、$AgNO_3$（$0.1mol \cdot L^{-1}$）。

【实验步骤】

1. 试样称量、溶解及沉淀的制备

准确称取 0.4～0.5g $BaCl_2 \cdot 2H_2O$ 试样两份，分别置于 250mL 烧杯中，各加入蒸馏水 150mL，搅拌溶解，加入 $2mol \cdot L^{-1}$ HCl 溶液 3mL，盖上表面皿，加热至近沸（勿使沸腾，以免溅失）。

取 4mL $1mol \cdot L^{-1}$ H_2SO_4 两份，分别置于 100mL 烧杯中，加水 30mL，加热至沸，趁热将稀 H_2SO_4 用滴管逐滴加入试样溶液中，并不断搅拌。搅拌时，玻璃棒尽量不要碰触杯壁和杯底，以免划伤烧杯，使沉淀黏附在烧杯壁划痕内难以洗下。沉淀作用完毕，待

$BaSO_4$ 沉降完全后,于上层清液中滴加 1~2 滴稀 H_2SO_4,观察是否沉淀完全。盖上表面皿(不要取出玻璃棒),在沸腾的水浴上加热陈化 30min,其间要搅动几次,取出烧杯,冷却至室温后抽滤。

2. 空玻璃坩埚的准备和恒重

用水洗净两个玻璃坩埚,编号,再分别用 2mol·L^{-1} HCl 及蒸馏水减压过滤,至无水汽后再抽滤 2min,以除掉玻璃砂板微孔中的水分,便于干燥。先用滤纸吸去坩埚外壁的水珠,然后将玻璃坩埚放入标有"干燥"的微波炉中,用高功率加热干燥 6min,取出,稍冷,将玻璃坩埚移入干燥器中,留一小缝,30s 后盖严,冷却约 15min 至室温,快速准确称量;然后放入标有"恒重"的微波炉中,加热 3min,冷至室温,称量至恒重,即前后两次质量之差≤0.3mg,否则再放入标有"恒重"的微波炉中干燥 3min,冷至室温,称量至恒重。

3. $BaSO_4$ 沉淀的过滤和洗涤

采用倾泻法在已恒重的玻璃坩埚中进行减压过滤,小心把沉淀上面的清液滤完后,把事先准备好的洗涤液将烧杯中的沉淀洗涤 3 次,每次用 10~15mL,再用水洗一次。然后将沉淀转移到玻璃坩埚中,并用玻璃棒"擦"沾附在烧杯内壁上的沉淀,再用水冲洗烧杯和玻璃棒,直至沉淀转移完全。最后用水淋洗沉淀及坩埚内壁数次(6 次以上)至洗涤液无 Cl$^-$ 为止(方法:先将减压装置开关调小,再用小试管小心收集滤液约 2mL,加入 1 滴 2mol·L^{-1} HNO$_3$ 和 2 滴 AgNO$_3$ 溶液,不呈浑浊。将减压过滤装置开关调大,继续减压过滤 4min 以上至不再产生水雾为止)。

用滤纸吸去坩埚外壁的水珠,放入标有"干燥"的微波炉中,用高功率加热干燥 10min,在干燥器中冷至室温,称量;然后放入标有"恒重"的微波炉中加热 4min,冷至室温,再称量,重复恒重操作,直至恒重。实验完成后,分别使用稀 H_2SO_4 和水将玻璃坩埚洗净。

【数据处理与结论】

根据试样和 $BaSO_4$ 沉淀的质量计算钡盐试样中 Ba 的质量分数。

【注意事项】

1. 干、湿坩埚不可在同一微波炉内加热,因炉内水分不挥发,加热恒重的时间很短,湿度的影响会过大。并且,本实验中,可考虑先用滤纸吸去坩埚外壁的水珠,再放入微波炉中加热,以减少加热时间。

2. 干燥好的玻璃坩埚稍冷后放入干燥器,先留一小缝,30s 后盖严;用分析天平称量,必须在干燥器中自然冷却至室温后进行。

3. 由于传统的灼烧沉淀可除掉包藏的 H_2SO_4 等高沸点杂质,而用微波干燥时不能分解或挥发掉,故应严格控制沉淀条件与操作规范。应把含 Ba^{2+} 的试液进一步稀释,过量的沉淀剂 H_2SO_4 控制 20%~50%,滴加 H_2SO_4 应缓慢,且充分搅拌,可减少 H_2SO_4 及其它杂质被包裹的量,以保证实验结果的准确度。

4. 坩埚使用前用稀 HCl 抽滤,不用稀 HNO$_3$,防止 NO$_3^-$ 成为抗衡离子。本实验使用后的坩埚需及时用稀 H_2SO_4 洗净。

【思考题】

1. 为什么沉淀 $BaSO_4$ 时要在热稀溶液中进行?而要待冷却后才能过滤?

2. 为了得到纯净、粗大的 $BaSO_4$ 晶形沉淀,本实验采取了哪些措施?为什么要采取这些措施?

3. 在重量分析中，为加快沉淀的过滤、洗涤速度，在选择漏斗，折滤纸，过滤和洗涤沉淀等操作中应注意哪些问题？

4. 如果要测定 SO_4^{2-} 含量，选用 $BaCl_2$ 作沉淀剂，$BaCl_2$ 能否过量太多？为什么？选用什么溶液作洗涤剂？H_2SO_4、$BaCl_2$ 溶液可以吗？

5. 如何进行倾泻法过滤？

实验五十三　邻二氮菲分光光度法测定试样中微量铁

【实验目的】

1. 掌握邻二氮菲分光光度法测定微量铁的原理和方法。
2. 掌握标准曲线定量测定方法。
3. 掌握分光光度计（722S 型）的使用操作技术。

【实验原理】

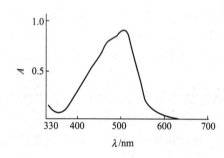

图 3-24 邻二氮菲-铁（Ⅱ）的吸收曲线

邻二氮菲（phen）和 Fe^{2+} 在 pH＝3～9 的溶液中，生成稳定的橙红色配合物 $Fe(phen)_3^{2+}$，其 $\lg K=21.3$，$\varepsilon_{508}=1.1\times 10^4$ L·mol^{-1}·cm^{-1}，铁含量在 0.1～6μg·mL^{-1} 范围内符合朗伯-比耳定律，其吸收曲线如图 3-24 所示。本实验采用标准曲线法进行测定。

如果试样中有 Fe^{3+} 存在，则在显色前需用盐酸羟胺或抗坏血酸将 Fe^{3+} 全部还原为 Fe^{2+}，然后再加入邻二氮菲显色，并调节溶液酸度至适宜的显色酸度范围。有关反应如下：

$$2Fe^{3+} + 2NH_2OH\cdot HCl = 2Fe^{2+} + N_2\uparrow + 2H_2O + 4H^+ + 2Cl^-$$

$$Fe^{2+} + 3\,phen \longrightarrow [Fe(phen)_3]^{2+}$$

【仪器与试剂】

1. 仪器　722S 型分光光度计、容量瓶（100mL）、吸量管（5mL）。

2. 试剂　0.10g·L^{-1} 铁标准溶液［准确称取 0.7020g $(NH_4)_2Fe(SO_4)_2\cdot 6H_2O$ 置于烧杯中，加入少量水和 20mL(1+1)H_2SO_4 溶液，溶解后，定量转移到 1L 容量瓶中，用水稀释至刻度，摇匀］、盐酸羟胺（100g·L^{-1}，用时现配）、邻二氮菲（1.5g·L^{-1}，避光保存，溶液颜色变暗时即不能使用）、NaAc（1.0mol·L^{-1}）。

【实验步骤】

1. 显色标准溶液的配制

用移液管吸取 0.10g·L^{-1} 铁标准溶液 10.00mL 于 100mL 容量瓶中，加入 1mL（1+2）H_2SO_4，以水稀释至刻度，摇匀，此标准溶液浓度为 10μg·mL^{-1}。

在序号为 1～6 的 6 个 50mL 容量瓶中，用吸量管分别加入 0mL、1.00mL、2.00mL、3.00mL、4.00mL、5.00mL 上述铁标准溶液，各加入 1mL 100g·L^{-1} 盐酸羟胺，摇匀后放置 2min，再各加入 2mL 1.5g·L^{-1} 邻二氮菲、5mL 1.0mol·L^{-1} NaAc，以水稀释至刻度，摇匀。

2. 吸收曲线的绘制

在分光光度计上，用 1cm 吸收池，以试剂空白溶液（1 号）为参比，在 440～560nm，每隔 10nm 测定一次 5 号铁标准溶液的吸光度 A，以波长为横坐标、吸光度为纵坐标，绘制吸收曲线，从而选择测定铁的最大吸收波长。

3. 标准曲线的制作

以试剂空白溶液（1 号）为参比，用 1cm 吸收池，在选定波长下测定 2～6 号各显色标准溶液的吸光度。在坐标纸上，以铁的浓度为横坐标、相应的吸光度为纵坐标，绘制标准曲线。

也可以用计算机软件绘制标准曲线。

4. 试样中铁含量的测定

吸取适量的试液按步骤 1 显色后，在相同条件下测量吸光度。

【数据处理与结论】

1. 记录有关数据，绘制吸收曲线，从而选择测定铁的最大吸收波长。
2. 计算邻二氮菲-Fe(Ⅱ) 配合物在选定波长下的摩尔吸光系数。
3. 记录有关数据，绘制标准曲线，计算试液中铁的质量浓度（表 3-17）。

表 3-17　实验数据

编号	铁标准溶液 c_s =						待测溶液
	1	2	3	4	5	6	7
体积/mL	0.00	1.00	2.00	3.00	4.00	5.00	
$\rho(Fe)/\mu g \cdot mL^{-1}$							
吸光度 A							

【注意事项】

预习本书 2.8.1 内容，分光光度计的结构和使用方法。

【思考题】

1. 用邻二氮菲测定铁时，为什么要加入盐酸羟胺？其作用是什么？试写出有关反应方程式。
2. 在有关条件实验中，均以水为参比，为什么在测绘标准曲线和测定试液时，要以试剂空白溶液为参比？
3. 吸收曲线与标准曲线各有何实用意义？
4. 试拟以邻二氮菲分光光度法分别测定试样中微量 Fe^{2+}、Fe^{3+} 含量的分析方案。

实验五十四　高碘酸钠光度法测定合金钢中锰量

【实验目的】

掌握分光光度法测定试样中微量锰的原理和方法。

【实验原理】

在酸性溶液中将 Mn^{2+} 氧化成 MnO_4^- 是一个高灵敏度的特效反应，适用于 Mn 含量在

0.005%～1.0%范围样品的测定；大于1%的可用原子吸收分光光度法测定。

高碘酸钾比色法是在硫酸-磷酸混酸存在下，加 KIO_4（或 $NaIO_4$）、$(NH_4)_2S_2O_8$ 和 $AgNO_3$ 混合显色剂，水浴加热将 Mn^{2+} 氧化成紫红色的 MnO_4^-：

$$2Mn^{2+} + 5IO_4^- + 3H_2O = 2MnO_4^- + 5IO_3^- + 6H^+$$

采用标准曲线法测定试样中 Mn 的含量。

【仪器与试剂】

1. 仪器　吸量管（5mL，10mL）、电炉、水浴锅、比色管（25mL）。

2. 试剂　显色剂混合液（5mL H_2SO_4 加 5mL H_3PO_4，用水稀释至100mL。称取1g $NaIO_4$ 于此混合酸中，微热溶解后，加0.5g过硫酸铵和0.05g硝酸银，搅拌使其溶解及混匀。使用前配制）、锰标准溶液（$100\mu g \cdot mL^{-1}$，准确称取0.2186g $MnSO_4$ 溶于水，加10mL $3mol \cdot L^{-1} H_2SO_4$ 硫酸，用水定容于1000mL容量瓶中）。

【实验步骤】

1. 系列标准溶液的配制及显色

分别移取 0mL、1.00mL、2.00mL、3.00mL、4.00mL、5.00mL 锰标准溶液于25mL比色管中，加10mL显色剂混合液，沸水浴中加热20min，冷却后用水稀释至刻度，摇匀。

2. 吸收曲线的绘制

在分光光度计上，用1cm吸收池，以试剂空白溶液为参比，在480～580nm，每隔10nm测定一次4号锰标准溶液的吸光度 A，以波长为横坐标，吸光度为纵坐标，绘制吸收曲线，从而选择测定锰的最大吸收波长 λ_{max}。

3. 标准曲线的测绘

以试剂空白溶液为参比，用1cm吸收池，在选定波长下测定2～6号各显色标准溶液的吸光度。在坐标纸上，以锰的浓度为横坐标，相应的吸光度为纵坐标，绘制标准曲线。

4. 试样的溶解

准确称取需要试样，将其置于150mL锥形瓶中，加15mL硝酸（1+4）[高硅试样加3～4滴氢氟酸；生铁试样用硝酸（1+4）溶解试样，并滴加3～4滴氢氟酸，试样溶解后，取下冷却，用快速滤纸过滤于另一个150mL锥形瓶中，用热硝酸（2+98）洗涤原锥形瓶和滤纸4次；高镍铬试样用适宜比例的盐酸和硝酸混合酸溶解]，低温加热溶解。

5. 试样测定

移取适量已分解好的试液于25mL比色管中，加10mL显色剂混合液，沸水浴中加热20min，冷却后用水稀释至刻度，摇匀。在相同条件下测量其吸光度。

【数据处理与结论】

1. 记录有关实验数据，绘制吸收曲线，从而选择测定锰的最大吸收波长。
2. 记录有关实验数据，绘制标准曲线，计算试样中微量锰的质量浓度（表3-18）。

表3-18　实验数据

	锰标准溶液 $c_s=$						待测溶液
编号	1	2	3	4	5	6	7
体积/mL	0.00	1.00	2.00	3.00	4.00	5.00	
$\rho(Mn)/\mu g \cdot mL^{-1}$							
吸光度 A							

【注意事项】

显色通常在 5%~10% H_2SO_4 或 3mol·L^{-1} HNO_3 溶液中进行,酸度高,显色不完全,酸度低,则显色速率慢,加热可加快显色速率,一般煮沸 5~7min,时间太长反而会使颜色消褪。但只用 KIO_4 为显色剂时,则需煮沸 20~30min,显色后可稳定 4h 以上。用 $(NH_4)_2S_2O_8$ 时,需用 $AgNO_3$ 作催化剂。

【思考题】

工作曲线的绘制中,锰标准溶液浓度的选定依据是什么?

4 提高性实验

实验五十五 分光光度法测定混合物中铬和钴的含量

【实验目的】

学习用分光光度法测定有色混合物组分的原理和方法。

【实验原理】

在多组分体系中,如果各种吸光物质之间不相互作用,这时体系的总吸光度等于各组分吸光度之和,即吸光度具有加和性的特点。当混合物两组分 M 和 N 的吸收光谱互不重叠时,则只要分别在波长 λ_1 和 λ_2 处测定试样溶液中 M 和 N 的吸光度,就可以得到其相应的含量。若 M 和 N 的吸收光谱互相重叠,在进行分光光度法测定时,两组分彼此相互干扰。根据吸光度的加和性原理,在 M 和 N 最大吸收波长 λ_1 和 λ_2 处分别测量总吸光度 $A_{\lambda_1}^{M+N}$ 和 $A_{\lambda_2}^{M+N}$,通过求解方程组分别求出 M 和 N 的组分含量。

$$A_{\lambda_1}^{M+N} = A_{\lambda_1}^{M} + A_{\lambda_1}^{N} = c_M \varepsilon_{\lambda_1}^{M} + c_N \varepsilon_{\lambda_1}^{N}$$

$$A_{\lambda_2}^{M+N} = A_{\lambda_2}^{M} + A_{\lambda_2}^{N} = c_M \varepsilon_{\lambda_2}^{M} + c_N \varepsilon_{\lambda_2}^{N}$$

本实验测定 Cr 和 Co 的混合物。先配制 Cr 和 Co 的系列标准溶液,然后分别在 λ_1 和 λ_2 处测量 Cr 和 Co 系列标准溶液的吸光度,并绘制工作曲线,所得 4 条工作曲线的斜率即为 Cr 和 Co 在 λ_1 和 λ_2 处的摩尔吸光系数,代入上述联立方程式,即可求出 Cr 和 Co 的浓度。

【仪器与试剂】

1. 仪器 722S 型分光光度计、容量瓶(50mL)、吸量管(10mL)。
2. 试剂 $0.07 \text{mol} \cdot \text{L}^{-1} \text{Co(NO}_3)_2$ 溶液、$0.200 \text{mol} \cdot \text{L}^{-1} \text{Cr(NO}_3)_3$ 溶液。

【实验步骤】

1. 系列标准溶液的配制

在 4 个 50mL 容量瓶中,用吸量管分别加入 2.50mL、5.00mL、7.50mL、10.00mL $0.07 \text{mol} \cdot \text{L}^{-1} \text{Co(NO}_3)_2$ 溶液;另取 4 个 50mL 容量瓶分别加入 2.50mL、5.00mL、7.50mL、10.00mL $0.200 \text{mol} \cdot \text{L}^{-1} \text{Cr(NO}_3)_3$ 溶液,用蒸馏水将各容量瓶中的溶液稀释至刻度,摇匀。

2. 吸收曲线的绘制

取配制的 $\text{Co(NO}_3)_2$ 和 $\text{Cr(NO}_3)_3$ 系列标准溶液各一份,以蒸馏水为参比,在 420~700nm 之间,每隔 20nm 测一次吸光度(在峰值附近间隔小些),分别绘制 $\text{Co(NO}_3)_2$ 和 $\text{Cr(NO}_3)_3$ 的吸收曲线,并确定 λ_1 和 λ_2。

3. 标准曲线的测绘

以蒸馏水为参比，在 λ_1 和 λ_2 处分别测定 $Co(NO_3)_2$ 和 $Cr(NO_3)_3$ 系列标准溶液的吸光度，并将数据记录于表 4-1。

表 4-1 实验数据

编号	1	2	3	4
$V_{Co(NO_3)_2}$ /mL	2.50	5.00	7.50	10.00
$V_{Cr(NO_3)_3}$ /mL	2.50	5.00	7.50	10.00
$A_{\lambda_1}^{Co(NO_3)_2}$				
$A_{\lambda_1}^{Cr(NO_3)_3}$				
$A_{\lambda_2}^{Co(NO_3)_2}$				
$A_{\lambda_2}^{Cr(NO_3)_3}$				

4. 试样测定

取一个 50mL 容量瓶，加入 5.00mL 未知液，用蒸馏水稀释至刻度，摇匀。在波长 λ_1 和 λ_2 处测量试液的吸光度 $A_{\lambda_1}^{Co+Cr}$ 和 $A_{\lambda_2}^{Co+Cr}$。

【数据处理与结论】

1. 绘制 $Co(NO_3)_2$ 和 $Cr(NO_3)_3$ 的吸收曲线，并确定 λ_1 和 λ_2。
2. 分别绘制 $Co(NO_3)_2$ 和 $Cr(NO_3)_3$ 在 λ_1 和 λ_2 下的 4 条工作曲线，并求出 $\varepsilon_{\lambda_1}^{Co}$、$\varepsilon_{\lambda_1}^{Cr}$、$\varepsilon_{\lambda_2}^{Co}$、$\varepsilon_{\lambda_2}^{Cr}$。
3. 计算未知液中 $Co(NO_3)_2$ 和 $Cr(NO_3)_3$ 的浓度。

【注意事项】

在测吸收曲线时，每改变一次波长，都必须重调参比溶液 $T\% = 100$，$A = 0$。

【思考题】

当测定两组分混合液时，如何选择入射光波长？

实验五十六　有机化合物的紫外光谱及溶剂性质对吸收光谱的影响

【实验目的】

1. 掌握紫外-可见分光光度计的使用操作。
2. 熟悉紫外光谱的产生机理和有机物的定性方法。
3. 了解溶剂性质对吸收光谱的影响。

【实验原理】

具有不饱和结构的有机化合物，如芳香族化合物，在紫外区（200～400nm）有特征的吸收，为有机化合物的鉴定提供了有用的信息。

紫外吸收光谱定性的方法是比较未知物与已知纯净物在相同条件下绘制的吸收光谱，或将绘制的未知物吸收光谱与标准谱图相比较，若两光谱图的 λ_{max} 和 ε_{max} 相同，表明它们是同一有机物。极性溶剂对有机物的紫外光谱的吸收峰波长、强度及形状有一定的影响。溶剂极性增加，使 $n \to \pi^*$ 跃迁产生的吸收带蓝移，而 $\pi \to \pi^*$ 跃迁产生的吸收带红移。

【仪器与试剂】

1. 仪器　GBC 916 型紫外-可见分光光度计、石英比色皿（1cm）、比色管（10mL）、吸量管（1mL）。

2. 试剂　苯、无水乙醇、丁酮、氯仿、异亚丙基丙酮、正己烷。

【实验步骤】

1. 苯的吸收光谱的测绘

在 1cm 的石英比色皿中加入 2 滴苯，加盖，用手心温热比色皿底部片刻，置于紫外分光光度计上，以空白石英比色皿为参比，在 220～360nm 波长范围内进行扫描。

2. 乙醇中杂质苯的检查

将乙醇试样置于 1cm 的石英比色皿中，以乙醇为参比，在 220～360nm 波长范围内进行扫描。

3. 溶剂性质对紫外吸收光谱的影响

(1) 在 3 支 10mL 比色管中，各加入 0.04mL 丁酮，分别用去离子水、乙醇、氯仿稀释至刻度，摇匀。用 1cm 的石英比色皿，以各自的溶剂为参比，在 220～360nm 波长范围内进行扫描，绘制各溶液的吸收光谱，比较它们的 λ_{max} 的变化，并加以解释。

(2) 在 3 支 10mL 比色管中，各加入 0.02mL 异亚丙基丙酮，分别用去离子水、乙醇、正己烷稀释至刻度，摇匀。用 1cm 的石英比色皿，以各自的溶剂为参比，在 220～360nm 波长范围内进行扫描，绘制各溶液的吸收光谱。比较它们的 λ_{max} 的变化，并加以解释。

【数据处理与结论】

1. 根据苯的吸收光谱，确定苯的吸收峰波长。
2. 根据乙醇试样的吸收光谱，确定是否存在苯的 B 吸收带。
3. 根据各丁酮溶液的吸收光谱，比较它们的 λ_{max} 的变化，并加以解释。
4. 根据各异亚丙基丙酮溶液的吸收光谱，比较它们的 λ_{max} 的变化，并加以解释。

【注意事项】

1. 紫外-可见分光光度计结构与使用方法见 2.8.1。
2. 石英比色皿每换一种溶液或溶剂必须清洗干净，并用待装溶液荡洗三次。

【思考题】

1. 分子中哪类电子跃迁会产生紫外吸收光谱？
2. 为什么极性溶剂有助于 $n \rightarrow \pi^*$ 跃迁向短波方向移动？而 $\pi \rightarrow \pi^*$ 跃迁向长波方向移动？

实验五十七　紫外吸收光谱测定蒽醌试样中蒽醌的含量和摩尔吸光系数

【实验目的】

1. 进一步熟悉紫外-可见分光光度计的操作。
2. 掌握扫描蒽醌-甲醇溶液的紫外吸收光谱的方法，选定定量测定的入射光波长。
3. 学习测定摩尔吸光系数的方法。

【实验原理】

在蒽醌试样中含有邻苯二甲酸酐，它们的紫外吸收光谱如图 4-1 所示。

由于在蒽醌分子结构中的双键共轭体系大于邻苯二甲酸酐，且二者的吸收峰形状及其最大吸收波长各不相同，蒽醌在波长 251nm 处有一强吸收峰（$\varepsilon = 4.6 \times 10^4 \text{L} \cdot \text{mol}^{-1} \cdot \text{cm}^{-1}$），在波长 323nm 处有一中等强度的吸收峰（$\varepsilon = 4.7 \times 10^3 \text{L} \cdot \text{mol}^{-1} \cdot \text{cm}^{-1}$），而在 251nm 波长附近有一邻苯二甲酸酐强烈吸收峰 $\lambda_{\max}$（$\varepsilon = 3.3 \times 10^4 \text{L} \cdot \text{mol}^{-1} \cdot \text{cm}^{-1}$），为了避开其干扰，选用 323nm 波长作为测定蒽醌的工作波长。由于甲醇在250～350nm 无吸收干扰，因此选其为参比溶液。

摩尔吸光系数 ε 是衡量吸光度定量分析法灵敏度高低的重要指标，可利用求标准曲线斜率的方法求得。

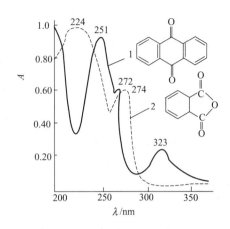

图 4-1　蒽醌（曲线 1）和邻苯二甲酸酐（曲线 2）在甲醇中的紫外吸收光谱

【仪器与试剂】

1. 仪器　GBC916 型紫外-可见分光光度计、石英比色皿（1cm）、比色管（10mL）、吸量管（10mL）、容量瓶（50mL）、烧杯（100mL）。

2. 试剂　甲醇、邻苯二甲酸酐（$0.100\text{g} \cdot \text{L}^{-1}$，甲醇）、蒽醌标准液（$0.0400\text{g} \cdot \text{L}^{-1}$，准确称取 0.4000g 蒽醌置于 100mL 烧杯中，用甲醇溶解后，转移到 100mL 容量瓶中，以甲醇稀释至刻度，摇匀。从中吸取 1.0mL 于 100mL 容量瓶中，以甲醇稀释至刻度，摇匀）。

【实验步骤】

1. 蒽醌系列标准溶液的配制

在 5 只 10mL 比色管中分别加入 2.00mL、4.00mL、6.00mL、8.00mL、10.00mL 蒽醌标准溶液（$0.0400\text{g} \cdot \text{L}^{-1}$），然后用甲醇稀释到刻度，摇匀备用。

2. 蒽醌试样的处理

称取 0.1000g 蒽醌试样于小烧杯中，用甲醇溶解后，转移至 50mL 容量瓶中，以甲醇稀释至刻度，摇匀备用。

3. 蒽醌和邻苯二甲酸酐吸收光谱的测绘

用 1cm 石英吸收池，以甲醇做参比溶液，在 200～400nm 波长范围内测定一份蒽醌标准溶液和邻苯二甲酸酐溶液的紫外吸收光谱。根据吸收光谱确定蒽醌试样的测定波长。

4. 试样测定

在选定的测定波长下，以甲醇为参比溶液，测定蒽醌系列标准溶液以及稀释后的蒽醌试液吸光度。以蒽醌标准溶液的吸光度为纵坐标、浓度为横坐标，绘制标准曲线，根据蒽醌试液的吸光度，在标准曲线上查得其对应的浓度，并根据试样的配制情况，计算蒽醌试样中蒽醌的含量和此波长处的摩尔吸光系数 ε 值。

【数据处理与结论】

绘制蒽醌的标准曲线，计算试样中蒽醌的质量分数和此波长处的摩尔吸光系数。

【注意事项】

必须使用石英比色皿，且要清洗干净。

【思考题】

1. 为什么选用 323nm 而不选用 251nm 波长作为蒽醌定量分析的测定波长？
2. 本实验为什么用甲醇做参比溶液？

实验五十八　红外光谱测定有机化合物的结构

【实验目的】
1. 学习用红外吸收光谱进行化合物定性分析。
2. 掌握用压片法制作固体试样晶片的方法。
3. 熟悉红外分光光度计的工作原理及其使用方法。

【实验原理】
红外光谱法是依据物质对红外辐射的特征吸收建立起来的一种光谱分析方法,以一定波长的红外线照射物质时,若该红外线的频率能满足物质分子中某些基团振动能级的跃迁频率,且分子振动引起偶极矩的变化时,则该分子就吸收这一波长红外线的辐射能量,由于分子的振动能级是量子化的,因此振动只能吸收一定量的能量,即吸收与分子振动能级间隔的能量 E 相应波长的光,如果光量子的能量为 $E_L = h\nu_L$ (ν_L 是红外辐射频率),当发生振动能级跃迁时,必须满足 $E_{振} = E_L$。分子在振动过程中必须利用这一特性,依据其结构不同,分子振动能吸收的频率不同,来确定其结构。

红外线谱法广泛用于有机化合物的官能团定性和结构分析。红外线谱定性分析常采用标准谱图查对法,标准谱图查对是一种最直接、可靠的方法。根据待测试样的来源、物理常数、分子式及谱图中的特征谱带,查对标准谱图来确定化合物的结构。

【仪器与试剂】
1. 仪器　Tracer-100 型傅里叶变换红外线谱仪、压片机、玛瑙研钵、红外灯、可拆式液体池、溴化钾窗片。
2. 试剂　乙酰水杨酸、异丙醇、苯乙酮(或苯甲醛)、溴化钾。

【实验步骤】
1. 固体试样的准备

取少量苯甲酸试样于玛瑙研钵中,加约 100 倍量 KBr,在红外灯照射下,混匀研磨至粒度小于 $2\mu m$。取约 100mg 已研磨均匀的混合物于模具中,用压片机压成透明薄片,将薄片置于试样架上。

2. 液体试样的准备

在可拆式液体池架中按次序放置垫片、溴化钾窗片、液体池膜、带孔溴化钾窗片、垫片,固定后用微量进样器从进样孔加入约 0.02mL 试样。

3. 测定

打开电脑和红外光谱仪,再开工作站,选择测定条件,扫描背景,将试样架放入仪器试样架上,再扫描试样,得红外吸收光谱。将扫描得到的红外光谱与已知标准谱进行对照比较,找出主要吸收峰的归属,保存谱图,并将数据导出保存。

【数据处理与结论】
解析各试样红外光谱主要吸收峰的归属。

【注意事项】
1. 红外光谱仪结构与使用见 2.8.2。
2. 根据不同试样选择合适的制样方法。

3. 溴化钾窗片应保持干净透明。

【思考题】
1. 为什么要求溴化钾要干燥、避免吸水受潮？
2. 芳香烃的红外特征吸收在谱图的什么位置？

实验五十九　分子荧光法测定奎宁的含量

【实验目的】
1. 了解分子发光光度计的性能与结构，熟悉仪器的操作步骤。
2. 学会绘制激发光谱和荧光发射光谱，确定最大的 λ_{ex} 和 λ_{em}。
3. 掌握定量测定奎宁含量的方法。

【实验原理】
奎宁在稀酸溶液中是强荧光物质，它有两个激发波长 250nm 和 350nm，荧光发射峰在 450nm。在低浓度时，荧光强度与奎宁物质的量浓度呈正比：

$$I_f = Kc$$

【仪器与试剂】
1. 仪器　PE LS55 型分子发光光度计、石英比色皿（1cm）、容量瓶（25mL，100mL）、吸量管（2mL，5mL）。
2. 试剂　奎宁标准溶液（$10.0\mu g \cdot mL^{-1}$）、H_2SO_4 溶液（$0.05mol \cdot L^{-1}$）。

【实验步骤】
1. 系列标准溶液的配制

取 6 只 10mL 的容量瓶，分别加入 $10.0\mu g \cdot mL^{-1}$ 奎宁标准溶液 0.00mL、0.40mL、0.80mL、1.20mL、1.60mL、2.00mL，用 $0.05mol \cdot L^{-1}$ H_2SO_4 溶液稀释至刻度，摇匀。

2. 绘制激发光谱和荧光发射光谱（以 $1.2\mu g \cdot mL^{-1}$ 的标样找最大 λ_{em} 和 λ_{ex}）

将 λ_{ex} 固定在 350nm，选择合适的实验条件，在 400～600nm 范围内扫描即得荧光发射光谱（可排除 λ_{ex} 的干扰），从谱图找出最大 λ_{em} 值。

将 λ_{em} 固定在 450nm，选择合适的实验条件，在 200～400nm 范围内扫描即得荧光激发光谱（可排除 λ_{em} 的干扰），从谱图找出最大 λ_{ex} 值。

3. 绘制标准曲线

将激发波长 λ_{ex} 固定在 350nm 左右处，荧光发射波长 λ_{em} 固定在 450nm 左右处，在选定条件下，测量系列标准溶液的荧光强度。

4. 样品测定

取 4～5 片奎宁药片，在研钵中研细，准确称取约 0.1g 于小烧杯中，用 $0.05mol \cdot L^{-1}$ H_2SO_4 溶解，全部转移至 1000mL 容量瓶中，以 $0.05mol \cdot L^{-1}$ H_2SO_4 稀释至刻度，摇匀。取此溶液 2.0mL 于 100mL 容量瓶中，用 $0.05mol \cdot L^{-1}$ H_2SO_4 溶液稀释至刻度，摇匀，在标准系列溶液同样条件下，测量试样的荧光发射强度。

【数据处理与结论】
1. 从谱图找出最大 λ_{em} 值和最大 λ_{ex} 值。
2. 绘制荧光强度 I_f 对奎宁溶液浓度 c 的标准曲线，计算试样中奎宁的质量分数。

【注意事项】

1. 分子发光光度计的结构与使用见 2.8.3。
2. 奎宁溶液必须当天配制、避光保存。

【思考题】

1. 能用 0.05mol·L^{-1} HCl 来代替 0.05mol·L^{-1} H_2SO_4 溶液吗？为什么？
2. 如何绘制激发光谱和荧光发射光谱？
3. 哪些因素可能会对奎宁荧光产生影响？

实验六十　火焰原子发射光谱法测定水中 K^+、Na^+

【实验目的】

1. 学习原子发射光谱分析法的基本原理。
2. 掌握 AA-7000 型原子吸收分光光度计中所配套的原子发射光谱功能的使用。
3. 掌握以标准曲线法测定水中钾、钠含量的方法。

【实验原理】

原子发射光谱是指在外界能量作用下转变成气态原子并使原子外层电子进一步被激发，当被激发的电子从较高能级跃迁到较低的能级时，原子会释放多余的能量从而产生特征发射谱线。钠和钾容易电离，在火焰中具有较高的发射强度，且在一定范围内发射强度与浓度成正比，可用下列经验式表示：$I=ac^b$。式中，b 为自吸系数，在相同的实验条件下，b 为定值。

因此可利用各自的灵敏共振线进行测定，根据标准曲线法可对待测元素进行定量分析。

【仪器与试剂】

1. 仪器　岛津 AA-7000 型原子吸收分光光度计、容量瓶（100mL）、移液管（10mL）。
2. 试剂

(1) 钾标准储备液(1.0mg·mL^{-1})　准确称取已在 600℃下灼烧过 1h 的 KCl 1.907g，用少量去离子水溶解后，移入 1000mL 聚乙烯容量瓶内，再用 2%的 HNO_3 稀释至刻度，摇匀备用。

钠标准储备液(1.0mg·mL^{-1})　准确称取已在 600℃下灼烧过 1h 的 NaCl 2.542g，用少量去离子水溶解后，移入 1000mL 聚乙烯容量瓶内，再用 2%的 HNO_3 稀释至刻度，摇匀备用。

(2) 钾的标准使用液($10\mu\text{g·mL}^{-1}$)　准确移取 1.00mL 钾的标准储备液于 100mL 聚乙烯容量瓶中，用 2%的 HNO_3 稀释至刻度，摇匀。

钠的标准使用液（$10\mu\text{g·mL}^{-1}$）　准确移取 1.00mL 钠的标准储备液于 100mL 聚乙烯容量瓶中，用 2%的 HNO_3 稀释至刻度，摇匀。

【实验步骤】

1. K^+、Na^+ 系列标准溶液的配制

(1) 钾标准溶液系列　准确移取 0.00mL、2.00mL、4.00mL、6.00mL、8.00mL 及 10.00mL 钾标准使用液（$10\mu\text{g·mL}^{-1}$），分别置于 6 只 100mL 容量瓶中，用 2%的 HNO_3

稀释至刻度，摇匀备用。

（2）钠标准溶液系列　准确移取 0.00mL、1.00mL、3.00mL、5.00mL、7.00mL 及 9.00mL 钠标准使用液（10μg·mL^{-1}），分别置于 6 只 100mL 容量瓶中，用 2% 的 HNO_3 稀释至刻度，摇匀备用。

2. 工作条件

（1）吸收线波长　K：766.5nm；Na：589.0nm。

（2）狭缝宽度　K：0.5mm；Na：0.7nm。

（3）原子化器高度　7mm。

（4）流量　空气流量 15L·min^{-1}；乙炔气流量 1.8L·min^{-1}。

（5）点灯方式　Emission。

3. 仪器操作步骤

（1）打开乙炔气阀，调整到 0.09～0.11MPa，打开空压机，调整压力到 0.35～0.40MPa。

（2）打开主机电源，打开电脑，双击 WizAArd 图标打开软件，输入 ID 口令 admin，密码空白，点击确定。

（3）点击参数—元素选择导向—选择元素—单击［灯位设定］显示［灯位设定］画面，在任意［灯座号］的［元素］栏里选择"＊"，［灯类型］栏里选择"普通"。

（4）将点灯方式改为：Emission。单击［确定］，关闭［灯位设定］画面，返回到［光学参数］窗口，然后选择用火焰发射分析的虚拟灯的灯座号。

（5）将［灯电流］中的［low］设定到"0"。

（6）在火焰发射分析时，要在点燃火焰和喷雾标准样品时进行谱线搜索。因此，谱线搜索不在此页进行。先进入到下一步［原子化器/气体流量设定］画面，设定必要的参数，使之可以点火。然后回到上一页进行谱线搜索，选择浓度最高的标液喷雾，单击画面右下方的［谱线搜索］。如果谱线搜索失败，显示能量不足的提示信息，需喷雾更高浓度的样品，然后再试（进行"谱线搜索"：吸一个高浓度标液，若吸光度没有出来，说明标液浓度还不够，继续加大标液的浓度）。

（7）返回到［光学参数］画面，然后单击［下一步］，再次进入到［原子化器/气体流量设定］窗口，喷雾蒸馏水和监测［原子化器/气体流量设定］窗口中的实时图像，检查信号是否大致变为"0"。

（8）点击［下一步］——标准曲线设定—选择浓度单位、重复条件、标液个数，输入标准溶液的已知浓度等等—确定；点击样品组设定—选择实际样品浓度单位——确定。

（9）下一步——下一步——下一步——完成。

（10）同时按下 PURGE 和 IGNITE 两键点燃火焰，空白调零后，点击 START 开始做测试。

4. 标准曲线的制作

在设定实验条件下，以 2% 的 HNO_3 为空白样品"校零"，再依次由稀到浓测定所配制的 K^+、Na^+ 系列标准溶液及未知液的发射强度。最后根据测定数据，以标准溶液的浓度为横坐标、发射强度为纵坐标，绘制标准曲线，计算水样中 K^+、Na^+ 的含量。

5. 实验完毕，将进样管置入蒸馏水 5～10min，关闭乙炔，火灭后退出测量程序，关闭主机、电脑和空压机电源,按下空压机排水阀。

【数据处理与结论】

绘制钾、钠的标准曲线,求出水中的 K^+、Na^+ 的质量浓度(以 $\mu g \cdot mL^{-1}$ 表示)。

【注意事项】

1. 用原子吸收光谱仪器做空气-乙炔火焰发射测定的最大好处是无须使用空心阴极灯或无极放电灯等初始光源,也消除了由灯源可能产生的短期噪声和低频漂移对测定数据的影响。另一方面,不需要像吸收信号那样要经过对数转换计算,再加之某些元素的发射信号比吸收信号读数更大,使得实际测量时,有可能得到比吸收更稳定的测量结果。

2. 在进行原子吸收仪器火焰法测定时,因为不再使用空心阴极灯等光源,因而在测定时首先要通过用最高一点标准溶液的方法来寻找波长,确定电路工作参数。其它测定条件和步骤与做吸收法相同。

3. 原子吸收分光光度计的结构与使用见 2.8.4。

实验六十一　电感耦合等离子体发射光谱测定废水中镉、铬含量

【实验目的】

1. 掌握电感耦合等离子体发射光谱仪的使用操作。
2. 掌握利用发射光谱法定量测定镉、铬的方法。

【实验原理】

电感耦合等离子体光谱仪主要由高频发生器、ICP 炬管、耦合线圈、进样系统、分光系统、检测系统及计算机控制、数据处理系统构成。ICP 光源具有激发能力强、稳定性好、基体效应小、检出限低等优点。由于 ICP 光源无自吸现象,标准曲线的直线范围很宽,可达到几个数量级,因而,多数标准曲线是按 $b=1$ 绘制的,即 $I=Ac$。当有显著的光谱背景时,标准曲线可以不通过原点,曲线方程为 $I=Ac+D$,D 为直线的截距。可以用标准曲线法、标准加入法及内标法进行光谱定量分析。

【仪器与试剂】

1. 仪器　岛津 ICPS-1000Ⅱ型顺序式扫描光谱仪、容量瓶(100mL,500mL)、吸量管(10mL)。

2. 试剂

(1) 镉标准溶液($1.0g \cdot L^{-1}$)　准确称取 0.5000g 金属镉于 100mL 烧杯中,用 5mL $6mol \cdot L^{-1}$ 的盐酸溶液溶解,然后全部转移到 500mL 容量瓶中,用盐酸(1+99)稀释至刻度,摇匀备用。稀释 100 倍为镉标准使用溶液。

(2) 铬标准储备液($1.0g \cdot L^{-1}$)　准确称取 3.7349g 预先干燥过的 K_2CrO_4 于 100mL 烧杯中,用 20mL 水溶解,全部转移到 1000mL 容量瓶中,用水稀释至刻度,摇匀备用。稀释 100 倍为铬标准使用溶液。

【实验步骤】

1. ICPS-1000Ⅱ型顺序式扫描光谱仪工作参数调置如下。

(1) 分析线波长　Cd 226.502nm,Cr 267.716nm。

(2) 入射功率　1kW。

(3) 氩冷却气流量　12～14L·min^{-1}。
(4) 氩辅助气流量　0.5～0.8L·min^{-1}。
(5) 氩载气流量　1.0 L·min^{-1}。
(6) 试液提升量　1.5mL·min^{-1}。
(7) 光谱观察高度　感应线圈以上10～15mm。
(8) 积分时间　15s。

2. 按照 ICP-AES 光电直读仪的基本操作步骤完成准备工作，开机及点燃 ICP 炬。进行单色仪波长校正，然后输入工作参数。

3. 按单元素定量分析程序，输入分析元素、分析线波长及最佳工作条件等。

4. 喷入标准溶液，进行预标准化。

5. 进行标准化，绘制标准曲线。

6. 喷入工业废水试液，采集测试数据。根据试样数据，进行计算机自动在线结果处理。

7. 按照关机程序，退出分析程序，进入主菜单，关蠕动泵、气路，关 ICP 电源及计算机系统，最后关冷却水。

【数据处理与结论】

计算试样中镉、铬的质量浓度（以 mg·L^{-1}表示）。

【注意事项】

1. 测试完毕，进样系统用去离子水喷洗 3min，再关机，以免试样沉积在雾化器口和石英炬管口。

2. 先降高压、熄灭 ICP 炬，再关冷却气、冷却水。

3. 等离子体发射很强的紫外线，易伤眼睛，应通过有色玻璃防护窗观察 ICP 炬。

4. 原子发射光谱仪器结构与使用见 2.8.5。

【思考题】

1. 为什么本实验不用内标法？

2. 为什么 ICP 光源能够提高原子发射光谱分析的灵敏度和准确度？

3. 简述点燃 ICP 炬的操作过程。

实验六十二　火焰原子吸收光谱法测定自来水中钙、镁的含量

【实验目的】

1. 学习原子吸收光谱分析法的基本原理。

2. 了解火焰原子吸收分光光度计的基本结构，并掌握其使用方法。

3. 掌握以标准曲线法测定自来水中钙、镁含量的方法。

【实验原理】

在使用锐线光源条件下，基态原子蒸气对共振线的吸收，符合朗伯-比尔定律，即 $A = \lg(I_0/I) = KLN_0$，在一定实验条件下，待测元素原子总数与该元素在试样中的浓度成正比，则

$$A = Kc$$

用 A-c 标准曲线法或标准加入法，可以求出元素的含量。

【仪器与试剂】

1. 仪器 岛津 AA-7000 型原子吸收分光光度计、容量瓶（100mL）、吸量管（2mL，10mL）。

2. 试剂

（1）钙标准储备液（1.0mg·mL^{-1}） 准确称取已在 110℃ 下烘干 2h 的无水 $CaCO_3$ 0.6250g 于 100mL 烧杯中，用少量蒸馏水润湿，盖上表面皿，滴加 1mol·L^{-1} 盐酸至完全溶解，将溶液定量移入 250mL 容量瓶中，用 2%HCl 稀释至刻度，摇匀备用。

钙的标准使用液（100μg·mL^{-1}） 准确移取 10.00mL 钙的标准储备液于 100mL 容量瓶中，用 2%HCl 稀释至刻度，摇匀。

（2）镁标准储备液（1.0mg·mL^{-1}） 准确称取已在马弗炉 600℃ 下煅烧 1h 的 MgO 0.4145g，溶于少量 1mol·L^{-1} 盐酸溶液中，将溶液定量移入 250mL 容量瓶中，用 2%HCl 稀释至刻度，摇匀备用。

镁的标准使用液（10μg·mL^{-1}） 准确移取 1.00mL 镁的标准储备液于 100mL 容量瓶中，用 2%HCl 稀释至刻度，摇匀。

【实验步骤】

1. Ca^{2+}、Mg^{2+} 系列标准溶液的配制

分别移取 0.00mL、1.00mL、3.00mL、5.00mL、7.00mL、9.00mL 钙标准溶液（100μg·mL^{-1}）和 0.00mL、2.00mL、4.00mL、6.00mL、8.00mL、10.00mL 镁标准溶液（10μg·mL^{-1}）于 100mL 容量瓶中，加 2%HCl 稀释至刻度，摇匀。

2. 工作条件的设置（表 4-2）

表 4-2 工作条件

元素	分析线波长	灯电流	狭缝宽度	点灯方式	原子化器高度	空气流量	乙炔气流量
Ca	422.7nm	15mA	0.7mm	NO-BGC	7mm	15L·min^{-1}	1.8L·min^{-1}
Mg	285.2nm	15mA	0.7mm	BGC-D2	7mm	15L·min^{-1}	1.8L·min^{-1}

3. 测定

（1）用 10mL 移液管准确吸取自来水样 10.00mL 于 100mL 容量瓶中，用 2%HCl 稀释至刻度，摇匀。

（2）在最佳工作条件下，以 2%HCl 溶液为空白"校零"，由稀至浓逐个测量 Ca^{2+}、Mg^{2+} 系列标准溶液的吸光度，最后测量自来水样的吸光度 A。

4. 结束后，用蒸馏水喷洗原子化系统约 2min，按关机程序关机。

【数据处理与结论】

绘制钙、镁的标准曲线，求出自来水中 Ca、Mg 的质量浓度（以 μg·mL^{-1} 表示）。

【注意事项】

1. 原子吸收分光光度计的结构与使用见 2.8.4。

2. 乙炔为易燃易爆气体，必须严格按照操作规程工作。请勿使用主阀压力低于 0.5MPa 的乙炔气瓶，否则填充于气瓶中的丙酮会外流影响测量。如果气体的气瓶压力降至 0.5MPa，请更换新的气瓶。在点燃火焰之前，应先开空气，后开乙炔气体；结束或暂停实验时，应先关乙炔气体，后关空气。乙炔钢瓶的工作压力，一定要控制在所规定的范围之内（0.09~0.11MPa）。

【思考题】

为什么要配制 Ca、Mg 标准溶液？所配制的 Ca、Mg 标准溶液可以放置到第二天再使用吗？为什么？

实验六十三　石墨炉原子吸收光谱法测定水样中锰含量

【实验目的】

1. 了解石墨炉原子吸收光谱仪的基本结构，掌握相关操作技术。
2. 掌握无火焰原子化的优缺点。
3. 了解如何优化实验条件。

【实验原理】

石墨炉原子吸收光谱法是采用石墨炉使石墨管升至 2000℃ 以上，让管内试样中待测元素分解成气态的基态原子，由于气态的基态原子吸收其共振线，且吸收强度与含量成正比关系，故可进行定量分析。它属于非火焰原子吸收光谱法。

石墨炉原子吸收光谱法具有试样用量少的特点，绝对灵敏度可高达 $10^{-10} \sim 10^{-14}$，相对灵敏度达每毫升纳克量级。但仪器较复杂、背景吸收干扰较大。一个样品的分析需要经过 4 个过程。第一步是干燥，这个过程升温较慢，其目的是将样品中的溶剂蒸发掉。第二步是灰化，这一过程也比较缓慢，其主要目的是使基体灰化完全，否则，在原子化阶段未完全蒸发的基体可能产生较强的背景或分子吸收。第三步是原子化，这一过程要求升温速率很快，这样可使自由原子数目最多。最后过程是除残阶段，其温度一般比原子化温度略高一些，以除去石墨管中的杂质元素及"记忆效应"。在这 4 个过程完成后，把冷水开关接通，使石墨管冷却至室温，便可以进行下一个样品的分析。

石墨炉原子化的 4 个阶段对分析结果影响很大。

干燥阶段：液体样品注入石墨炉后，应在略高于溶剂沸点的温度下烘干。干燥温度过低，干燥时间过短，不能达到干燥目的；温度过高，则会引起样品暴沸，造成损失。

灰化阶段：干燥阶段结束后进入灰化阶段，炉温升高使样品中的基体或某些杂质灰化，可以有效减少干扰，灰化温度过低和时间过短，基体杂质不易除去。温度过高，时间过长，可能损失待测元素。

原子化阶段：灰化阶段结束后，石墨炉温度迅速升高到 2000~3000℃，使待测元素原子化，这一阶段的温度和时间直接影响分析结果。温度过低或时间过短，则不能有效原子化；温度过高，时间过长，又会使石墨炉消耗严重。

除残阶段：除残温度应高于原子化温度。

综合以上原因，要对多个因素进行条件选择，确定条件后，用标准曲线法进行测定。

【仪器与试剂】

1. 仪器　岛津 AA-7000 型原子吸收分光光度计、容量瓶（100mL）、吸量管（10mL）。
2. 试剂

(1) 锰标准储备液（1.0 mg·mL^{-1}）　　准确称取 2.7486g 于 400~500℃ 灼烧至恒重的无水硫酸锰（$MnSO_4$），溶于少量水中，加 0.5mL 硝酸，用水定容 1000mL，摇匀备用。

(2) 锰标准溶液（10μg·mL^{-1}）　准确移取 1.00mL 锰的标准储备液于 100mL 容量瓶中，用 1% HNO$_3$ 稀释至刻度，摇匀。

(3) 锰标准使用液（25ng·mL^{-1}）　准确移取 2.50mL 锰的标准溶液（10μg·mL^{-1}）于 100mL 容量瓶中，用 1% HNO$_3$ 稀释至刻度，摇匀。

(4) 1%（体积分数）HNO$_3$　移取分析纯硝酸 5mL 置于 500mL 容量瓶中，用去离子水稀释至刻度。

【实验步骤】

1. 锰系列标准溶液的配制

分别移取锰标准使用溶液（25ng·mL^{-1}）0.00mL、2.00mL、4.00mL、6.00mL、8.00mL、10.00mL 于 100mL 容量瓶中，用 1% HNO$_3$ 稀释到刻度，摇匀。

2. 按表 4-3 列参数设置锰的测量条件

表 4-3　测量条件

点灯方式	分析线波长	灯电流	狭缝宽度	干燥温度和时间	灰化温度和时间	原子化温度和时间	除残温度和时间	氩气流量
BGC-D2	279.5nm	10mA	0.2mm	120～250℃，10s（斜坡升温）	600℃，10s	1800℃，3s	2500℃，3s	2L·min^{-1}

3. 试液的配制

取一定量水样于 100mL 容量瓶中，用 1% HNO$_3$ 稀释到刻度，摇匀。

4. 测定

以 1% HNO$_3$ 为空白溶液，由稀至浓逐个测量 Mn^{2+} 系列标准溶液的吸光度，最后测量水样的吸光度 A。

【数据处理与结论】

绘制标准曲线，计算水样中锰的质量浓度（以 μg·mL^{-1} 表示）。

【注意事项】

1. 原子吸收分光光度计的结构与使用见 2.8.4。

2. 石墨炉自动进样器的位置合适与否是影响测量数据质量的一个重要因素，因此调节自动进样器位置（即石墨炉喷嘴位置）也成为进行石墨炉原子吸收分析工作的一个关键性操作。石墨炉喷嘴位置的调节包括两个方面，首先是前后左右的位置，这种调节只能是手动，由操作者的目视来判断位置的正确与否。位置的变动由自动进样器支架台上的两个调节旋钮来实现。调节得好的一个标志是，在自动进样器加样时，不应该有进样管碰到或擦到石墨管的任何部位。在确认前后左右位置已经调好的情况下，开始调节自动进样器头到石墨管的深度。过低或过高的深度都会使测定信号的灵敏度和重复性变差，有时还会影响到线性。可以通过仪器所配的镜子观察并判断自动进样管头到石墨管中的深度是否合适。一个合适的进样高度应使得一滴样品溶液在到达石墨管壁的瞬间做到"顶天立地"，即这滴溶液上部还没有完全离开进样管前端时，溶液下部已经与石墨管壁相连（见图 4-2）。如果进样管太高，会使溶液"跌落"下来，致使样品溶液由于"溅射"而损失。如果进样管位置太低，则样品溶液会"漫过"进样管的最前端，在随后的进样管抬起时"沾有"一些样品溶液，造成另一原因的损失。

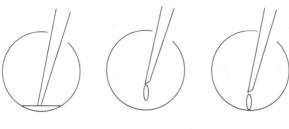

(a) 加样位置太低　　(b) 加样位置太高　　(c) 加样位置合适

图 4-2　加样位置

【思考题】

1. 非火焰原子吸收光谱法具有什么特点？
2. 试比较火焰与石墨炉原子吸收光谱分析法的优缺点。
3. 在实验中通氩气的作用是什么？为什么要用氩气？

实验六十四　离子选择性电极测定水中氟含量

【实验目的】

1. 掌握离子选择性电极法测定的原理。
2. 了解总离子强度调节缓冲溶液的意义和作用。
3. 学习 pH 计的使用方法，掌握用离子选择性电极测定氟的原理和方法。

【实验原理】

以氟电极作指示电极、饱和甘汞电极为参比电极，浸入试液组成工作电池：

Hg，Hg_2Cl_2｜KCl（饱和）‖F^- 试液｜LaF_3｜NaF，NaCl（均为 $0.1mol \cdot L^{-1}$）｜AgCl，Ag

在测量时加入以 HAc、柠檬酸钠和大量 NaCl 配制成的总离子强度调节缓冲液（TISAB）。由于加入了高离子强度的溶液（本实验所用的 TISAB 其离子强度 $\mu > 1.2$），可以在测定过程中维持离子强度恒定，因此工作电池电动势与 F^- 浓度的对数呈线性关系：

$$E = K - 0.0592 \lg c_{F^-}$$

本实验采用标准曲线法测定 F^- 浓度，即配制不同浓度的 F^- 标准溶液，测定工作电池的电动势，并在同样条件下测得试液的 E_x，由 E-$\lg c_{F^-}$ 曲线查得未知试液中的 F^- 浓度。当试液组成较为复杂时，则应采取标准加入法或 Gran 作图法测定。

氟电极的适用酸度范围为 pH=5～6，测定浓度在 $10^{-1} \sim 10^{-6} mol \cdot L^{-1}$ 范围内，ΔE_M 与 $\lg c_{F^-}$ 呈线性响应，电极的检测下限在 $10^{-7} mol \cdot L^{-1}$ 左右。

【仪器与试剂】

1. 仪器　pHS-3 型酸度计、氟离子选择性电极、饱和甘汞电极、电磁搅拌器、容量瓶（50mL）、吸量管（25mL，10mL，5mL）、量筒（10mL）。

2. 试剂

（1）氟离子标准溶液（$100mg \cdot L^{-1}$）　称取氟化钠基准试剂（已于 105～110℃ 干燥 2h，冷却）0.2210g 于小烧杯中，用去离子水溶解后，转移至 1000mL 容量瓶中，用去离子水定容，摇匀后即储存于聚乙烯瓶中。使用时稀释 10 倍。

（2）总离子强度调节液 称取 58g NaCl 和 12g 柠檬酸钠于 1000mL 烧杯中，加入 500mL 去离子水和 57mL 冰醋酸，搅拌至溶解，将烧杯放入冷水中，缓慢加入 $6mol·L^{-1}$ NaOH 调节 pH＝5.0～5.5，冷却至室温，加去离子水至总体积 1L。

【实验步骤】

1. 标准曲线的制作

移取 $10.00mg·L^{-1}$ 的氟标准溶液 0.00mL、1.00mL、2.00mL、3.00mL、4.00mL、5.00mL、10.00mL、15.00mL、20.00mL、25.00mL，分别移入 10 个 50mL 容量瓶中，加入 10mL TISAB 溶液，用去离子水定容，即得氟离子浓度分别为 $0.00mg·L^{-1}$、$0.20mg·L^{-1}$、$0.40mg·L^{-1}$、$0.60mg·L^{-1}$、$0.80mg·L^{-1}$、$1.00mg·L^{-1}$、$2.00mg·L^{-1}$、$3.00mg·L^{-1}$、$4.00mg·L^{-1}$、$5.00mg·L^{-1}$ 的标准系列。将标准系列溶液按照由低到浓的顺序依次转入干的塑料杯中，插入电极，开动搅拌器 4～5min 后，停止搅拌，读取平衡电位。在半对数坐标纸上作 $E(mV)$-c_{F^-} 图，即得标准曲线，或在普通坐标纸上作 $E(mV)$-$\lg c_{F^-}$ 曲线。

2. 水样的准备

移取含氟量 $<10mg·L^{-1}$ 的水样 25.00mL（必要时，进行稀释后再移取）于 50mL 容量瓶中，加入 10mL 总离子强度调节液，用去离子水定容，把溶液全部转入塑料杯中。

3. 测定

仪器调零校准，将电极自水中取出，吸干，浸入被测溶液，搅拌、静置待仪器读数稳后，记录读数，测定电位 E；抬起"读数"键，更换被测液，按相同测定程序由稀至浓顺序测量各溶液。

【数据处理与结论】

1. 绘制 $E(mV)$-$\lg c_{F^-}$ 图。
2. 由曲线求出水样中氟的质量浓度（以 $mg·L^{-1}$ 表示）。

【注意事项】

1. 酸度计和离子计的使用见 2.8.6 和 2.8.7。
2. 氟电极使用前，宜在去离子水中浸泡数小时或过夜。或者在 $10^{-3} mol·L^{-1}$ NaF 溶液中浸泡 1～2h，再用去离子水洗涤，直至其在去离子水中的电极电位达到 300mV。如不能达到，可能固态膜电极钝化了，此时可用 M5(06#) 金相砂纸轻轻擦拭氟电极，或将优质牙膏放在湿的麂皮上擦拭氟电极，然后清洗，以上两种方法都可以活化电极。
3. 氟电极在接触浓的 F^- 溶液后再测定稀溶液时伴有迟滞效应，因此测定标准系列时应由稀到浓测定，可以不必清洗电极，只需用滤纸吸去附着的溶液即可。
4. 电位平衡时间随 F^- 浓度的降低而延长，在测定时，待平衡电位在两分钟内无变化即可读数。
5. 在应用氟离子电极时，需要考虑以下问题：

（1）试液 pH 的影响；

（2）为了使测定过程中 F^- 的活度系数、液接电位 φ_j 保持恒定，试液需要维持一定的离子强度；

（3）氟离子选择性较好，但是一些能与 F^- 形成配合物的阳离子以及能与 La^{3+} 形成配合物的阴离子对测定会有不同程度的干扰。

【思考题】
1. 利用 LaF_3 单晶膜 F^- 选择性电极测定 F^- 的原理是什么？
2. 试分析影响测定准确度的因素？
3. 总离子强度调节液在测定中起什么作用？

实验六十五　硫酸铜电解液中氯离子的自动电位滴定

【实验目的】
1. 学习电位滴定法的基本原理和操作技术。
2. 掌握电位滴定分析确定滴定终点的方法。

【实验原理】
电位滴定法是根据滴定过程中指示电极电位的变化来确定终点的定量分析方法。

用电解法精炼铜时，硫酸铜电解液中的氯离子浓度不能过大，需要经常加以测定。由于硫酸铜溶液本身具有很深的蓝色，无法用指示剂来确定终点，所以不能用普通容量法进行滴定。

用电位滴定法测定氯离子时，以硝酸银为滴定剂，在滴定过程中，氯离子和银离子的浓度发生变化，可用银电极或氯离子选择性电极作为指示电极，指示在化学计量点附近发生的电位突跃。本实验以银电极作指示电极。

银指示电极的电位可以根据能斯特公式计算。

化学计量点前，电极的电位决定于 Cl^- 的浓度。
$$E = E^{\ominus}_{AgCl/Ag} - 0.0592 \lg [Cl^-]$$

化学计量点时，$[Ag^+] = [Cl^-]$，可由 $K_{sp,AgCl}$ 求出 Ag^+ 的浓度，由此计算出 Ag 电极的电位。

化学计量点后，电极电位决定于 Ag^+ 的浓度，其电位由下式计算：
$$E = E^{\ominus}_{Ag^+/Ag} + 0.0592 \lg [Ag^+]$$

在化学计量点前后，Ag 电极的电位有明显的突跃。

因为测定的是氯离子，所以要用带硝酸钾盐桥的饱和甘汞电极作为参比电极，也可采用饱和硫酸亚汞电极，以避免氯离子的沾污，饱和硫酸亚汞电极的电位为 +0.620V。

滴定终点可由电位滴定曲线来确定，即 E-V 曲线、$\Delta E/\Delta V$-V 一阶微商曲线和 $\Delta^2 E/\Delta V^2$-V 二阶微商曲线。

【仪器与试剂】
1. 仪器　DZ-1 型滴定装置、自动电位滴定仪、滴定管（10mL）、银离子选择性电极、移液管（25mL）、烧杯（200mL）、电磁搅拌器。
2. 试剂
(1) 硝酸银标准溶液（$0.0500 mol \cdot L^{-1}$）　准确称取 8.500g 分析纯硝酸银，用水溶解后稀释至 1L。
(2) 硫酸铜电解液　称取 0.12g~0.14g NaCl 溶于 2000mL 硫酸铜溶液中。

【实验步骤】
1. 手动电位滴定
将银离子选择性电极及饱和甘汞电极（带盐桥）装在滴定台的夹子上。按使用说明设置好仪器。

准确吸取硫酸铜电解液 25.00mL 置于 200mL 烧杯中，加水约 25mL，放入搅拌磁子，置于电磁搅拌器上。将两电极浸入试液，按下读数开关，读取初始电位，一边搅拌，一边按动装置的滴定开始按键。

每加入一定体积的硝酸银溶液，记录一次电位值，读数时停止搅拌。开始滴定时，每次可加 1.00mL；当达到化学计量点附近时（化学计量点前后约 0.5mL），每次加 0.10mL；过了化学计量点后，每次仍加 1.00mL，一直滴定到 9.00mL。

2. 自动电位滴定

根据手动电位滴定曲线图（$\Delta^2 E/\Delta V^2$-V 图），可求得终点电位。在仪器上设置此电位值为终点电位，进行自动电位滴定。

取试液 25.00mL，加水约 25mL，插入电极，按下滴定开始按键，此时终点指示灯亮，滴定指示灯时亮时暗，随着 $AgNO_3$ 溶液的加入，电表指针向终点逐渐接近，当电表指针到达终点时，终点指示灯熄灭，滴定结束，记下 $AgNO_3$ 用量。

实验结束，将仪器复原，洗净电极，擦干，干燥保存。

【数据处理与结论】

1. 根据手动电位滴定的数据，绘制电位（E）对滴定剂体积（V）的滴定曲线以及 $\Delta E/\Delta V$-V、$\Delta^2 E/\Delta V^2$-V 曲线，并用二阶微商法确定终点体积。
2. 根据滴定终点所消耗的硝酸银溶液的体积，计算试液中 Cl^- 的质量浓度（以 $g \cdot L^{-1}$ 表示）。

【注意事项】

1. 银电极事先用金相砂纸擦去表面氧化物。
2. 硝酸银标准溶液最好用标准氯化钠溶液进行标定。
3. 自动电位滴定仪的结构与使用见 2.8.8。

【思考题】

1. 硝酸银滴定氯离子时，是否可以用碘化银电极作指示电极？
2. 与化学分析中的容量分析法相比，电位滴定法有何特点？

实验六十六　循环伏安法测定电极反应参数

【实验目的】

1. 熟悉电化学分析仪中循环伏安法测定的操作技术。
2. 了解循环伏安法的基本原理、特点及应用。
3. 学习循环伏安法测定电极反应参数的实验技术。
4. 掌握可逆波的循环伏安图的特性。

【实验原理】

循环伏安法（CV）是将循环变化的电压施加于工作电极和对电极之间，记录工作电极上得到的电流与施加的电压之间的关系曲线。这种方法也常被称为三角波线性电位扫描方法。当工作电极被施加的扫描电压激发时，其上将产生响应电流。以该电流对电位作图，得循环伏安图。$K_3Fe(CN)_6$ 循环伏安图如图 4-3 所示。

CV 法能迅速提供电活性物质电极反应过程的可逆性、化学反应历程、电极表面吸附等许多信息,从循环伏安图中可以得到阳极峰电流(i_{pa})、阴极峰电流(i_{pc})、阳极峰电位(E_{pa})和阴极峰电位(E_{pc})几个重要参数。测量确定 i_p 的方法是:沿基线作切线外推至峰下,从峰顶作垂线至切线,其间高度即为 i_p。E_p 可直接从横轴与峰顶对应处读取。

对可逆氧化还原电对的标准电极电位 $E^\ominus$ 与 E_{pa} 和 E_{pc} 的关系可表示为:

$$E^\ominus = (E_{pa} + E_{pc})/2 \quad (4-1)$$

而两峰间的电位差为:

$$\Delta E_p = E_{pa} - E_{pc} \approx 0.056/n \quad (4-2)$$

对于铁氰化钾可逆电对,其反应为单电子过程,可从实验中测出 ΔE_p 并与理论值比较。

对可逆体系的正向峰电流,由 Randles-Savcik 方程可表示为:

$$i_p = 2.69 \times 10^5 n^{3/2} A D^{1/2} v^{1/2} c \quad (4-3)$$

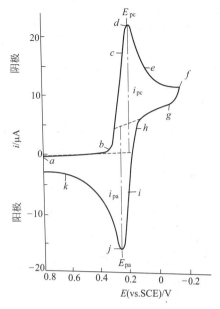

图 4-3 6×10^{-3} mol·L^{-1} K$_3$[Fe(CN)$_6$]在 1.0 mol·L^{-1} KNO$_3$ 电解质溶液中的循环伏安图
(扫描速度 50 mV·s^{-1},铂电极面积 2.54 mm^2)

式中,i_p 为峰电流,A;n 为电子转移数;A 为电极面积,cm^2;D 为扩散系数,cm^2·s^{-1};v 为扫描速度,V·s^{-1};c 为浓度,mol·L^{-1}。

由式(4-3),i_p 与 $v^{1/2}$ 和 c 都是直线关系,对研究电极反应过程具有重要意义。

在可逆电极反应过程中:

$$i_{pa}/i_{pc} \approx 1 \quad (4-4)$$

对一个简单的电极反应过程,式(4-2)和式(4-4)是判断电极反应是否是可逆体系的重要依据。

【仪器与试剂】

1. 仪器 CHI 660B 电化学系统、玻碳电极(ϕ=3mm,工作电极)、饱和甘汞电极(对电极)、铂丝电极(辅助电极)、容量瓶(100mL)、烧杯(50mL)、玻璃棒。

2. 试剂 K$_3$[Fe(CN)$_6$](2.0×10^{-2} mol·L^{-1})、KNO$_3$(1.0 mol·L^{-1})。

【实验步骤】

1. 在 100mL 的容量瓶中,分别加入 2.0×10^{-2} mol·L^{-1} K$_3$Fe(CN)$_6$ 溶液 5.00mL,再加入 1 mol·L^{-1} 硝酸钾溶液 10mL,稀释至刻度,摇匀;倒适量溶液至电解杯中。

2. 将玻碳电极在麂皮上用抛光粉抛光后,再用蒸馏水超声波清洗 1~2min。

3. 依次接上工作电极、对电极和辅助电极,插入电解杯中。

4. 开启电化学系统及计算机电源开关,启动电化学程序,在菜单中依次选择 Setup→Technique→CV、Parameter 输入以下参数(表 4-4)。

5. 点击 Run 开始扫描,将实验图盘存后,记录氧化还原峰电位 E_{pc}、E_{pa} 及峰电流 i_{pc}、i_{pa}。

6. 改变扫描速度为 0.02 V·s^{-1}、0.05 V·s^{-1}、0.10 V·s^{-1}、0.15 V·s^{-1} 和 0.20 V·s^{-1},

分别作伏安图。

7. 将 5 个伏安图叠加，实验图存盘，打印，分别记录氧化还原峰电位、峰电流 i_{pc}、i_{pa}。

表 4-4　工作条件

Init E/V	0.6	Segment	2
High E/V	0.6	Sample Interval/V	0.001
Low E/V	−0.2	Quiet Time/s	2
Scan Rate/V·s^{-1}	0.10	Sensitivity/A·V^{-1}	2e−5

【数据处理与结论】

1. 将所测的数据列表。
2. 以氧化还原峰电流 i_{pc}、i_{pa} 分别与扫描速度的平方根 $v^{1/2}$ 作图，求算线性回归方程及相关系数 r。
3. 根据 $K_3Fe(CN)_6$ 循环伏安图中有关数据，求算 $[Fe(CN)_6]^{3-}/[(CN)_6]^{4-}$ 电极反应的 n 和 $E^{\ominus}$。

【注意事项】

1. 在完成每一个扫描的测定后，需要轻轻搅动几下电解池的试液，使电极附近溶液恢复至初始条件。
2. CHI600B 电化学分析仪/工作站仪器使用见 2.8.10。

【思考题】

1. 如何理解电极过程的可逆性？
2. 由循环伏安图解释物质在电极上的可能反应机理。

实验六十七　阳极溶出伏安法测定水样中的微量镉

【实验目的】

1. 熟悉溶出伏安法的基本原理。
2. 掌握溶出伏安法测定水样中的微量镉的实验方法和技术。
3. 熟悉 CHI660B 电化学系统中溶出伏安法的操作技术。

【实验原理】

溶出伏安法是一种将富集和测定结合在一起的电化学方法。溶出伏安法包括两个基本过程：首先将工作电极控制在某一条件下，使被测物质在电极上富集；然后施加线性变化电压于工作电极上，被富集的物质溶出，同时记录电流（或电流的某个关系函数）与电极电位的关系曲线，根据溶出峰电流（或电流函数）的大小来确定被测物质的含量。

溶出伏安法分为阳极溶出伏安法、阴极溶出伏安法和吸附溶出伏安法。本实验采用阳极溶出伏安法测定水中的微量镉，其过程表示为：

$$Cd^{2+} + 2e^- + Hg \underset{溶出}{\overset{富集}{\rightleftharpoons}} Cd(Hg)$$

本实验使用玻碳电极为工作电极，采用同位镀汞膜测定技术。该法是在试液中加入一定量的汞盐［通常是 $10^{-5} \sim 10^{-4} mol·L^{-1} Hg(NO_3)_2$］，在施加电压富集时，汞与被测物质同时在玻碳电极的表面上析出形成汞膜（汞齐）。然后在反向电位扫描时，被测物质从汞齐中溶出，从而产生溶出电流峰。一定条件下，溶出电流峰与溶液中的金属离子的浓度成正比，这是阳极溶出法的定量依据。

本实验用标准加入法测定水中的镉含量。

【仪器与试剂】

1. 仪器　CHI660B型电化学工作站、磁力搅拌器、玻碳电极（$\phi=3$mm）、甘汞电极、铂丝电极、容量瓶（50mL）、移液管（5mL，25mL）。

2. 试剂　Cd^{2+}标准溶液（1.0×10^{-5}mol•L^{-1}）、$Hg(NO_3)_2$（5×10^{-3}mol•L^{-1}）、HCl（1mol•L^{-1}）。

【实验步骤】

1. 预处理电极

将玻碳电极在抛光布上用0.05μm的Al_2O_3粉抛光成镜面，并用二次蒸馏水超声清洗1min。用滤纸吸去电极上的水分即可使用。

2. 仪器工作条件设置

开启电化学系统及计算机电源开关，启动电化学程序，在菜单中选择Setup→Technique→LSV，并在Parameter中选择扫描范围－1.0～－0.1V，扫描速率（Scan Rate）0.1V•s^{-1}，静止时间（Quite Time）30s，灵敏度Sensitivity（A/V）为2e－5；在Control中选择溶出模式Sripping Mode、选中Sripping Mode Enabled，设置富集电位－1.0V、富集时间60s、静止电位－1.0V。

3. 配制溶液

取两份25.00mL水样置于2个50mL容量瓶中，分别加入1mol•L^{-1}HCl溶液5.0mL、5×10^{-3}mol•$L^{-1}$$Hg(NO_3)_2$溶液1.0mL，在其中一个容量瓶中加入$1.0\times10^{-5}$mol•$L^{-1}$$Cd^{2+}$标准溶液1.0mL，均用蒸馏水稀释至刻度，摇匀。

4. 测定

（1）将未添加Cd^{2+}标准溶液的水样置于电解杯中，加入搅拌子后放磁力搅拌器上。

（2）依次接上工作电极、参比电极和辅助电极，插入电解杯中。

（3）按2设置仪器的工作条件和有关参数。

（4）点击Run开始工作（注意在富集开始时开启搅拌开关而结束时则停止搅拌），记录阳极溶出峰电流i_{px}，重复测定三次求平均值。

重复测定时，要将电极清洗。方法是在Control中Preconditioning（电极预处理），设置电位－0.1V，时间60s。

（5）将添加Cd^{2+}标准溶液的水样置于电解杯中，加入搅拌子，磁力搅拌；按步骤（2）～（4）操作。记录阳极溶出峰电流$i_{p(x+s)}$，重复测定三次求平均值。

【数据处理与结论】

1. 将所测的数据列表。

2. 根据标准加入法计算水样中Cd^{2+}的质量浓度（mol•L^{-1}）。

$$c_x = \frac{c_s V_s i_{px}}{[i_{p(s+x)} - i_{px}] V_x}$$

【注意事项】

实验中实验条件应严格保持一致。CHI600B电化学分析仪/工作站仪器使用见2.8.10。

【思考题】
1. 富集电位的选择依据是什么？
2. 溶出伏安法为什么具有较高的灵敏度？
3. 简述溶出伏安法的过程。

实验六十八　混合物的气相色谱分析

【实验目的】
1. 掌握根据保留值，利用标准样品进行定性分析的方法。
2. 掌握色谱定量分析的原理，熟悉用归一化法定量测定混合物。
3. 掌握气相色谱仪的使用操作技术。

【实验原理】
1. 定性分析　色谱定性分析的任务是确定色谱图上每个峰代表什么组分；定性分析的根据是每个峰的保留值。

在相同的色谱条件下，将样品和标准物质分别进行色谱分析，分别测定各组分的保留值。保留值相同，可认为二者是同一物质。这种方法要求色谱条件稳定，保留值测定准确。

2. 定量分析　在确定各个色谱峰所代表的组分后，即可对其进行定量分析。色谱定量分析的依据是待测组分的质量与检测器的响应信号（峰面积 A 或峰高 h）成正比：

$$m_i = f_i A_i \text{ 或 } m_i = f_i h_i$$

式中，f_i 为绝对校正因子。

经色谱分离后，混合物中的各组分均产生可测量的色谱峰，可按归一化公式计算各组分的质量分数，设 f_i' 为相对校正因子，则

$$w_i = \frac{f_i' A_i}{\sum_{i=1}^{n} f_i' A_i}$$

【仪器与试剂】
1. 仪器　GC900 型气相色谱仪、FID 检测器、微量进样器（$1\mu L$，$30\mu L$）。
2. 试剂　苯、甲苯、环己烷。所有试剂均为色谱纯。

【实验步骤】
1. 实验条件

色谱柱：DB-1701 不锈钢或玻璃柱（$30m \times 0.25mm \times 0.32\mu m$），进样口温度 120℃，检测器温度 200℃，色谱柱温度 60~100℃，升温速度 $10℃ \cdot min^{-1}$；气体流速：N_2 $30mL \cdot min^{-1}$，H_2 $40mL \cdot min^{-1}$，空气 $300mL \cdot min^{-1}$。

2. 混合物的分析

（1）死时间 t_0 的测定　用微量进样器吸取空气 $30\mu L$，由进样口直接进入色谱仪，记录空气峰的死时间 t_0。

（2）苯、甲苯、环己烷纯样保留时间的测定　分别用微量进样器移取上述纯样溶液各 $0.5\mu L$，依次进样分析，分别测定各色谱峰的保留时间 t_R，计算出各峰相应的调整保留时间 t_R'。

(3) 混合物样品的分析　用微量进样器移取 1.0μL 混合物试液注入色谱仪进行分析，连续记录各组分色谱峰的保留时间，并在色谱图上相应色谱峰处作出标记。计算各峰相应的调整保留时间。

【数据处理与结论】

1. 将混合物试液各组分色谱峰的调整保留时间与已知纯样进行对照，对各色谱峰所代表的组分作出定性分析。

2. 用归一化法计算混合物试液中各组分的质量分数。各组分的 f'_i 值见表 4-5。

表 4-5　各组分的 f'_i

组分	环己烷	苯	甲苯
f'_i	0.94	1.00	1.02

【注意事项】

1. 测定时，取样要准确，进样要迅速。
2. 测定时应严格控制实验条件恒定。
3. 气相色谱仪器结构与使用见 2.8.11。

【思考题】

1. 引入相对校正因子的意义是什么？实验中如何测定？
2. 应用归一化法定量分析的前提条件是什么？
3. 进样量准确与否对归一化法的结果有影响吗？什么条件变化会影响分析结果？

实验六十九　酒精饮料中各成分的分离和分析

【实验目的】

1. 了解程序升温色谱在复杂样品分析中的应用。
2. 掌握程序升温色谱的操作方法。
3. 熟悉内标法定量分析的方法。

【实验原理】

酒精饮料所含微量成分复杂，其极性和沸点变化范围也很大，采用定温色谱方法不能很好地一次同时进行分离和分析。若选择适当的色谱柱，采用程序升温操作方式，以内标法定量，就能很好地对各组分进行测定。

程序升温是指柱温按预定的加热速度，随时间作线性或非线性地增加的色谱操作方式。在程序升温过程中，采用低的初始温度，使低沸点组分得到良好分离，随着柱温不断升高，沸点较高的组分也逐一流出色谱柱，这样低沸点和高沸点组分都可得到峰形良好的色谱峰。

【仪器与试剂】

1. 仪器　GC900 型气相色谱仪、FID 检测器、微量进样器（1μL，20μL）、容量瓶（25mL）。

2. 试剂　60％乙醇、甲醇、正丙醇、正丁醇、异戊醇、乙醛、乙酸乙酯、己酸乙酯、乙酸正戊酯。所有试剂均为色谱纯，用水均为二次蒸馏水。

【实验步骤】

1. 实验条件

色谱柱：DB-WAX 聚乙二醇（PEG-20M）（30m×0.25μm×0.5μm）；柱温：80～200℃；升温速度：4℃·min^{-1}；检测器和汽化室温度：220℃；气体流速：N_2 40mL·min^{-1}，H_2 40mL·min^{-1}，空气 450mL·min^{-1}。

2. 标准溶液的配制

在 25mL 容量瓶中加入 20mL 60%乙醇，再分别加入 20.0μL 甲醇、正丙醇、正丁醇、异戊醇、乙醛、乙酸乙酯、己酸乙酯和乙酸正戊酯，再用 60%乙醇稀释至刻度，充分摇匀。

3. 试液的制备

预先用待测饮料荡洗 25mL 容量瓶，再移取 20.0μL 乙酸正戊酯至容量瓶，用待测饮料稀释至刻度，充分摇匀。

4. 测定

开机，启动程序升温系统，设置色谱柱升温程序，待仪器稳定后，依次注入 1.0μL 标准溶液和试液。

【数据处理与结论】
1. 用保留时间法确定各物质的色谱峰。
2. 以乙酸正戊酯为内标物，根据标准溶液的色谱图分别求出各物质的校正因子。
3. 采用内标法计算待测酒精饮料中各组分的含量。

【注意事项】
配制内标标准溶液时，可以按体积计，也可按质量计，应依据对结果要求（体积分数或是质量分数）而定。气相色谱仪器结构与使用见 2.8.11。

【思考题】
1. 什么是程序升温操作？
2. 在哪些情况下，需采用程序升温色谱操作对样品进行分离？
3. 与恒温色谱相比，程序升温色谱操作具有哪些优缺点？

实验七十　高效液相色谱法测定苯和甲苯

【实验目的】
1. 理解反相色谱的优点及应用。
2. 掌握高效液相色谱仪的使用操作技术。
3. 了解高效液相色谱法分离测定化合物的基本原理。

【实验原理】
在液相色谱中，采用非极性固定相（如十八烷基键合相，ODS）和极性流动相，这种色谱称为反相色谱法。这种分离方式特别适合于同系物的分析。苯和甲苯在 ODS 柱上的作用力大小不同，它们的分配比不等，在柱内的移动速率不同，因而先后流出色谱柱。根据组分峰面积大小及测得的相对校正因子，就可以由归一化法求出各组分的含量。

【仪器与试剂】
1. 仪器　LC-20A 型高效液相色谱仪、PDA 检测器、微量进样器（50μL）、超声波清洗器、溶剂过滤器、容量瓶（10mL）。
2. 试剂　甲苯、苯、甲醇（色谱纯），用水均为二次蒸馏水，经 0.45μm 水膜过滤。

【实验步骤】

1. 实验条件

色谱柱：$\phi 4.6mm \times 150mm$，Econosphere C_{18}（$5\mu m$）；柱温：室温；流动相为甲醇：水（80：20），流速 $1.0mL \cdot min^{-1}$；检测器波长 254nm。

2. 标准溶液的配制

准确移取苯、甲苯各 $10\mu L$，用甲醇定容至 10mL。

3. 测定

在基线平直后，注入甲苯和苯标准溶液各 $20\mu L$，记录各组分的保留值。再注入 $20\mu L$ 未知混合试液，记录保留值。

【数据处理与结论】

1. 确定各标准样品的保留时间。
2. 确定未知混合试样中每一个峰的保留时间，与标准样品保留时间对照，标出每个峰代表的化合物。
3. 各组分峰面积与标准峰的峰面积相比较，计算混合液中各组分的含量。

【注意事项】

液相色谱仪器结构与使用见 2.8.12。

【思考题】

1. 高效液相色谱法能实现高效的关键是什么？
2. 什么是反相高效液相色谱法？实际分析中为什么反相色谱应用广泛？
3. 试推测混合物中苯和甲苯的出峰顺序。

实验七十一　固相萃取-高效液相色谱法测定废水中的痕量苯酚

【实验目的】

1. 学习固相萃取的原理和操作过程。
2. 学习高效液相色谱法对物质定量分析的原理和方法。

【实验原理】

用固相萃取小柱吸附废水中的酚类化合物，然后用甲醇溶剂洗脱，经浓缩到一定体积后，用反相高效液相色谱分析。在反相色谱柱上以甲醇-水-乙酸为流动相，把经富集浓缩的酚类分离，用二极管阵列检测器（PDA）测定各峰的峰高或峰面积，用苯酚标准溶液定性，用外标法定量。

【仪器与试剂】

1. 仪器　岛津 LC-20A 高效液相色谱仪（含 PDA 检测器）、微量注射器（$50\mu L$）、C_{18} 固相萃取小柱。
2. 试剂　色谱纯甲醇、高纯水、乙酸、苯酚标准储备液（$200mg \cdot L^{-1}$）、无水硫酸钠、1%硫酸、正己烷。

【实验步骤】

1. 样品预处理

(1) 固相萃取柱的活化　首先用 10mL 甲醇活化，再用 30mL 纯水活化。

(2) 样品富集　取 1.0L 环境水样，先加少量无水硫酸钠脱氯，然后加入 1‰ 的硫酸使 pH 值约为 2，然后以 5~10mL·min^{-1} 的流速使水样通过固相萃取小柱。样品富集完毕，将固相萃取小柱在空气中干燥 5min，先用 2mL 正己烷洗脱，洗脱液不用收集，再用甲醇洗脱，洗脱液浓缩至 1.0mL，备用。

2. 样品测定

(1) 样品中苯酚的定性测定　取水样 20μL 进样测定。色谱条件为：流动相，甲醇：水＝80：20，流速 0.8mL·min^{-1}，检测波长 275nm；测得谱图后，取苯酚标准溶液在相同的条件下，进样测定，通过比较保留时间，确定苯酚的色谱峰。

(2) 苯酚标准曲线的绘制　准确吸取苯酚标准储备液 0.00mL、2.00mL、4.00mL、6.00mL、8.00mL、10.00mL 于 6 个 50mL 容量瓶中，用甲醇定容至刻度。取各浓度的标准溶液 20μL 进样测定，记录色谱峰的峰面积。

(3) 水样中苯酚含量的测定　在相同条件下，测定样品峰的峰面积，根据标准曲线计算样品中苯酚的含量。

【数据处理与结论】

1. 水样中苯酚的定性分析

苯酚标准溶液的保留时间 t_R：_____ min，给出废水样品的分离色谱图，分析水样中有无苯酚存在。

2. 水样中痕量苯酚的含量测定

(1) 标准曲线的绘制

测量波长_____；标准溶液浓度_____；容量瓶体积_____

容量瓶序号	1	2	3	4	5	6	水样
V/mL	0.00	2.00	4.00	6.00	8.00	10.00	1.00
$c/\mu g \cdot mL^{-1}$							
峰面积 A							

以色谱峰的峰面积为纵坐标，溶液浓度为横坐标，绘制标准曲线。

(2) 水样中苯酚浓度

从标准曲线中得到富集后水样中苯酚的含量。根据以下公式计算原始水样中苯酚的浓度：

$$\text{原始水样中苯酚浓度} = c_{\text{水样}} \times \frac{1.00\text{mL}}{1000\text{mL}} \ (\mu g \cdot mL^{-1})$$

【注意事项】

岛津 LC-20A 高效液相色谱仪结构及操作见 2.8.12。

【思考题】

1. 简述固相萃取法操作的一般过程。
2. 简述色谱分析法中用外标法定量的一般过程。

实验七十二　溶液表面张力的测定

【实验目的】

1. 掌握最大气泡压力法测定溶液表面张力的原理和技术。
2. 测定乙醇溶液的表面张力,计算不同浓度时溶液表面的吸附量。

【实验原理】

处于液体表面的分子由于受到液体内部分子与表面层外介质分子的不对称的作用,从而使得表面分子受到了一个指向液体内部的拉力,该力总是趋于缩小液体的相表面,沿着表面的切线方向单位长度线段上所受到的作用力称为表面张力 σ,其单位为 $N \cdot m^{-1}$。

在指定温度下,溶液表面张力的大小与溶液的浓度有关。乙醇是表面活性物质,它能降低水的表面张力,乙醇水溶液随着乙醇浓度的增大,其表面张力是下降的。本实验用最大气泡压力法测定乙醇水溶液的表面张力,测定装置如图 4-4 所示,要求毛细管管口与液面相切。打开分液漏斗活塞后,水缓慢滴下,体系的压力便缓慢增大,毛细管内液面受到的压力大于表面张力管中的压力,压差为 Δp。由于 Δp 的作用,毛细管中液面逐渐下降并在管口产生气泡。当毛细管内的压力稍大于毛细管管口的压力时,气泡逸出。如果毛细管半径很小,则形成的气泡基本上是球形的。当气泡开始形成时,表面几乎是平的,这时曲率半径最大;随着气泡的形成,曲率半径逐渐变小,直到形成半球形,这时曲率半径和毛细管半径 r 相等,曲率半径达最小值,这时的 Δp 为最大,称为 Δp_{max},可由压力传感器上读出。

设 r 为毛细管半径,$\pi r^2 \Delta p_{max}$ 为气泡在毛细管口被压时受到向下的作用力,$2\pi r\sigma$ 为溶液表面张力在毛细管口产生的作用力,当两作用力相等时,有气泡在毛细管口逸出。

即 $\qquad \pi r^2 \Delta p_{max} = 2\pi r\sigma$

故 $\qquad \sigma = \dfrac{r}{2} \Delta p_{max}$

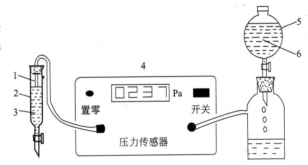

图 4-4 鼓泡法测定溶液表面张力示意图
1—毛细管;2—表面张力管;3—待测溶液;
4—压力传感器;5—滴液漏斗;6—水

由于溶液表面分子受到了一个不对称的作用力的缘故,故溶质在表面层的浓度往往与其体相内部的浓度不一致,这种浓度不一致的现象称为溶液的表面吸附。在指定的温度和压力下,吉布斯吸附式给出了溶液表面吸附量的大小与溶液的表面张力及溶液的浓度之间的定量关系:

$$\Gamma = -\dfrac{c}{RT}\dfrac{d\sigma}{dc}$$

式中,Γ 为表面吸附量,$mol \cdot m^{-2}$;σ 为溶液的表面张力,$N \cdot m^{-1}$;c 为溶液浓度,$mol \cdot dm^{-3}$;R 为气体常数,$8.314 J \cdot mol^{-1} \cdot K^{-1}$;$T$ 为热力学温度,K。

【仪器与试剂】

1. 仪器 表面张力测量装置、恒温水浴、容量瓶(100mL)。
2. 试剂 乙醇(分析纯)、蒸馏水。

【实验步骤】

1. 连接好仪器后，打开电源开关，预热 15min，待仪器稳定后按置零按钮，使压力显示为 0。

2. 测定蒸馏水的最大压力差 Δp_{max}，依 $\sigma = K \Delta p_{max}$ 确定仪器常数 K。将蒸馏水装入表面张力管，使毛细管管口刚好与水的表面相切，打开滴液漏斗的活塞，控制水滴速度，使表面张力管中产生气泡的速率大约为每分钟 12 个左右，记下最大压力差 Δp_{max}。

3. 用与 2 相同的方法，分别测定 5%、10%、15%、20%、25%、30%、40% 等溶液的最大压力差，依 $\sigma = K \Delta p_{max}$ 计算各溶液的表面张力。

4. 记录室温的温度 t(℃)。

【数据处理与结论】

1. 确定仪器常数 K 蒸馏水的 $\Delta p_{max}=$ _____，$K = \sigma_{水} / \Delta p_{max} =$ _____。

2. 各浓度乙醇溶液的最大压力差，并计算出乙醇溶液的表面张力及表面吸附量(表 4-6)。

表 4-6 乙醇溶液的表面张力及表面吸附量

室温：_____ ℃

乙醇浓度/%	5	10	15	20	25	30	40
最大压力差/Pa							
表面张力/N·m^{-1}							
表面吸附量/mol·m^{-2}							

3. 作溶液表面张力曲线 σ-c 图。

【注意事项】

1. 必须保持毛细管高度清洁，要求在实验前或实验后将其浸泡于洗液中，实验时用蒸馏水冲洗干净。

2. 注意检查毛细管口是否平整、光滑，从而保证气泡稳定、连续地逸出，稳定地读取最大泡压 Δp_{max} 数值。

3. 读取压力传感器的压差时，应取气泡单个逸出时的最大压力差。

4. 本实验最好在恒温水浴中进行。若在室温下测定时，应注意温度的变化，如室温与液温变化小于 5℃，则所引起的表面张力的偏差不大于 1%。

【思考题】

1. 本实验中影响表面张力测定的主要因素有哪些？如何将这些因素的影响减至最小？

2. 如果溶液中混入了杂质（如无机盐等），对测定结果有何影响？

实验七十三 恒温槽性能的测试

【实验目的】

1. 了解恒温原理，掌握恒定温度的调节方法。

2. 绘制恒温槽的灵敏度曲线并计算灵敏度。

【实验原理】

恒温槽性能测试装置示意如图 4-5 所示。当接触温度计断开时，电子温控器接通加热器的电源加热，当接触温度计接通时，电子温控器断开加热器的电源，停止加热。接触温度计受浴槽中水温的控制，水温高于或等于设定温度时，接触温度计接通，水温低于设定温度时，接触温度计断开，如此通、断不断进行，亦即加热停止不断进行，从而使浴槽中温度仅在设定温度下的微小区间内波动，即达到了恒温的目的。

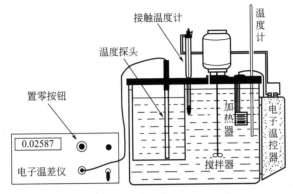

图 4-5　恒温槽性能测试装置示意

恒温槽的灵敏度曲线如图 4-6 所示，它反映了恒温期间浴槽中温度的微小波动情况，θ 为由电子温差仪测定的温差值，t 为时间，恒温槽的灵敏度 $\theta_E = \pm \dfrac{\theta_{max} - \theta_{min}}{2}$。

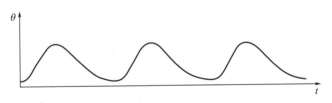

图 4-6　恒温槽的灵敏度曲线

【仪器与试剂】

仪器：恒温槽、秒表。

【实验步骤】

1. 恒定温度的调节（恒在 35℃）：旋松接触温度计上端调节螺丝，旋转调节帽，使标铁指示稍低于 35℃，待温度恒定在 35℃左右时，再稍加调整，使其刚好为(35±0.1)℃（通过温度计读出水温的准确温度值）。

2. 待恒温槽在 35℃下恒温 5min 后，按电子温差仪上的置零按钮，使显示屏上的温度为 0。

3. 灵敏度测定。每隔 0.5min（用秒表计时）从电子温差仪上读一次水温值 θ，测 30min（注意：一定要等恒温槽中的温度稳定后再测定）。

【数据处理与结论】

1. 绘制灵敏度曲线。
2. 计算恒温槽的灵敏度。

【思考题】

1. 恒温槽中有三支温度计，各起什么作用？

2. 提高恒温槽的灵敏度，可以从哪些方面进行改进？

实验七十四　黏度法测定高聚物相对分子质量

【实验目的】
1. 测定聚乙烯醇的相对分子质量的平均值。
2. 掌握用乌氏黏度计测定黏度的方法。

【实验原理】

在高聚物中，分子的聚合度不一定相同，因此高聚物的分子量往往是不均一的，没有一个确定的值。通过实验的方法可测得某一聚合物的分子量分布情况和分子量的统计平均值，即平均分子量。由于测定原理和计算方法不同，所得结果也不相同，常见的平均分子量有：数均分子量、重均分子量、Z均分子量和黏均分子量。在多种测量高聚物平均分子量的方法之中，黏度法具有设备简单操作方便且有很好实验精度的特点，因而是常用的方法之一。

黏度是指液体对流动所表现的阻力，这种力反抗液体中邻接部分的相对运动，因而是液体流动时内摩擦力大小的一种量度。因此，高聚物稀溶液的黏度 η 应为溶剂分子之间的内摩擦、高聚物分子与溶剂分子之间的内摩擦以及高聚物分子之间的内摩擦三者表现出来的黏度的总和。其中溶剂分子之间的内摩擦表现出来的黏度为纯溶剂黏度，用 η_0 表示。在相同的温度下，通常 $\eta > \eta_0$，为了比较这两种黏度，将增比黏度定义为

$$\eta_{sp} = \frac{\eta - \eta_0}{\eta_0} = \eta_r - 1 \tag{4-5}$$

式中，η_r 称为相对黏度，它是溶液黏度和溶剂黏度的比值，它反映的也是溶液的黏度行为。增比黏度 η_{sp} 反映了扣除溶剂分子的内摩擦以后，仅仅高聚物分子间与溶剂分子和高聚物分子间的内摩擦所表现出来的黏度。高聚物溶液的增比黏度 η_{sp} 往往随溶液浓度的增加而增加。为方便比较，将单位浓度下所显示的增比黏度 $\frac{\eta_{sp}}{c}$ 称为比浓黏度，将 $\frac{\ln \eta_{sp}}{c}$ 称为比浓对数黏度。Huggins(1941年) 和 Kramer(1938年) 分别发现比浓黏度和比浓对数黏度与溶液浓度之间符合下述经验关系式：

$$\frac{\eta_{sp}}{c} = [\eta] + k[\eta]^2 c \tag{4-6}$$

$$\frac{\ln \eta_r}{c} = [\eta] + \beta[\eta]^2 c \tag{4-7}$$

式中，c 为溶液的浓度；k 和 β 分别称为 Huggins 和 Kramer 常数。根据上述两式，分别以 $\frac{\eta_{sp}}{c}$-c 和 $\frac{\ln \eta_r}{c}$-c 作图可得两条直线，直线如图 4-7 所示，对同一高聚物，外推至 $c=0$ 时，两条直线相交于一点，所得截距为 $[\eta]$，称 $[\eta]$ 为特性黏度，显然，特性黏度可定义为：

$$[\eta] = \lim_{c \to 0} \frac{\eta_{sp}}{c} = \lim_{c \to 0} \frac{\ln \eta_r}{c} \tag{4-8}$$

当溶液无限稀释时，高聚物分子彼此相隔很远，它们之间的摩擦效应可以忽略不计，因此，特性黏度主要反映了溶剂分子和高聚物分子之间的内摩擦效应，其值决定于溶剂的性质、

更决定于聚合物分子的形态和大小，是一个与聚合物分子量有关的量。由于 η_{sp} 和 η_r 均是无量纲量，所以 $[\eta]$ 的单位是浓度单位的倒数，它的数值随浓度表示方法的不同而不同。

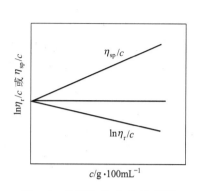

图 4-7　外推法求 $[\eta]$ 示意图

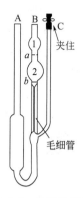

图 4-8　乌氏黏度计

实验证明，当聚合物、溶剂和温度确定以后，聚合物的特性黏度只与聚合物的摩尔质量有关，它们之间的关系可用 Mark-Houwink 经验方程式来表示。

$$[\eta] = K \overline{M}_\eta^\alpha \tag{4-9}$$

式中，$\overline{M}_\eta$ 是黏均分子量；K 和 α 都是与温度、聚合物、溶剂的性质有关的常数，在一定的分子量范围内与分子的大小没有关系。K 和 α 的数值只能通过其它绝对方法（如：渗透压法、光散射法等）确定，若已知 K 和 α 的数值，只要测得 $[\eta]$ 就可求出 $\overline{M}_\eta$。

本实验采用如图 4-8 所示的乌氏黏度计测定溶液的黏度，它是根据液体在毛细管里流出的时间来测定黏度的。测定原理如下。

当液体在重力作用下流经黏度计中的毛细管时，遵守泊塞勒（Poiseuille）公式

$$\frac{\eta}{\rho} = \frac{\pi h g r^4 t}{8 l V} - m \frac{V}{8 \pi l t} \tag{4-10}$$

式中，η 是液体黏度；ρ 是液体密度；l 是毛细管的长度；r 是毛细管半径；g 是重力加速度；t 是流出时间；h 是流经毛细管的液体平均液柱高度；V 是流经毛细管的液体体积；m 是动能校正系数；当 $\frac{r}{l} \ll 1$ 时，可取 $m = 1$。

对于指定的某一黏度计，令 $A = \frac{\pi h g r^4}{8 l V}$，$B = \frac{m V}{8 \pi l}$，则上式可写成

$$\frac{\eta}{\rho} = A t - \frac{B}{t} \tag{4-11}$$

式中，$B < 1$，当 $t > 100s$ 时，等式右边第二项可以忽略。又因为通常测定是在稀溶液中进行（$c < 1\text{g} \cdot 100\text{mL}^{-1}$），溶液与溶剂的密度近似相等，则有

$$\eta_r = \frac{\eta}{\eta_0} = \frac{t}{t_0} \tag{4-12}$$

式中，t 为溶液的流出时间；t_0 为纯溶剂的流出时间。所以只需分别测定溶液和溶剂在毛细管中的流出时间就可得到 η_r。

【仪器与试剂】

1. 仪器　恒温槽、移液管（10mL，5mL）、乌氏黏度计、容量瓶（100mL）、烧杯（100mL）、洗耳球、秒表、3 号玻璃砂漏斗。

2. 试剂　聚乙烯醇、正丁醇。

【实验步骤】

1. 聚乙烯醇溶液的配制

准确称取聚乙烯醇 0.500g 放于 100mL 烧杯中，加 60mL 蒸馏水，加热至 85℃使其溶解，冷至室温后，加入 2 滴正丁醇（消泡剂），将溶液移至 100mL 容量瓶中，在 25℃恒温下，加蒸馏水稀释至刻度，并摇匀。然后，用预先洗净并烘干的 3 号玻璃砂漏斗过滤溶液。

2. 安装黏度计

所用黏度计必须洁净，微量灰尘、油污会产生局部堵塞现象，影响溶液在毛细管中的流速，而导致较大的误差，故在做实验前，先用洗液将黏度计洗净，再用自来水、蒸馏水分别冲洗几次，每次都要注意反复流洗毛细管部分，洗好后烘干备用。使用时，在侧管 C 上端套一软胶管，并用夹子夹紧使之不漏气。调节恒温槽温度至 (25.0±0.1)℃，将黏度计垂直放入恒温槽中，使水面完全浸没 1 球。

3. 溶剂流出时间 t_0 的测定

移取 20mL 已恒温的蒸馏水，由 A 管注入黏度计中，再恒温 5min。用洗耳球从 B 管吸溶剂使其上升至球 1。然后松开 C 管的夹子，使 B 管溶剂在重力作用下流经毛细管。记录溶剂液面通过 a 标线到 b 标线所用时间，重复三次，任意两次时间相差不得超过 0.2s，取其平均值，此值为 t_0。

4. 溶液流出时间 t 的测定

在原 20mL 水中加入 5mL 聚乙烯醇溶液，密封 C 管，用洗耳球在 B 管多次吸液至球 1，以洗涤 B 管和使溶液与溶剂充分混合，此时管中溶液的浓度为原溶液浓度的 1/5，即相对浓度为 1/5，用上述方法测定此溶液的流出时间 $t_{1/5}$。然后，依次加入 5mL、5mL、5mL、10mL 聚乙烯醇溶液，分别测定它们的流出时间 $t_{1/3}$、$t_{3/7}$、$t_{1/2}$、$t_{3/5}$。

【数据处理与结论】

见表 4-7。

表 4-7　有关测定数据与处理结果

室温_____℃　大气压_____Pa　恒温槽温度_____℃　原聚乙烯醇溶液浓度_____ g·100mL^{-1}

溶液相对浓度	流出时间				η_r	η_{sp}	$\dfrac{\eta_{sp}}{c}$	$\dfrac{\ln\eta_r}{c}$
	1	2	3	平均值				
0								
1/5								
1/3								
3/7								
1/2								
3/5								

注：本实验是用 100mL 溶液中所含聚合物的质量 (g) 作为浓度单位的。

1. 以 $\dfrac{\eta_{sp}}{c}$ 和 $\dfrac{\ln\eta_r}{c}$ 对浓度 c 作图，得两直线，外推至 $c=0$，求出 $[\eta]$。

注意：(1) 在实验过程中，作 $\dfrac{\eta_{sp}}{c}$ 和 $\dfrac{\ln\eta_r}{c}$ 的图时会遇到异常现象，这可能是聚合物本身的结构及其在溶液中的形态所致。对这些异常现象应以 $\dfrac{\eta_{sp}}{c}$ 与 c 的关系作为基准来确定聚合物溶液的特性黏度 $[\eta]$。这是因为 Huggins 方程中的 k 值和 $\dfrac{\eta_{sp}}{c}$ 值与聚合物结构和形态有关，具有明确的物理意义；而 Kramer 方程基本上是数学运算式，含义不太明确。具体见图 4-9。

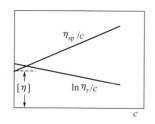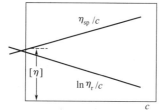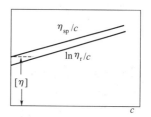

图 4-9 黏度测定中的异常现象示意图

（2）如果聚乙烯醇溶液的原始浓度用 c_0 表示，相对浓度用 c' 表示，当使用相对浓度作图时，如图 4-10 所示，则 $[\eta]=B/c_0$，其原理是：当对式（4-6）两边同乘以 c_0 并进行适当整理后，可得 $B=[\eta]c_0$ 的结果。

$$\frac{\eta_{sp}}{c'}=[\eta]c_0+k[\eta]^2c_0^2c'$$

$$\frac{\eta_{sp}}{c'}=B+k[\eta]^2c_0^2c'$$

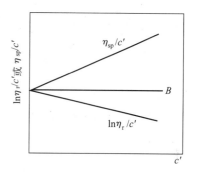

图 4-10 相对浓度图

2. 已知聚乙烯醇在 25℃ 时，$k=2\times10^{-4}$、$\alpha=0.76$；在 30℃ 时，$k=6.66\times10^{-4}$，$\alpha=0.74$。求出聚乙烯醇的黏均摩尔质量 $\overline{M}_\eta$。

【思考题】
1. 特性黏度 $[\eta]$ 和纯溶剂的黏度是否一样？为什么？
2. 乌氏黏度计中支管 A 的作用是什么？除去支管 A 是否仍可以测定黏度？
3. 分析实验成功与失败的原因。

实验七十五 Fe(OH)$_3$ 溶胶的制备和电泳

【实验目的】
1. 了解凝聚法制备胶体的原理。
2. 观察 Fe(OH)$_3$ 溶胶的电泳现象。
3. 用电泳法测定 Fe(OH)$_3$ 溶胶的 ζ 电势。

【实验原理】
FeCl$_3$ 水解可制备 Fe(OH)$_3$ 溶胶，其反应如下：

$$FeCl_3+3H_2O \xrightarrow{煮沸、搅沸} Fe(OH)_3(胶体)+3HCl$$

反应后溶液中含有过量的电解质和杂质，胶体不稳定，为了使胶体更加稳定，必须进行净化，除掉过量的电解质和杂质。本实验用火棉胶半透膜袋对溶液进行渗析，半透膜袋只允许小的离子和分子透过，胶粒半径较大，不能透过，即可达到净化的目的。

胶粒是带电的，带电的原因是由于胶核表面吸附了某种离子或胶粒本身电离所造成的。显然，在胶粒四周的分散介质中，具有电量相同而符号相反的对应离子。荷电的胶粒与分散介质间的电势差称为 ζ 电势。在外电场作用下，荷电的胶粒会向符号相反电极的方向移动，这种移动的现象就称为电泳，电泳是一种电动现象。移动的速度与ζ电势有关，ζ电势可通过测量电泳速度而求得。

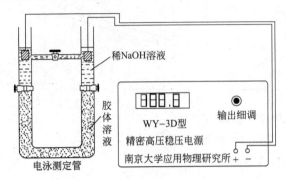

图 4-11 电泳测定装置

电泳法有微观法和宏观法两种。宏观法是观察溶胶与另一不含胶粒的导电液体的界面在电场中移动的速度。微观法是直接观察单个胶粒在电场中移动的速度。本实验用宏观法测定 $Fe(OH)_3$ 溶胶的 ζ 电势，实验装置如图 4-11 所示。在 U 形电泳测定管中装入棕红色的 $Fe(OH)_3$ 溶胶，再小心地加入稀 HCl 溶液，使溶胶与 HCl 溶液之间产生明显的界面。在 U 形管的两端各放一电极，由于 $Fe(OH)_3$ 胶粒带正电，故通电后，$Fe(OH)_3$ 胶粒移动的结果是负极侧上升，正极侧下降。

一般在水溶液中，若溶胶和辅液的电导率相同，ζ 电势可由 Helmholtz-Smoluchowski 公式求得：

$$\zeta = \frac{4\pi\eta}{10\varepsilon} \times \frac{u}{E} \times 300^2 \tag{4-13}$$

式中，电动为电动电势，V；η 为介质的黏度，Pa·s；u 为电泳速度，cm·s^{-1}；E 为电势梯度，V·cm^{-1}；ε 为液体的介电常数。若令 $K = 300^2 \times 4\pi\eta/10\varepsilon$，则有：

$$\zeta = K \times \frac{u}{E} \tag{4-14}$$

式中，K 值与温度有关，不同温度下的 K 值见表 4-8。在实验时只要测出胶粒的电泳速度 u 和电势梯度 E 就可以计算出胶粒的 ζ 电势。

表 4-8 不同温度下的 K 值（液相为水或水溶液）

t/℃	$K \times 10^{-3}$/V^2·m^{-2}·s	t/℃	$K \times 10^{-3}$/V^2·m^{-2}·s	t/℃	$K \times 10^{-3}$/V^2·m^{-2}·s
0	22.99	17	15.04	34	11.04
1	22.34	18	14.72	35	10.87
2	21.70	19	14.42	36	10.70
3	21.11	20	14.13	37	10.54
4	20.54	21	13.56	38	10.37
5	20.00	22	13.50	39	10.24
6	19.47	23	13.33	40	10.09
7	18.97	24	13.09	41	9.952
8	18.50	25	12.85	42	9.815
9	18.05	26	12.62	43	9.628
10	17.61	27	12.40	44	9.551
11	17.20	28	12.18	45	9.426
12	16.79	29	11.98	46	9.305
13	16.42	30	11.78	47	9.185
14	16.04	31	11.58	48	9.070
15	15.70	32	11.40	49	8.958
16	15.36	33	11.22	50	8.850

【仪器与试剂】

1. 仪器 WY-3D 型电泳仪、DDS-11 型电导率仪、秒表、直尺、温度计、漏斗、电炉、电吹风、其它常用玻璃仪器。

2. 试剂 $FeCl_3$（20%）、火棉胶溶液、$AgNO_3$（1%）、KCNS（1%）。

【实验步骤】

1. 氢氧化铁溶胶的制备与纯化

（1）用水解法制备 $Fe(OH)_3$ 溶胶 在 250mL 烧杯中加 100mL 蒸馏水，加热至沸，慢慢地滴入 20% $FeCl_3$ 溶液 5~10mL，并不断搅拌，加完后，继续沸腾 5min，由于水解的结果，得到红棕色的 $Fe(OH)_3$ 溶胶。在溶液冷却时，反应要逆向进行，因此所得的 $Fe(OH)_3$ 水溶胶必须进行渗析处理。

（2）渗析半透膜的制备 选一个内壁光滑的 500mL 锥形瓶，洗净、烘干并冷却后，在瓶中倒入约 30mL 火棉胶溶液（溶剂为 1:3 乙醇-乙醚液）。小心地转动锥形瓶，使火棉胶溶液黏附在锥形瓶内形成均匀薄层，倾出多余的火棉胶溶液于回收瓶中。此时锥形瓶仍需倒置并不断旋转，待剩余的胶棉液流尽，并将其中的乙醚蒸发完（可用电吹风冷风吹锥形瓶口，以加快蒸发），直至嗅不出乙醚的臭味为止。如此时用手指轻触胶膜不觉粘手，则可再用电吹风热风吹 5min。将锥形瓶放正，往其中灌注蒸馏水，将膜浸入水中约 10min，使膜中剩余的乙醇溶去。倒去瓶内之水，然后用刀在瓶口上割开薄膜，用手指轻挑，使膜与瓶口脱离，再慢慢地将水注入夹层中，使膜脱离瓶壁，轻轻取出即成半透膜袋。将膜袋灌水而悬空，袋中之水应能逐渐渗出。本实验要求渗出的速度不小于每小时 4mL，否则不符合要求而需重新制备。制好的半透膜袋，不用时需在水中保存，否则袋发脆易裂，且渗析能力显著降低。

（3）用热渗析法纯化 $Fe(OH)_3$ 溶胶 将水解法制得的 $Fe(OH)_3$ 溶胶置于火棉胶半透膜袋内，用线拴住袋口，置于 800mL 的清洁烧杯内，如图 4-12 所示。在烧杯内加蒸馏水约 300mL，保持温度为 60~70℃，进行热渗析。每半小时换一次水，并取出 1mL 水检查其中 Cl^- 和 Fe^{3+}（分别用 1% $AgNO_3$ 及 1% KCNS 溶液进行检验），直至不能检查出 Cl^- 和 Fe^{3+} 为止。将纯化过的 $Fe(OH)_3$ 溶胶置于 250mL 的清洁干燥的试剂瓶中，放置一段时间进行老化，老化后的 $Fe(OH)_3$ 溶胶可供电泳实验用。

2. 氢氧化铁溶胶的电泳及 ζ 电势的测定

（1）实验装置见图 4-12。用漏斗将 $Fe(OH)_3$ 溶胶注入预先洗净并烘干的 U 形电泳测定管中，使液面稍高于水平活塞的上部，关闭两活塞，倒出上部多余的胶体溶液。打开连接 U 形管两臂的活塞，加入适量稀 NaOH 溶液[电导率与 $Fe(OH)_3$ 溶胶相等]，使得 U 形管两边液面等高，关闭活塞，插入铂电极，接好电线。

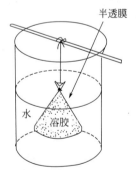

图 4-12 溶胶渗析图

（2）同时打开 U 形管两边的活塞，使胶体溶液与稀 NaOH 溶液相接，液面之间不能有气泡，并且要界面分明。打开仪器后面的电源开关，迅速将输出电压调至 150~300V，立即开启秒表计时，注意观察 U 形管中液面移动的情况，待负极侧管中液面上升 1cm 时，同时记下时间 t 和电压值 V。

（3）用直尺量出两电极间的距离，不是水平距离，而是 U 形管内溶液导电的距离，此数值要反复测定 6 次，取其平均值 l。

【数据处理与结论】

1. 实验数据的记录 室温：_____℃；电压：_____V；界面上升 1cm 的时间 t：_____s；电极间距离 l：_____cm。

2. 实验数据的处理法 根据室温从表 4-8 中查出 K 值；依据 $E=V/l$，$u=1\text{cm}/t$ 分别计算出电势梯度和胶粒的电泳速度，按式（4-14）计算出 $Fe(OH)_3$ 溶胶的 ζ 电势。

【注意事项】

DDS-11 型电导率仪使用见 2.8.9。

【思考题】

1. 根据胶体界面移动方向说明胶粒带何种电荷，为什么带该种电荷？请绘出胶团结构。
2. 稀 NaOH 溶液的电导率为什么必须与溶胶的电导率相同或尽量相近？

实验七十六　蔗糖水解反应速率常数的测定

【实验目的】

1. 了解反应物浓度与旋光度之间的关系。
2. 测定蔗糖水解反应的速率常数和半衰期。
3. 了解旋光仪的基本原理，掌握旋光仪的使用方法。

【实验原理】

蔗糖在水中水解成葡萄糖与果糖的反应如下：

$$C_{12}H_{22}O_{11} + H_2O \longrightarrow C_6H_{12}O_6(\text{葡萄糖}) + C_6H_{12}O_6(\text{果糖})$$

该反应为二级反应，在纯水中反应速率极慢，通常要在酸性介质中进行（H^+ 为催化剂）。由于反应时水是大量的，尽管有部分水分子参与了反应，但与溶质浓度相比，可近似认为它的浓度没有发生变化，因此，蔗糖水解反应可视为一级反应。其速率方程为：

$$-\frac{\mathrm{d}c}{\mathrm{d}t}=kc \tag{4-15}$$

式中，k 为反应速率常数；c 为时间 t 时反应物的浓度。

将式(4-15)积分得：

$$\ln c = -kt + \ln c_0 \tag{4-16}$$

式中，c_0 为反应物的初始浓度。

当 $c=1/2c_0$ 时，t 可用 $t_{1/2}$ 表示，即为反应的半衰期。由式（4-16）可得：

$$t_{1/2}=\frac{\ln 2}{k}=\frac{0.693}{k} \tag{4-17}$$

由式（4-16）可见，$\ln c$ 对 t 作图可得一直线，直线的斜率为反应速率常数 k。由于直接测量反应物的瞬时浓度比较困难，考虑到蔗糖及其水解产物均为旋光性物质，故可利用系统在反应过程中旋光度的值来间接地找出反应物的浓度。

溶液的旋光度与溶液中所含旋光质的种类、浓度、溶剂的性质、液层厚度、光源波长及温度等因素有关。为了比较各种物质的旋光能力，引入比旋光度的概念。比旋光度可用式(4-18)表示：

$$[\alpha]_D^{20}=\frac{\alpha}{lc} \tag{4-18}$$

式中，20 为实验温度，℃；D 为光源波长；α 为旋光度；l 为液层厚度，m；c 为浓度，kg·m^{-3}。

由式（4-18）可知，当其它条件不变时，旋光度 α 与浓度 c 成正比。即：

$$\alpha = Kc \tag{4-19}$$

式中的 K 是一个与物质旋光能力、液层厚度、溶剂性质、光源波长、温度等因素有关的常数。

在蔗糖的水解反应中，蔗糖是右旋性物质，其比旋光度 $[\alpha]_D^{20}=66.6°$。产物中葡萄糖也是右旋性物质，其比旋光度 $[\alpha]_D^{20}=52.5°$；而产物中的果糖则是左旋性物质，其比旋光度 $[\alpha]_D^{20}=-91.9°$。因此，随着水解反应的进行，右旋角不断减小，最后经过零点变成左旋。旋光度与浓度成正比，并且溶液的旋光度为各组成的旋光度之和。若反应时间为 0、t 和 ∞ 时溶液的旋光度分别用 α_0、α_t、α_∞ 表示。则

$t=0$ 时，蔗糖未发生反应时的旋光度：

$$\alpha_0 = K_\text{反} c_0 \tag{4-20}$$

$t=\infty$ 时，蔗糖全部反应后的旋光度：

$$\alpha_\infty = K_\text{生} c_0 \tag{4-21}$$

式（4-20）、式（4-21）中的 $K_\text{反}$ 和 $K_\text{生}$ 分别为对应反应物与产物的比例常数。

则任意时刻的旋光度为：

$$\alpha_t = K_\text{反} c_0 + K_\text{生}(c_0 - c) \tag{4-22}$$

由式（4-20）、式（4-21）、式（4-22）联立可以解得：

$$c_0 = \frac{\alpha_0 - \alpha_\infty}{K_\text{反} - K_\text{生}} = K(\alpha_0 - \alpha_\infty) \tag{4-23}$$

$$c_t = \frac{\alpha_0 - \alpha_\infty}{K_\text{反} - K_\text{生}} = K(\alpha_t - \alpha_\infty) \tag{4-24}$$

将式（4-23）、式（4-24）两式代入式（4-16）即得：

$$\ln(\alpha_t - \alpha_\infty) = -kt + \ln(\alpha_0 - \alpha_\infty) \tag{4-25}$$

由式（4-25）可见，以 $\ln(\alpha_t - \alpha_\infty)$ 对 t 作图为一直线，由该直线的斜率即可求得反应速率常数 k，进而可求得半衰期 $t_{1/2}$。

【仪器与试剂】

1. 仪器　数显自动旋光仪、旋光管、恒温槽、天平、秒表、烧杯（100mL）、移液管（30mL）、锥形瓶（100mL）。

2. 试剂　HCl 溶液（2mol·L^{-1}）、蔗糖（AR）。

【实验步骤】

1. 旋光仪零点的校正

接通数显自动旋光仪电源（仪器见图 4-13），预热 5～15min，向旋光管中灌入蒸馏水（无气泡），盖好样品室盖，按下测量键，待数字稳定后，按清零键，使显示为 0。

2. 蔗糖水解过程中 α_t 的测定

用天平称取 10g 蔗糖，放入 100mL 烧杯中，加入 50mL 蒸馏水配成溶液（若溶液浑浊，则需过滤）。用移液管取 35mL 蔗糖溶液置于 100mL 干燥的锥形瓶中，取 35mL 2mol·L^{-1} HCl 溶液置于另一个 100mL 干燥的锥形瓶中，迅速将两锥形瓶中的溶液混合在一起（注意：先将盐酸溶液倒入蔗糖溶液中），为了混合均匀，请来回倒三

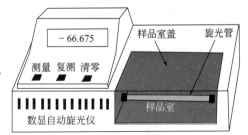

图 4-13　数显自动旋光仪

次，并在混合的同时开始计时。用少量的混合液将旋光管清洗两次后，灌满旋光管，将装有

剩余混合液的锥形瓶置于60℃的恒温槽中水浴恒温（注意：锥形瓶口用橡皮塞塞住）。将装满了混合液的旋光管擦净，置于旋光仪中，盖上槽盖，分别在5min、10min、15min、20min、30min、50min、75min和100min等时刻测量溶液的旋光度，此旋光度的值即为α_t（旋光度的测量方法：按下测量键，待读数基本稳定后，再按一次测量键，键弹起后，读数即可）。

3. α_∞的测定

从恒温槽中取出装有混合液的锥形瓶，待冷到室温后，测混合液的旋光度，此旋光度值可认为是α_∞。对于α_∞的测量有两种方法：一种是将步骤2中剩余的混合液保留48h后，再测旋光度；另一种方法是提高反应温度，加快反应的速率，使反应在较短的时间内到达终点。在60℃下，蔗糖水解反应在30min左右就可完成。显然本实验是采用后一种方案来测定α_∞的。

【数据处理与结论】

1. 将实验数据记录于表4-9。

表4-9 测定的有关数据及处理

温度：_____；盐酸浓度：_____；α_∞：_____

t/min	5	10	15	20	30	50	75	100
α_t								
$\alpha_t - \alpha_\infty$								
$\ln(\alpha_t - \alpha_\infty)$								

2. 以$\ln(\alpha_t - \alpha_\infty)$对$t$作图，由所得直线的斜率求出反应速率常数$k$。

3. 计算蔗糖水解反应的半衰期$t_{1/2}$。

【注意事项】

1. 装样品时，旋光管管盖旋至不漏液体即可，不要用力过猛，以免压碎玻璃片。

2. 在α_∞的测量中，为了加快反应进程，采用了在60℃恒温反应的方法，使反应进行到底。但温度不能高于60℃，否则会产生副反应，使反应液变黄。因为蔗糖是由葡萄糖的苷羟基与果糖的苷羟基之间缩合而成的二糖。在H^+催化下，除了苷键断裂进行转化反应外，由于高温还有脱水反应，这就会影响测量结果。

3. 由于酸对仪器有腐蚀，操作时应特别注意，避免酸液滴漏到仪器上。实验结束后必须将旋光管洗净。

【思考题】

1. 本实验中，用蒸馏水来校正旋光仪的零点，试问在蔗糖水解反应过程中所测的旋光度α_t是否必须要进行零点校正？

2. 配制蔗糖溶液时称量不够准确，对测量结果是否有影响？

3. 在混合蔗糖溶液和盐酸溶液时，将盐酸加到蔗糖溶液里去了，可否将蔗糖溶液加到盐酸溶液中去？为什么？

实验七十七　燃烧热的测定

【实验目的】

1. 了解 HR-15B 型绝热式氧弹量热计的主要部件及其作用，掌握燃烧热的测定技术。
2. 了解 Q_p 与 Q_V 的差别和相互关系。
3. 学会应用雷诺图解法校正温差。

【实验原理】

1mol 物质完全氧化时所放出的热量就称为该物质的摩尔燃烧热。在恒容条件下测得的燃烧热称为恒容燃烧热（Q_V），在恒压条件下测得的燃烧热称为恒压燃烧热（Q_p）。若把气态物质视为理想气体，则有式(4-26) 成立，式中，Δn 为气态产物与气态反应物的物质的量差。

$$Q_p = Q_V + \Delta n RT \tag{4-26}$$

本实验用氧弹式量热计测定蔗糖的恒容燃烧热，实验装置如图 4-14。氧弹式量热计不是严格的绝热系统，量热计与环境之间，可以通过传导、辐射、对流、蒸发和机械搅拌等进行热交换。加之由于传热速度的限制，燃烧后由最低温度达到最高温度需一定的时间，在这段时间里系统与环境也难免发生热交换，因而从温度计上读得的温差值与真实的温差值有一定的偏差。为此，必须对读得的温差进行校正，实验中常用雷诺图法将测定的温差校正到真实温差。

为了使物质在氧弹中完全燃烧，实验时要向氧弹中充入 1.5MPa 的高压氧气。对于粉末样品，为了避免充气时冲散，故先要将样品压成片状。为了找出量热计的水当量 K，先要用已知燃烧热的标准物进行标定，本实验用的标准物质是苯甲酸（$Q_V = 26.487 \text{kJ} \cdot \text{g}^{-1}$）。测量原理：先让苯甲酸在量热计的氧弹内燃烧，测量体系温度的升高值 ΔT_1，将 ΔT_1 校正到真实值 $\Delta T_{苯甲酸}$，求出量热计的水当量。然后在同样条件下，使蔗糖在量热计的氧弹内燃烧，测量体系温度的升高值 ΔT_2，将 ΔT_2 校正到真实值 $\Delta T_{蔗糖}$，根据 $\Delta T_{蔗糖}$ 及量热体系的水当量 K，即可求出蔗糖的燃烧热 Q_V。

量热计水当量的标定：$K = [Q_{V,苯甲酸} n_{苯甲酸} + Q_{点火丝} m_0] / \Delta T_{苯甲酸}$ （$\text{J} \cdot \text{K}^{-1}$）

蔗糖的燃烧热：$Q_{V,蔗糖} = [K \Delta T_{蔗糖} - Q_{点火丝} m_0] / n_{蔗糖}$ （$\text{J} \cdot \text{mol}^{-1}$）

式中，m_0 为点火丝的质量，g；$Q_{点火丝}$ 为点火丝燃烧的热值，$6.7 \text{kJ} \cdot \text{g}^{-1}$；$n_{苯甲酸}$、$n_{蔗糖}$ 分别为苯甲酸、蔗糖的物质的量，mol。

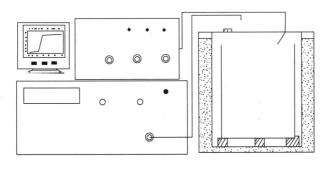

图 4-14 氧弹量热计

【仪器与试剂】

1. 仪器　氧弹量热计（包括：氧弹、量热桶、电动搅拌器、燃烧热测定计算机接口装置等）、压片机、台秤、燃烧丝、分析天平、容量瓶（1L，500mL）、氧气钢瓶、万用电表。
2. 试剂　苯甲酸、蔗糖。

【实验步骤】

1. 压片

取约 12cm 长的金属点火丝,用分析天平精确称量(m_1),用托盘天平粗称 $0.6\sim0.7$g 苯甲酸,用压片机压成如图 4-14 中所示的试样片,用分析天平精确称重 m_2,则试样质量 $m=m_2-m_1$。

2. 将试样片燃烧丝的两端分别紧绕在氧弹中的电极上。用万用表测量两电极间的电阻,不能出现短路或断路的现象。一切正常后,装好氧弹。

3. 充气

先充入 0.5MPa 氧气,放掉(目的:赶出氧弹中的空气),然后再充入 1.5MPa 氧气。充好氧气后,再用万用表检查两电极间的电阻,如果无断路或短路的现象,就将氧弹放入内筒中。

4. 用容量瓶取 2500mL 水注入内筒,水面刚好盖过氧弹,两电极不能浸入水中。

5. 装好实验装置,将温差测量仪探头插入内筒水中。连接好点火线,打开搅拌开关开始搅拌。10min 后,将温度切换为温差,并将温差置零。

6. 测定

运行燃烧热采样程序,程序界面如图 4-15 所示,点击"开始实验",采集到了 $7\sim8$ 个数据点以后,在 A 点处按点火按钮,如果温度迅速上升,说明点火成功。当屏幕上出现了如图 4-15 所示的完整曲线后,在 B 点处点击"结束实验"。

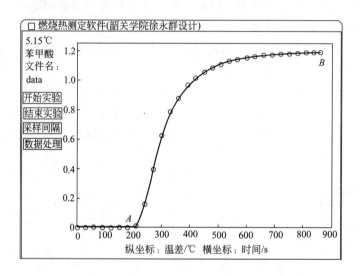

图 4-15 采样程序界面图

7. 取出氧弹,放掉氧弹里的余气,旋开氧弹盖,检查样品燃烧情况,若没有什么燃烧残渣,则表明燃烧完全,实验成功。取出未烧完的金属丝称重。注意在燃烧热计算的公式中点火丝的质量应为已燃烧了的金属丝的质量。

8. 测量蔗糖的燃烧热,称取约 1.2g 蔗糖代替苯甲酸,重复上述实验过程,注意将文件名换成 data1。

【数据处理与结论】

点击燃烧热采样程序中的"数据处理"按钮,读取 data 和 data1 数据,输入已燃烧了的点火丝的质量,将图中 A、B、C、D 4 个拐点的点号输入到右边相应的对话框中,相继点击"ΔT"和"计算蔗糖的 Q_p"按钮,就可以自动完成全部计算工作。在计算过程中采用了雷诺校正,数据处理界面如图 4-16 所示。

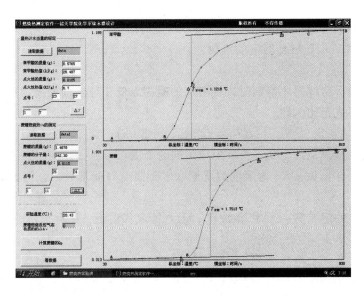

图 4-16 数据处理界面图

用雷诺图校正燃烧后温度升高值 ΔT 的方法:图 4-17 中 $ABCD$ 为实验测得的温度随时间的变化曲线,B 点相当于开始燃烧之点,C 点为观测到的最高温度点,其平均温度为 T。经过 T 点作横坐标的平行线,与曲线 BC 相交于 I 点,过 I 点作垂线,该垂线分别与 AB 和 DC 的延长线相交于 G、H 两点,G、H 两点的温差即为燃烧后温度升高的值 ΔT。其中 Gg 段为环境辐射和搅拌而引起的温度升高的值,必须扣除;Hh 段是由于量热计向环境辐射了能量而造成温度降低的值,必须加上。当量热计的绝热性能良好时(见图 4-14),不会出现温度升高的最高点 C,此曲线仍可按相同的方法校正。

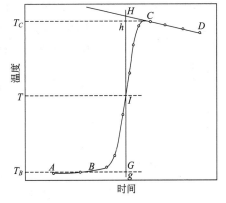

图 4-17 雷诺温度校正图

【注意事项】

高压氧气钢瓶和灌好气后的氧弹都是具有危险性的。所以,使用氧气钢瓶,一定要按照要求操作。灌气时和灌气后注意人的头部不要在氧弹的正上方,以防万一弹盖向上冲击伤人。

【思考题】

1. 什么叫仪器的总热容?测定未知样品的燃烧热时,为什么要先测出量热计的总热容?

2. 为什么不能直接用点火前后系统的温差进行计算?温度差值怎样校正?

3. 在使用氧气钢瓶及氧气减压阀时,应注意哪些规则?

实验七十八　凝固点降低法测定萘的分子量

【实验目的】

1. 用凝固点降低法测定萘的分子量（以环己烷为溶剂）。
2. 通过实验进一步理解稀溶液的依数性。

【实验原理】

当稀溶液凝固析出纯固体溶剂时，则溶液的凝固点低于纯溶剂的凝固点，其降低值与溶液的质量摩尔浓度成正比。即

$$\Delta T_f = T_f^* - T_f = K_f m_B \tag{4-27}$$

式中，ΔT_f 为凝固点降低值；T_f^* 为纯溶剂的凝固点；T_f 为溶液的凝固点；m_B 为溶液中溶质 B 的质量摩尔浓度；K_f 为溶剂的质量摩尔凝固点降低常数，它的数值仅与溶剂的性质有关。

若称取一定量的溶质 $W_B(g)$ 和溶剂 $W_A(g)$，配成稀溶液，则此溶液的质量摩尔浓度为

$$m_B = \frac{W_B}{M_B W_A} \times 10^3$$

式中，M_B 为溶质的分子量。将该式代入式（4-27），并整理得：

$$M_B = K_f \times \frac{W_B}{W_A \Delta T_f} \times 10^3 \tag{4-28}$$

若已知溶剂的凝固点降低常数 K_f 值，则测定溶液的凝固点降低值 ΔT_f，即可计算溶质的分子量 M_B。显然，凝固点的精确测定是关键。凝固点测定的方法是：将溶液逐渐冷却成为过冷溶液，然后通过搅拌促使溶剂结晶，放出的凝固热使体系温度回升，当放热与散热达到平衡时，温度不再改变，此固液两相平衡共存的温度，即为溶液的凝固点，可以通过测定溶剂与溶液的冷却曲线来测定溶液的凝固点降低值 ΔT_f。

当溶液的浓度较高时，测得的分子量随浓度而变化，为了准确地得到分子量数值，常用外推法，见图 4-18。

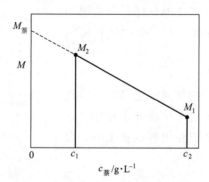

图 4-18　外推法确定萘的分子量

【仪器与试剂】

1. 仪器　凝固点测定仪、分析天平、普通温度计（-50～50℃）、秒表、移液管（20mL）、电吹风。

2. 试剂 萘(AR)、环己烷(AR)。

【实验装置】

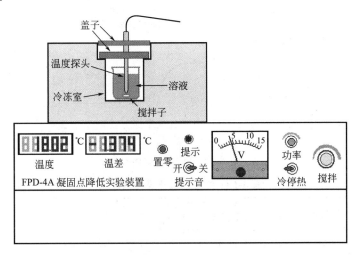

图 4-19 凝固点降低法测分子量实验装置

【实验步骤】

1. 洗净烧杯、移液管、磁力搅拌子、温度探头，并用电吹风吹干，备用。
2. 将冷停热开关打到停，接通电源，预热 15min。
3. 用移液管取 25mL 环己烷注入干燥、洁净的烧杯中，加入干燥、洁净的磁力搅拌子，并将烧杯放入冷冻室，插上干燥、洁净的温度探头，按图 4-19 装好装置，将功率旋钮调至最小。旋转搅拌旋钮，使搅拌子旋转的速度大约为 3 圈/s，固定后不再调动。
4. 将冷停热开关打到冷，调节功率旋钮，使制冷电压为 3.5V 左右，待溶液中有晶体析出后，按置零按钮，使温差显示为 0（注意：电压不能超过 5V，本次实验只能置零1次）。
5. 将冷停热开关打到停，待烧杯中晶体溶化后，将冷停热开关打到冷，调节功率旋钮为 2.0V（注意：冬天 1.5V，春天 2V，夏天 3.5V），待温差开始降低时，运行凝固点测定软件，输入文件名（每次测量要用不同的文件名），点击"开始实验"，观察温差-时间曲线（见图 4-20），如曲线出现平台（说明：冷冻功率不够），可将功率旋钮提高 0.2V，当曲线上出现过冷和温度回升现象后，点击"结束实验"，得到冷却曲线，用凝固点测定软件中"数据分析"功能，准确读出相对凝固点（注意：温度回升的最高值为凝固点，由于测量的是温差而不是温度，所以该凝固点为相对凝固点）。重复测定三次，取平均值。
6. 用分析天平准确称取 0.080~0.090g 萘，加入烧杯中，待溶化后，按照第 5 步测相对凝固点（注意：冷冻的初始电压从第 5 步出现了凝固点的电压开始）。
7. 用分析天平再准确称取 0.08~0.09g 萘，加入烧杯中，待溶化后，再重复第 5 步测相对凝固点（注意：冷冻的初始电压从第 6 步出现了凝固点的电压开始）。
8. 实验完毕，将测定液倒入回收瓶中，记录室温 T。

【数据处理与结论】

1. 已知环己烷的 $K_f = 20.0$，密度 $d = 0.7971 - 8.879 \times 10^{-4} t$（g·cm^{-3}），正常凝固温度为 6.54℃。
2. 按式(4-28)计算萘的分子量，将有关数据及处理结果填入表 4-10。

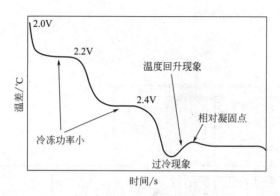

图 4-20　温差-时间曲线

表 4-10　测定的数据及处理结果　　　　　　　　　　室温：_____ ℃

物质		质量/g	凝固点/℃				ΔT/℃	分子量
			第1次	第2次	第3次	平均		
环己烷							0	—
萘	第1次加的量							M_1
	两次加的总量							M_2

3. 用外推法确定萘的分子量。
4. 计算测定结果的相对误差（已知萘的分子量为 128.17）。

【思考题】

1. 当溶质在溶液中有解离、缔合和生成配合物的情况时，对分子量测定值有何影响？
2. 在冷却过程中，冷冻管内固液相之间和冰水之间，有哪些热交换？它们对凝固点的测定有何影响？

实验七十九　中和热的测定

【实验目的】

1. 掌握酸碱中和反应热效应的测定方法。
2. 学会用雷诺图解法校正温差。

【实验原理】

在一定的温度和压力下，1mol 酸和 1mol 碱发生中和反应时所放出的热量叫做中和热。本实验利用盐酸与氢氧化钠反应，测定其中和热。离子方程式如下：

$$H^+ + OH^- \rightleftharpoons H_2O$$

图 4-21 为量热计装置图，反应在绝热容器杜瓦瓶中进行，温度传感器为热电偶，温度时间曲线由计算机采样自动绘出。根据反应后量热计温度升高的值以及量热计的热容 K，就可以算出该反应的热效应。在实验过程中，让氢氧化钠过量，故反应的量可准确地用盐酸的量来进行计算。设 HCl 溶液浓度为 c(mol·L^{-1})，体积为 V(L)，反应后温度升高 $\Delta T_{中}$，则中和热为：

$$\Delta H_{中和} = -\frac{K}{cV}\Delta T_{中} \tag{4-29}$$

量热计的热容 K 可用电热标定法标定。当中和反应结束后，系统中溶液的量是一定的，

此时在恒定的电压 V 下向系统中的电加热器提供一恒定的电流 I，加热一段时间 t 后，系统的温度会升高，若升高的温度为 $\Delta T_电$，则可用式(4-30)计算出量热计的热容 K。本实验加热过程中向系统提供的电功由计算机对电流、电压和时间进行采样后自动计算出来，不需要人工计算。

$$K = \frac{电功}{\Delta T_电} = \frac{VIt}{\Delta T_电} \tag{4-30}$$

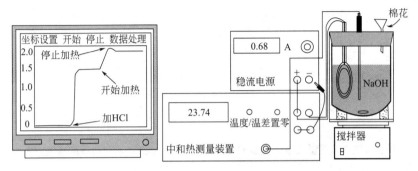

图 4-21　量热计装置图

【仪器与试剂】

1. 仪器　计算机、打印机、杜瓦瓶、中和热测量数据采集接口装置、恒流源、容量瓶 (100mL)。

2. 试剂　标准 HCl 溶液（约 $0.1\text{mol}\cdot\text{L}^{-1}$，准确浓度要标定）、NaOH 溶液（约 $0.11\text{mol}\cdot\text{L}^{-1}$）。

【实验步骤】

1. 用 100mL 容量瓶量取 100mL NaOH 溶液（约 $1.1\text{mol}\cdot\text{L}^{-1}$）注入杜瓦瓶中，再加入 800mL H_2O。并放入磁力搅拌子，开启磁力搅拌器，缓慢搅拌。用 100mL 容量瓶精确量取 100mL HCl 溶液，放置一旁备用。

2. 用滤纸将温度传感器擦干净后插入杜瓦瓶中。将电热丝加热插头插入电源插孔，迅速设定加热电流为 $0.6\sim0.8\text{A}$ 后，拔下加热插头。

3. 运行中和热测定软件，选择串口，当有温度显示时，则说明计算机已与温度采样系统连接好了，可以进行实验。等 5min 后，按中和热测量装置上的"温度/温差"切换按钮，将温度测量切换为温差，再按置零键将温差置为零。

4. 用鼠标点击"开始实验"菜单，依提示输入 HCl 的浓度和体积后，点击"继续"并保存数据文件。待计算机屏幕显示了约 20 个点后，迅速将 HCl 溶液由漏斗注入杜瓦瓶内，并用少量 H_2O 冲洗容量瓶两次，冲洗液也要注入，用棉花塞住漏斗孔，以免热量泄漏。

5. 待升高的温度稳定后，再测约 20 个点，然后开始加热，待系统温度升高 $0.2\sim0.3\text{℃}$ 后，拔下加热电源插头，停止加热。

6. 待温度下降，稳定后，再测约 20 个点，然后点击"停止实验"按钮停止实验。

【数据处理与结论】

中和热计算软件的界面如图 4-22 所示，输入数据文件名，读取数据后，在左边的对话框中输入 B、C、D、E 4 个拐点的点号以后，点击"计算"按钮就可自动算出加热的电功 W、量热计的热容 K 以及反应的中和热 $\Delta H_{中和}$。在计算 $\Delta T_{中和}$ 和 $\Delta T_电$ 时，均使用了雷诺校正，雷诺校正法请参考燃烧热实验数据处理部分的介绍。

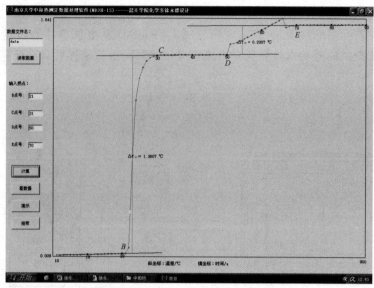

图 4-22 中和热数据处理软件界面图

【注意事项】

1. 中和热与浓度和温度有关,因此在阐述中和过程的热效应时,必须注意记录酸和碱的浓度以及测量的温度。

2. 实验中所用碱的浓度要略高于酸的浓度,或使碱的用量略多于酸的量,以使酸全部被中和。为此,应在实验后用酚酞指示剂检查溶液的酸碱性。

3. 实验所用 NaOH 溶液必须用丁二酸或草酸进行标定,并且尽量不含 CO_3^{2-},所以最好现用现配。

【思考题】

1. 实验时,为什么要先测 $\Delta T_{中}$ 而后测 $\Delta T_{电}$?
2. 能否用其它的方法测定量热计的热容,请自查文献后说明。

实验八十 纯液体饱和蒸气压的测定

【实验目的】

1. 了解测定液体饱和蒸气压的原理和方法。
2. 学会用图解法求纯液体的平均摩尔汽化热和正常沸点。

【实验原理】

在一定温度下,纯液体与其自身的蒸气达到气液平衡时,蒸气的压力称为该温度下该液体的饱和蒸气压,简称为蒸气压。蒸发 1mol 液体所吸收热量称为该温度下该液体的摩尔汽化热。将蒸气视为理想气体,饱和蒸气压与温度的关系可用克劳修斯-克拉贝龙方程式表示:

$$\frac{\mathrm{d}\ln p}{\mathrm{d}T} = \frac{\Delta_{\mathrm{vap}}H_{\mathrm{m}}}{RT^2} \tag{4-31}$$

式中,T 为热力学温度;p 为纯液体在温度 T 时的饱和蒸气压;$\Delta_{\mathrm{vap}}H_{\mathrm{m}}$ 为纯液体在温度 T 时的摩尔汽化热;R 为摩尔气体常数。

当在温度变化范围不大时,可把 $\Delta_{\mathrm{vap}}H_{\mathrm{m}}$ 视为常数,表示此温度范围内的平均摩尔汽化热。将式 (4-31) 积分得：

$$\ln p = \frac{-\Delta_{vap} H_m}{R} \times \frac{1}{T} + c \tag{4-32}$$

用 $\ln p$ 对 $1/T$ 作图，得一条直线，直线的斜率为 $m = \frac{-\Delta_{vap} H_m}{R}$，于是平均摩尔汽化热为：

$$\Delta_{vap} H_m = -Rm \tag{4-33}$$

由式 (4-33) 可看出，测得一组不同温度下纯液体的饱和蒸气压值，可求得该温度范围内该纯液体的平均摩尔汽化热 $\Delta_{vap} H_m$。

当液体的饱和蒸气压等于外界压力时，液体沸腾，此时的温度即为该液体的沸点。当外压为一个标准大气压（101325 Pa）时，液体的沸点称为正常沸点。

本实验采用静态法测定苯的饱和蒸气压，实验装置如图 4-23 所示。等压计（又称平衡管）由支管 R、U 形管 B 和玻璃球 A 三部分组成，A 球用于储存待测液体苯，U 形管 B 部分也装上适量的液体苯用于形成等压计。苯的蒸气压测定的原理是这样的：在某一温度下，当 U 形管两边液面处于同一水平面时，则表明 U 形管两边上方气体的压力是相等的，此时迅速从压力计上读取压力的大小，则该压力的值为 A 球中苯在该温度下的饱和蒸气压。

【仪器与试剂】
1. 仪器　液体蒸气压测定装置、真空泵、100(1/10)水银玻璃温度计、电吹风、大烧杯(1000mL)、电炉、铁架台。
2. 试剂　苯（AR）。

【实验步骤】
1. 加样

从等压计支管 R 处加苯，借助电吹风的热风，使苯被吸入 A 球内，至 A 球内盛苯约为 $\frac{2}{3}$ 即可。

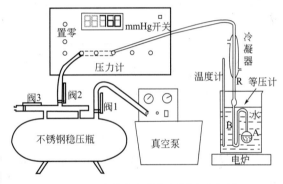

图 4-23　液体饱和蒸气压测定装置图

2. 校零

打开测定装置电源，5min 后，按下校零按钮，使面板示值为 0000。

3. 系统检漏

将调压阀阀 1、阀 2 打开，阀 3 关闭，启动真空泵抽气，系统减压 350~450mmHg 后，关闭真空泵，关闭阀 1，5min 后观察压力计显示值下降<0.1kPa 即为正常。

4. 测苯的正常沸点

接通冷凝水，系统通大气，加热水浴并经常搅拌，至等压计内苯沸腾 3~5min 后，停止加热，当 B 管两端液面等高时，立即读取水浴温度（沸点）和大气压力。重复一次，若两次结果基本一致，可进行下面的实验。

5. 测定不同温度下苯的饱和蒸气压

测出大气压下的沸点后，立即降低体系与环境的压差 30~40mmHg，此时体系重新沸腾，至 B 管两端液面等高时，立即读出水浴温度及压力计读数，此即完成一组 p、T 数值的测定，重复 5 的步骤，测定不少于 10 次。

实验结束后，慢慢打开进气阀，使压力表恢复零位。关闭冷却水，关闭压力表、恒温控制仪、恒温水浴电源，并拔下电源插头。

【数据处理与结论】

1. 在 48~75℃ 之间，测定 10 个不同温度下苯的饱和蒸气压，并填入表 4-11。由于是用真空泵抽气减压，所以压力 p 应为：$p = \left(\dfrac{大气压/kPa}{101.325 kPa} \times 760 + 表压\right)$（mmHg）。

表 4-11 实验数据

室温：_____℃   大气压：_____mmHg

实验次序	$t/℃$	T/K	$\dfrac{1}{T}$	p/mmHg	$\ln p$
1					
2					
3					
4					
5					
6					
7					
8					
9					
10					

2. 作 $\ln p - \dfrac{1}{T}$ 图，计算苯在 48~75℃ 之间的平均摩尔汽化热 $\Delta_{vap}H_m$。

3. 依式（4-32），计算苯的正常沸点 T_b。

【注意事项】

1. 减压系统不能漏气，否则抽气时达不到本实验要求的真空度。

2. 抽气速度要合适，必须防止平衡管内液体沸腾过剧，致使 B 管内液体快速蒸发。

3. 实验过程中，必须充分排干净 A、B 弯管中的全部空气，使 B 管液面上空只含液体的蒸气分子。

【思考题】

1. 试分析引起本实验误差的因素有哪些？

2. 为什么 A、B 弯管中的空气要排干净？怎样操作？怎样防止空气倒灌？

3. 本实验方法能否用于测定溶液的饱和蒸气压？为什么？

实验八十一 双液系气-液平衡相图的绘制

【实验目的】

1. 绘制环己烷-异丙醇双液系的沸点组成图，并找出恒沸点混合物的组成及恒沸点的温度。

2. 了解测定折射率的原理，熟练掌握阿贝折光仪的使用方法。

3. 进一步掌握分馏原理。

【实验原理】

液体的沸点是液体饱和蒸气压和外压相等时的温度，在外压一定时，纯液体的沸点有一确定值。但双液系的沸点不仅与外压有关，而且还与两种液体的相对含量有关。理想的二组分体系在全部浓度范围内符合拉乌尔定律。结构相似、性质相近的组分间可以形成近似的理想体系，这样可以形成简单的沸点组成 T-x 图。大多数情况下，曲线将出现或正或负的偏差。当这一偏差足够大时，在 T-x 曲线上将出现极大点（负偏差）或极小点（正偏差）。这种最高和最低沸点称为恒沸点，所对应的溶液称为恒沸混合物。考虑综合因素，本实验选择研究环己烷-异丙醇组成的完全互溶的双液系统。而完全互溶的双液系统沸点-组成相图可分为三类：溶液沸点介于两纯组分之间，见图 4-24(b)；溶液沸点有最高恒沸点，见图 4-24(c)；溶液沸点有最低恒沸点，见图 4-24(a)。

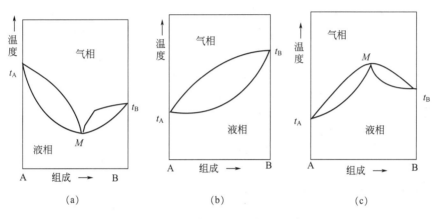

图 4-24 完全互溶双液系的气-液平衡相图

根据相平衡原理，对二组分体系，当压力恒定时，在气液平衡两相区，体系的自由度为 1。若温度一定时，则气液两相的组成也随之而定。当原溶液组成一定时，根据杠杆原理，两相的相对量也一定。反之，实验中利用回流的方法保持气液两相的相对量一定，则体系的温度也随之而定。沸点测定仪就是根据这一原理设计的，它利用回流的方法保持气液两相相对量一定，测量体系温度不发生改变时，即两相平衡后，取出两相的样品，用阿贝折光仪测定气液平衡气相、液相的折射率，再通过预先测定的折射率-组成工作曲线来确定平衡时气相、液相的组成（即该温度下气液两相平衡成分的坐标点）。改变体系总成分，再如上法找出另一对坐标点。这样得若干对坐标点后，分别按气相点和液相点连成气相线和液相线，即得 T-x 平衡图。

【仪器与试剂】

1. 仪器　沸点仪、调压变压器、阿贝折光仪（包括恒温装置）、吸液管、移液管（1mL，10mL，25mL）、擦镜纸。

2. 试剂　环己烷（AR）、异丙醇（AR）、无水酒精（AR）。

【实验步骤】

1. 环己烷-异丙醇标准液折射率的测定

取异丙醇和环己烷以及环己烷摩尔分数分别为 0.2、0.4、0.6、0.8 四种组成的环己烷-异丙醇混合溶液，在 25℃下逐次用阿贝折光仪测定其折射率，绘制组成-折射率关系曲线。

2. 沸点仪的安装

将沸点仪洗净、烘干，如图 4-25 所示。检查带温度计的软木塞是否塞紧、电热丝是否靠近容器 A 底部的中心，温度计的水银球位置是否合适。

3. 待测环己烷-异丙醇混合溶液的配制

向 25mL 异丙醇中分别加入 1mL、2mL、3mL、4mL、5mL、10mL 的环己烷形成编号

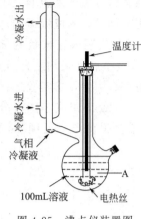

图 4-25　沸点仪装置图

为 1、2、3、4、5、6 的六种溶液，向 25mL 环己烷中分别加入 0.2mL、0.3mL、0.5mL、1mL、4mL、5mL 的异丙醇形成编号为 12、11、10、9、8、7 的六种溶液。

4. 溶液沸点及气、液相组成的测定

分别将 1~12 号环己烷-异丙醇混合溶液装入沸点仪中的蒸馏瓶中，打开冷凝水，使温度计水银球位置一半浸入溶液，一半露在蒸气中，通电并调节好变压器使液体加热沸腾，回流并观察温度计变化，待温度恒定记下沸腾温度，然后将调压变压器调至零处停止加热。充分冷却后，用两支干净的吸液管分别吸取气相冷凝液和蒸馏瓶中的剩余液几滴，立即测其折射率（重复测 3 次）。

【数据处理与结论】

1. 将数据填入下面表格（表 4-12、表 4-13）

表 4-12　环己烷-异丙醇已知组成溶液的折射率　　温度：＿＿＿＿

$x_环$	0	0.2	0.4	0.6	0.8	1.0
n						

表 4-13　有关的测定数据及处理结果

室温：＿＿＿　　大气压：＿＿＿

气相冷凝液	折射率						
	组成						
液相	折射率						
	组成						

2. 由表 4-12 中的数据绘制 25℃时的组成-折射率关系曲线。
3. 利用组成-折射率关系曲线确定气相、液相组成和沸点数据绘制沸点-组成图。
4. 从绘制的环己烷-异丙醇沸点-组成图中查出该体系的恒沸温度和恒沸组成。

【注意事项】

1. 接通加热电源前，必须检查调压变压器旋钮是否处于零位置，以免引起有机组分燃烧或烧坏加热电阻丝。
2. 必须在停止加热后才能取样分析。
3. 测定折射率时，动作必须迅速，避免组分挥发，能否快速、准确地测定折射率是本实验的关键之一。
4. 实验过程中应注意大气压的变化，必要时须进行沸点校正。
5. 不要用水洗玻璃仪器及折光仪。

【思考题】

1. 绘制工作曲线的目的是什么？
2. 温度计水银球一半浸入溶液中，一半露在蒸气中有哪些优点？

实验八十二　二组分固-液相图的绘制

【实验目的】

1. 学会用热分析法测绘 Sn-Pb 二组分金属相图，了解固-液相图的基本特点。

2. 了解热分析法测量技术。

【实验原理】

相图是表示多相平衡体系的存在状态与组成、温度、压力等因素变化的关系图。它包括平衡体系中有哪些相、各相的成分如何、不同相的相对量是多少以及它们随浓度、温度、压力等变量变化的关系。

对于二组分体系，$C=2$，$f=4-\Phi$。由于所讨论的体系至少有一个相，所以自由度数最多为 3，即二组分体系的状态可以由三个独立变量所决定，这三个变量通常为温度、压力及组成，所以二组分体系的状态图要用具有三个坐标的立体图来表示。对于二组分系统，常常保持一个变量为常量，而得到立体图形的截面图。固定压力，以体系中所含物质的组成为自变量、以温度为因变量所得到的温度-组成图（T-x 图）是常见的一种相图。二组分相图已得到广泛的研究和应用。固-液相图多用于冶金、化工等领域。

绘制二组分金属相图常用的实验方法为热分析法。定压下将体系熔融后，使之从高温逐渐冷却，每隔一定时间记录一次温度，作温度对时间的变化曲线，即步冷曲线，当熔融体系在冷却过程中无相变化时，则体系的温度将连续均匀地下降并得到一条光滑的步冷曲线；若冷却过程中体系发生相变，体系中产生的相变热将与自然冷却时体系放出的热量相抵偿，步冷曲线会出现拐点，拐点所对应的温度即为体系发生相变的温度。测定一系列不同组成样品的步冷曲线，根据步冷曲线可得到组成与所对应的相变温度数据，以横坐标表示样品的组成，以纵坐标表示开始不同组成样品出现相变的温度，把这些点连接起来即可绘制出金属相图。图 4-26 为热分析法中根据二元简单低共熔体系的步冷曲线绘制二组分固-液相图的示意图。

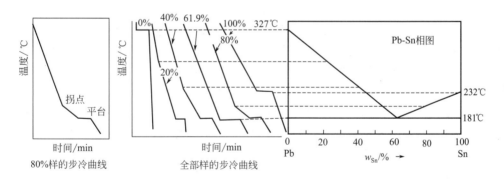

图 4-26 依步冷曲线绘制相图的原理图

用热分析法测绘相图时，必须保证冷却速度足够慢，使得被测体系处于或接近相平衡状态；此外，在冷却过程中，一个新的固相出现以前，常常发生过冷现象，轻微过冷有利于测量相变温度；但严重过冷现象，却会使折点发生起伏，难以确定相变温度。图 4-27 为有过冷现象的步冷曲线，在这种情况下，可通过延长步冷曲线中 dc 线使其与 ab 线相交，交点 e 即为发生相变时的温度转折点。

【仪器与试剂】

1. 仪器　计算机、金属相图测量装置、加热炉、样品管、天平、玻璃套管。
2. 试剂　Sn（AR）、Pb（AR）、石墨粉。

【实验步骤】

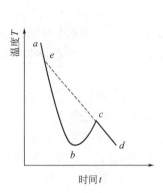

图 4-27　有过冷现象时的步冷曲线

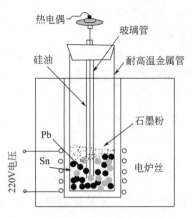

图 4-28　电炉结构图

1. 配制样品。配制含锡量分别为 0%、20%、40%、61.9%、80%、100% 的铅-锡混合物各 100g，分别装入 6 个样品管中，并在样品上覆盖一层石墨粉（防止金属氧化），向玻璃套管中加入硅油（增加热传导系数），然后将样品管装入电炉中。具体安装见图 4-28。

2. 将加热选择旋钮指向待测定的电炉（加热炉和选择旋钮上均有数字标号），并将热电偶插入需加热的样品管中。

3. 设定具体需加热的温度、加热功率和保温功率，本实验中这些参数依次设定为 350℃、400W、40W，参数设定完成后，按下"加热"键，即进入加热状态。

4. 当测量装置上的温度示值接近于 330℃ 时，可停止加热。待样品熔化后，用玻璃套管小心搅拌样品。

5. 待温度降到需要记录的温度值时（比如 305℃），可点击测量软件中的"开始实验"按钮，当温度降到平台以下，停止记录。

按照上述步骤，测定不同组成金属混合物的温度-时间曲线。

【数据处理与结论】

1. 根据不同组成样品的步冷曲线找出拐点和平台温度。

2. 根据各拐点温度和平台温度，以温度为纵坐标，以组成为横坐标，绘出 Sn-Pb 二元金属相图。

3. 从相图中查出铅-锡低共熔点混合物的温度及组成。

【注意事项】

1. 由于金属相图是多相体系处于相平衡状态时温度对组成作图所得的图形，因此被测体系必须时时处于或非常接近于相平衡状态。所以体系冷却速度必须足够慢，可通过程序控温器或用一个由调压器控制的立式冷却保温电炉，减缓冷却速度，满足实验要求。冷却速度太慢，将延长实验时间，实验中将适当掌握。但切忌在一个步冷曲线的测试过程中不断改变样品的测试温度。

2. 样品的组成在测试过程中必须保持不变，除了样品本身必须保持必要的纯度外，在测试过程中必须保持样品在管中的均匀性。另外，必须避免温度过高而使样品发生氧化变质，否则体系的组成将发生变化，从而影响实验结果，加热温度过低，将测不到所需的相变点，因此一般在样品全部熔化后再升温 50℃ 左右为宜。样品表面加少量石墨粉以隔绝空气防止样品氧化也是普遍采用的措施。

3. 热分析法适用于常温下不便直接测定固液平衡时溶液组成的体系（如合金和有机化合物凝聚体系），通常利用相变时的热效应来测定组成以确定体系的温度，然后根据选定的一系列不同组成的二组分体系所测定的温度绘制相图。此种方法简单、易于推广，对于一些二组分金属体系，若挥发的蒸气对人体健康有害，则可采用热分析法的另一种差热分析（DTA）或示差扫描（DSC）法绘制相图。

【思考题】

1. 试用相律分析各步冷曲线上出现转折点与平台的原因。
2. 有些样品的步冷曲线的转折点不是很明显，分析原因。

实验八十三　碳钢阳极极化曲线的测定

【实验目的】

1. 用恒电位法测定碳钢在$(NH_4)_2CO_3$溶液中的阳极极化曲线。
2. 确定碳钢的致钝电位。
3. 掌握恒电位仪的使用方法。

【实验原理】

测定极化曲线实际上是测定有电流流过电极时电极的电位与电流的关系，极化曲线的测定可以用恒电流法和恒电位法。恒电流法是控制通过电极的电流（或电流密度），测定各电流密度时的电极电位，从而得到极化曲线。恒电位法是将研究电极的电位恒定地维持在所需的数值，然后测定相应的电流密度，从而得出极化曲线。由于在同一电流密度下，碳钢电极可能对应不同的电极电位，因此用恒电流法不能完整地描述出电流密度与电位间的全部复杂关系。本实验采用控制电极电位的恒电位法测定碳钢在碳酸溶液中的阳极极化曲线，如图4-29所示，从图中可看出该曲线可分为四个区域。

1. 从点A到点B的电位范围称金属活化溶解区。此区域内的AB线段是金属的正常阳极溶解，铁以二价形式进入溶液，即$Fe \longrightarrow Fe^{2+} + 2e^-$。$A$点称为金属的自然腐蚀电位。

2. 从B点到E点称为钝化过渡区。BE线是由活化态到钝化态的转变过程，B点所对应的电位称为致钝电位，其对应的电流密度I称为致钝电流密度。

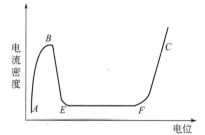

图4-29　阳极极化曲线

3. 从E点到F点的电位范围称为钝化区。在此区域内由于金属的表面状态发生了变化，使金属的溶解速度降低到最小值，与之对应的电流密度很小，基本上不随电位的变化而改变。此时的电流密度称为维持钝化的电流密度，其数值几乎与电位变化无关。注意：凡是能使金属保护层破坏的因素都能使钝化了的金属重新活化。例如，加热、通入还原性气体、阴极极化、加入某些活性离子、改变溶液的pH值以及机械损伤等。实验表明，Cl^-可有效地使钝化了的金属活化。

4. FC段的电位范围称为过钝化区。在此区，阳极电流密度又重新随电位增大而增大，金属的溶解速度又开始增大，这种在一定电位下使钝化了的金属又重新溶解的现象叫做过钝化。电流密度增大的原因可能是产生了高价离子（如铁以高价转入溶液），如果达到了氧的析出电位，则析出氧气。

在实际测量中，常用的恒电位方法有静态法和动态法两种。静态法是将电极电位较长时间地维持在某一恒定值，同时测量电流密度随时间的变化直到电流基本上达到某一稳定值，如此逐点测量在各个电极电位下的稳定电流密度，以得到完整的极化曲线。动态法是控制电极电位以较慢的速度连续地改变或扫描，测量对应电极电位下的瞬时电流密度，并以瞬时电流密度值与对应的电位作图就得到整个极化曲线。改变电位的速度或扫描速度可根据所研究体系的性质而定。一般来说，电极表面建立稳态的速度越慢，电位改变也应越慢，这样才能使所得的极化曲线与采用静态法测得的结果接近。

静态法测量的结果虽然接近稳定值，但测量时间长，有时需要在某一个电位下等待几个甚至几十个小时，给测定工作增加了麻烦。与静态法相比，虽然动态法测量的结果与静态值相差略大，但测量时间较短，所以在实际测量中常常采用。在动态法中，由于电极表面状态未达到稳定状态，因此一般测出的极化曲线为暂态极化曲线。

【仪器与试剂】

1. 仪器 HDV-7C 晶体管恒电位仪、直流稳压电源、铂电极、碳钢电极（1.0cm^2）、饱和甘汞电极、电解池、烧杯（250mL）。

2. 试剂 $(NH_4)_2CO_3$(AR)、H_2SO_4(AR)、丙酮（AR）、KCl(AR)、N_2(g)。

【实验装置】

HDV-7C 恒电位仪阳极极化曲线测定装置如图 4-30 所示。

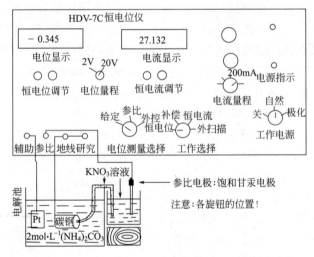

图 4-30 HDV-7C 恒电位仪阳极极化曲线测定装置

【实验步骤】

1. 电极处理

先用零号砂纸将碳钢电极粗磨，再用金相砂纸磨光，用丙酮清洗表面油污，然后置于 0.5mol·L^{-1} 的 H_2SO_4 溶液中，以一铁板为阳极、研究电极为阴极，控制电流密度约为 5mA·cm^{-2}，电解 10min，以除去电极表面的氧化膜，最后用蒸馏水冲洗干净。不用时可浸在无水乙醇中。

2. 仪器安装

将 2mol·L^{-1} 的 $(NH_4)_2CO_3$ 溶液倒入电解池内,通入 N_2 10min 后(除去溶液中的氧)。按图 4-30 安好实验装置,并注意各开关的位置。

3. 测定研究电极对参比电极的自腐蚀电位($\varphi_{研究}-\varphi_{甘汞}$)

将电位测量选择开关打到参比的位置,电位显示表中的数值即为研究电极的自腐蚀电位。该数值应小于 $-0.8V$,否则要重新处理研究电极。

4. 电极电位的设定

将电位测量选择开关打到给定的位置,调电位调节旋钮使电位显示表中的数值为 $-0.8V$,即把研究电极的电位设定在了 $-0.8V$。

5. 极化电流的测定

将工作电源开关打到极化的位置,待电流显示表中显示的数值基本稳定以后,所显示的值即为极化电流值。这个值会随着时间的变化而变化,要达到稳定需要很长的时间,我们一般控制在几秒钟内读出,故基本属于暂态电流。读数后将工作电源开关返回到自然的位置。

6. 将电极电势的数值增加 ΔV,重复 3、4 两步,直到电极电势设定为 $1.05V$ 为止。即在 $-0.80\sim 1.05V$ 之间每增加一个 ΔV 值,测定一次极化电流值。ΔV 数值如下:

ΔV: 0.02V   0.05V   0.02V
电位区间:$-0.80V - 0.60V$ 0.9V   1.05V

注意:当电流过大,或电极上明显有大量气体放出时,说明电位已经进入了过钝化区,可停止实验。

【数据处理与结论】

1. 将实验测定的数据填入表 4-14。

表 4-14 有关的测定数据及处理结果

给定电位/V								...
$\varphi_{研究}$/V								...
i/mA·cm^{-2}								...

注:$\varphi_{研究}$=给定电位+$\varphi_{甘汞}$=给定电位+0.2412(V)。

2. 以极化电流密度为纵坐标、$\varphi_{研究}$为横坐标,绘出碳钢在碳酸铵溶液中的钝化曲线。

3. 求出实验条件下碳钢电极的致钝电位、致钝电流密度和维钝电流。

【思考题】

1. 是否能用恒电流法测定阳极的极化曲线,为什么?
2. 极化曲线测定时,为什么要使盐桥尖端与研究电极表面接近?
3. 实验中为什么不能选择 KCl 作盐桥溶液?

实验八十四 电导法测定难溶盐的溶解度

【实验目的】

1. 掌握电导法测定难溶盐溶解度的原理和方法。
2. 加深对溶液电导概念的理解及电导测定应用的了解。
3. 测定 $PbSO_4$ 在 25℃的溶解度。

【实验原理】

难溶盐如 $PbSO_4$、$BaSO_4$、$AgCl$、$AgIO_3$ 在水中溶解度很小，用一般的分析方法很难精确测定其溶解度。但难溶盐在水中微量溶解的部分是完全电离的，因此，常用测定其饱和溶液电导率来计算其溶解度。

难溶盐的溶解度很小，其饱和溶液可近似视为无限稀，饱和溶液的摩尔电导率 Λ_m 与难溶盐的无限稀释溶液中的摩尔电导率 Λ_m^∞ 是近似相等的，即 $\Lambda_m \approx \Lambda_m^\infty$。

Λ_m^∞ 可根据科尔劳施（Kohlrausch）离子独立运动定律，由离子无限稀释摩尔电导率相加而得。在一定温度下，电解质溶液的浓度 c、摩尔电导率 Λ_m^∞ 与电导率 κ 的关系为：

$$\Lambda_m = \frac{\kappa}{c} \tag{4-34}$$

κ 可以通过测定溶液的电导 G 求得，电导率 κ 与电导 G 的关系为：

$$\kappa = \frac{l}{A}G = K_{cell}G \tag{4-35}$$

上式中的 $K_{cell} = \dfrac{l}{A}$ 称为电导池常数，它是两极间距 l 与电极表面积 A 之比。为改善电极性能，通常将 Pt 电极镀上一层铂黑，因此电极面积不能用尺子通过测定电极的长和宽来算出，通常是用已知电导率的标准溶液进行标定。

溶液的电导可用惠斯顿电桥测定，线路如图 4-31 所示。其中 S 为音频信号发生器。R_1、R_2 和 R_3 是三个可变电阻箱。R_x 为电导池。H 为示波器，供指零用。与电阻箱 R_1 并联一个可变电容器 C_1，以平衡电导电极的电容。测定时调节 R_1、R_2、R_3 和 C_1，使检测到的音频信号的幅度最小，此时，表明 B、D 两点电位相等，即电桥达到了平衡。

$$I_1 R_1 = I_2 R_2$$

$$I_1 R_x = I_2 R_3$$

两式相比，得

$$\frac{R_1}{R_x} = \frac{R_2}{R_3}$$

$$R_x = \frac{R_1 R_3}{R_2}$$

然后计算电阻 R_x 的倒数即得电导。

本实验中，κ 直接通过 DDS-11A 型电导率仪测定。必须指出，难溶盐在水中的溶解度极微，其饱和溶液的电导率实际上是盐的正、负离子和溶剂（H_2O）解离的正、负离子（H^+ 和 OH^-）的电导率之和，无限稀释条件下 $\kappa_{溶液} = \kappa_{盐} + \kappa_{水}$。因此，测定了 $\kappa_{溶液}$ 和 $\kappa_{水}$ 后，就可以算出 $\kappa_{盐}$。知道了 $\kappa_{盐}$，就可依式（4-34）求得该温度下难溶盐在水中的饱和浓度 c，经换算即得该难溶盐的溶解度。

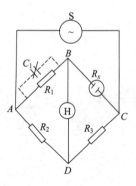

图 4-31　惠斯顿电桥

【仪器与试剂】

1. 仪器　恒温槽、DDS-11A 型电导率仪、带盖锥形瓶。
2. 试剂　$PbSO_4$（AR）。

【实验步骤】

1. 调节恒温槽温度为 (25.0 ± 0.1)℃

2. 测定 PbSO₄ 溶液的电导率

将约 1g 固体 $PbSO_4$ 放入 250mL 锥形瓶中,加入约 100mL 重蒸水,摇动并加热至沸。倒掉清液,以除去 $PbSO_4$ 所含的可溶性杂质。按同法重复两次。再加入约 100mL 重蒸水,加热至沸使之充分溶解,然后放在恒温槽中,恒温 20min 使固体沉到瓶底后,将上层溶液倒入一个干燥的锥形瓶,恒温后测其电导三次,求平均值。下层固体 $PbSO_4$ 再加入 100mL 重蒸水重复以上操作,直到数据一致为止。

3. 测定重蒸水的电导率

取约 100mL 重蒸水放入一个干燥的锥形瓶中,待恒温后,测电导三次,求平均值。

【数据处理与结论】

有关数据填入表 4-15。

表 4-15 有关的测定数据及处理结果

气压:_____ 室温:_____ 实验温度:_____

参量＼次数	1	2	3	平均值
$\kappa_{溶液}$				
$\kappa_{水}$				
κ_{PbSO_4}				

计算得到 c_{PbSO_4},需要换算成溶解度 b_{PbSO_4}(因溶液极稀,设溶液的密度近似等于水的密度,并设水的密度是 $1\times 10^3 kg\cdot m^{-3}$)。溶解度是溶解物质的质量除以溶剂质量所得的商,所以

$$b_{PbSO_4} = cM_{PbSO_4}/100$$

【注意事项】

1. 实验中温度要恒定,测量必须在同一温度下进行。
2. 每次测定前,都必须将电导电极洗涤干净,以免影响测定结果。
3. 本实验配制溶液时,均需用电导水(电导率应小于 $3\times 10^{-4} S\cdot m^{-1}$)。
4. DDS-11A 型电导率仪的使用参见 2.8.9。

【思考题】

1. 怎样测定电导池常数?
2. 查一下物理化学手册上的 $PbSO_4$ 溶解度,和实验值比较,计算相对误差,为什么会产生误差?

实验八十五 电极制备和电池电动势的测定

【实验目的】

1. 测定铜-锌电池的电动势以及铜、锌两电极的电势。
2. 掌握数字电位差计的使用方法。

【实验原理】

电池是使化学能转化为电能的装置,当电池在无限缓慢放电的条件下(几乎无电流流过电路),可以获得最大的有效功。在此条件下,两电极间的电势差就是电池的电动势,该电动势可用对消法测量(也可用高内阻的数字电位差计测量),本实验是用对消法。实验装置见图 4-32。

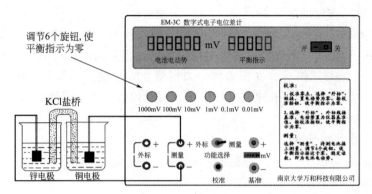

图 4-32 对消法测电池电动势示意图

【仪器与试剂】

1. 仪器　EM-3C 数字式电子电位差计及附件、铜电极、锌电极、氯化钾盐桥、细砂纸、其它常用玻璃仪器。

2. 试剂　HNO_3（$6mol·L^{-1}$）、$Hg_2(NO_3)_2$ 饱和溶液、$ZnSO_4$ 溶液（$0.1000mol·L^{-1}$）、$CuSO_4$ 溶液（$0.1000mol·L^{-1}$）。

【实验步骤】

1. 铜、锌电极的制备

（1）铜电极的制备（镀 30min，$5mA·cm^{-2}$）　铜电极用细砂纸磨光，放在 $6mol·L^{-1}$ HNO_3 溶液中浸洗，依次用自来水、蒸馏水淋洗。在电极表面镀一层新鲜紧密的铜镀层，镀后的电极用蒸馏水淋洗，用滤纸吸干。

（2）锌电极的制备　用 $3mol·L^{-1}$ H_2SO_4 溶液浸洗锌电极，浸入 $Hg_2(NO_3)_2$ 饱和溶液中 2~3s，用滤纸擦亮表面（锌表面有一层锌汞齐）。用蒸馏水淋洗，用滤纸吸干。

2. 仪器校正

功能选择外标，短接外标，按校准使平衡指示为零；将外标线接上基准，注意正接正，负接负，调节 6 个旋钮，使电动势的值跟基准值一样，按校准使平衡指示为零。

3. 测定以下电池的电动势

（－）Zn(s)|$ZnSO_4$(0.1000mol·L^{-1})‖$CuSO_4$(0.1000mol·L^{-1})|Cu(s)(＋)

接线与图 4-32 一致，调节 6 个旋钮，使平衡指示为零，电池电动势显示的值即为电池的电动势，如果平衡指示调不到零，则以接近零并稳定为准。

4. 测量以下电池的电动势

（－）Zn(s)|$ZnSO_4$(0.1000mol·L^{-1})‖饱和甘汞电极(＋)

（－）饱和甘汞电极‖$CuSO_4$(0.1000mol·L^{-1})|Cu(s)(＋)

确定铜、锌两电极的电极电势。

【数据处理与结论】

将有关数据及处理结果填入下表。

室温：_____℃

	铜-锌电池的电动势/V			
电极电势/V			相对饱和甘汞电极	相对标准氢电极
	铜电极			
	锌电极			

注：饱和甘汞电极电势与温度的关系：$E=0.2438V-6.5×10^{-4}V(t/℃-25)$。

【思考题】

说明图 4-33 所示测量电池电动势的方法是否正确，为什么？0.65V 反映的是电池的什么电压？

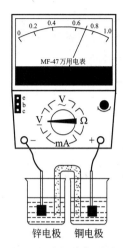

图 4-33　电池电动势测量示例

5 综合性实验

实验八十六　四氧化三铅组成的测定

【实验目的】
1. 测定 Pb_3O_4 的组成。
2. 进一步练习碘量法操作。
3. 学习用 EDTA 测定溶液中的金属离子。

【实验原理】

Pb_3O_4 为红色粉末状固体，俗称铅丹。该物质为混合价态氧化物，其化学式可写成 $2PbO·PbO_2$，即式中氧化数为 +2 的 Pb 占 2/3，而氧化数为 +4 的 Pb 占 1/3。但根据其结构，Pb_3O_4 应为铅酸盐 Pb_2PbO_4。

Pb_3O_4 与 HNO_3 反应时，由于 PbO_2 的生成，固体的颜色很快从红色变为棕黑色：

$$Pb_3O_4 + 4HNO_3 = PbO_2 + 2Pb(NO_3)_2 + 2H_2O$$

Pb_3O_4 经 HNO_3 作用分解后生成的 Pb^{2+}，可用配位滴定法进行测定。而 PbO_2 是种很强的氧化剂，在酸性溶液中，它能定量地与 I^- 反应：

$$PbO_2 + 4I^- + 4HAc = PbI_2 + I_2 + 2H_2O + 4Ac^-$$

从而可用碘量法来测定所生成的 PbO_2。

根据 +2 价铅与 +4 价铅的摩尔比可以确定 Pb_3O_4 的组成。

【仪器与试剂】

1. 仪器　分析天平、台秤、称量瓶、干燥器、量筒（10mL，100mL）、烧杯（50mL）、锥形瓶（250mL）、加压过滤装置（吸滤瓶、布氏漏斗、真空泵、滤纸、剪刀）、酸式滴定管（50mL）、碱式滴定管（50mL）、洗瓶、滤纸、pH 试纸。

2. 试剂　Pb_3O_4(s)、KI(s)、HNO_3(6mol·L^{-1})、$Na_2H_2Y·2H_2O$(s)、$Na_2S_2O_3·5H_2O$(s)、NaAc-HAc（1:1 混合液）、$NH_3·H_2O$（1:1）、六亚甲基四胺（20%）、淀粉（2%）、二甲酚橙指示剂。

【实验步骤】

1. 0.05mol·L^{-1} EDTA 标准溶液配制（见实验四十一）。
2. 0.02mol·L^{-1} $Na_2S_2O_3$ 标准溶液配制（见实验四十八）。
3. Pb_3O_4 的分解

用差减法准确称取干燥的 Pb_3O_4 0.500g 于 50mL 的小烧杯中，同时加入 2mL 6mol·L^{-1}

HNO_3 溶液,用玻璃棒搅拌,使之充分反应,可以看到红色的 Pb_3O_4 很快变为棕黑色的 PbO_2。减压过滤将反应产物进行固液分离,用蒸馏水少量多次洗涤固体,保留滤液及固体供下面实验用。

4. PbO 含量的测定

把上述滤液全部转入锥形瓶中,加入 4~6 滴二甲酚橙指示剂,并逐滴加入 1∶1 的氨水,至溶液由黄色变为橙色,再加入 20% 的六亚甲基四胺至溶液呈稳定的紫红色(或橙红色),再过量 5mL,此时溶液的 pH 为 5~6。然后以 EDTA 标准液滴定,溶液由紫红色变为亮黄色时,即为终点。记下所消耗的 EDTA 溶液的体积。

5. PbO_2 含量的测定

将上述固体 PbO_2 连同滤纸一并置于另一锥形瓶中,往其中加入 30mL HAc 与 NaAc 混合液,再向其中加入 0.8g 固体 KI,摇动锥形瓶,使 PbO_2 全部反应而溶解,此时溶液呈透明棕色。以 $Na_2S_2O_3$ 标准溶液滴定至溶液呈淡黄色时,加入 1mL 2% 淀粉溶液,继续滴定至溶液蓝色刚好褪去为止,记下所用去的 $Na_2S_2O_3$ 溶液的体积。

6. 计算

由上述实验计算出试样中 Pb^{2+} 与 Pb^{4+} 的摩尔比,以及 Pb_3O_4 在试样中的质量分数。本实验要求,Pb^{2+} 与 Pb^{4+} 摩尔比为 2±0.05,Pb_3O_4 在试样中的质量分数应大于或等于 95% 方为合格。

【思考题】

1. 能否加其它酸如 H_2SO_4 或 HCl 溶液使 Pb_3O_4 分解?为什么?
2. PbO_2 氧化 I^- 需在酸性介质中进行,能否加 HNO_3 或 HCl 溶液以代替 HAc?为什么?
3. 从实验结果分析产生误差的原因。
4. 自行设计另外一个实验,以测定 Pb_3O_4 的组成。

实验八十七 一种钴(Ⅲ)配合物的制备

【实验目的】

1. 掌握制备金属配合物最常用的方法——水溶液中的取代反应和氧化还原反应。了解其基本原理和方法。
2. 学会对配合物组成进行初步推断。
3. 进一步学习使用电导率仪。

【实验原理】

运用水溶液中的取代反应来制取金属配合物,是在水溶液中的一种金属盐和一种配体之间的反应。实际上是用适当的配体来取代水合配离子中的水分子。氧化还原反应是将不同氧化态的金属化合物,在配体存在下使其适当地氧化或还原以制得该金属配合物。

Co(Ⅱ)的配合物能很快地进行取代反应(是活性的),而 Co(Ⅲ)配合物的取代反应则很慢(是惰性的)。Co(Ⅲ)的配合物制备过程一般是,通过 Co(Ⅱ)(实际上是其水合配合物)和配体之间的一种快速反应生成 Co(Ⅱ)的配合物,然后使它被氧化成为相应的 Co(Ⅲ)配合物(配位数均为 6)。

常见的 Co(Ⅲ) 配合物有：$[Co(NH_3)_6]^{3+}$（黄色）、$[Co(NH_3)_5H_2O]^{3+}$（粉红色）、$[Co(NH_3)_5Cl]^{2+}$（紫红色）、$[Co(NH_3)_4CO_3]^+$（紫红色）、$[Co(NH_3)_3(NO_2)_3]$（黄色）、$[Co(CN)_6]^{3-}$（紫色）、$[Co(NO_2)_6]^{3-}$（黄色）等。

用化学分析方法确定某配合物的组成，通常先确定配合物的外界，然后将配离子破坏再来看其内界。配离子的稳定性受很多因素影响，通常可用加热或改变溶液酸碱性来破坏它。本实验是初步推断，一般用定性、半定量甚至估量的分析方法。推定配合物的化学式后，可用电导率仪来测定一定浓度配合物溶液的导电性，与已知电解质溶液的导电性进行对比，可确定该配合物化学式中含有几个离子，进一步确定该配合物的化学式。

游离的 Co^{2+} 在酸性溶液中可与硫氰化钾作用生成蓝色配合物 $[Co(SCN)_4]^{2-}$。因其在水中解离度大，故常加入硫氰化钾浓溶液或固体，并加入戊醇和乙醚以提高稳定性。由此可用来鉴定 Co^{2+} 的存在。其反应如下：

$$Co^{2+} + 4SCN^- \Longrightarrow [Co(SCN)_4]^{2-}（蓝色）$$

游离的 NH_4^+ 可由奈氏试剂来鉴定，其反应如下：

$$NH_4^+ + 2[HgI_4]^{2-} + 4OH^- \Longrightarrow \left[O\genfrac{}{}{0pt}{}{Hg}{Hg}NH_2\right]I\downarrow + 7I^- + 3H_2O$$

（奈氏试剂）　　　　　　　　（红褐色）

【仪器与试剂】

1. 仪器　电导率仪、台秤、烧杯、锥形瓶、量筒、研钵、漏斗、铁架台、酒精灯、试管（15mL）、滴管、药勺、试管夹、石棉网、普通温度计、电导率仪、水浴锅、pH 试纸、滤纸。

2. 试剂　$NH_4Cl(s)$、$CoCl_2(s)$、$KSCN(s)$、$NH_3 \cdot H_2O$（浓）、HNO_3（浓）、$HCl(6mol \cdot L^{-1}$，浓）、$H_2O_2(30\%)$、$AgNO_3(2mol \cdot L^{-1})$、$SnCl_2(0.5mol \cdot L^{-1}$，新配）、奈氏试剂、乙醚、戊醇等。

【实验步骤】

1. 制备 Co(Ⅲ) 配合物

在锥形瓶中将 1.0g NH_4Cl 溶于 6mL 浓氨水中，待完全溶解后手持锥形瓶颈不断振摇，使溶液均匀。分数次加入 2.0g $CoCl_2$ 粉末，边加边摇动，继续摇动使溶液成棕色稀浆。再往其中滴加 2～3mL 30% H_2O_2，边加边摇动，加完后再摇动。当固体完全溶解溶液中停止起泡时，慢慢加入 6mL 浓盐酸，边加边摇动，并在水浴上微热，温度不要超过 85℃，边摇边加热 10～15min，然后在室温下冷却混合物并摇动，待完全冷却后过滤出沉淀。用 5mL 冷水分数次洗涤沉淀，接着用 5mL 冷的 $6mol \cdot L^{-1}$ 盐酸洗涤，产物在 105℃ 左右烘干并称量。

2. 组成的初步推断

（1）称取 0.3g 所制得的产物于小烧杯中，加入 35mL 蒸馏水，混匀后用 pH 试纸检验其酸碱性。

（2）用量筒取 15mL 实验(1)中所得的混合液于烧杯中，慢慢滴加 $2mol \cdot L^{-1}$ $AgNO_3$ 溶液并搅动，直至加一滴 $AgNO_3$ 溶液后上部清液没有沉淀生成。然后过滤，往滤液中加 1～2mL 浓硝酸并搅动，再往溶液中滴加 $AgNO_3$ 溶液，看有无沉淀，若有，比较一下与前面沉淀的量的多少。

(3) 取 2~3mL 步骤（1）中所得的混合液于试管中，加几滴（0.5mol·L^{-1}SnCl$_2$）溶液（为什么？），振荡后加入一粒绿豆粒大小的硫氰化钾固体，振摇后再加入 1mL 戊醇、1mL 乙醚，振荡后观察上层溶液中的颜色（为什么？）。

(4) 取 2mL 步骤（1）中所得的混合液于试管中，加入少量蒸馏水，得清亮溶液后，加 2 滴奈氏试剂并观察变化。

(5) 将步骤（1）中剩下的混合液加热，观察溶液变化，直至其完全变成棕黑色后停止加热，冷却后用 pH 试纸检验溶液的酸碱性，然后过滤（必要时用双层滤纸）。取所得清液，分别作一次步骤（3）、步骤（4）实验。观察现象与原来的有什么不同。

通过这些实验你能推断出此配合物的组成吗？能写出其化学式吗？

(6) 由上述自己初步推断的化学式来配制 100mL 0.01mol·L^{-1} 该配合物的溶液，用电导率仪测量其电导率，然后稀释 10 倍后再测其电导率并与表 5-1 对比，来确定其化学式中所含离子数。

表 5-1 电解质的电导率

电解质	类型(电子数)	电导率①/S	
		0.01mol·L^{-1}	0.001mol·L^{-1}
KCl	1-1 型（2）	1230	133
BaCl$_2$	1-2 型（3）	2150	250
K$_3$[Fe(CN)$_6$]	1-3 型（4）	3400	420

① 电导率的 SI 制单位为西门子，符号为 S，1S=1Ω^{-1}。

【思考题】

1. 将氯化钴加入氯化铵与浓氨水的混合液中，可发生什么反应，生成何种配合物？
2. 上述实验中加过氧化氢起何作用？如不用过氧化氢还可以用哪些物质？用这些物质有什么不好？上述实验中加浓盐酸的作用是什么？
3. 要使本实验制备的产品的产率高，哪些步骤是比较关键的？为什么？
4. 试总结制备 Co(Ⅲ) 配合物的化学原理及制备的几个步骤。
5. 有五个不同的配合物，分析其组成后确定有共同的实验式：K$_2$CoCl$_2$I$_2$(NH$_3$)$_2$；电导测定得知在水溶液中五个化合物的电导率数值均与硫酸钠相近。写出五个不同配离子的结构式，并说明不同配离子间有何不同。

【附注】

对于溶解度很小或与水反应的离子化合物测定电导率时，可改用有机溶剂，例如硝基苯或乙腈来测定，可获得同样的结果。电导率仪的使用见 2.8.9。

实验八十八 CuSO$_4$·5H$_2$O 的制备、提纯及纯度检验

【实验目的】

1. 了解金属与酸作用制备盐的方法。
2. 进一步学习并熟练加热、浓缩、过滤等基本操作。
3. 学习重结晶的基本操作。

4. 进一步综合了解产品中杂质的定性和产品含量的测定方法。

【实验原理】

纯 Cu 属于不活泼金属，不能溶于非氧化性酸中，但其氧化物在稀酸中极易溶解。因此，工业上制备胆矾（$CuSO_4 \cdot 5H_2O$）时，先把 Cu 转化成 CuO（灼烧或加氧化性酸），然后与适量浓度的酸作用生成 $CuSO_4$。本实验采用浓 HNO_3 作氧化剂，将 Cu 片与 H_2SO_4、浓 HNO_3 作用来制备 $CuSO_4$。反应式为：

$$Cu + 2HNO_3 + H_2SO_4 = CuSO_4 + 2NO_2\uparrow + 2H_2O$$

化学实验用的或医药用的 $CuSO_4 \cdot 5H_2O$ 都是以粗胆矾为原料提纯的。普通粗胆矾的杂质主要有不溶性杂质和 $FeSO_4$、$Fe_2(SO_4)_3$ 等可溶性杂质。对于不溶性杂质，可将粗胆矾溶于水后直接过滤除去。

对于可溶性的杂质离子，可选择适当试剂使它们分别生成难溶化合物再经过滤除去。

在粗胆矾溶液中加入氧化剂 H_2O_2，使 Fe^{2+} 氧化成 Fe^{3+}，然后调节溶液的 pH≈4，并加热，使 Fe^{3+} 水解成 $Fe(OH)_3$ 沉淀而除去。其过程中的反应如下：

$$2Fe^{2+} + H_2O_2 + 2H^+ = 2Fe^{3+} + 2H_2O$$
$$Fe^{3+} + 3H_2O = Fe(OH)_3\downarrow + 3H^+$$

NO_3^-、SO_4^{2-} 在 $CuSO_4 \cdot 5H_2O$ 结晶时存留在溶液中。

【仪器与试剂】

1. 仪器　托盘天平、烧杯（100mL）、量筒（100mL，10mL）、容量瓶（500mL，1000mL）、吸量管（5mL，10mL）、比色管（25mL）、玻璃棒、洗瓶、漏斗架、漏斗、蒸发皿、酒精灯、铁架、铁圈、石棉网、布氏漏斗、吸滤瓶。

2. 试剂　Cu 碎片、HNO_3（$1mol \cdot L^{-1}$、浓）、H_2SO_4（$1mol \cdot L^{-1}$、$3mol \cdot L^{-1}$）、NaOH（$1mol \cdot L^{-1}$）、HCl（$2mol \cdot L^{-1}$）、1∶1 HCl、$NH_3 \cdot H_2O$（$1mol \cdot L^{-1}$）、$NH_3 \cdot H_2O$（$6mol \cdot L^{-1}$）、KSCN（25%）、H_2O_2（10%）、粗硫酸铜、1~14 的广泛 pH 试纸。

【实验步骤】

1. $CuSO_4 \cdot 5H_2O$ 的制备

（1）Cu 片的净化　称取 3g 剪细的 Cu 片，放入蒸发皿中，加入 7mL $1mol \cdot L^{-1}$ HNO_3，小火加热，以洗去 Cu 片上的污物（不要加热太久，以免 Cu 片过多地溶解在稀 HNO_3 中影响产率）。用倾注法除去酸液，并用 H_2O 洗去 Cu 片。

（2）$CuSO_4 \cdot 5H_2O$ 的制备　在通风橱中，往盛有 Cu 片的蒸发皿中加入 12mL $3mol \cdot L^{-1}$ H_2SO_4，然后慢慢分批加入 5.5mL 浓 HNO_3。待反应缓和后，蒸发皿上加盖表面皿，放在小火或水浴上加热。在加热过程中补加 6mL $3mol \cdot L^{-1}$ H_2SO_4 和 1.5mL 浓 HNO_3 组成的混酸（应根据反应情况的不同而决定补加混酸的量）。待反应完全后（Cu 片近于全部溶解），趁热用倾注法将溶液转至一个小烧杯中，留下不溶性杂质。再将生成的 $CuSO_4$ 溶液转回洗净的蒸发皿中，在水浴上缓慢加热，浓缩至表面有晶膜出现，取下蒸发皿，使溶液逐渐冷却、结晶，减压抽滤得到 $CuSO_4 \cdot 5H_2O$ 粗品。称取粗品质量。计算理论和实际产率（以湿品计算，实际产率应不少于 85%）。

2. 重结晶法提纯 $CuSO_4 \cdot 5H_2O$

（1）称量和溶解　用台秤称取以上粗品 10g，放入 100mL 烧杯中，加入 40mL 水、2mL $1mol \cdot L^{-1}$ H_2SO_4，边搅拌边加热溶解，直至晶体完全溶解，停止加热。

(2) 氧化和沉淀　往溶液中滴加 2mL 10% H_2O_2，加热片刻（若无小气泡产生，即可认为 H_2O_2 分解完全），边搅拌边滴加 1mol·L^{-1} NaOH 溶液，直至溶液的 pH≈4，再加热片刻，让 $Fe(OH)_3$ 加速凝聚，静置，待 $Fe(OH)_3$ 沉淀沉降。

(3) 过滤　将上层清液先沿玻璃棒倒入贴好滤纸的漏斗中过滤，下面用蒸发皿承接。弃去滤渣，投入废液缸中。

(4) 蒸发浓缩和结晶　将蒸发皿中的滤液用 1mol·L^{-1} H_2SO_4 调至 pH1～2 后，移到小火上加热蒸发浓缩，直至溶液表面刚出现薄层结晶时，立即停止加热，让其自然冷却到室温（勿要用水冷），慢慢地析出 $CuSO_4·5H_2O$ 晶体。

待蒸发皿底部用手摸感觉不到温热时，将晶体与母液转入已装好滤纸的布氏漏斗中进行抽滤。停止抽滤，取出晶体，摊在滤纸上，再覆盖一张滤纸，用手指轻轻挤压，吸干其中的剩余母液。将吸滤瓶中的母液倒入母液回收缸中。最后将吸干的晶体称重，计算回收率。

3. 硫酸铜中 Fe 的检验

称取 1.0g 提纯后的硫酸铜晶体，于 100mL 烧杯中，用 10mL 水溶解，加入 1mL 1mol·L^{-1} H_2SO_4、1mL 10% H_2O_2，加热，使 Fe^{2+} 完全氧化成 Fe^{3+}，继续加热煮沸，使剩余的 H_2O_2 完全分解。

取下溶液冷却后，逐滴加入 6mol·L^{-1} 氨水，先生成浅蓝色的沉淀，继续滴入 6mol·L^{-1} 氨水，直至沉淀完全溶解，呈深蓝色透明溶液。过滤，并用 1mol·L^{-1} 氨水洗涤沉淀和滤纸至无蓝色，弃去滤液，沉淀用滴管滴入 3mL 热的 2mol·L^{-1} HCl，用 25mL 比色管承接。加入 2mL 25% KSCN 溶液，以水稀释至刻度，摇匀，与标准色阶比较，确定产品纯度。

标准色阶可由教师准备。

称 1.000g 纯 Fe 粉（或丝），用 40mL 1∶1 HCl 溶解，溶完后，滴加 10% H_2O_2，直至 Fe^{2+} 完全氧化成 Fe^{3+}，过量的 H_2O_2 加热分解除去，冷后，移入 1L 容量瓶中，以水稀至刻度，摇匀。此溶液含 Fe^{3+} 1.00mg·mL^{-1}。

移取此液 5.00mL 于 500mL 容量瓶中，加入 1mL 浓 HCl，以水稀至刻度，摇匀。此溶液含 Fe^{3+} 0.010mg·mL^{-1}。

色阶配制：移取含 Fe^{3+} 0.010mg·mL^{-1} 的标准溶液 6.00mL、3.00mL、1.00mL，分别置于三支 25mL 比色管中，各加入 3mL 2mol·L^{-1} HCl、2mL 25% KSCN 溶液，以水稀释至刻度，摇匀。

4. 硫酸铜结晶水的测定

(1) 坩埚恒重　将一洗净的坩埚及盖于泥三角小火烘干，氧化焰烧至红热，冷却温度大于室温后，用干净的坩埚钳移入干燥器中冷却至室温（开盖 1～2 次），取出，天平称量，重复加热至脱水温度以上，冷却，称量至恒重（Δm 小于 1mg）。

(2) 药品称量　在台秤上称取 1.0g 左右研细的 $CuSO_4·5H_2O$，置于上述灼烧恒重的坩埚中均匀铺平，然后在分析天平上准确称量此坩埚与五水合硫酸铜的质量，由此计算出坩埚中五水合硫酸铜的准确质量（称准至 1mg）。

(3) 药品脱水　将装有 $CuSO_4·5H_2O$ 的坩埚放入马弗炉中，慢慢升温至 280℃后继续加热 20min，至粉末由蓝变白停止加热，取出后放在干燥器内冷却至室温，在天平上称量坩埚和脱水硫酸铜的总质量。

(4) 计算出结晶水的数目　将称过质量的坩埚，再次在马弗炉中加热 15min，取出后放入干燥器内冷却至室温,然后在分析天平上称其质量。反复加热,称其质量,直到两次称量结果之差不大于 1mg 为止。并计算出无水硫酸铜的质量及水合硫酸铜所含结晶水的质量,从而计算出硫酸铜结晶水的数目。

五水硫酸铜失水过程:

$$CuSO_4 \cdot 5H_2O \xrightarrow[-2H_2O]{102℃} CuSO_4 \cdot 3H_2O \xrightarrow[-2H_2O]{113℃} CuSO_4 \cdot H_2O \xrightarrow[-H_2O]{250℃} CuSO_4 \cdot H_2O$$

5. $CuSO_4 \cdot 5H_2O$ 中 Cu 的测定

同学们利用分析化学知识,设计测定方案。

【思考题】

1. 除 Fe^{3+} 时,为什么要调节 pH≈4?pH 值太大或太小有何影响?
2. 倾析法在过滤中起什么作用?
3. 在蒸发滤液时,为什么不可将滤液蒸干?
4. 怎样鉴定提纯后胆矾的纯度和铜含量?

实验八十九 阿司匹林的制备与表征

【实验目的】

1. 学习用乙酸酐作酰基化试剂制乙酰水杨酸的实验方法,了解反应原理。
2. 掌握回流装置的安装和使用。
3. 巩固重结晶原理及基本操作。
4. 学习利用光谱法对合成产物进行表征。

【实验原理】

1853 年夏天,弗雷德里克·热拉尔(Gerhardt)就用水杨酸与乙酐首次合成了乙酰水杨酸,但没能引起人们的重视;1898 年德国化学家菲霍夫曼又进行了合成,并为他父亲治疗风湿性关节炎,疗效极好;1899 年由德莱塞介绍到临床,并取名为阿司匹林(Aspirin)。到目前为止,阿司匹林已应用一百多年,成为医药史上三大经典药物之一,至今它仍是世界上应用最广泛的解热、镇痛和抗炎药,也是作为比较和评价其它药物的标准制剂。近年来发现它在体内具有抗血栓的作用,于是重新引起了人们极大的兴趣。它能抑制血小板的释放反应,抑制血小板的聚集,这与血栓素 A2(thromboxane A2,简写 TXA2)生成的减少有关。临床上用于预防心脑血管疾病的发作。阿司匹林化学名为 2-乙酰氧基苯甲酸,化学结构式为:

乙酰水杨酸是水杨酸(邻羟基苯甲酸)和乙酐在少量浓硫酸(或干燥的氯化氢、有机强酸等)催化下,脱水而制得的。

在生成乙酰水杨酸的同时,水杨酸分子间可发生缩合反应,生成少量的聚合物。

$$n \begin{array}{c}\text{COOH}\\ \text{OH}\end{array} \xrightarrow{H^+} \left[\begin{array}{c}\text{O—C—O—C—O—C}\\ \parallel\quad\parallel\quad\parallel\\ \text{O}\quad\text{O}\quad\text{O}\end{array}\right]_n + n\text{H}_2\text{O}$$

乙酰水杨酸能与碳酸氢钠反应生成水溶性钠盐，而其副产物聚合物不能溶于碳酸氢钠溶液。利用这种性质上的差别，可纯化阿司匹林。

水杨酸是个双官能团化合物，它既是酚又是羧酸。因此它能进行几种不同的酯化反应；它既是醇的反应伙伴，也是酸的反应伙伴。在乙酸酐存在下，形成乙酰水杨酸（俗称阿司匹林，也称醋柳酸），而在过量甲醇存在下，产品则是水杨酸甲酯（俗称冬青油）。在本实验中将用前一种反应制备阿司匹林。

【仪器与试剂】

1. 仪器　红外吸收光谱仪、核磁共振光谱仪、锥形瓶（100mL，干燥）、量筒（10mL，100mL，干燥）、100℃温度计、短颈漏斗、抽滤装置、烧杯、铁架台、铁圈、电炉、试管。

2. 试剂　浓硫酸、95%乙醇、固体水杨酸、乙酐、三氯化铁溶液。

【实验步骤】

1. 乙酰水杨酸的制备

在100mL锥形瓶中加入2.0g水杨酸和4.0mL乙酐，摇匀。向混合物中加入3滴浓硫酸搅匀。反应开始时会放热。若烧瓶不变热，再向混合物中加1滴浓硫酸。当感觉到热效应时，将反应混合物放到50℃的水浴中加热5~10min，使其反应完全。冷却锥形瓶并加入40mL水。搅拌混合物至有固体生成并很好地分散在整个液体中，抽滤，并用少量冷水洗涤，抽干得粗乙酰水杨酸。

2. 粗品的重结晶

将粗制乙酰水杨酸放入锥形瓶中，再加入3~4mL 95%乙醇于水浴上加热片刻，若仍未溶解完全，可再补加适量乙醇使其溶解，趁热过滤，在滤液中加入2.5倍（8~10mL）的热水，冷却后析出白色结晶。减压过滤，抽干。称重，计算产率。

3. 结构确证

（1）红外吸收光谱法、标准物TLC对照法。

（2）核磁共振光谱法。

【数据处理与结论】

乙酰水杨酸为白色针状晶体，mp=132~135℃。微溶于水，溶于乙醇、乙醚、氯仿，也溶于碱溶液，同时分解。

【注意事项】

1. 乙酸酐和浓硫酸均具有腐蚀性，量取时应小心。

2. 水杨酸形成分子内氢键，阻碍酚羟基酰化作用。水杨酸与酸酐直接作用须加热至150~160℃才能生成乙酰水杨酸，如果加入浓硫酸（或磷酸），氢键被破坏，酰化作用可在较低温度下进行，同时副产物大大减少。

3. 水杨酸应当是完全干燥的，可在烘箱中105℃下干燥1h。

4. 乙酸酐应重新蒸馏，收集139~140℃馏分。

5. 反应结束后，多余的乙酸酐发生水解，这是放热反应，操作应小心。

6. 重结晶时不宜长时间加热，因为在此条件下乙酰水杨酸容易水解。加入乙醇的量应恰好使沉淀溶解。若乙醇过量，则很难析出结晶。

【思考题】

1. 进行酰化反应时所用的水杨酸和玻璃器材都必须是干燥的,为什么?
2. 本实验能否用稀硫酸作催化剂?为什么?
3. 乙酰水杨酸重结晶时,应当注意什么?为什么?
4. 纯的乙酰水杨酸不会与三氯化铁溶液发生显色反应。然而,在乙醇-水混合溶剂中经重结晶的乙酰水杨酸,有时反而会与三氯化铁溶液发生显色反应,这是为什么?
5. 水杨酸与乙酸酐反应结束后,如果不采用碳酸氢钠成盐、盐酸酸化的方法分离聚合物杂质,可否再拟定一个分离的方案?
6. 本反应可能发生哪些副反应?产生哪些主要副产物?

实验九十　阿司匹林药片中主成分的含量测定与结构分析

【实验目的】

1. 学习双波长紫外分光光度法测定阿司匹林药片中主成分的原理以及消除测定中干扰的方法。
2. 学习用红外光谱进行有机化合物的定性分析。
3. 掌握溴化钾压片法制样的方法及傅里叶变换红外光谱仪的基本操作。
4. 掌握 Origin 软件对数据作图的基本方法。

【实验原理】

阿司匹林药片的主要成分为乙酰水杨酸,主要杂质为水杨酸,通过用红外光谱法和双波长紫外分光光度法,可对阿司匹林的主成分进行结构和定量分析。

用紫外分光光度法测定含量时,药片中的主要杂质水杨酸有干扰。在光度法分析中,因共存组分与被测组分的吸收带重叠而干扰测定,常采用双波长分光光度法测定。

根据朗伯-比耳定律 $A=Kbc$,利用吸光度的加和性原理,试样溶液在两测定波长 λ_1 和 λ_2 处的吸光度差 ΔA 与溶液中待测物质的浓度成正比,这是双波长分光光度法进行定量分析的依据。

$$A_{\lambda_1}=K_{\lambda_1}bc$$
$$A_{\lambda_2}=K_{\lambda_2}bc$$
$$\Delta A=A_{\lambda_1}-A_{\lambda_2}=(K_{\lambda_1}-K_{\lambda_2})bc$$

由图5-1可见,在乙酰水杨酸吸收峰 276nm 波长处,水杨酸也有吸收。经精确测定,水杨酸在 322nm 与 276nm 波长处的吸光度相等,而乙酰水杨酸在两个波长处的吸光度相差较大,因此,选择 276nm 与 322nm 两个波长为测定波长,可以消除水杨酸干扰。

【仪器与试剂】

仪器　GBC-916 紫外可见分光光度计(澳大利亚 GBC 科学仪器公司)、Tracef-100 傅里叶变换红外光谱仪(日本岛津公司)、压片机、玛瑙研钵。

【实验步骤】

1. 结构分析

分别取少量干燥的阿司匹林药品、乙酰水杨酸、水杨酸标准样品置于玛瑙研钵中,按约 1∶200 的量加入 KBr 粉末,研磨均匀后,用压片机压成晶状薄片,利用傅里叶变换红外光

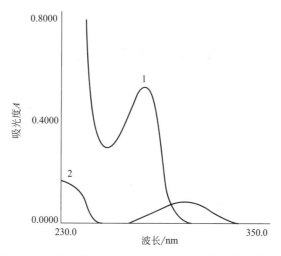

图 5-1 乙酰水杨酸（1）和水杨酸（2）的紫外光谱图

谱仪扫描其谱图，保存谱图，导出数据。

2. 定量分析

(1) 乙酰水杨酸、水杨酸标准溶液吸收曲线的绘制　准确称取乙酰水杨酸标准品和水杨酸适量，用乙醇溶解后配制成含乙酰水杨酸 $80mg \cdot L^{-1}$、水杨酸 $10mg \cdot L^{-1}$ 的溶液。在 $230 \sim 350nm$ 波长范围内扫描，得紫外吸收谱图，从谱图中查得两物质的最大吸收波长。

(2) 乙酰水杨酸、水杨酸标准曲线的绘制　准确称取乙酰水杨酸标准品，用无水乙醇配成浓度为 $1mg \cdot mL^{-1}$。准确移取乙酰水杨酸乙醇标准储备液 1.00mL、1.50mL、2.00mL、2.50mL 和 3.00mL，分别置于 25mL 容量瓶中，加乙醇至刻度，分别配成浓度为 $40\mu g \cdot mL^{-1}$、$60\mu g \cdot mL^{-1}$、$80\mu g \cdot mL^{-1}$、$100\mu g \cdot mL^{-1}$ 和 $120\mu g \cdot mL^{-1}$ 标准溶液。以乙醇为空白，分别在 276nm、322nm 波长处测定其吸光度，以吸光度差 ΔA 对浓度 c 作图，绘制标准曲线，并得到线性回归方程。

(3) 样品定量测定　将阿司匹林药片磨细，准确称取一定量（约含阿司匹林 50mg）于 50mL 容量瓶中，加乙醇适量，振荡溶解并定容，摇匀，过滤。移取滤液适量于 25mL 容量瓶中，加乙醇至刻度，照步骤 (1) 操作，按回归方程计算药片中阿司匹林的质量分数。

【数据处理与结论】

1. 使用 Origin 软件对数据作图，分析比较三种物质红外光谱的异同，并标注主要吸收峰。

2. 绘制标准曲线，计算阿司匹林药片主成分的含量。

【注意事项】

1. 必须使用石英比色皿，且要清洗干净。

2. 所有样品用红外光谱测试前，都要烘干。使用傅里叶变换红外光谱仪时，注意保持环境干燥。

3. 傅里叶变换红外光谱仪的结构及操作见 2.8.2。

4. 紫外可见分光光度计的结构及操作见 2.8.1。

【思考题】

为什么用双波长紫外分光光度法测定阿司匹林药品主成分含量时可以消除水杨酸的干扰？

实验九十一　局部麻醉剂——苯佐卡因的合成

【实验目的】
1. 学习多步骤有机合成实验线路的选择和实验方法。
2. 进一步学习掌握回流、重结晶等操作技术。

【实验原理】
苯佐卡因（Benzocaine）是对氨基苯甲酸乙酯的通用名称，可作为局部麻醉药物，外用为撒布剂，用于手术后创伤止痛、溃疡痛、一般性痒等。以对硝基甲苯为原料，可以有三种不同的合成路线制苯佐卡因。

$$\text{对硝基甲苯} \xrightarrow{\text{还原}} \text{对甲基苯胺} \xrightarrow{\text{乙酰化}} \text{对甲基乙酰苯胺} \xrightarrow{\text{氧化}} \text{对乙酰氨基苯甲酸} \xrightarrow{\text{酯化、水解}} \text{苯佐卡因}$$

$$\text{对硝基甲苯} \xrightarrow{\text{氧化}} \text{对硝基苯甲酸} \xrightarrow{\text{还原}} \text{对氨基苯甲酸} \xrightarrow{\text{酯化}} \text{苯佐卡因}$$

$$\text{对硝基苯甲酸} \xrightarrow{\text{酯化}} \text{对硝基苯甲酸乙酯} \xrightarrow{\text{还原}} \text{苯佐卡因}$$

第一条合成路线步骤多，得率较低。第二、第三步路线则步骤少、产率高，尤以第二条路线效果最佳，具有实验步骤少、操作方便、产率高的优点。以对硝基苯甲酸作为原料，可节约药品。采用第二条路线，以对硝基甲酸为原料，通过先还原后酯化制得苯佐卡因。反应分为两步，第一步是还原反应以对硝基苯甲酸为原料，锡粉为还原剂，在酸性介质中，苯环上的硝基还原成氨基，产物为对氨基苯甲酸。这是一个既含有羧基又含有氨基的两性化合物，故可通过调节反应液的酸碱性将产物分离出来。

$$\underset{NO_2}{\underset{|}{C_6H_4}}CO_2H \xrightarrow{\underset{HCl}{Sn}} \underset{NH_2}{\underset{|}{C_6H_4}}CO_2H$$

还原反应是在酸性介质中进行的，产物对氨基苯甲酸形成盐酸盐而溶于水中：

$$\underset{NH_2}{\underset{|}{C_6H_4}}CO_2H \xrightarrow{HCl} \underset{NH_2\cdot HCl}{\underset{|}{C_6H_4}}CO_2H$$

还原剂锡反应后生成四氯化锡也溶于水中，反应完毕加入浓氨水至碱性，四氯化锡变成氢氧化锡沉淀可被滤去，而对氨基苯甲酸在碱性条件下生成羧酸铵盐仍溶于其中。

$$SnCl_4 + 4NH_3 \cdot H_2O \longrightarrow Sn(OH)_4 \downarrow + 4NH_4Cl$$

然后再用冰醋酸中和滤液,对氨基甲酸固体析出。对氨基苯甲酸为两性介质,酸化或碱化时都须小心控制酸、碱用量,否则严重影响产量与质量,有时甚至生成内盐而得不到产物。第二步是酯化反应。

$$\underset{NH_2 \cdot HCl}{\underset{|}{C_6H_4}}CO_2H \xrightarrow{NH_3 \cdot H_2O} \underset{NH_2}{\underset{|}{C_6H_4}}CO_2^-NH_4^+ \xrightarrow{CH_3CO_2H} \underset{NH_2}{\underset{|}{C_6H_4}}CO_2H \xrightarrow[H_2SO_4]{C_2H_5OH} \underset{NH_3^+HSO_4^-}{\underset{|}{C_6H_4}}CO_2C_2H_5 \xrightarrow{Na_2CO_3} \underset{NH_2}{\underset{|}{C_6H_4}}CO_2C_2H_5$$

由于酯化反应有水生成,且为可逆反应,故使用无水乙醇和过量的硫酸。酯化产物与过量的硫酸形成盐而溶于溶液中,反应完毕加入碳酸钠中和,即得苯佐卡因。

【仪器与试剂】

1. 仪器 圆底烧瓶、球形冷凝管、烧杯、布氏漏斗、吸滤瓶、水循环真空泵。
2. 试剂 对硝基苯甲酸、锡粉、H_2SO_4(浓)、$NH_3 \cdot H_2O$(浓)、无水乙醇、冰醋酸、Na_2CO_3(s)、Na_2CO_3(10%)。

【实验步骤】

1. 还原反应

称取 4g(0.02mol)对硝基苯甲酸、9g(0.08mol)锡粉加入 100mL 圆底烧瓶中,装上回流冷凝管,从冷凝管上口分批加入 20mL(0.25mol)浓硫酸,边加边振荡反应瓶,反应立即开始。必要时可微热片刻,以保持反应正常进行,反应液中锡粉逐渐减少,当反应接近终点时(20~30min),反应液呈透明状。稍冷,将反应液倾倒入 250mL 烧杯中,用少量水洗涤留存的锡块固体。反应液冷至室温,慢慢地滴加浓氨水,边滴加边搅拌,合并滤液和洗液。注意总体积不要超过 55mL,若体积超过 55mL,可在水浴上浓缩。向滤液中小心地滴加冰醋酸,有白色晶体析出,再滴加少量冰醋酸,有更多的固体析出。用蓝石蕊试纸检验呈酸性为止。在冷水浴中冷却,过滤得白色固体,晾干后称重,产量约 2g。

2. 酯化反应

将制得的 2g(0.015mol)对氨基苯甲酸,放入 100mL 圆底烧瓶中,加入 20mL(0.34mol)无水乙醇和 2.5mL(0.045mol)浓硫酸(乙醇和浓硫酸的用量可根据对氨基苯甲酸的量作相应调整)。将混合物充分摇匀,加入沸石,加热回流 1h,反应液呈无色透明状。趁热将反应液倒入盛有 85mL 水的 250mL 烧杯中。溶液稍冷后,慢慢加入 Na_2CO_3 固体粉末,边加边搅拌,使 Na_2CO_3 粉末充分溶解,当液面有少许白色固体出现时,慢慢加入 10% Na_2CO_3 溶液,将溶液 pH 调至呈中性,过滤得固体产品。用少量水洗涤固体,抽干,晾干后称重。

3. 重结晶提纯

将粗品置于装有球形冷凝管的 100mL 圆底烧瓶中,按每克粗品加入 10~15mL 50% 的乙醇,再加热溶解。稍冷,加活性炭脱色,加热回流 2min,趁热抽滤。将滤液趁热转移至烧杯中,自然冷却,待结晶完全析出后,抽滤,用少量 50% 乙醇洗涤两次,压干,干燥,测熔点,计算收率。

【数据处理与结论】

对氨基苯甲酸 mp=188℃;对氨基苯甲酸乙酯为无色斜方形结晶,无臭无味,mp=90℃,易溶于醇、醚、氯仿、稀酸,难溶于水。

【注意事项】

1. 还原反应中加料次序不要颠倒，加热时用小火。还原反应中，浓硫酸的量切不可过量，否则浓氨水用量将增加，最后导致溶液体积过大，造成产品损失。如果溶液体积过大，则需要浓缩。浓缩时，氨基可能发生氧化而导入有色杂质。

2. 对氨基苯甲酸是两性物质，碱化或酸化时都要小心控制酸、碱用量。特别是在滴加冰醋酸时，须小心慢慢滴加。避免过量或形成内盐。

3. 酯化反应中，仪器需干燥。

4. 浓硫酸的用量较多，一是催化剂，二是脱水剂。加浓硫酸时要慢慢滴加并不断振荡，以免加热引起炭化。

5. 酯化反应结束时，反应液要趁热倒出，冷却后可能有苯佐卡因硫酸盐析出。

6. 碳酸钠的用量要适宜，太少产品不析出，太多则可能使酯水解。

【思考题】

1. 如何判断还原反应已经结束？为什么？
2. 酯化反应中为何先用固体碳酸钠中和，再用10%碳酸钠溶液中和反应液？

实验九十二　乙酰苯胺的制备及重结晶

【实验目的】

1. 了解乙酰苯胺的实验室制备原理和方法。
2. 掌握重结晶提纯固体有机物的原理和方法。

【实验原理】

乙酰苯胺本身是重要的药物，而且是磺胺类药物合成中重要的中间体。本实验除了在合成上的意义外，还有保护芳环上氨基的作用。在有机合成中，常将苯胺上的氨基乙酰化，然后在芳环上接目标基团，然后利用酰胺能水解成胺的性质，达到保护芳环上氨基的作用。这种基团保护方法在有机合成中应用广泛。乙酰苯胺可由苯胺和乙酰化试剂（乙酰氯、乙酐或乙酸等，反应活性上乙酰氯＞乙酐＞乙酸）直接反应来制备。本实验采用成本较低的乙酸作为乙酰化试剂。

用冰醋酸为乙酰化试剂制备乙酰苯胺的反应式为：

$$CH_3CO_2H + C_6H_5NH_2 \longrightarrow CH_3CO_2^- + NH_3C_6H_5 \xrightarrow{\triangle} CH_3CONHC_6H_5 + H_2O$$

乙酸和苯胺的反应速率较慢，且反应是可逆反应，为了提高乙酰苯胺的产率：①反应物中乙酸过量，增加某种廉价或易得的反应物是提高反应速率和促进平衡向正反应方向进行的常用方法；②利用韦氏分馏柱将反应中生成的水从反应过程中移除。另外，反应中还需要加入少量的锌粉，以防止苯胺在反应过程中被氧化。

【仪器与试剂】

1. 仪器　圆底烧瓶（50mL）、韦氏分馏柱、单股接引管、锥形瓶（50mL）、温度计（150℃）、烧杯（250mL）、布氏漏斗（60mm）、吸滤瓶（250mL）。

2. 试剂　苯胺、冰醋酸、锌粉、活性炭。

【实验步骤】

1. 乙酰苯胺的制备

在 50mL 圆底烧瓶中，加入 5mL 苯胺和 8.5mL 冰醋酸，再加约 0.2g 锌粉。安装好实验装置（见图 5-2）。在电热套上用小火加热至反应物沸腾。调节火焰，使分馏柱温度控制在 105℃左右。反应进行约 40min 后，反应所生成的水基本蒸出。当温度计的读数不断下降或上下波动时或反应器中出现白雾，则反应达到终点，即可停止加热。

在烧杯中加入 100mL 冷水（也可用乙醇或乙醇-水混合溶液），将反应液趁热细流倒入水中，边倒边不断搅拌，此时有细粒状固体析出。充分冷却后抽滤，并用少量冷水洗涤固体，得到白色或带黄色的乙酰苯胺粗品。

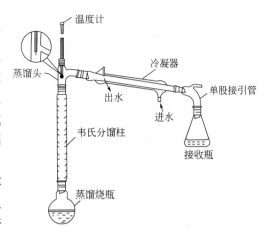

图 5-2 乙酰苯胺制备装置

2. 乙酰苯胺的重结晶

粗产品加入 100mL 水，加热至沸腾。观察是否有未溶解的油状物，如有，则补加水，直到油珠全溶后，再加入适量水，稍冷后，加入少量活性炭，并煮沸 10min。期间将布氏漏斗和吸滤瓶预热。趁热过滤除去活性炭。滤液倒入干净的烧杯中。冷却至室温，抽滤、洗涤、烘干，得白色片状结晶，产品晾干、称重，计算收率。产量约 4g，熔点 114.3℃。

【数据处理与结论】

乙酰苯胺为白色片状结晶，mp＝114.3℃。

【注意事项】

1. 反应所用玻璃仪器必须干燥。
2. 久置的苯胺因为氧化而颜色较深，最好使用新蒸馏过的苯胺。
3. 冰醋酸在室温较低时凝结成冰状固体（凝固点 16.7℃），可将试剂瓶置于热水浴中加热熔化后量取。
4. 锌粉的作用是防止苯胺氧化，只要少量即可。加得过多，会出现不溶于水的氢氧化锌。
5. 反应时间至少 30min。否则反应可能不完全而影响产率。
6. 反应时分馏温度不能太高，以免大量乙酸蒸出而降低产率。
7. 重结晶时，热过滤是关键一步。布氏漏斗和吸滤瓶一定要预热。滤纸大小要合适，抽滤过程要快，避免产品在布氏漏斗中结晶。
8. 重结晶过程中，晶体可能不析出，可用玻璃棒摩擦烧杯壁或加入晶种使晶体析出。

【思考题】

1. 提高乙酰苯胺产率的方法有哪些？为什么可以使用分馏柱来除去反应所生成的水？
2. 反应温度为什么控制在 105℃？过高、过低有何不妥？
3. 反应终点时，温度计的温度为何会出现波动？
4. 近终点时，反应瓶中可能出现的"白雾"是什么？
5. 除了用水作溶剂重结晶提纯乙酸苯胺外，还可以选用其它什么溶剂？
6. 用苯胺做原料进行苯环上的一些取代反应时，为什么常常首先要进行酰化？

实验九十三　磺胺药物的合成

【实验目的】
1. 学习多步骤有机合成实验方法。
2. 学习合成对乙酰氨基苯磺酰氯的原理。
3. 巩固回流、抽滤、洗涤、重结晶等基本操作。

【实验原理】
磺胺药物是含磺胺基团合成抗菌药物的总称，能抑制多种细菌和少数病毒的生长和繁殖，用于防治多种病菌感染。磺胺药曾在保障人类生命健康方面发挥过重要作用，在抗生素问世后，虽然失去了先前作为普遍使用的抗菌剂的重要性，但在某些治疗中仍然应用。磺胺药的一般结构为

$$H_2N-\text{C}_6\text{H}_4-SO_2NHR$$

由于磺胺基上氮原子的取代基不同而形成不同的磺胺药物。虽然合成的磺胺衍生物多达一千种以上，但真正显示抗菌性的只有为数不多的十多种。本实验将要合成的磺胺药是最简单的磺胺。

磺胺(SN)　　磺胺噻唑(ST)　　磺胺嘧啶(SD)

磺胺胍(SG)　　长效磺胺(SMP)

磺胺的制备从苯和简单的脂肪族化合物开始，其中包括许多中间体，这些中间体有的需要分离提纯出来，有的不需要精制就可直接用于下一步合成。

合成路线：

$$\text{C}_6\text{H}_6 \xrightarrow[\text{H}_2\text{SO}_4]{\text{HNO}_3} \text{C}_6\text{H}_5\text{NO}_2 \xrightarrow[\text{HOAc}]{\text{Fe}} \text{C}_6\text{H}_5\text{NH}_2 \xrightarrow[\triangle]{\text{HOAc}} \text{C}_6\text{H}_5\text{NHCOCH}_3 \xrightarrow{\text{ClSO}_3\text{H}} \text{对-CH}_3\text{CONH-C}_6\text{H}_4\text{-SO}_2\text{Cl}$$

$$\xrightarrow{\text{NH}_3} \text{对-CH}_3\text{CONH-C}_6\text{H}_4\text{-SO}_2\text{NH}_2 \xrightarrow[\text{②HCO}_3^-]{\text{①H}_3^+\text{O}} \text{对-H}_2\text{N-C}_6\text{H}_4\text{-SO}_2\text{NH}_2$$

【仪器与试剂】
1. 仪器　圆底烧瓶、烧杯、冷凝管、气体吸收装置。
2. 试剂　乙酰苯胺、氯磺酸、28%浓氨水、HCl(浓)、Na_2CO_3(s)、H_2SO_4(稀)、刚果红试纸。

【实验步骤】

1. 对乙酰氨基苯磺酰氯的制备

在干燥的圆底烧瓶中，加入 5g 干燥的乙酰苯胺，慢慢加热使之熔化，然后在水浴中冷却并转动烧瓶使乙酰苯胺在烧瓶底部形成膜。在冰水浴冷却下，一次加入 13mL 氯磺酸，立即连接上事先准备好的氯化氢气体吸收装置（注意防止倒吸），反应很快发生。

待反应缓和后，微微摇动反应瓶以使固体全部消失（约 10min），然后在温水浴（50~60℃）上加热至不再有氯化氢气体产生为止（30min）。冷却后，在通风橱内及充分搅拌下，将反应液缓慢倒入盛有 100g 碎冰的烧杯中，用约 10mL 冷水洗涤烧瓶，并转入烧杯中搅拌数分钟，出现白色或粉红色固体，抽滤，用水洗净后抽干。可立即进行制备对氨基苯磺酰胺。若需纯品，可以进一步纯化之。

2. 对乙酰氨基苯磺酰胺的制备

将制得的对乙酰氨基苯磺酰氯粗产品转移到 50mL 烧杯中，在搅拌下，慢慢加入 35mL 28% 的浓氨水，反应立即进行并放热生成糊状物，加完氨水后继续搅拌 10min，再在不断搅拌下，在 70℃水浴中加热 10min，以除去多余的氨，冷却，抽滤，用冷水洗涤后抽干，得对乙酰氨基苯磺酰胺的粗产品，即可用于下一步的实验。

3. 对氨基苯磺酰胺的制备

将对乙酰氨基苯磺酰胺的粗产品加入 50mL 的烧瓶中，加入 20mL 浓盐酸，加入沸石，装上回流冷凝管，加热回流约 30min，待全部粗产品溶解后，冷却，转移到 250mL 烧杯中，搅拌下一定要慢慢用固体碳酸钠中和至 pH=7~8，用冰水浴冷却，待对氨基苯磺酰胺全部结晶析出后，抽滤，用少量冷水洗涤，抽干。粗产品用水重结晶，产量 4~5g。

【数据处理与结论】

纯对氨基苯磺酰胺 mp=164~166℃。

【注意事项】

1. 氯磺酸对皮肤和衣服的腐蚀很强，若与水接触，则发生剧烈的分解，使用时要小心。若氯磺酸不纯或呈棕黑色，则蒸馏精制，收集沸点为 154~158℃ 的无色蒸馏液供实验用。

2. 反应太激烈，会产生局部过热因而发生副反应，所以防止局部过热是做好本实验的关键。因此，若反应太激烈，先将烧瓶置于冰水浴中冷却，然后再滴加氯磺酸溶液。

3. 对乙酰氨基苯磺酰胺可溶于过量的氨水中，若冷却后结晶析出不多，可以加入稀硫酸至刚果红试纸变色，则对乙酰氨基苯磺酰胺就几乎全部沉淀析出。

4. 对乙酰氨基苯磺酰胺在稀盐酸中水解成对氨基苯磺酰胺，后者能与过量的盐酸作用形成水溶性的盐酸盐，所以反应完全后应当没有固体物质沉淀，否则继续加热回流。

5. 在用固体 Na_2CO_3 进行中和的过程中，由于有大量的气泡产生，因此必须控制加入的速度，以防止产物溢出烧瓶。用碱中和滤液中的 HCl，使对氨基苯磺酰胺析出。但对氨基苯磺酰胺能溶于强酸或强碱中，故中和时必须注意控制 pH 值。

【思考题】

1. 用苯胺作原料进行苯环上的一些取代反应时，为什么常常先要进行酰化？

2. 对乙酰氨基苯磺酰胺分子中既含有羧酰胺，又含有苯磺酰胺，但水解时，前者远比后者容易，如何解释？

实验九十四　植物生长调节剂——2,4-二氯苯氧乙酸的合成

【实验目的】

1. 学习多步骤有机合成实验方法。
2. 了解 2,4-二氯苯氧乙酸的制备方法。
3. 进一步巩固化学技能基本操作。

【实验原理】

2,4-二氯苯氧乙酸（2,4-dichlorophenoxya cetic acid，简称 2,4-D）是一个具有代表性的合成植物生长激素、熟知的除草剂和植物生长调节剂，是 20 世纪开发最成功、全球应用最广的除草剂之一。从 1942 年上市以来半个多世纪持续占有较大的市场份额，广泛用于预混、芽后防治一年及多年生阔叶杂草。它属选择性内吸除草剂，易被根和叶吸收。工业上通常采用下列制法：①苯酚氯化缩合法，即苯酚在其熔融状态下氯化，随后将得到的二氯酚与氯乙酸缩合；②苯酚与氯乙酸在碱性条件下缩合生成苯氧乙酸，再使用氯气氯化来生产。前一方法有许多缺陷，最重要的是此法不能确保制备完全没有二噁英类化合物（dioxins，是剧毒物质，即使在每十亿分之几的极低量下就对人和动植物造成毒害）的 2,4-二氯苯氧乙酸；其次，用此法制备高质量产品所需的纯化操作冗长，成本高。在氯酚生产厂中存在的剧毒难闻物质不仅对生产人员直接构成危险，而且对周围环境造成严重的安全性问题。此外，由二氯酚与氯乙酸缩合时产生的大量有毒废物带来费用昂贵的三废治理问题。相反，后一方法可防止二噁英的生成，并克服了前一方法的其它缺陷，三废处理量较小，因而较优。

本实验遵循先缩合后氯化的合成路线，并采用浓盐酸加过氧化氢和次氯酸钠在酸性介质中的分步氯化来制备 2,4-二氯苯氧乙酸。其反应式如下：

$$ClCH_2CO_2H \xrightarrow{Na_2CO_3} ClCH_2CO_2Na \xrightarrow[NaOH]{C_6H_5OH} C_6H_5OCH_2CO_2Na \xrightarrow{HCl}$$

$$C_6H_5OCH_2CO_2H + HCl + H_2O_2 \xrightarrow{FeCl_3} 4\text{-}Cl\text{-}C_6H_4OCH_2CO_2H \xrightarrow[H^+]{+2NaOCl} 2,4\text{-}Cl_2\text{-}C_6H_3OCH_2CO_2H$$

【仪器与试剂】

1. 仪器　50mL 三口烧瓶、烧杯、磁力搅拌器、回流冷凝管、锥形瓶。
2. 试剂　氯乙酸、苯酚、Na_2CO_3（饱和溶液）、NaOH（35%）、冰醋酸、HCl（浓）、H_2O_2（30%）、NaClO(s)、$FeCl_3$(s)、乙醇、乙醚、四氯化碳。

【实验步骤】

1. 苯氧乙酸的制备

将 3.8g(0.04mol) 氯乙酸和 10mL 水加入装有回流冷凝管和恒压滴液漏斗的 50mL 三口烧瓶中，开动磁力搅拌器，慢慢滴加约 7mL 饱和 Na_2CO_3 水溶液，调节 pH 至 7~8，使氯乙酸转变为氯乙酸钠。在搅拌下，往氯乙酸钠溶液中加入 2.5g(0.0266mol) 苯酚，并慢慢滴加 35% NaOH 溶液使反应混合物溶液 pH 约为 12。将反应混合物加热回流 30min。在反应过程中 pH 值会下降，应及时补加 NaOH 溶液，保持 pH 值为 12。再加热 5min 使取代

反应完全。将三口烧瓶移出水浴，把反应混合物转入锥形瓶中。摇动下滴加浓 HCl，酸化至 pH3～4，此时有苯氧乙酸结晶析出。经冰水冷却，抽滤，冷水洗 2 次，在 60～65℃下干燥，得粗品苯氧乙酸。测熔点，称重，计算产率。粗品可直接用于对氯苯氧乙酸的制备。纯苯氧乙酸的熔点为 98～99℃。

2. 对氯苯氧乙酸的制备

在装有回流冷凝管和恒压滴液漏斗的 50mL 三口烧瓶中置入 3g(0.02mol) 苯氧乙酸和 10mL 冰醋酸，水浴加热至 55℃，搅拌下加入 20mg $FeCl_3$ 和 10mL 浓 HCl。在浴温升至 60～70℃时，在 10min 内滴加 3mL 33% H_2O_2 溶液。滴加完后，保温 20min。此时有部分固体析出，升温使固体全部溶解。经冷却、结晶、抽滤、水洗、干燥，得粗品对氯苯氧乙酸。将粗品对氯苯氧乙酸从 1∶3 乙醇-水溶液中重结晶，即得精品对氯苯氧乙酸。纯对氯苯氧乙酸的熔点为 158～159℃。

3. 2,4-二氯苯氧乙酸（2,4-D）的制备

在 100mL 锥形瓶中混合 1g（0.0053mol）对氯苯氧乙酸和 12mL 冰醋酸，随后置冰浴中冷却，摇动下分批滴加 19mL 5% NaClO 溶液，加完撤掉冰浴，待温度达到室温后再反应 5min，此时液体颜色变深。加水 100mL，用 6mol·L^{-1} HCl 酸化至刚果红试纸变蓝 (pH<3)。在分液漏斗中用 2×25mL 乙醚萃取，合并醚层液。用 15mL 水洗涤后，用 15mL 10% Na_2CO_3 溶液萃取醚层。分离水层碱性萃取液到烧杯中，再加入 25mL 水，用浓 HCl 酸化至刚果红试纸变蓝，此时析出 2,4-D 结晶。经冷却、抽滤、水洗、干燥，得粗品 2,4-D。称重，计算产率。将粗品 2,4-D 用 CCl_4 或 40%～60%乙酸溶液进行重结晶。

【数据处理与结论】

2,4-二氯苯氧乙酸为白色晶体，mp=141℃，难溶于乙醇、乙醚和丙酮等有机溶剂，能溶于碱。

【注意事项】

1. 先用饱和碳酸钠溶液将氯乙酸转变为氯乙酸钠时，为防氯乙酸水解，滴加碱液的速度宜慢。

2. HCl 勿过量，滴加 H_2O_2 宜慢，严格控温，让生成的 Cl_2 充分参与亲电取代反应。Cl_2 有刺激性，特别是对眼睛、呼吸道和肺部器官。应注意操作勿使逸出，并注意开窗通风。

3. 严格控制温度、pH 和试剂用量是 2,4-D 制备实验的关键。NaOCl 用量勿多，反应保持在室温以下。

【思考题】

1. 本实验中各步反应调节 pH 值的目的和作用是什么？
2. 以苯氧乙酸为原料，如何制备对溴苯氧乙酸？

实验九十五　金属有机化合物——二茂铁的合成

【实验目的】

1. 理解金属有机化合物的结构和制备原理。
2. 掌握二茂铁化合物的制备方法。
3. 巩固回流、抽滤、洗涤等基本操作、柱色谱。

4. 学习柱色谱分离方法。

【实验原理】

二茂铁（Ferrocene）学名二环戊二烯基铁，又叫双环戊二烯基铁，二茂铁是最重要的金属茂基配合物，也是最早被发现的夹心配合物，是由两个环戊二烯基阴离子和一个二价铁阳离子组成。二茂铁的发现纯属偶然。1951 年，杜肯大学的 Pauson 和 Kealy 用环戊二烯基溴化镁处理氯化铁，试图得到二烯氧化偶联的产物富瓦烯（Fulvalene），但却意外得到了一个很稳定的橙黄色固体。当时他们认为二茂铁的结构并非夹心，并把其稳定性归咎于芳香的环戊二烯基负离子。与此同时，Miller、Tebboth 和 Tremaine 在将环戊二烯与氮气混合气通过一种还原铁催化剂时也得到了该橙黄色固体。罗伯特·伯恩斯·伍德沃德和杰弗里·威尔金森及恩斯特·奥托·菲舍尔分别独自发现了二茂铁的夹心结构，并且后者还在此基础上开始合成二茂镍和二茂钴。NMR 光谱和 X 射线晶体学的结果也证实了二茂铁的夹心结构。二茂铁的发现展开了环戊二烯基与过渡金属的众多 π 配合物的化学，也为有机金属化学掀开了新的帷幕。1973 年慕尼黑大学的恩斯特·奥托·菲舍尔及伦敦帝国学院的杰弗里·威尔金森爵士被授予诺贝尔化学奖，以表彰他们在有机金属化学领域的杰出贡献。自 20 世纪 50 年代初 T. J. Kealey 等人用环戊二烯溴化镁与无水三氯化铁反应制得二茂铁以来，已相继研究开发出多种制备二茂铁的方法。目前，二茂铁的制备方法主要可分为化学合成法和电解合成法。化学合成法主要有环戊二烯钠法、二乙胺法、相转移催化法、二甲基亚砜法等。特别是相转移催化剂的应用，使得二茂铁的合成简捷、高效。目前用于二茂铁合成的相转移催化剂主要是冠醚、乙二醇二甲醚和低聚合度的聚乙二醇。由于冠醚的毒性和难制备，本实验采用聚乙二醇作为相转移催化剂。由于二茂铁对氧气比较敏感，二茂铁的反应通常需要隔绝空气进行。其合成反应式如下：

$$2 \, C_5H_6 + NaOH \xrightarrow[DMSO, PEG]{FeCl_2 \cdot 4H_2O} Fe(C_5H_5)_2$$

【仪器与试剂】

1. 仪器　回流装置、抽滤装置、色谱柱等。
2. 试剂　环戊二烯、二甲亚砜(DMSO)、聚乙二醇(PEG)、乙醚、NaOH(s)、$FeCl_2 \cdot 4H_2O$(s)、HCl(18%)。

【实验步骤】

1. 二茂铁的合成

在装有搅拌器的回流装置中加入 30mL 二甲亚砜、0.6mL 聚乙二醇、7.5g NaOH 和 10mL 乙醚，室温下搅拌 15min，然后加入 3mL 环戊二烯、3.5g $FeCl_2 \cdot 4H_2O$。在微沸状态下搅拌反应 1h。反应结束后将反应物在搅拌下加入 50mL18%盐酸和 50g 冰的混合物中，产生固体。抽滤，并用水充分洗涤，晾干，得到橙黄色产物。

2. 柱色谱纯化

粗产物通过氧化铝的色谱柱进行纯化。用 50%乙醚-石油醚混合液作为洗脱剂，所得溶液经水浴蒸发或通风橱挥发除去溶剂，得到纯净的橙黄色产物。

【数据处理与结论】

二茂铁为橙黄色针状或粉末状结晶，具有类似樟脑气味，mp=173~174℃，bp=249℃。

【注意事项】
1. 聚乙二醇以相对分子质量为 600 左右的效果较佳。
2. 反应时应保持微沸状态。
3. 环戊二烯应是新蒸馏的。
4. 二茂铁也可以用苯重结晶或升华方法纯化。

【思考题】
1. 实验中乙醚的作用是什么？
2. 为什么环戊二烯必须是新蒸馏的？

实验九十六 双酚 A 的制备

【实验目的】
1. 通过实验了解双酚 A 制备的原理和方法。
2. 进一步熟练机械搅拌装置的装配和使用。

【实验原理】
双酚 A[Bisphenol A；2,2-bis(4-Hydroxyphenyl)propane] 是 2,2-二(4-羟基苯基)丙烷的俗称，又称为二酚基丙烷。双酚 A 是一种用途很广泛的化工原料，主要用于生产聚碳酸酯、环氧树脂、聚砜树脂、聚苯醚树脂、不饱和聚酯树脂等多种高分子材料。也可用于生产增塑剂、阻燃剂、抗氧剂、热稳定剂、橡胶防老剂、农药、涂料等精细化工产品。还可以用作聚氯乙烯塑料的热稳定剂，电线防老剂，油漆、油墨等的抗氧剂和增塑剂。双酚 A 主要是通过苯酚和丙酮在酸性介质下缩合反应来制备，一般用盐酸、硫酸等质子酸作为催化剂。

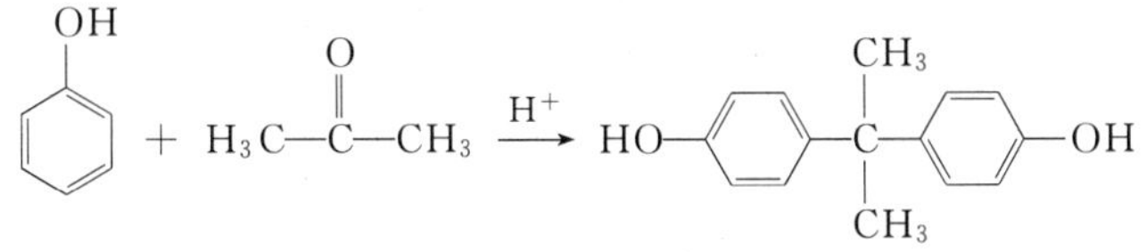

【仪器与试剂】
1. 仪器　三口烧瓶、回流装置、抽滤装置等。
2. 试剂　苯酚、丙酮、甲苯、H_2SO_4（浓）。

【实验步骤】
1. 双酚 A 粗产品的制备

装配好机械搅拌装置，将 10g 的苯酚加入三口烧瓶中，烧瓶外用水冷却。在不断搅拌下，加入 4mL 丙酮。当苯酚全部溶解后，温度达到 15℃ 时，在保持匀速搅拌情况下，开始逐滴加入浓硫酸 6mL。保持反应混合物的温度在 18～20℃。搅拌持续 2h，液体变得相当稠厚。将上述液体以细流状倾入 50mL 冰水中，充分搅拌。静置，充分冷却结晶。

2. 双酚 A 粗产品的纯化

溶液充分冷却后减压过滤，并将滤饼用水洗涤至呈中性为止。彻底抽滤干后，用滤纸进一步压干，然后进行烘干。

粗产品用甲苯重结晶。烘干、称重，计算产量与产率。

【数据处理与结论】

双酚 A 为白色晶体，mp＝159℃。

【注意事项】

1. 通过控制浓硫酸滴加速度和冷水浴，控制反应温度。

2. 反应温度控制在 18～20℃，若反应温度过高，丙酮易挥发掉；若反应温度过低，不利于产物的生成。

3. 双酚 A 产品的烘干应先在 50～60℃烘干 4h，再在 100～110℃烘干 4h。

【思考题】

1. 除了本实验中所用到的方法，双酚 A 还有哪些制备方法？

2. 本实验中为什么要加入硫酸？用其它酸代替行不行？若行，可以用什么酸代替？

3. 认为本实验的关键是什么？

实验九十七　安息香缩合反应——1,2-二苯乙醇酮的合成

【实验目的】

1. 掌握安息香缩合反应原理。

2. 了解辅酶催化反应及实验方法。

【实验原理】

苯甲醛在氰化钠(钾)的作用下，于乙醇中加热回流，两分子苯甲醛之间发生缩合反应，生成二苯乙醇酮(或称安息香)，因此把芳香醛的这一类缩合反应称为安息香缩合反应。反应机制类似于羟醛缩合反应，也是负碳离子对碳基的亲核加成反应，氰化钠(钾)是催化剂。

$$C_6H_5CHO \xrightleftharpoons{CN^-} \left[C_6H_5-\underset{CN}{\underset{|}{\overset{O^-}{\overset{|}{C}}}}-H \rightleftharpoons C_6H_5-\underset{CN}{\underset{|}{\overset{OH}{\overset{|}{C}}}}^- \right] \xrightarrow{C_6H_5CHO} C_6H_5-\underset{CN}{\underset{|}{\overset{OH}{\overset{|}{C}}}}-\underset{O^-}{\overset{}{C}}HC_6H_5 \rightleftharpoons$$

$$C_6H_5-\underset{CN}{\underset{|}{\overset{O^-}{\overset{|}{C}}}}-\overset{}{C}HC_6H_5 \xrightarrow{-CN^-} C_6H_5-\underset{}{\overset{O}{\overset{\|}{C}}}-\underset{OH}{\overset{}{C}}HC_6H_5$$

安息香缩合反应既可以发生在相同的芳香醛之间，也可以发生在不同的芳香醛之间，但是不论哪种情况，反应都有一定的局限性，即受芳香醛结构本身的限制，也就是说，反应能否发生以及发生后产物是什么，既要考虑芳香醛能否顺利地与氰基发生加成产生负碳离子，又要考虑负碳离子能否与羰基发生加成反应。大量的实验事实指出，芳环上有给电子基团时，不易发生缩合，因为给电子基团使羰基碳原子的正电性下降，既不利于碳负离子的生成，也不利于碳正离子对羰基的亲核加成；相反，芳环上邻对位有较强的吸电子基团时，虽然对前边提到的两个因素都有利，但是由于邻、对位强的吸电子的影响，使生成的碳负离子的活性降低，不容易再和羰基发生亲核加成反应。因此，当两种不同的芳香醛发生混合的安息香缩合反应时，一种芳香醛或环上带有吸电子基团（它提供给羰基），另一种芳香醛环上带有给电子基团（它提供负碳离子）时，反应比较顺利，并且产物的结构很快就会写出，即

羟基在含有活泼的羰基的芳香醛一端。例如：

$$C_6H_5CHO + p\text{-}CH_3OC_6H_4CHO \xrightarrow{CN^-} C_6H_5-\underset{OH}{\underset{|}{C}}H-\underset{O}{\underset{\|}{C}}-C_6H_4OCH_3\text{-}p$$

$$C_6H_5CHO + p\text{-}(CH_3)_2NC_6H_4CHO \xrightarrow{CN^-} C_6H_5-\underset{OH}{\underset{|}{C}}H-\underset{O}{\underset{\|}{C}}-C_6H_4N(CH_3)_2\text{-}p$$

由于氰化物是剧毒品，使用不当会有危险性，本实验用维生素 B_1（Thiamine）盐酸盐代替氰化物催化安息香缩合反应，反应条件温和，无毒，产率较高。具有生物活性的维生素 B_1 是一种辅酶，酶与辅酶均是生物化学反应催化剂，在生命过程起重要作用，其化学名称为硫胺素或噻胺，它主要作用是使 α-酮酸脱羧和形成偶姻（α-羟基酮）。维生素 B_1 的结构式为：

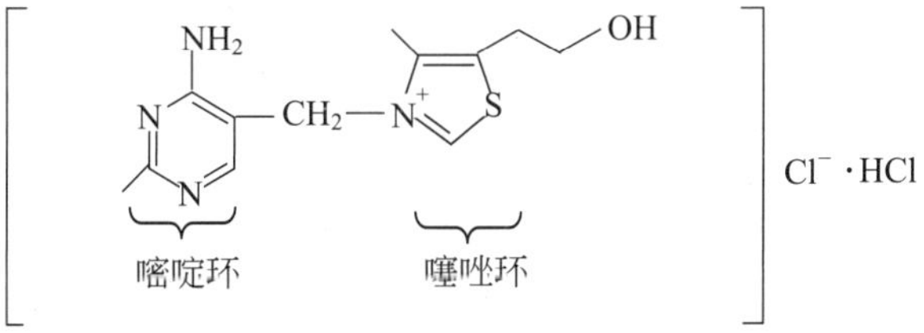

（图：维生素 B_1 结构式，含嘧啶环和噻唑环，$Cl^- \cdot HCl$）

在反应中，维生素 B_1 的噻唑环上的氮和硫的邻位氢在碱作用下被夺走，成为负碳离子，形成反应中心，其机制如下。

（1）在碱作用下，负碳离子和邻位正氮原子形成一个稳定的邻位两性离子叶利德（Ylide）试剂。

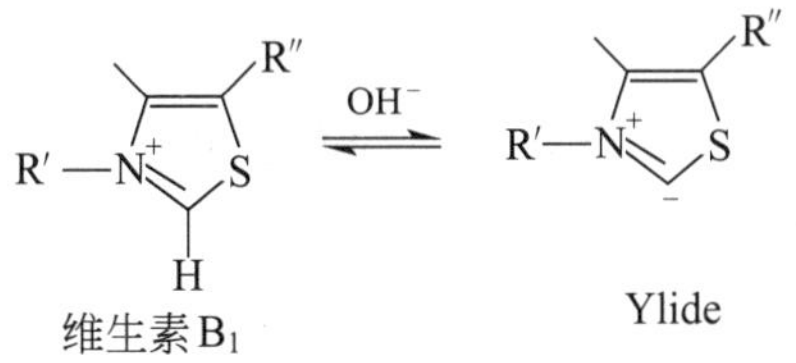

（图：维生素 B_1 ⇌ Ylide，OH^-）

（2）与苯甲醛反应，噻唑环上负碳离子与苯甲醛的羰基碳离子形成烯醇加合物，环上的正氮原子起了调节电荷的作用。

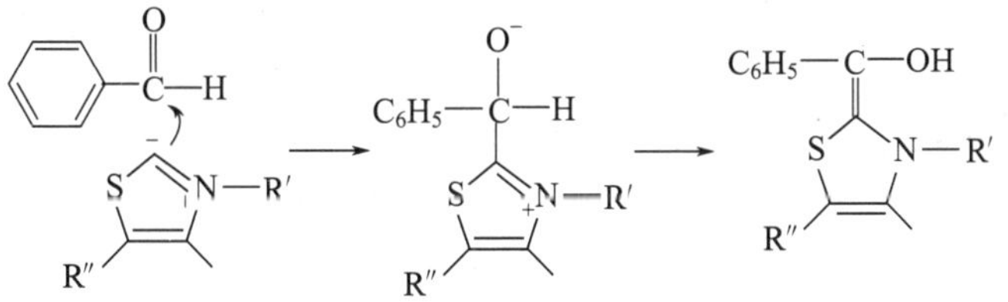

（图：反应机理）

（3）烯醇加合物再与苯甲醛作用形成一个新的辅酶加合物。

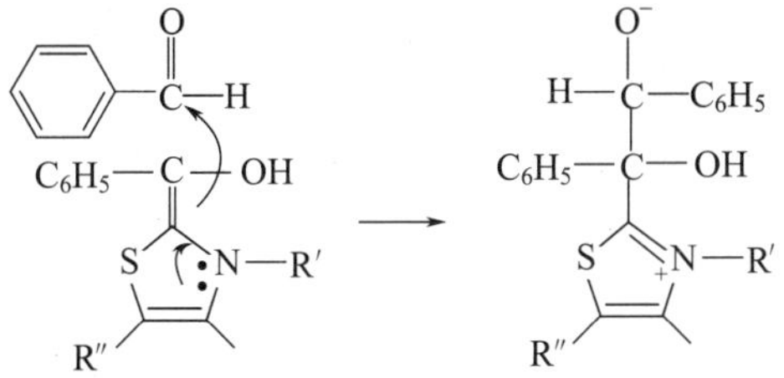

（图：反应机理）

（4）辅酶加合物解离成安息香，辅酶复原。

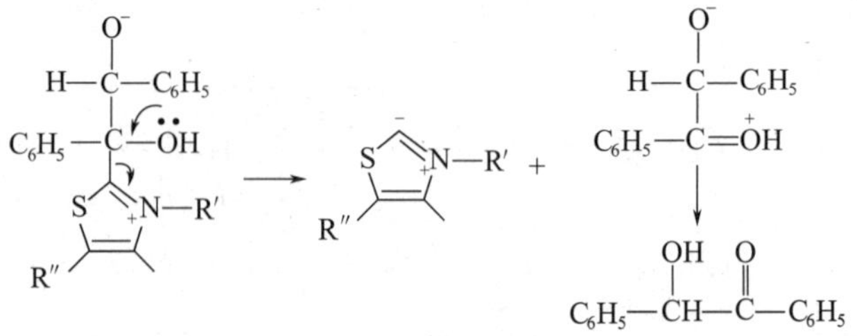

总反应式为：

$$2C_6H_5CHO \xrightarrow[60\sim70℃]{\text{维生素}B_1} C_6H_5-\overset{O}{\underset{}{C}}-\overset{OH}{\underset{H}{C}}-C_6H_5$$

二苯基乙醇酮（安息香）在有机合成中常常被用作中间体。因为它既可以被氧化生成1,2-二酮，又可以在各种条件下被还原而生成1,2-二醇、烯、酮等各种类型的还原产物。同时二苯基乙醇酮既有羟基又有羰基两个官能团，能发生许多化学反应。

【仪器与试剂】

1. 仪器 试管、圆底烧瓶、量筒、冷凝管、布氏漏斗。
2. 试剂 苯甲醛、维生素B_1、活性炭、乙醇（95%）、NaOH（10%）、HCl（5%）、沸石。

【实验步骤】

在100mL的圆底烧瓶中加入1.8g维生素B_1（盐酸硫胺素、盐酸噻胺）、6mL蒸馏水和15mL 95%乙醇，用塞子塞上瓶口，放在冰盐浴中冷却。用一支试管取5mL 10% NaOH溶液，也在冰浴中冷却。10min后，用小量筒取10mL新蒸过的苯甲醛。将冷透的NaOH溶液加入冰盐浴中的圆底烧瓶中，并立即将苯甲醛加入圆底烧瓶，充分摇动使反应混合均匀。然后在圆底烧瓶上装上回流冷凝管，加几粒沸石，放在温水浴加热反应，水浴温度控制在60~75℃，勿使反应物剧烈沸腾。反应混合物呈橘黄色或橘红色均相溶液。约80~90min，撤去水浴，让反应混合物逐渐冷至室温，析出浅黄色晶体，再将圆底烧瓶放到冰浴中冷却令其结晶完全。如果反应混合物中出现油层，重新加热使其变成均相，再慢慢冷却，重新结晶。如有必要，可用玻璃棒摩擦锥形瓶内壁，促使其结晶。

结晶完全后，用布氏漏斗抽滤收集粗产物，用50mL冷水分两次洗涤结晶。称重，用95%乙醇进行重结晶，如产物成黄色，可加少量活性炭脱色。纯产物为白色针状结晶，称重、计算产率。产品4~5g。

【数据处理与结论】

1,2-二苯乙醇酮为白色针状结晶，mp=134~136℃。

【注意事项】

1. 维生素B_1在酸性条件下是稳定的，但易吸水，在水溶液中易被空气氧化失效。遇光和Cu、Fe、Mn等金属离子均可加速氧化。在NaOH溶液中噻唑环易开环失效。因此维生素B_1与NaOH溶液在反应前必须用冰水充分冷却，否则，维生素B_1在碱性条件下会分解，这是本实验成败的关键。

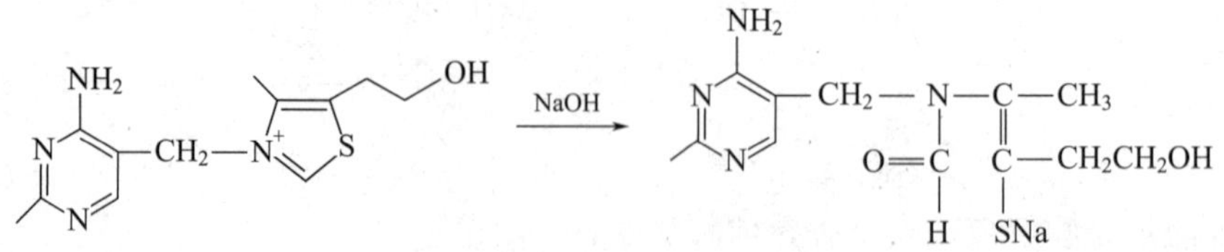

2. 反应过程中，溶液在开始时不必沸腾，反应后期可以适当升高温度至 80～90℃。

3. 苯甲醛易被空气氧化，长期放置的苯甲醛里含有苯甲酸，也影响实验效果。使用前已进行处理。

【思考题】

1. 氢氧化钠在缩合反应中起什么作用？理论用量是多少？
2. 安息香缩合反应的机理是什么？

实验九十八　甲基橙的制备

【实验目的】

1. 通过甲基橙的制备学习重氮化反应和偶合反应的实验操作。
2. 巩固盐析和重结晶的原理和操作。

【实验原理】

甲基橙是指示剂，它是由对氨基苯磺酸重氮盐与 N,N-二甲基苯胺的醋酸盐在弱酸介质中偶合得到的。偶合先得到的是红色的酸性甲基橙，称为酸性黄，在碱性中酸性黄转变为甲基橙的钠盐，即甲基橙。

1. 重氮化反应

$$HO_3S-\text{C}_6\text{H}_4-NH_2 \longrightarrow {}^-O_3S-\text{C}_6\text{H}_4-\overset{+}{N}H_3 \xrightarrow{NaOH} NaO_3S-\text{C}_6\text{H}_4-NH_2 + H_2O$$

$$\xrightarrow[HCl]{NaNO_2} [HO_3S-\text{C}_6\text{H}_4-\overset{+}{N}{\equiv}N]Cl^-$$

2. 偶合反应

$$[HO_3S-\text{C}_6\text{H}_4-\overset{+}{N}{\equiv}N]Cl^- \xrightarrow[HOAc]{C_6H_5N(CH_3)_2} [HO_3S-\text{C}_6\text{H}_4-\overset{+}{N}H{=}N-\text{C}_6\text{H}_4-\overset{+}{N}(CH_3)_2CH_3]OAc^- \xrightarrow{\text{原子迁移}}$$

红色(酸性甲基橙)

$$NaO_3S-\text{C}_6\text{H}_4-N{=}N-\text{C}_6\text{H}_4-N(CH_3)_2$$

甲基橙

【仪器与试剂】

1. 仪器　烧杯、温度计、表面皿、玻璃棒、滴管、小试管、电热套、台秤、吸滤瓶、布氏漏斗、循环水真空泵。

2. 试剂　对氨基苯磺酸、10％氢氧化钠、亚硝酸钠、浓盐酸、冰醋酸、N,N-二甲基苯胺、乙醇、乙醚、淀粉-碘化钾试纸、饱和氯化钠、冰、尿素。

【实验操作】

1. 重氮盐的制备

在 50mL 烧杯中，加入 2g 对氨基苯磺酸结晶和 10mL 5％氢氧化钠溶液，温热使结晶溶解，用冰水浴冷却至 5℃以下。在另一试管中配制 0.8g 亚硝酸钠和 3mL 水的溶液。将此配制液也加入烧杯中。维持温度 0～5℃，在搅拌下慢慢用滴管滴入 3.0mL 浓盐酸和 13mL 水溶液，直至用淀粉-碘化钾试纸检测呈现蓝色为止，继续在冰盐浴中放置 15min，使反应完全，这时有白色细小晶体析出。加入少量尿素除去过多的 HNO_2，以免影响下面的偶合反应。

2. 偶合反应

在试管中加入 1.3mL N,N-二甲基苯胺和 1mL 冰醋酸，并混匀。在搅拌下将此混合液缓慢加到上述冷却的重氮盐溶液中，加完后继续搅拌 10min。缓缓加入约 15mL 10% 氢氧化钠溶液，直至反应物变为橙色（此时反应液为碱性）。甲基橙粗品呈细粒状沉淀析出。

将反应物置沸水浴中加热 5min，冷却后，再放置冰浴中冷却，使甲基橙晶体析出完全。抽滤，用 10mL 饱和氯化钠溶液洗涤两次，压紧抽干。干燥后得粗品。

粗产品用 1% 氢氧化钠进行重结晶。待结晶析出完全，抽滤，依次用少量水、乙醇和乙醚洗涤，压紧抽干，称重。

【数据处理和结论】

甲基橙为橙黄色片状结晶。将少许甲基橙溶于水中，加几滴稀盐酸，然后再用稀碱中和，观察颜色变化。

【注意事项】

1. 对氨基苯磺酸为两性化合物，酸性强于碱性，它能与碱作用生成盐而不能与酸作用生成盐。因此进行重氮化时，首先将对氨基苯磺酸与碱作用变成水溶性较大的钠盐。

2. 重氮化过程中，要搅拌使重氮化完全。

3. 应严格控制温度，反应温度若高于 5℃，生成的重氮盐易水解为酚，降低产率，导致失败。

4. 重结晶操作要迅速，否则由于产物呈碱性，在温度高时易变质，颜色变深。

5. 用乙醇和乙醚洗涤的目的是使其迅速干燥，湿的甲基橙受日光照射，会使颜色变深，通常在 65～75℃ 烘干。

6. 若试纸不显色，需补充亚硝酸钠溶液。

【思考题】

1. 在重氮盐制备前为什么还要加入氢氧化钠？如果直接将对氨基苯磺酸与盐酸混合后，再加入亚硝酸钠溶液进行重氮化操作，行吗？为什么？

2. 制备重氮盐为什么要维持 0～5℃ 的低温，温度高有何不良影响？

3. 重氮化为什么要在强酸性条件下进行？偶合反应为什么要在弱酸性条件下进行？

4. 用反应式表示甲基橙在酸碱性介质中变色的原因。

5. 制备甲基橙时，在重氮化过程中，HNO_2 过量是否可以？如何检验其过量？又如何销毁过量的 HNO_2？

实验九十九　水泥熟料中 SiO_2、Fe_2O_3、Al_2O_3、CaO、MgO 的系统分析

【实验目的】

1. 掌握水泥熟料试样的分解方法。

2. 熟悉水泥熟料主要组分 SiO_2、Fe_2O_3、Al_2O_3、CaO 及 MgO 的测定原理、测定步骤

及注意事项。

3. 掌握在同一份试样中进行多组分测定的系统分析方法。

【实验原理】

水泥由水泥熟料加适量石膏而成，水泥熟料是由水泥生料经1400℃以上高温煅烧而成。水泥熟料的主要化学组成为氧化钙（CaO），一般范围为62%～67%；二氧化硅（SiO_2），一般范围为20%～24%；三氧化二铝（Al_2O_3），一般范围为4%～7%；三氧化二铁（Fe_2O_3），一般范围为2.5%～6%。这四种氧化物组成通常在熟料中占95%以上，同时含有5%以下的少数氧化物，如氧化镁（MgO）、硫酐（SO_3）、氧化钛（TiO_2）、氧化磷（P_2O_5）以及碱（K_2O、Na_2O）等。

1. 试样的分解

硅酸盐试样的分解可以用酸溶法和高温熔融法，本实验采用高温熔融法。以碳酸钠、氢氧化钠等碱性熔剂为介质，在高温（700℃以上）熔融后，再用酸（一般用盐酸）分解熔块，其主要反应为：

$$K_2O \cdot Al_2O_3 \cdot 6SiO_2 + 12NaOH = 6Na_2SiO_3 + K_2O \cdot Al_2O_3 + 6H_2O$$

$$CaCO_3 = CaO + CO_2$$

$$K_2O \cdot Al_2O_3 + 8HCl = 2AlCl_3 + 2KCl + 4H_2O$$

$$CaO + 2HCl = CaCl_2 + H_2O$$

2. 二氧化硅的测定

二氧化硅含量的测定方法可以有重量法和氟硅酸钾容量法。后者由于操作简便、快速而得到广泛的使用。氟硅酸钾法的主要原理是基于在有过量钾离子和氟离子存在的强酸性溶液中，能使硅酸以氟硅酸钾形式沉淀，经过滤、洗涤、中和以除去残余的酸，将获得的氟硅酸钾沉淀在沸水中水解，以酚酞为指示剂，用氢氧化钠标准溶液滴定水解生成的氢氟酸，终点呈微红色。主要反应为：

沉淀：$SiO_3^{2-} + 6F^- + 6H^+ = SiF_6^{2-} + 3H_2O$

$SiF_6^{2-} + 2K^+ = K_2SiF_6 \downarrow$

水解：$K_2SiF_6 + 3H_2O = 2KF + H_2SiO_3 + 4HF$

滴定：$HF + NaOH = NaF + H_2O$

3. 三氧化二铁的测定

测定三氧化二铁普遍使用的是EDTA络合滴定法和氧化还原滴定法，如果样品中铁的含量很低时，还可用分光光度法。在水泥分析中，氧化还原滴定法多用于生产中的控制，熟料中三氧化二铁的测定主要用EDTA络合滴定法。用EDTA络合滴定法测定铁是基于在pH≈2的酸性溶液中，铁离子能与EDTA生成稳定的配合物，在此酸度下，共存的铝离子、钙离子、镁离子等不影响铁离子的测定。由于EDTA与铁离子的络合速率较慢，一般应将溶液加热至60～70℃，常用的指示剂为磺基水杨酸。主要反应为：

$$Fe^{3+} + 2SaI^{2-} = [Fe(SaI)_2]^-$$
无色　　　紫红色

$$Fe^{3+} + H_2Y^{2-} = FeY^- + 2H^+$$

$$[Fe(SaI)_2]^- + H_2Y^{2-} = FeY^- + SaI^{2-} + 2H^+$$

化学计量点时：　　　　　　　　黄色

终点的颜色随溶液含铁量的多少而深浅不同，铁含量低时溶液几乎无色，故终点主要观察紫红色褪去。

4. 三氧化二铝的测定

三氧化二铝的测定主要用 EDTA 络合滴定法。由于铝离子与 EDTA 的络合速率较慢，故一般用返滴定法。即先往试液中加入过量的 EDTA 标准溶液，加热煮沸，使铝离子与 EDTA 络合完全后，再以硫酸铜标准溶液回滴过量的 EDTA，一般以 PAN 作指示剂，终点由黄色变为亮紫色。由于测定铝离子需要在 pH=3.5~4.0 的酸度下进行，故可将滴定完铁离子后的试液调节好 pH 值，进行连续滴定。在此酸度下，共存的镁离子、钙离子等不影响滴定。主要反应为：

$$Al^{3+} + H_2Y^{2-} = AlY^- + 2H^+$$

$$Cu^{2+} + H_2Y^{2-} = CuY^{2-} + 2H^+$$

$$Cu^{2+} + PAN = Cu\text{-}PAN$$

化学计量点时： 黄色　亮紫色

5. 氧化钙的测定

氧化钙的测定目前广泛使用的也是 EDTA 络合滴定法。由于试液中含硅、铁、铝等影响氧化钙的测定，一般加氟化钾掩蔽硅，三乙醇胺和酒石酸钾钠掩蔽铁和铝，加强碱使溶液 pH=12~13，镁离子形成氢氧化镁沉淀而不干扰钙的测定，指示剂可用钙指示剂或钙黄绿素，终点由紫红色变为纯蓝色或绿色荧光消失。主要反应为：

$$Ca^{2+} + NN = Ca\text{-}NN$$
紫红色

$$Ca^{2+} + H_2Y^{2-} = CaY^{2-} + 2H^+$$

$$Ca\text{-}NN + H_2Y^{2-} = CaY^{2-} + NN + 2H^+$$

化学计量点时： 纯蓝色

6. 氧化镁的测定

氧化镁的测定一般是在 pH=10 时测得钙、镁合量，然后扣除氧化钙的含量即为氧化镁的含量。消除硅、铁、铝的干扰与测定氧化钙时相同，一般用氨性缓冲溶液控制 pH=10，用酸性铬蓝 K-萘酚绿 B 混合指示剂指示终点，终点由紫红色变为纯蓝色。主要反应为：

$$Ca^{2+}, Mg^{2+} + 2KB = Ca\text{-}KB, Mg\text{-}KB \quad (紫红色)$$

$$Ca^{2+}, Mg^{2+} + 2H_2Y^{2-} = CaY^{2-}, MgY^{2-} + 4H^+$$

$$Ca\text{-}KB + 2H_2Y^{2-} = CaY^{2-} + 2KB + 4H^+$$

化学计量点时： 紫红色　　　　纯蓝色

【仪器与试剂】

1. **仪器** 马弗炉、电炉、镍坩埚（30mL）、容量瓶（250mL，100mL）、移液管（25mL）、塑料烧杯（250mL）、漏斗、烧杯（250mL）、锥形瓶（250mL）、酸式滴定管（50mL）、碱式滴定管（50mL）、中速滤纸、pH 值为 1.8~2.0 的精密试纸、pH 广泛试纸。

2. **试剂** HCl、HCl（3mol·L^{-1}）、HNO$_3$、HNO$_3$（6mol·L^{-1}）、NaOH（6mol·L^{-1}）、

NaOH、NH$_3\cdot$H$_2$O(6mol·L^{-1})、KCl、CaCO$_3$、邻苯二甲酸氢钾、酚酞乙醇溶液(2g·L^{-1})、K-B指示剂、PAN乙醇溶液(1g·L^{-1})、磺基水杨酸(100g·L^{-1})、KF(150g·L^{-1}，(20g·L^{-1})、KCl(50g·L^{-1})、5%KCl-乙醇、酒石酸钾钠(100g·L^{-1})、三乙醇胺(1+4)、NH$_3$-NH$_4$Cl(pH=10)、HAc-NaAc(pH=4.2)、CuSO$_4$、钙黄绿素。

【实验步骤】

1. 标准溶液的配制及标定

(1) 0.010mol·L^{-1} EDTA标准溶液的配制及标定见实验四十一。

(2) 0.10mol·L^{-1} NaOH标准溶液的配制及标定见实验三十七。

(3) 0.010mol·L^{-1} CuSO$_4$标准溶液的配制　称0.60～0.65g CuSO$_4\cdot$5H$_2$O晶体溶于250mL水中。

(4) CaCO$_3$标准溶液的配制　准确称取0.1g左右的CaCO$_3$基准试剂于小烧杯中，用少量水润湿后，盖上表面皿，滴加6mol·L^{-1} HCl至完全溶解，定量移入100mL容量瓶中，加水稀释至刻度，摇匀。

2. 硫酸铜标准溶液与EDTA标准溶液的互滴

准确移取25.00mL EDTA标准溶液于锥形瓶中，稀释至100mL，加15mL pH=4.2的醋酸缓冲溶液，加热煮沸，稍冷后加PAN指示剂5～6滴，用CuSO$_4$标准溶液滴定至溶液呈亮紫色为终点。平行滴定三次，计算EDTA与CuSO$_4$溶液的体积比：

$$K=\frac{V_{\text{EDTA}}}{V_{\text{CuSO}_4}}$$

3. 试样分析

(1) 试样的分解　准确称取0.5000g试样于镍坩埚中，加5g左右的固体氢氧化钠，放入高温炉中（700～800℃）灼烧20min，使试样熔融。取出冷却后，将坩埚放入已盛有100mL热水的300mL烧杯中（反应缓慢时可适当加热），将熔块完全浸出后，立即取出坩埚，用水冲洗干净，迅速加入20mL HCl，立即搅拌，坩埚再以少量3mol·L^{-1} HCl和蒸馏水洗净，洗液并入烧杯中，滴加2mL HNO$_3$，加热煮沸，此时溶液应澄清透明，冷却至室温，定容250mL，摇匀，用于二氧化硅、三氧化二铁、三氧化二铝、氧化钙、氧化镁的分析。

(2) 二氧化硅的测定　移取50.00mL试液于塑料烧杯中，加入10mL HNO$_3$，冷却至室温后，加10mL 150g·L^{-1} KF，在仔细搅拌下，加入固体氯化钾至饱和析出约1g的沉淀物，放置10min，用中速滤纸过滤，烧杯及沉淀物用50g·L^{-1} KCl洗涤3次，将滤纸连同沉淀取下置于原烧杯中，沿杯壁加入10mL 5%氯化钾-乙醇溶液及数滴酚酞指示剂，用6mol·L^{-1}和0.10mol·L^{-1}的氢氧化钠中和未洗净的酸，仔细搅拌滤纸及沉淀直至酚酞刚好变红，然后加入200mL沸水（预先用氢氧化钠中和至酚酞变微红），趁热用0.10mol·L^{-1}氢氧化钠标准溶液滴定至淡红色。

$$w_{\text{SiO}_2}=\frac{(cV)_{\text{NaOH}}M_{\text{SiO}_2}}{m_s\times 4000\times\frac{50}{250}}\times 100\%$$

(3) 三氧化二铁和三氧化二铝的连续滴定　准确移取50.00mL试液于300mL烧杯中，加50mL水，用6mol·L^{-1}的氢氧化钠、氨水及盐酸调节溶液pH值为1.8～2.0（用精密试纸检验），将溶液加热到 65～70℃，加 5～6 滴 100g·L^{-1} 磺基水杨酸指示剂，在不断搅拌下，趁热用 EDTA 标准溶液滴定至红色刚好消失为终点。

$$w_{Fe_2O_3} = \frac{(cV)_{EDTA} M_{Fe_2O_3}}{m_s \times 2000 \times \frac{50}{250}} \times 100\%$$

在滴定完铁离子的溶液中，准确加入 25.00mL EDTA 标准溶液，用 6mol·L^{-1} 的氨水和盐酸调节 pH≈4，再加 10mL 醋酸缓冲溶液，煮沸 2min，取下稍冷后，加 3～4 滴 PAN 指示剂，用硫酸铜标准溶液返滴定至溶液呈亮紫色为终点。

$$w_{Al_2O_3} = \frac{c_{EDTA}(V_{EDTA} - KV_{CuSO_4}) M_{Al_2O_3}}{m_s \times 2000 \times \frac{50}{250}} \times 100\%$$

(4) 氧化钙的测定　准确移取 10.00mL 试液于 300mL 烧杯中，加入 1mL 20g·L^{-1} KF，搅拌并放置 2min 以上，用水稀释至 150mL，再加 1mL 100g·L^{-1} 酒石酸钾钠和 5mL 三乙醇胺 (1+4)，搅拌后，用 6mol·L^{-1} 氢氧化钠调节 pH=12～13（用 pH 试纸检验），再加少量钙黄绿素，用 EDTA 标准溶液滴定至试液的绿色荧光刚好消失，记下滴定剂体积为 V_1。

$$w_{CaO} = \frac{(cV_1)_{EDTA} M_{CaO}}{m_s \times 1000 \times \frac{10}{250}} \times 100\%$$

(5) 氧化钙、氧化镁总量的测定　准确移取 10.00mL 试液于 300mL 烧杯中，加入 5mL 20g·L^{-1} KF，搅拌放置 2min 以上，再加入 1mL 100g·L^{-1} 酒石酸钾钠和 5mL 200g·L^{-1} 三乙醇胺、10mL 6mol·L^{-1} NH$_3$·H$_2$O 和 15mL 氨性缓冲溶液 (pH=10)，再加适量 K-B 指示剂，用 EDTA 滴定至溶液呈纯蓝色为终点，记下体积 V_2。此时测定的是氧化钙和氧化镁的合量，扣去氧化钙的量后，可得氧化镁的量。

$$w_{MgO} = \frac{[c(V_2 - V_1)]_{EDTA} M_{MgO}}{m_s \times 1000 \times \frac{10}{250}} \times 100\%$$

【数据处理与结论】
1. 计算 EDTA 标准溶液、氢氧化钠标准溶液浓度及其结果相对平均偏差。
2. 计算 EDTA 与硫酸铜溶液的体积比。
3. 分别计算水泥熟料中组分 SiO$_2$、Fe$_2$O$_3$、Al$_2$O$_3$、CaO 及 MgO 质量分数。

【注意事项】
1. 氟硅酸钾沉淀需在加热时才能水解完全，故应加入沸水使之水解。
2. 三氧化二铝的测定也可用氟化物置换滴定法。

【思考题】
1. 在 Fe^{3+}、Al^{3+}、Ca^{2+}、Mg^{2+} 等共存的溶液中，以 EDTA 标准溶液分别滴定 Fe^{3+}、Al^{3+}、Ca^{2+}、Mg^{2+} 等含量时，如何消除其它共存离子的干扰？
2. 滴定 Fe^{3+}、Al^{3+}、Ca^{2+}、Mg^{2+} 时，各用什么指示剂？终点颜色变化如何？
3. 在测定 Al^{3+} 时，为什么采用铜盐返滴定法，为什么要控制 EDTA 标准滴定溶液的加入量？
4. 在测定 Ca^{2+}、Mg^{2+} 含量时，为什么要先加酒石酸钾钠溶液后再加三乙醇胺？

实验一百 萃取光度法测定合金钢中的微量铜

【实验目的】
1. 掌握萃取光度法测定微量铜的原理和方法。
2. 掌握萃取分离的操作。
3. 进一步熟悉 722S 型分光光度计的操作技术。

【实验原理】
在氨性溶液中，Cu^{2+} 与铜试剂（二乙氨基二硫代甲酸钠，简称 DDTC）生成棕黄色配合物：

$$\underset{C_2H_5}{\overset{C_2H_5}{}}N-\underset{S}{\overset{S^-}{C}} + \frac{1}{2}Cu^{2+} \rightleftharpoons \underset{C_2H_5}{\overset{C_2H_5}{}}N-\underset{S}{\overset{S}{C}}\diagdown Cu/2$$

可用 $CHCl_3$ 或 CCl_4 萃取后进行光度测定，其最大吸收波长在 430～440nm 处。Fe^{3+}、Co^{2+}、Ni^{2+} 干扰测定，可加入 EDTA 消除干扰。

【仪器与试剂】
1. 仪器 722S 分光光度计、容量瓶(100mL)、烧杯(250mL)、分液漏斗(60mL)、比色管(25mL)。
2. 试剂 HCl(浓)、HNO_3(浓)、$CHCl_3$、EDTA($100g·L^{-1}$)、铜试剂($2g·L^{-1}$)、$NH_3·H_2O$、Cu^{2+} 标准溶液($0.020g·L^{-1}$)。

【实验步骤】
1. 分解试样

准确称取试样 0.3g 左右，置于 150mL 烧杯中，加 15mL 浓 HCl、5mL 浓 HNO_3，加热溶解试样，浓缩至 10mL 左右，取下冷却后加入 30mL EDTA，用浓氨水中和溶液 pH=8~9，移入 100mL 容量瓶中，用水稀释至刻度，摇匀。

2. 标准曲线法

用移液管移取 10.00mL 试液于 60mL 分液漏斗中，加入 10mL 铜试剂溶液，准确加入 20.00mL $CHCl_3$，振荡 3~5min。静置分层后，分离出有机相移入比色皿中，于 435nm 处，用试剂溶液作参比，测量吸光度。同时作空白试验。从标准曲线上求出 Cu 的含量。

标准曲线的绘制：取 Cu^{2+} 标准溶液 0.00mL、1.00mL、2.00mL、3.00mL、4.00mL、5.00mL 分别置于 60mL 分液漏斗中，按照萃取光度分析步骤进行测定，分别测量吸光度，并绘制标准曲线。

3. 标准比较法

(1) 在三个标号为 0、1、2 的 60mL 分液漏斗中分别加入以下试液：0 号分液漏斗中准确加入 3.00mL 空白溶液（蒸馏水）；1 号分液漏斗中加入 1.50mL 待测样品溶液和 1.50mL 空白溶液（蒸馏水）；2 号分液漏斗中加入 1.50mL 待测样品溶液和 1.50mL $0.010g·L^{-1}Cu^{2+}$ 标准溶液。

(2) 在以上三个装有试液的分液漏斗中分别按顺序加入以下试剂：加入 3.0mL $100g \cdot L^{-1}$ EDTA，加入 10.0mL $2g \cdot L^{-1}$ 铜试剂，再准确加入 20.00mL $CHCl_3$，振荡 10min，静置分层，分离有机相移入 25mL 比色管中，用空白溶液萃取液（0号）做参比，在 722S 分光光度计上，用 1cm 比色皿，以 435nm 为测定波长，分别测量萃取液（1号、2号）吸光度 A。

【数据处理与结论】

计算试样中 Cu 的质量分数。

【注意事项】

1. 本法适用于测定质量分数为 0.001%～0.5%的铜。
2. Fe^{3+}、Co^{2+}、Ni^{2+} 对测定有干扰，在加 DDTC 之前，加入 EDTA 以消除干扰。参比溶液也应加入 EDTA。每称 0.1g 试样，加入 10mL $100g \cdot L^{-1}$ EDTA 即可。
3. 调节 pH 时，氨水勿过量，若 pH>9，在大量 EDTA 存在下，萃取效率降低。
4. 若振荡时间不够，测定结果偏低。
5. 测定完后以无水乙醇清洗比色皿。

【思考题】

1. 能否用量筒加入 $CHCl_3$，为什么？
2. 能否在用浓氨水调节溶液 pH=8～9 后，加 EDTA 以消除 Fe^{3+}、Co^{2+}、Ni^{2+} 的干扰，为什么？

实验一百零一　人发中铁、铜、锌、钙含量的测定

【实验目的】

1. 了解人发的预处理方法。
2. 熟悉原子吸收分光光度计的使用和操作。
3. 了解用原子吸收分光光度法测定铁、铜、锌、钙含量的方法。

【实验原理】

人体内的生命元素有二十多种，人体若缺乏某种元素，会引起人体机能失调，导致各种疾病。铁是血液中交换和输送氧所必需的一种元素，人体缺铁可导致贫血、消化系统紊乱、降低免疫功能，且易患痔疮和溃疡等疾病。锌是一种与生命攸关的元素，它是构成多种蛋白质所必需的。锌可增强人体免疫系统的功能，更是儿童生长发育必不可少的。锌对皮肤有很强的防护作用，可以使皮肤光泽富有弹性。眼球的视觉部位含锌量高达 4%，可见它具有某种特殊功能。铜元素对于人体也至关重要，它是生物系统中一种独特而极为有效的催化剂。铜是 30 多种酶的活性成分，对人体的新陈代谢起着重要的调节作用。钙是构成动、植物骨骼的重要成分，缺钙会导致骨骼变态，影响心脏血液流通，容易患胆结石、白内障等疾病。人体内各种元素的含量在人发上可以很好地体现出来，通过测定人发中的各元素含量，可以作为判断人体健康的一种辅助手段。

人发中铁、锌、铜、钙的测定通常都是采用火焰原子吸收分光光度法。发样洗净并干燥后用硝酸分解，按一定的测定条件分别测出各种金属离子的吸光度，然后与在同条件下获得

的标准曲线比较，即可求出人发中各种待测元素的含量。

【仪器与试剂】

1. 仪器 原子吸收分光光度计、烧杯(100mL)、量筒(10mL，100mL)、表面皿(6cm)、电热板、吸量管(10mL)、容量瓶(100mL)。

2. 试剂 中性洗发精、乙醚、硝酸、硝酸(1+1)、高氯酸、铁标准溶液($100mg \cdot L^{-1}$)、锌标准溶液($10mg \cdot L^{-1}$)、铜标准溶液($100mg \cdot L^{-1}$)、钙标准溶液($500mg \cdot L^{-1}$)。

【实验步骤】

1. 人发样的预处理

将发样（从后颈部上沿剪取）1.5～2g，用50℃中性洗发精洗涤15min，然后用乙醚浸取5min，再用蒸馏水洗涤两次，将洗净的发样在烘箱80℃烘干，用不锈钢剪成3～5mm长的碎段。准确称取已剪断的干燥发样1g左右于100mL烧杯中，加入10mL硝酸、0.5mL $HClO_4$，盖上表面皿，在电热板上加热消化（在通风柜内进行），数分钟后可使发样完全消化，溶液清亮。继续加热蒸发至剩余体积约2mL，取下冷却，加20mL蒸馏水，转移到100mL容量瓶中以水定容待测。

2. 铁、锌、铜、钙标准曲线的绘制和样品测定

准确移取0.00mL、1.00mL、2.00mL、3.00mL、4.00mL铁标准溶液于5个100mL容量瓶中，加4mL(1+1)硝酸、2滴 $HClO_4$，用水稀释至刻度，摇匀。

准确移取0.00mL、2.00mL、4.00mL、6.00mL、8.00mL锌标准溶液于5个100mL容量瓶中，加4mL(1+1)硝酸、2滴 $HClO_4$，用水稀释至刻度，摇匀。

准确移取0.00mL、1.00mL、2.00mL、3.00mL、4.00mL铜标准溶液于5个100mL容量瓶中，加4mL(1+1)硝酸、2滴 $HClO_4$，用水稀释至刻度，摇匀。

准确移取0.00mL、1.00mL、2.00mL、3.00mL、4.00mL钙标准溶液于5个100mL容量瓶中，加4mL(1+1)硝酸、2滴 $HClO_4$，用水稀释至刻度，摇匀。

将配好的各系列标准与样品溶液一起在原子吸收分光光度计上测量。

【数据处理与结论】

绘出铁、锌、铜、钙的标准曲线，从标准曲线上查得样品浓度，计算人发中铁、铜、锌、钙的含量（以 $\mu g \cdot g^{-1}$ 表示）。

【注意事项】

1. 成人头发中各元素正常值参考标准见表5-2。

表5-2 成人头发中各元素正常值参考标准   单位：$\mu g \cdot g^{-1}$

元素	男		女	
	平均值	正常范围	平均值	正常范围
铁	38.20	34.00～42.40	32.30	27.80～38.80
锌	124.3	97.4～151.2	131.2	114.0～168.3
铜	10.10	7.90～2.30	11.40	7.20～15.60
钙	988.3	655.4～1288.3	1080.3	708.2～1398.6

2. 如样品加热消解不完全时，需要补加适量 HNO_3，消解后试液注意不要蒸干。

【思考题】

1. 铁、锌、铜、钙是人体必需元素，缺铁、缺锌、缺铜和缺钙对人体有什么危害？

2. 如何选择最佳实验条件？

实验一百零二　肉制品中亚硝酸盐和硝酸盐的测定

【实验目的】
1. 掌握光度法测定亚硝酸盐的原理和方法。
2. 掌握试样中亚硝酸盐和硝酸盐的提取方法。
3. 掌握沉淀分离、镉柱还原的操作。
4. 进一步熟悉分光光度计的操作技术。

【实验原理】
硝酸盐和亚硝酸盐是肉制品生产中最常使用的发色剂。过多地摄入亚硝酸盐、硝酸盐会生成致癌的亚硝胺，导致组织缺氧，对人体产生毒害作用。

1. 亚硝酸盐的测定原理　样品经沉淀蛋白质、除去脂肪后，在弱酸性条件下，亚硝酸盐与对氨基苯磺酸（$H_2N—C_6H_4—SO_3H$）重氮化，产生重氮盐，此重氮盐再与偶合试剂（盐酸萘乙二胺）偶合形成紫红色染料，其最大吸收波长为538nm，测定其吸光度后，可与标准比较定量。

2. 硝酸盐的测定原理　样品经过沉淀蛋白质、除去脂肪后，溶液通过镉柱，使其中的硝酸根离子还原成亚硝酸根离子，测定亚硝酸盐总量，由总量减去样品原有亚硝酸盐含量即得硝酸盐含量。

【仪器与试剂】
1. 仪器　可见分光光度计、容量瓶（100mL，500mL）、烧杯（50mL）、镉柱玻璃管（或酸式滴定管，25mL）、比色管（50mL）。

2. 试剂　硫酸镉（$200g·L^{-1}$）、HCl（$0.1mol·L^{-1}$）、锌皮或锌棒。

(1) 乙酸锌溶液　称取乙酸锌[$Zn(CH_3COO)_2·2H_2O$]220.0g，加冰醋酸30mL，溶于水并定容至1000mL。

(2) 0.4%对氨基苯磺酸溶液　称取对氨基苯磺酸0.4g溶于20%盐酸100mL中，置棕色瓶中避光保存。

(3) 氢氧化铝乳液　溶解硫酸铝[$Al_2(SO_4)_3·18H_2O$]125g于去离子水1000mL中，使氢氧化铝全部沉淀（溶液呈微碱性），用蒸馏水洗涤，真空抽滤，直至洗液分别用硫酸钡和硝酸银检验水不浑浊为止。取沉淀物，加适量的去离子水使呈稀糊状，捣匀备用。

(4) 果蔬提取剂　氯化铬50g与氯化钡50g溶于去离子水1000mL中，用浓盐酸调整pH=1。

(5) 硫酸镉溶液（$200g·L^{-1}$）　称取200g硫酸镉，溶于水，稀释至1000mL。

(6) 亚铁氰化钾溶液（10.6%）　称取106g亚铁氰化钾[$K_4Fe(CN)_6·3H_2O$]，溶于水，稀释至1000mL。

(7) 硼砂饱和溶液　称5g硼酸钠（$Na_2B_4O_7·10H_2O$）溶于100mL热水中，冷却后备用。

(8) 盐酸萘乙二胺溶液（0.2%）　称0.2g盐酸萘乙二胺，以水定容于100mL棕色容量瓶中，避光保存。

(9) 锌皮或锌棒（AR）。

(10) 亚硝酸钠标准溶液（200μg·mL^{-1}）　准确称取于硅胶干燥 24h 的亚硝酸钠（GR）0.1000g，加水溶解移入 500mL 容量瓶中，并稀释至刻度。

亚硝酸钠标准使用液（5μg·mL^{-1}）临用时配制。

(11) 氨缓冲溶液（pH＝9.6～9.7）　量取 20mL 盐酸，加 50mL 水，混后加 50mL 氨水，再加水稀释至 1000mL，混匀。

稀氨缓冲液　量取 50mL 氨缓冲溶液，加水稀释至 500mL，混匀。

(12) 盐酸溶液（0.1mol·L^{-1}）　量取约 4.5mL 浓盐酸倒入 500mL 试剂瓶中（事先装有 100mL 水），再加水稀释至 500mL，盖好玻璃塞，摇匀。

(13) 硝酸钠标准溶液（200μg·mL^{-1}）　准确称取 0.1232g 于 110～120℃干燥恒重的硝酸钠，加水溶解，移入 500mL 容量瓶中定容。

硝酸钠标准使用液（5μg·mL^{-1}）。

【实验步骤】

1. 试样中亚硝酸盐和硝酸盐的提取

(1) 肉类制品（红烧类除外）　称取经绞碎混合均匀的试样 5g 于 50mL 烧杯中，加入硼砂饱和溶液 12.5mL，以玻璃棒搅拌，以约 70℃去离子水 300mL 将其洗入 500mL 的容量瓶中。置沸水浴中加热 15min，取出，一边转动，一边加入亚铁氰化钾溶液 5mL，摇匀，再加入乙酸锌溶液 5mL 以沉淀蛋白质。定容，混匀。静置 0.5h，除去上层脂肪，过滤，弃去初滤液 30mL，收集滤液备用。

(2) 红烧肉类制品　前面部分同肉制品。取其过滤液 60mL 于 100mL 容量瓶中，加氢氧化铝乳液至刻度，过滤，滤液应无色透明。

2. 亚硝酸盐标准曲线绘制

吸取 0.00mL、0.20mL、0.40mL、0.60mL、0.80mL、1.0mL、1.5mL、2.0mL、2.5mL 亚硝酸钠标准使用液，分别置于编号为 1、2、3、4、5、6、7、8、9 的 50mL 比色管中。各加入 0.4%对氨基苯磺酸 2mL，混匀，静置 3～5min 后各加入 1.0mL0.2%盐酸萘乙二胺溶液，加水至刻度、混匀静置 15min。用 2cm 比色皿，以空白为参比，于 538nm 波长处分别测得吸光度，以吸光度对亚硝酸钠质量（μg）作图得标准曲线。

3. 亚硝酸盐的测定

吸取未经镉柱还原的样液 40.0mL 于 50mL 比色管中，再按绘制标准曲线同样方法操作，测得吸光度。从标准曲线上查出亚硝酸盐的质量 A（μg）。

则样品中亚硝酸盐的含量为：

$$w_{NaNO_2} = \frac{AV_1}{m_s V_2}$$

式中，m_s 为样品质量，g；A 为测定用样品中亚硝酸盐的质量，μg；V_1 为试样处理液总体积，mL；V_2 为测定用样液体积，mL。

4. 镉柱的制备

(1) 海绵状镉的制备　投入足够的锌皮或锌棒于 500mL 200g·L^{-1} 的硫酸镉溶液中，经过 3～4h，当溶液中的镉全部被锌置换后，用玻璃棒轻轻刮下，取出残余锌棒，使镉沉淀，倾去上层清液，以蒸馏水用倾泻法多次洗涤，然后移入组织捣碎机中，加水 500mL。捣碎约 2s，用水将金属细粒洗至标准筛上，取 20～40 目之间的部分。

(2) 镉柱装填　用蒸馏水装置镉柱玻璃管，并装入 2cm 高的玻璃棉制作垫。将玻璃棉压向柱底，并将其中所包含的空气全部排出，在轻轻敲击下加入海绵状镉至 8～10cm 高，上面用 1cm 高的玻璃棉覆盖，上置一个倾液漏斗，末端穿过橡皮塞与镉柱玻璃管紧密连接。

如无上述镉柱玻璃管，也可用 25mL 酸式滴定管代用。

当镉柱填好后，先用 HCl(0.1mol·L^{-1}) 25mL 洗涤，再以蒸馏水洗 2 次，每次 25mL。镉柱不用时，用水封盖，保持气泡不得进入镉层。

镉柱每次使用完毕，应先以 HCl(0.1mol·L^{-1}) 25mL 洗涤，再以蒸馏水洗 2 次，每次 25mL，最后用水覆盖镉柱。

(3) 镉柱还原效率的测定　吸取硝酸钠标准使用液 20mL 于 50mL 烧杯中，加入稀氨缓冲溶液 5mL，混匀，注入储液漏斗，使其流经镉柱还原，以原烧杯收集流出液，当储液漏斗的样液流完后，再加 5mL 水置换镉柱内留存的样液。

将全部收集液如前再经镉柱洗涤三次，每次 20mL，洗涤液一并收集于同一容量瓶中，加水至刻度，混匀。

取还原后标液（相当于 10μg 亚硝酸钠）于 50mL 比色管中，再按绘制标准曲线同样方法操作，测得吸光度。由标准曲线计算结果，再计算还原效率。

$$X = \frac{A}{10} \times 100$$

式中，X 为还原效率，%；A 为测得亚硝酸盐的含量，μg；10 为测定用溶液相当于亚硝酸盐的含量，μg（还原效率应≥98%）。

5. 样品亚硝酸盐总量的测定

(1) 样液的还原　同镉柱还原效率的测定；改"吸取硝酸钠标液"为"吸取样液"进行。

(2) 样品测定　吸取还原后的样液（相当于 10μg 亚硝酸钠）于 50mL 比色管中，再按绘制标准曲线同样方法操作，测得吸光度。从标准曲线上查出亚硝酸盐的质量。

6. 硝酸盐的含量计算

$$w_{NaNO_3} = \frac{(m_1 - m_2) \times 1.232 \times 1000}{m \times \dfrac{V_1}{V_2}} \quad (mg \cdot g^{-1})$$

式中　m_1——经镉柱还原后测定得到的亚硝酸钠总质量，μg；

　　　m_2——未经还原的样品液中亚硝酸钠质量，μg；

　　　V_1——测定用经镉柱还原后的样液的体积，mL；

　　　V_2——样液的总体积，mL；

　　　m——样品质量，g；

　　　1.232——亚硝酸钠换算成硝酸钠的系数。

【注意事项】

(1) 亚铁氰化钾和乙酸锌溶液作为蛋白质沉淀剂，使产生的亚铁氰化锌与蛋白质产生共沉淀。

(2) 蛋白质沉淀剂也可用硫酸锌（30%）溶液。

(3) 饱和硼砂溶液作用：作为亚硝酸盐提取剂，同时可做蛋白质沉淀剂。

（4）镉柱使用后用稀盐酸除去表面的氧化镉可重新使用。

（5）制取海绵状镉和装填镉柱时最好在水中进行，勿使镉粒暴露于空气中，以免氧化。

（6）为保硝酸盐测定结果准确，镉柱还原效率应常检查。

（7）镉有致癌作用，注意安全。

【思考题】

1. 简述亚硝酸盐的测定——盐酸萘乙二胺法的原理、要点。
2. 如何制备海绵状镉？

实验一百零三　$CuSO_4 \cdot 5H_2O$ 脱水过程热分析实验

【实验目的】

1. 熟悉热重（TG）和差示扫描量热法（DSC）的基本原理。
2. 掌握 $CuSO_4 \cdot 5H_2O$ 加热脱水过程中 TG 和 DSC 曲线的分析方法。

【实验原理】

热分析是在程序控制温度下，测量物质的物理性质随温度变化关系的一类技术。分析方法的种类是多种多样的，相应的仪器可分为热重分析仪（TGA）、差热分析仪（DTA）、差示扫描量热仪（DSC）和热机械分析仪（DMA）等。热分析主要用于研究物质的物理变化（晶型转变、熔融、升华和吸附等）和化学变化（脱水、分解、氧化和还原等）。热分析不仅提供热力学参数，而且还可给出一定参考价值的动力学数据。热分析在固态科学的研究中被大量而广泛地使用，诸如研究固相反应、热分解和相变以及测定相图等。许多固体材料都有这样或那样的"热活性"，因此热分析是一种很重要的研究手段。本实验用 TG-DSC 联用技术来研究 $CuSO_4 \cdot 5H_2O$ 的脱水过程，热分析仪原理如图 5-3 所示。

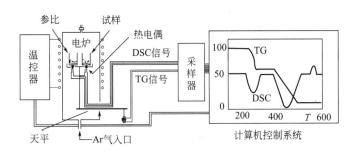

图 5-3　TG-DSC 联用热分析仪原理图

1. 热重法（TG）

热重法（thermogravimetry，TG）是在程序控温下，测量物质的质量与温度或时间的关系的方法，通常是测量试样的质量变化与温度的关系。

（1）热重曲线　由热重法记录的重量变化对温度的关系曲线称热重曲线（TG 曲线）。曲线的纵坐标为质量，横坐标为温度（或时间）。例如固体的热分解反应为：

$$A(固) \longrightarrow B(固) + C(气)$$

其热重曲线如图 5-4 所示。图中 T_i 为起始温度，即试样质量变化或标准物质表观质量

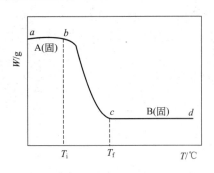

图 5-4 固体热分解反应的典型热重曲线

变化的起始温度；T_f 为终止温度，即试样质量或标准物质的质量不再变化的温度；T_f-T_i 为反应区间，即起始温度与终止温度的温度间隔。TG 曲线上质量基本不变动的部分称为平台，如图 5-4 中的 ab 和 cd。从热重曲线可得到试样组成、热稳定性、热分解温度、热分解产物和热分解动力学等有关数据，同时还可获得试样质量变化率与温度或时间的关系曲线，即微商热重曲线。

当温度升至 T_i 时产生失重。失重量为 W_0-W_1，其失重百分数为：

$$\frac{W_0-W_1}{W_0}\times 100\%$$

式中，W_0 为试样质量；W_1 为失重后试样的质量。反应终点的温度为 T_f，在 T_f 形成稳定相。若为多步失重，将会出现多个平台。根据热重曲线上各步失重量可以简便地计算出各步的失重分数，从而判断试样的热分解机理和各步的分解产物。需要注意的是，如果一个试样有多步反应，在计算各步失重率时，都是以试样原始质量 W_0 为基础进行计算的。

从热重曲线可看出热稳定性温度区、反应区、反应所产生的中间体和最终产物。该曲线也适合于化学量的计算。水平部分表示重量是恒定的，曲线斜率发生变化的部分表示重量的变化，因此从热重曲线可求算出微商热重曲线。事实上新型的热重分析仪都有计算机处理数据，通过计算机软件，从 TG 曲线可得到微商热重曲线。

微商热重曲线（DTG 曲线）表示重量随时间的变化率 $\frac{dW}{dt}$，它是温度或时间的函数 $\frac{dW}{dt}=f(T\text{ 或 }t)$，DTG 曲线的峰顶 $\frac{d^2W}{dt^2}=0$，即失重速率的最大值。DTG 曲线上峰的数目和 TG 曲线的台阶数相等，峰面积与失重量成正比。因此，可从 DTG 的峰面积算出失重量和百分率。在热重法中，DTG 曲线比 TG 曲线更有用，因为它与 DTA 曲线相类似，可在相同的温度范围进行对比和分析，从而得到有价值的信息。

实际测定的 TG 和 DTG 曲线与实验条件（如：加热速率、气氛、试样质量、试样纯度和试样粒度等）密切相关。最主要的是精确测定 TG 曲线开始偏离水平时的温度即反应开始的温度。总之，TG 曲线的形状和正确的解释取决于恒定的实验条件。

(2) 热重曲线的影响因素　为了获得精确的实验结果，分析各种因素对 TG 曲线的影响是很重要的。影响 TG 曲线的主要因素基本上包括：仪器因素（浮力、试样盘、挥发物的冷凝等）；实验条件（升温速率、气氛等）；试样的影响（试样质量、粒度等）。

2. 差示扫描量热法（DSC）

差示扫描量热分析法（differential scanning calorimeter analysis，DSC）是研究在温度程序控制下，测量输给物质和参比物的功率差与温度或时间关系的一种方法。根据测量方法的不同，有两种类型的 DSC，即功率补偿型 DSC 和热流型 DSC。

(1) 功率补偿型 DSC　功率补偿型 DSC 由两个控制系统进行监控，一个是控温系统，它使试样和参比物在预定的速率下升温或降温；另一个系统用于补偿试样和参比物之间所产生的温差（由试样吸热或放热导致的），该仪器在试样和参比物容器下装有两组补偿加热丝，当试样在加热过程中由于热效应与参比物之间出现温差 ΔT 时，通过差热放大电路和差动热量补偿放大器，使流入补偿电热丝的电流发生变化，当试样吸热时，补偿放大器使试样一边的电流立即增大；反之，当试样放热时，则使参比物一边的电流增大，直到两边热量平衡，温差 ΔT 消失为止。换句话说，试样在热反应时发生的热量变化，由于及时输入电功率而得到补偿，所以实际记录的是试样和参比物下面两只电热补偿的热功率之差随时间 t 的变化关系，如果升温速率恒定，记录的也就是热功率之差随温度 T 的变化关系。这样就可以从补偿的功率直接求出热流率，计算公式如下：

$$\Delta W = \frac{dQ_S}{dt} - \frac{dQ_R}{dt} = \frac{dH}{dt}$$

式中，ΔW 为补偿的功率；Q_S 为试样热量；Q_R 为参比物的热量；$\frac{dH}{dt}$ 为热流率（单位时间内的焓变），单位为毫瓦（mW）。$\frac{dH}{dt}$-t 曲线称 DSC 曲线，其峰面积 $S = \int \frac{dH}{dt} dt = \Delta H$，即是热效应。

（2）热流型 DSC（图 5-5）　本实验所用到的仪器为热流型 DSC。热流型 DSC 的特点是利用康铜盘把热量传输到试样和参比物，并且康铜盘还作为测量温度的热电偶接点的一部分。传输到试样和参比物的热流差通过试样与参比物平台下的镍铬板与康铜盘的结点所构成的镍铬-康铜热电偶进行监控，试样温度由镍铬板下方的镍铬-镍铝热电偶直接监控。该法得到的 DSC 曲线的峰面积 S 与热效应有正比关系，即 $\Delta H = KS$，K 为与温度无关的仪器常数。仪器常数 K 可用标准物质（如：锡、铅、铟等）的熔化热标定。

（3）影响 DSC 分析结果的主要因素

① 样品量　样品量少，样品的分辨率高，但灵敏度下降，一般根据样品热效应大小调节样品量。另一方面，样品量多少对所测转变温度也有影响。随样品量的增加，峰起始温度基本不变，但峰顶温度增加，峰结束温度也提高，因此如同类样品要相互比较差异，最好采用相同的量。

② 升温速率　一般来说，升温速率越快，灵敏度提高，分辨率下降。灵敏度和分辨率是一对矛盾，人们一般选择较慢的升温速率以保持好的分辨率，而适当增加样品量来提高灵敏度。一般，随着升温速率的增加，熔化峰起始温度变化不大，而峰顶和峰结束温度提高，峰形变宽。

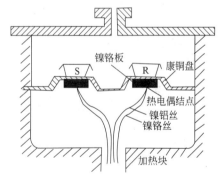

图 5-5　热流型 DSC 示意图

③ 气氛　一般使用惰性气体，如氮气、氩气、氦气等，就不会产生氧化反应峰，同时又可以减少试样挥发物对监测器的腐蚀。气流流速必须恒定，否则会引起基线波动。

气体性质对测定有显著影响，要引起注意。如氦气的热导率比氮气、氩气的热导率大约高 4 倍，所以在做低温 DSC 用氦气作保护气时，冷却速度加快，测定时间缩短，但因为氦气热导率高，使峰检测灵敏度降低，约是氮气的 40%，因此在氦气中测定热量时，要先用标准物质重新标定核准。在空气中测定时，要注意氧化作用的影响。有时可以通过比较氮气和氧气中的 DSC 曲线，来解释一些氧化反应。

3. $CuSO_4 \cdot 5H_2O$ 的热分析法

本实验用 TG-DSC 联用法来研究 $CuSO_4 \cdot 5H_2O$ 在加热过程中的变化情况，$CuSO_4 \cdot 5H_2O$ 的热重（TG）、热重微商（DTG）和差示扫描量热值（DSC）的曲线如图 5-6 所示。

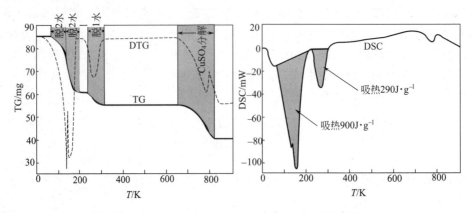

图 5-6　$CuSO_4 \cdot 5H_2O$ 的 TG、DTG 和 DSC 曲线

TG 曲线能反映加热过程中系统质量变化的情况，DTG 曲线能辅助分析质量变化的细节，DSC 曲线的峰面积为系统的吸热量。从室温加热到 850℃ 的过程中，$CuSO_4 \cdot 5H_2O$ 要发生以下变化。

脱水过程：$CuSO_4 \cdot 5H_2O \longrightarrow CuSO_4 \cdot 3H_2O + 2H_2O (g) \uparrow$

$CuSO_4 \cdot 3H_2O \longrightarrow CuSO_4 \cdot H_2O + 2H_2O (g) \uparrow$

$CuSO_4 \cdot H_2O \longrightarrow CuSO_4 + H_2O(g) \uparrow$

分解过程：$CuSO_4 \longrightarrow CuO + SO_2(g) \uparrow + 1/2 O_2(g) \uparrow$

【仪器与试剂】

1. 仪器　Labsys EVO 型同步热分析仪。
2. 试剂　$CuSO_4 \cdot 5H_2O$(AR)、$\alpha\text{-}Al_2O_3$（AR）。

【实验步骤】

1. 在 1200℃ 下将 $\alpha\text{-}Al_2O_3$ 灼烧 2h，冷却后置于干燥器备用。

2. 开启仪器电源开关，预热 20～30min 后，开启计算机开关，打开天平锁。

3. 取两只 80μL 的 Al_2O_3 坩埚，其中一只装参比物 $\alpha\text{-}Al_2O_3$，装到 1/3 处即可。轻轻地将 2 只坩埚放在 DSC 杆上部的两只托盘上，里面放参比坩埚，外面放待测样品坩埚，盖好保温盖。

4. 打开气阀通保护性气体氩气，控制流速为 20mL·min^{-1}；打开水阀给电炉通冷却水。设置升温速率为 10℃·min^{-1}，加热的终态温度为 400℃，DSC 杆的保护温度为 820℃，选择好 HF 灵敏度系数。

5. 待仪器稳定后，去皮，取下样品坩埚装 $CuSO_4 \cdot 5H_2O$，装到 1/3 处即可。将装好样的坩埚轻轻地放回到 DSC 杆上，盖好保温盖。

6. 点击计算机上的控制程序的开始升温按钮升温，仪器会自动完成整个热分析过程。待炉温降到 70℃ 以下后，打开炉盖，取下样品坩埚，锁住天平，盖好炉盖，实验结束。

【数据处理与结论】

1. 点击计算机上数据处理软件，将 TG-t 和 HF-t 图分别转为 TG-T 和 HF-T 图，作热重的 DTG 曲线，对 DSC 曲线中相应的吸热峰进行积分处理。

2. 将分析结果填入表 5-3 中。

表 5-3 实验数据

脱水过程	1	2	3
开始温度 T			
结束温度 T			
理论失重率/%			
实际失重率/%			
吸热量/$J\cdot g^{-1}$			

3. 写出以上 3 个脱水过程分别对应的化学反应。

【思考题】

1. DSC 实验中如何选择参比物？常用的参比物有哪些？
2. 热重和差热曲线的形状与哪些因素有关？影响结果的主要因素是什么？
3. DSC 实验中，若把样品和参比物位置放颠倒了，对所测谱图有何影响？
4. 如何确定外延起始温度？为什么外延起始温度可作为表征反应的开始温度？

实验一百零四　胶体的制备和性质

【实验目的】

1. 通过实验掌握胶体溶液的制备，了解保护和聚沉胶体溶液的方法。
2. 进一步掌握胶体溶液的性质。
3. 观察活性炭的吸附作用。

【实验原理】

胶体不是一种特殊的物质，仅是物质存在的一种形式，任何物质只要用适当方法处理，皆可成为胶体。

胶体分散相的直径在 1～100nm，固体分散相分散在互不相溶的液体介质中所形成的胶体称为溶胶。溶胶可以通过改变溶剂或利用化学反应的方法制备。

溶胶的制备方法通常有三种。一种是凝聚法：通过改换真溶液的介质或改换化学反应等方法来制取溶胶。另一种是分散法：大颗粒的分散相在一定条件下可分散为胶粒，如用机械粉碎、超声波粉碎等。也可用胶溶法：即在新形成的硫黄沉淀中加入胶溶剂，使沉淀重新分散而形成溶胶。

溶胶具有三大特性，即丁铎尔效应、电泳及布朗运动，其中常用丁铎尔效应来区别溶胶与真溶液。

胶粒表面的电荷及溶剂化膜是溶胶稳定的原因。若向溶胶中加入少量电解质或带异电荷溶胶，或加热溶胶，都能破坏胶团的双电层结构和溶剂化膜结构，导致溶胶聚沉。电解质使溶胶聚沉的能力，取决于与胶粒带相反电荷的离子的电荷数，电荷数越大，聚沉能力越强，反之则越小。

要使胶体长期稳定存在，可以加入足够量的高分子化合物保护胶体。

活性炭是一种疏松多孔、具有很大的表面积且难溶于水的黑色粉末，具有很大的吸附作用，可用来吸附各种色素、毒素，可作防毒面具中毒气的吸附剂，也可作为急性肠炎和某些口服药物中毒时的解毒剂。

【仪器与试剂】

1. 仪器　试管、试管夹、酒精灯、玻璃棒、小烧杯、电泳仪。

2. 试剂　HAc(6mol·L^{-1})、H$_2$S（新配制，饱和）、NaOH(6mol·L^{-1})、FeCl$_3$(2%)、BaCl$_2$(0.01mol·L^{-1})、AlCl$_3$(0.01mol·L^{-1})、酒石酸锑钾（0.5%）、NaCl(2mol·L^{-1})、KNO$_3$(0.1mol·L^{-1})、K$_2$SO$_4$(0.01mol·L^{-1})、K$_3$[Fe(CN)$_6$](0.01mol·L^{-1})、K$_4$[Fe(CN)$_6$](0.02mol·L^{-1})、硫的酒精饱和溶液、明胶（0.5%）。

【实验步骤】

1. 溶胶的制备（注意：保留本实验所制得的各种溶胶供下面实验用）

(1) 凝聚法制备溶胶

① 改换介质制备硫溶胶　在盛有4mL水的试管中，逐滴加入硫的酒精饱和溶液8滴，边加边摇动，观察所得的硫溶胶的颜色。

② 利用水解反应制备Fe(OH)$_3$溶胶　取25mL蒸馏水于小烧杯中，加热煮沸，逐滴加入4mL FeCl$_3$(2%)溶液，并不断搅拌，继续煮沸1~2min，观察溶液颜色的变化。

③ 利用复分解反应制备Sb$_2$S$_3$溶胶　取20mL酒石酸锑钾（0.5%）溶液于小烧杯中，逐滴加入饱和H$_2$S溶液（新配制），并不断搅拌，直至溶液变为橙红色为止。

(2) 分散法制备溶胶　取3mL FeCl$_3$(2%)溶液注入试管中，加入1mL K$_4$[Fe(CN)$_6$](0.02mol·L^{-1})溶液，用滤纸过滤，并以少量的水洗涤沉淀，滤液为普鲁士蓝溶胶。保留本实验所制得的各种溶胶供下面实验用。

2. 溶胶的聚沉

(1) 电解质对溶胶的聚沉作用

① 取三支试管，各加入2mL Sb$_2$S$_3$溶胶，边振荡边分别向各试管中滴加不同的电解质溶液，依次为BaCl$_2$(0.01mol·L^{-1})、AlCl$_3$(0.01mol·L^{-1})、NaCl(2mol·L^{-1})，直至出现聚沉现象为止，记下各电解质所需的滴数，比较这三种电解质的聚沉能力，并解释溶胶开始聚沉所需电解质溶液的量与电解质中电荷的关系。

② 在三支试管中，各加入2mL Fe(OH)$_3$溶胶，分别滴加K$_3$[Fe(CN)$_6$](0.01mol·L^{-1})、K$_2$SO$_4$(0.01mol·L^{-1})和NaCl(2mol·L^{-1})，边加边振荡，直至出现聚沉现象为止，记下各种电解质所需的滴数，比较这三种电解质的聚沉能力，并解释之。

(2) 异电荷溶胶的相互聚沉　将1mL Fe(OH)$_3$溶胶和1mL Sb$_2$S$_3$溶胶混合，振荡试管，观察现象，并加以解释。

(3) 加热对溶胶的聚沉作用　将盛有10mL Sb$_2$S$_3$溶胶的小烧杯置于电炉上加热至沸（电炉上置石棉网）。观察有何变化，并加以解释。

高分子溶液对溶胶具有保护作用，同学们可设计实验自行验证。

3. 胶体的电泳

电泳可以在如实验图5-7所示的装置中进行，在U形管的下部放入自制的氢氧化铁胶体溶液，在胶体溶液上面仔细放入少许分散剂，使分散剂和胶体溶液之间保持清晰的界面。然后在分散剂中插入电极，接上直流电源后，可以看到U形管中一边的胶体界面下降，另一边的胶体界面上升。说明胶体粒子向着某个电极移动。根据电泳的方向判断该溶胶是正溶胶还是负溶胶。

4. 活性炭的吸附作用

(1) 活性炭对品红的吸附 在 1 支试管中加入约 4mL 品红溶液和一小药匙活性炭，振荡试管，静置后，观察上清液颜色有何变化？试加以解释。

(2) 活性炭对铅离子的吸附 同学们可设计实验验证活性炭对铅离子吸附的现象，如何分析活性炭对铅离子吸附前后量的变化，铅离子的定性和定量方法。

【思考题】

1. 溶胶稳定存在的原因是什么？
2. 使溶胶聚沉的方法有哪几种？不同电解质对不同溶胶的聚沉作用有何不同？
3. 如何用实验的方法判断某一种胶体是正溶胶还是负溶胶？
4. 活性炭能吸附色素和重金属离子，你还能举出活性炭在生活中吸附的实例吗？
5. 查阅有关资料，了解用溶胶-凝胶法制备纳米材料的技术。

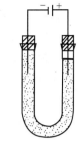

图 5-7 电泳现象

实验一百零五 植物中可溶性还原糖的测定

【实验目的】

1. 学会用 3,5-二硝基水杨酸比色法测定可溶性还原糖的含量。
2. 了解可溶性还原糖的提取方法。

【实验原理】

3,5-二硝基水杨酸与还原糖共热后，被还原成棕红色的氨基化合物，在一定的范围内，还原糖的量与棕红色的深浅成正比关系，可用分光光度法测定糖的含量。

本法操作简便，快速，杂质干扰较小。

【仪器与试剂】

1. 仪器 分析天平、可见分光光度计、容量瓶(100mL)、烧杯(100mL，250mL)、移液管(1mL，2mL)、大试管、比色管、量筒(25mL)、水浴锅、滤纸、研钵。

2. 试剂 3,5-二硝基水杨酸(DNS 试剂)、葡萄糖(105℃干燥至恒重，分析纯)、辣椒或黄瓜。

【实验步骤】

1. 葡萄糖标准溶液配制

准确称取在 105℃干燥至恒重的葡萄糖 0.1000g，溶于水后，定容至 100mL，摇匀，备用。

2. 样品中可溶性还原糖的提取

准确称取 1.9～2.0g 新鲜辣椒(或 4.9～5.0g 黄瓜) 1 份。研钵中研碎，放入大试管中，加水 20mL，在沸水中加热，提取 20min，冷却后用快速滤纸过滤(可先用纱布过滤)，滤液用 100mL 容量瓶承接，水洗残渣 2～3 次，定容至刻度备用。

3. 标准曲线的制定

(1) 吸取 0.00mL、0.20mL、0.40mL、0.60mL、0.80mL 葡萄糖液标准液，分别置于编号为 1、2、3、4、5 的 50mL 比色管中。各加入蒸馏水 2mL、DNS 试剂 1mL，混匀，加

水至刻度、混匀，水浴锅中加热 5min，溶液呈棕红色。用 1cm 比色皿，以空白为参比，于 520nm 波长处分别测得吸光度，以吸光度对葡萄糖含量（mg）作图得标准曲线。

（2）吸取上述样品溶液 1mL 于比色管中，按（1）步骤进行，测得吸光度。平行做两份。

（3）查得样品液中含还原糖量的数值。

【数据处理与结论】

1. 数据记录见表 5-4。

表 5-4 数据记录

项目	标准管					样品管	
	1	2	3	4	5	6	7
葡萄糖液/mL	0	0.2	0.4	0.6	0.8	1.0	1.0
糖的质量/mg	0	0.2	0.4	0.6	0.8		
DNS 试剂/mL	1.0	1.0	1.0	1.0	1.0	1.0	1.0
A							

2. 结果计算

$$还原糖含量 = \frac{曲线中查得糖的质量（mg）\times 样品的稀释倍数}{样品质量 \times 1000} \times 100\%$$

【思考题】

1. 葡萄糖分子结构中有多个不对称碳原子，具有旋光性。查阅资料，了解利用该性质对葡萄糖溶液浓度测定的方法。

2. 根据所学知识，设计验证糖类物质的主要化学性质的实验进行糖类物质的鉴别试验。

实验一百零六 酱油中氨基酸态氮含量的测定

【实验目的】

1. 学习电位滴定法测定酱油中氨基酸态氮含量的基本原理。
2. 掌握电位滴定法测定酱油中氨基酸态氮含量的实验技术。

【实验原理】

根据氨基酸的两性作用，加入甲醛以固定氨基的碱性，使羧基显示出酸性，将酸度计的玻璃电极及甘汞电极（或复合电极）插入被测液中构成电池，用强碱性溶液滴定，根据酸度计指示的 pH 值判断和控制滴定终点。如果采用自动电位滴定仪，则在滴定开始之前设置好滴定终点的 pH（可以理论计算，也可以通过手动方法测定），到达滴定终点 pH 时，将自动停止滴定。

【仪器与试剂】

1. 仪器 酸度计（pHS-3C）、ZD-2 自动电位滴定仪、磁力搅拌器、烧杯（250mL）、滴定管（25mL）。

2. 试剂 pH=6.18 标准缓冲溶液、20%中性甲醛溶液、NaOH 标准溶液（0.05mol·L^{-1}）。

【实验步骤】

1. 0.05mol·L^{-1} NaOH 标准溶液的配制

NaOH 标准溶液的配制和标定方法见实验三十七和实验三十八。

2. 样品处理

准确吸取酱油 5.00mL 于 50mL 容量瓶中，加水定容至刻度。吸取稀释后的溶液 10.00mL 于 100mL 烧杯中，加水 40mL，放入磁力搅拌子，开动磁力搅拌器使转速适当。用标准缓冲液校正好电位滴定仪，然后将电极清洗干净，再插入上述酱油液中，用 NaOH 标准溶液滴定至电位滴定仪指示 pH=8.2，记下消耗的 NaOH 溶液的体积 V_0。

3. 氨基酸的滴定

在上述滴定至 pH=8.2 的溶液中加入 10.00mL 的中性甲醛溶液，再用 NaOH 标准溶液滴定至 pH=9.2，记下消耗的 NaOH 溶液的体积 V_1。

4. 空白滴定

吸取 40mL 蒸馏水于 100mL 烧杯中，用 NaOH 标准溶液滴定至 pH=8.2，然后加入 10.00mL 中性甲醛溶液，再用 NaOH 标准溶液滴定至 pH=9.2，记下加入甲醛后消耗的 NaOH 溶液的体积 V_2。

【数据处理与结论】

按公式计算酱油中氨基酸态氮的质量浓度：

$$\rho_N = \frac{(V_1 - V_2) c M_N}{10.00\text{mL} \times 10^{-3}} \times 稀释倍数 \quad (\text{g} \cdot \text{L}^{-1})$$

式中，V_1 为酱油稀释液在加入甲醛后滴定至 pH=9.2 时所用 NaOH 标准溶液的体积，L；V_2 为空白滴定在加入甲醛后滴定至 pH=9.2 时所用 NaOH 标准溶液的体积，L；c 为 NaOH 标准溶液的浓度，mol·L^{-1}；M_N 为氮的摩尔质量，g·mol^{-1}。

【注意事项】

1. 自动电位滴定仪的结构和使用见 2.8.8。
2. 用甲醛法测定酱油中氨基酸态氮的含量时，先要中和酱油中的有机酸。

【思考题】

样品处理时，用 NaOH 标准溶液滴定至 pH=8.2 的目的是什么？此时滴下的 NaOH 标准溶液的体积是否需要准确记录？

实验一百零七　乙酸乙酯皂化反应速率常数的测定

【实验目的】

1. 测定乙酸乙酯皂化反应的速率常数和活化能。
2. 掌握电导仪的使用方法。

【实验原理】

乙酸乙酯皂化反应为二级反应，其反应方程式如下：

时间	$CH_3COOC_2H_5$	$+$	OH^-	$\longrightarrow$	CH_3COO^-	$+$	C_2H_5OH	电导率
0	a		a		0		0	G_0
t	$a-x$		$a-x$		x		x	G_t
∞	0		0		a		a	G_∞

反应的速率方程：$-\dfrac{d[CH_3COOC_2H_5]}{dt}=k[CH_3COOC_2H_5][OH^-]$

或 $\dfrac{dx}{dt}=k(a-x)^2$　　　积分得：$\dfrac{x}{a(a-x)}=kt$

由于在反应过程中导电能力强的 OH^- 被导电能力弱的 CH_3COO^- 所取代，所以随着反应的进行，溶液的电导逐渐减弱，因而测定溶液的电导就可以求出反应的速率常数。依物理量与浓度的关系有 $x=a\times\dfrac{G_0-G_t}{G_0-G_\infty}$，将其代入 $\dfrac{x}{a(a-x)}=kt$，得：

$$G_t=\dfrac{1}{ka}\dfrac{G_0-G_t}{t}+G_\infty$$

以 G_t 对 $\dfrac{G_0-G_t}{t}$ 作图，应得一直线，由斜率可以计算出反应速率常数 k。

G_0 可以通过曲线外推法求得，一般采用在反应刚刚开始时，在短时间间隔内测量几个系统的电导率值，将电导率 G_t 对时间 t 作图，取直线，外推至时间等于零，求得 G_0，或直接测定稀释一倍的 NaOH 溶液的电导率值，此值即为 G_0。

在温度 T_1 和 T_2 下进行实验，测得速率常数 k_1 和 k_2，则由 Arrhenius 公式可计算出反应的活化能 E_a：

$$\ln\dfrac{k_2}{k_1}=\dfrac{E_a}{R}\left(\dfrac{1}{T_1}-\dfrac{1}{T_2}\right)$$

【仪器与试剂】

1. 仪器　恒温槽、DDS-Ⅱ型电导率仪、秒表、锥形瓶、移液管（25mL）。
2. 试剂　NaOH 溶液（0.01mol·L^{-1}）、NaOH 溶液（0.02mol·L^{-1}）、$CH_3COOC_2H_5$ 溶液（0.02mol·L^{-1}）。

【实验步骤】

实验装置：按图 5-8 安装好仪器，DDS-Ⅱ型电导率仪使用见 2.8.9，将仪器"校正测量"开关扳到校正位置，调"调正"按钮，使表头指针满刻度，扳到测量位置，表针指示的即为溶液的电导率。

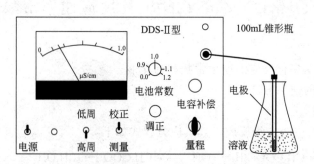

图 5-8　乙酸乙酯皂化反应速率常数的测定装置示意

1. 30℃时 k 值的测定（锥形瓶放入恒温槽中进行）

(1) 测 G_0 移取 50mL 0.01mol·L^{-1} NaOH 于锥形瓶中,恒温 15min 后测定电导。

(2) 测 G_t 分别移取 25mL 0.02mol·L^{-1} NaOH 和 25mL 0.02mol·L^{-1} CH$_3$COOC$_2$H$_5$ 于两个锥形瓶,恒温 15min 后,将二者均匀混合于一个锥形瓶中,用秒表开始计时,分别测定反应 5min、10min、15min、20min、25min、30min、35min、40min、50min 的电导。

2. 40℃时 k 值的测定(锥形瓶放入恒温槽中进行)

测定方法同上,测 G_t 的时间改为 5min、8min、10min、12min、15min、20min、25min、30min。将有关实验数据记录和处理结果填入表 5-5。

【数据处理与结论】

1. 实验数据记录及处理

表 5-5 实验数据记录及处理

反应物起始浓度:$a=$					
温度: G_0:			温度: G_0:		
t/min	G_t	$\dfrac{G_0-G_t}{t}$	t/min	G_t	$\dfrac{G_0-G_t}{t}$

2. 以 G_t 对 $\dfrac{G_0-G_t}{t}$ 作图,求出两温度下直线的斜率,并计算出两温度下的速率常数 k。

3. 由 Arrhenius 公式计算反应的活化能 E_a。

【注意事项】

1. 乙酸乙酯的稀溶液缓慢水解,故每次应在实验前新鲜配制,否则不够准确。

2. 测定时,不要将锥形瓶从恒温槽中拿出来,锥形瓶最好加塞,以防溶液的挥发。

【思考题】

1. 为什么测得 0.01mol·L^{-1} NaOH 溶液的电导率可以认为是 G_0?

2. 怎样以实验结果证明乙酸乙酯皂化反应是二级反应?

6 设计性实验

实验一百零八 硫酸亚铁铵的制备及其组分分析

【实验目的】
1. 根据有关原理及数据设计并制备复盐硫酸亚铁铵。
2. 进一步掌握水浴加热、溶解、过滤、蒸发、结晶等基本操作。
3. 了解检验产品中杂质含量的一种方法——目视比色法。

【实验要求】
1. 查阅有关参考资料,设计完成利用金属铁屑、硫酸、硫酸铵为原料,制备复盐硫酸亚铁铵的方案。
2. 设计确定试样组成的方法。
3. 列出实验所需的仪器、药品及材料。
4. 制备硫酸亚铁铵。
5. 设计产品检验——Fe^{3+}的半定量分析,以确定产品等级。
6. 设计并写出规范的实验报告。

【实验指导与建议】
硫酸亚铁铵又称摩尔盐,是浅蓝绿色单斜晶体,它能溶于水,但难溶于乙醇。在空气中它不易被氧化,比硫酸亚铁稳定,所以在化学分析中可作为基准物质,用来直接配制标准溶液或标定未知溶液浓度。

由硫酸铵、硫酸亚铁和硫酸亚铁铵在水中的溶解度数据(见表6-1)可知,在一定温度范围内,硫酸亚铁铵的溶解度比组成它的每一组分的溶解度都小。因此,很容易从浓的硫酸亚铁和硫酸铵混合溶液中制得结晶状的摩尔盐 $FeSO_4 \cdot (NH_4)_2SO_4 \cdot 6H_2O$。在制备过程中,为了使 Fe^{2+} 不被氧化和水解,溶液需保持足够的酸度。

表6-1 几种盐的溶解度数据　　　　单位：$g \cdot 100g^{-1}$

$t/℃$	10	20	30	40
$(NH_4)_2SO_4$	73.0	75.4	78.0	81.0
$FeSO_4 \cdot 7H_2O$	37.0	48.0	60.0	73.3
$(NH_4)_2SO_4 \cdot FeSO_4 \cdot 6H_2O$	36.5	45.0	53.0	

1. 硫酸亚铁的合成

称取铁粉1g(台秤),放入锥形瓶中,加入稀 H_2SO_4($3mol \cdot L^{-1}$) 8mL(量筒),在水浴中加热,注意控制 Fe 与 H_2SO_4 的反应不要过于剧烈,在加热过程中应经常取出锥形瓶振荡，并根据需要适当补充蒸发的水分，以防 $FeSO_4$ 结晶析出（如果有沉淀析出，会在过滤中失去较多的硫酸亚铁），注意溶液酸度应控制在 pH 值为 1～2，如果酸度不够，要适当补加少量的 H_2SO_4 来调节。待反应速率明显减慢时，停止加热并立即趁热进行减压过滤，防止硫酸亚铁析出，如果发现滤纸上有晶体析出，可用少量去离子水冲洗溶解之，将滤液转移到蒸发皿中，根据参加反应的铁量（$M_{Fe}=56g \cdot mol^{-1}$），计算出生成 $FeSO_4$（$M_{FeSO_4}=152g \cdot mol^{-1}$）的理论产量。

2. 硫酸亚铁铵晶体的制备

根据 $FeSO_4$ 的理论产量，按 $FeSO_4$ 与 $(NH_4)_2SO_4$ [$M_{(NH_4)_2SO_4}=132g \cdot mol^{-1}$] 摩尔质量比为 1∶1 的比例，称取固体 $(NH_4)_2SO_4$ 若干克（先计算），并将其配成饱和溶液（根据溶解度计算加水的量），加到已调节好酸度（pH=1～2）的 $FeSO_4$ 溶液中，用搅棒混合均匀，将蒸发皿水浴加热蒸发至溶液表面出现晶体膜时停止加热。静置，使其自然冷却至室温，析出浅绿色结晶。减压过滤，用少量乙醇洗涤晶体两次，以除去母液和水分，将漏斗中的固体取出，放在滤纸上吸干水分，然后称量实验产品 $FeSO_4 \cdot (NH_4)_2SO_4 \cdot 6H_2O$ 的质量，计算产率。

3. 组分分析

目视比色法是确定杂质含量的一种常用方法，在确定杂质含量后便能定出产品的级别。将产品配成溶液，与各标准溶液进行比色。

Fe^{3+} 标准溶液的配制方法：先配制 $0.01mg \cdot mL^{-1}$ 的 Fe^{3+} 标准溶液，然后用移液管吸取该标准溶液 5.00mL、10.00mL、20.00mL 分别放入 3 支 25.00mL 比色管中，各加入 2.00mL（$2.0mol \cdot L^{-1}$）HCl 溶液和 0.50mL（$1.0mol \cdot L^{-1}$）KSCN 溶液。用备用的含氧较少的去离子水将溶液稀释到 25.00mL，摇匀，得到 25mL 溶液中分别含 0.05mg、0.10mg 和 0.20mg 三个级别 Fe^{3+} 标准溶液，它们分别为Ⅰ级、Ⅱ级和Ⅲ级试剂中 Fe^{3+} 的最高允许含量。

设计方案，主要考虑以下几个问题。

(1) 铁屑净化应注意什么问题？若用工业废铁屑做原料，由于机械加工过程得到的铁屑表面沾有油污，可采用碱煮（Na_2CO_3 溶液，约 5min）的方法除去，然后用水冲洗即可。

(2) 在铁屑与硫酸作用的过程中，会产生大量 H_2 及少量有毒气体（如 H_2S、PH_3 等），应注意通风，避免发生事故。

(3) 怎样确定所需的硫酸铵用量？

(4) 混合硫酸亚铁和硫酸铵溶液以制备复盐时均需加热，加热时应注意什么问题？所制得的硫酸亚铁溶液和硫酸亚铁铵溶液保持酸度为多少合适？

(5) 抽滤得到硫酸亚铁铵晶体后，如何除去晶体表面上附着的水分？

(6) 在进行 Fe^{3+} 的分析时，应使用含氧较少的去离子水来配制硫酸亚铁铵溶液。

(7) 拟定好的方案经老师审阅后，方可实施。

实验一百零九　混合酸(或碱)中各组分的测定

【实验目的】

1. 掌握设计分析化学实验方案的基本方法；培养学生综合应用所学知识解决实际样品

分析的能力。

2. 掌握滴定分析方法的溶液浓度、指示剂等选择原则。

3. 掌握测定混合酸（或碱）中各组分的原理及方法。

【实验要求】

1. 查阅有关参考资料，设计完成试样的分析方案。

2. 确定试样组成。

3. 测定各组分质量分数。

4. 进行数据处理，计算混合酸（碱）中各成分的含量，设计并写出规范的实验报告。

【实验指导与建议】

试样可能是①$HCl-NH_4Cl$ 混合酸液；② $NaOH-Na_2CO_3$ 混合碱液。

1. 针对不同试样设计分析方案，主要考虑以下几个问题。

（1）有几种测定方法？选择一种最佳方案。

（2）所设计方法的原理：含准确分步或分别滴定的判断；滴定剂的选择；化学计量点的计算；指示剂的选择；分析结果的计算公式。

（3）所需试剂的用量、浓度、配制方法。

（4）计算混合酸液中 HCl 物质的量浓度（$mol·L^{-1}$）、NH_4Cl 质量浓度（$g·L^{-1}$）公式；或计算混合碱液中 NaOH 物质的量浓度（$mol·L^{-1}$）、Na_2CO_3 质量浓度（$g·L^{-1}$）公式。

2. 建议复习总结以前学习的有关知识。

3. 拟定好的方案经老师审阅后，方可实施。

实验一百一十　胃舒平药片中 Al_2O_3 和 MgO 含量的测定

【实验目的】

1. 培养学生综合应用所学知识解决实际样品分析的能力。

2. 学习设计试样测定的前处理方法。

3. 掌握设计络合滴定法测定实际试样中铝、镁的方法。

4. 掌握沉淀分离的操作方法。

【实验要求】

1. 查阅有关参考资料完成给出试样的分析方案。

2. 测定各组分质量分数。

3. 计算药片中 Al_2O_3、MgO 的质量分数，设计并写出规范的实验报告。

【实验指导与建议】

胃舒平药片的主要成分为氢氧化铝、三硅酸镁及少量中药颠茄液浸膏，由大量糊精等赋形剂制成片剂，中国药典规定每片药片中 Al_2O_3 的含量不小于 0.116g，MgO 的含量不小于 0.020g。胃舒平药片中镁、铝含量不均匀，为使测定准确，应取具有代表性的样品，将药片研细后进行分析。测定时先将样品溶解，分离弃去水的不溶物质。

设计试样的分析方案时，主要考虑以下几个问题。

（1）有几种测定方法？选择一种最佳方案。

(2) 所设计方法的原理：含准确分步或分别滴定的判断；滴定剂的选择；计量点的计算；指示剂的选择；分析结果的计算公式。

(3) 所需试剂的用量、浓度、配制方法。

(4) 具体实验步骤。

实验一百一十一　铁矿石中铁元素的形态分析

【实验目的】

1. 查阅相关文献，选择一种可行的分析铁矿石中铁形态的详细实验方案（包括所选用的实验流程、测定方法和仪器试剂）。

2. 根据实验方案对铁矿石中铁元素的形态进行分析。

3. 学习重铬酸钾容量法测定铁的注意事项和要领。

【实验要求】

1. 查阅有关参考资料完成铁矿石中铁形态的分析方案。

2. 测定各组分质量分数。

3. 进行数据处理，设计并写出规范的实验报告。

【实验指导与建议】

分析样品中元素的存在形态（包括价态、化合物等）有重要意义，铁矿石中铁的形态有三氧化二铁、氧化亚铁、可溶性铁等，铁矿石中铁的测定通常采用重铬酸钾容量法。

全铁的测定要求样品分解完全，一般采用酸溶或碱熔法；亚铁的测定要尽可能减少空气对亚铁的氧化作用，试样研磨不能太细，一般为 80~100 目，风干或 60℃下烘干，试样的存放时间不要太长，试样的分解一般采用酸溶法，常用的溶剂有盐酸、盐酸-氟化钠、盐酸-氢氟酸、氢氟酸-硫酸等，分解过程中使用 CO_2 气氛；可溶性铁的测定是能溶于盐酸的含铁矿物，用一定量的盐酸处理后直接用重铬酸钾容量法测定。

1. 设计试样的分析方案时，主要考虑以下几个问题。

(1) 有几种测定方法？选择一种最佳方案。

(2) 所设计方法的原理：含试样前处理；滴定剂的选择；计量点的计算；指示剂的选择；分析结果的计算公式。

(3) 所需试剂的用量、浓度、配制方法。

2. 建议查阅资料，复习总结以前学习的有关知识。

3. 拟定好的方案经老师审阅后，方可实施。

实验一百一十二　环境水样中重金属离子的测定

【实验目的】

1. 运用所学知识，选择监测项目和测定方法，完成测定全过程。

2. 学会针对性地查阅有关参考资料，学习分析方法的选择和测定方案的拟定，培养学生解决实际问题的能力。

【实验要求】

1. 查阅有关参考资料，了解生产、生活对各种用水的水质要求。

2. 对水样进行粗略分析后确定要测定的项目，运用所学知识选择测定方法和拟定测定方案。

3. 测定各组分质量浓度。

4. 进行数据处理，设计并写出规范的实验报告。

【实验指导与建议】

1. 了解样品来源及有关资料。

2. 针对污染水样中的重金属离子查阅相关标准分析方法。

3. 设计分析方案时，主要考虑以下几个问题。

(1) 有几种测定方法？选择最佳测定方案。

(2) 设计方案时的问题：测定方法的检测限，适用浓度范围，共存物质是否干扰，分析结果的计算。

(3) 所需试剂的用量、浓度、配制方法。

4. 拟定好的方案经老师审阅后，方可实施。

实验一百一十三　酱油的鉴别检验

【实验目的】

1. 掌握酱油的鉴别检验方法与原理，提高对不合格酱油的识别能力。

2. 了解酱油中氨基酸态氮的测定方法，掌握用酸碱滴定法测定氨基酸态氮的方法。

【实验要求】

1. 查阅有关参考资料拟定样品的处理及分析方案。

2. 设计实验撰写的内容包括：目的要求，实验原理，实验用品，操作步骤，注意事项等。

3. 进行数据处理，设计并写出规范的实验报告。

【实验指导与建议】

酱油分为酿造酱油和配制酱油，国家规定配制酱油应以酿造酱油为主，且比例不小于50%。由于酿造酱油生产成本高，不少厂家为追求经济利益，用酱色、食盐水、味精和柠檬酸等物质配制劣质酱油。学生综合应用所学知识，通过查找有关资料，设计对酱油质量的鉴别检验方法。

1. 设计试样的分析方案时，主要考虑以下几个问题。

(1) 酱油的感官鉴别　对于配制酱油的感官鉴别主要从色泽、香气、滋味、杂质含量四方面来鉴别。

(2) 酱油的定性检验——测定酱色　因为酱色能增加酱油的红色，从而掩盖掺水，或掩盖用酱色与食盐配制成的酱油。而酱油色是由麦芽糖焦化而成的。所以酱色的检测，可判别酱油是否掺伪。

(3) 测定氨基酸态氮 一般酱油氨基酸态氮含量不小于 $0.4g \cdot 100mL^{-1}$，如果检验不出氨基酸态氮，氨基酸态或氮含量低于 $100g \cdot 100mL^{-1}$，表明酱油为不合格产品。

氨基酸态氮有几种测定方法？选择一种最佳方案。

2. 建议先查阅文献或专著。

3. 拟定实验方案，选择仪器药品时必须考虑价廉易得、使用安全、操作简便、不污染环境等诸因素。

4. 拟定好的方案经老师审阅后，方可实施。

实验一百一十四　硫酸银溶度积和溶解热的测定

【实验目的】

1. 了解溶度积的测定方法及溶度积与温度的关系。
2. 了解沉淀物溶解热的测定方法。
3. 学会设计测定一些常数的思路和方法。

【实验要求】

1. 利用所学知识，进一步了解溶度积的意义和表达方式。
2. 设计硫酸银溶度积的测定方法和步骤。
3. 选择合适的方法进行银含量的测定。
4. 根据硫酸银溶度积与溶解热的关系，设计硫酸银溶解热的测定方法和步骤。
5. 写出规范的实验报告。

【实验指导与建议】

1. 设计方案时，主要考虑以下几个问题。

(1) 溶度积的意义和表达方式，由此考虑硫酸银溶度积的测定方法。

(2) 根据反应的标准吉布斯自由能与焓变及标准平衡常数的关系式，考虑硫酸银的溶解热的测定方法。

(3) 测定 Ag^+ 浓度的方法有哪些，选择合适的方法进行测定。

(4) 考虑所有测定时要记录的数据，设计表格用作记录。

2. 建议先复习以前学习的相关知识，查找有关资料。

3. 拟定实验方案，选择仪器药品时必须考虑价廉易得、使用安全、操作简便、不污染环境等诸因素。

4. 拟定好的方案经老师审阅后，方可实施。

实验一百一十五　利用废电池中的锌片制备硫酸锌及锌含量的测定

【实验目的】

1. 了解废旧电池的污染和综合利用现状，增加绿色环保意识。
2. 掌握制备硫酸锌的方法及分离、提纯的技能。

3. 进一步掌握硫酸锌含量的测定方法。

【实验要求】

1. 查阅文献资料，了解废旧电池的污染和综合利用现状。
2. 设计利用废电池中的锌片制备硫酸锌的方法。
3. 针对制备出的粗硫酸锌可能含的其它杂质，设计提纯硫酸锌的方法。
4. 进行锌含量的测定。
5. 设计并写出规范的实验报告。

【实验指导与建议】

传统的锌锰电池负极以金属锌作为外壳，正极是被二氧化锰包围着的碳棒。锌锰干电池含有数量可观的金属锌和锰，所以，废旧锌锰干电池是最有回收价值的固体废物之一。学生综合应用所学知识，通过查找有关资料，设计利用废电池中的锌片制备硫酸锌及锌含量的测定方法。

1. 设计方案时，主要考虑以下几个问题。
（1）如何从锌锰电池中分离出金属锌，分析可能含有的杂质。
（2）硫酸锌的制备时，如何考虑硫酸的加入量。
（3）不同杂质的除去方法。
（4）产品的质量如何鉴定。
2. 建议先查阅文献。
3. 拟定实验方案，选择仪器药品时必须考虑价廉易得、使用安全、操作简便、不污染环境等诸因素。
4. 拟定好的方案经老师审阅后，方可实施。

实验一百一十六　钢渣的 EDTA-碱溶液浸提液中钙、镁、铁、铝含量的测定

【实验目的】

1. 了解钢渣的污染和综合利用现状，增加绿色环保意识。
2. 了解国内利用钢渣制备水泥和混凝土的辅助胶凝材料的研究状况。
3. 研究钢渣的 EDTA-碱溶液浸取液中钙、镁、铁、铝的测定方法。

【实验要求】

1. 查阅文献资料，了解钢渣的污染和综合利用现状。
2. 查阅文献资料，了解国内利用钢渣制备水泥的研究状况。
3. 研究设计在 EDTA-碱溶液浸提液中钙、镁、铁、铝的测定方法。
4. 进一步研究测定条件和干扰因素。
5. 设计并写出规范的实验报告。

【实验指导与建议】

钢渣是炼钢时产生的一种工业废渣，将钢渣作为二次资源进行开发利用一直是国内外研究工作的重要内容。钢中 CaO、MgO、FeO、Al_2O_3、Fe_2O_3 含量之和能大约达到 70%，这些成分对水泥都是有用的。国家计委、国家科委从 1994 年开始把钢渣水泥列为重点推广

的资源综合利用技术，并列为国家级火炬项目计划。

建立钢渣在选择性溶解体系（EDTA-碱溶液）中胶凝活性组分的分析方法，对钢渣胶凝活性快速评价方法的建立具有极其重大的意义。

钢渣的化学组成和物化性能波动大，学生综合应用所学知识，通过查找有关资料，设计在 EDTA-碱溶液中钙、镁、铁、铝含量的分析方法。

1. 设计方案时，主要考虑以下几个问题。
（1）考虑钢渣的来源，分析可能存在的组分含量。
（2）考虑钙、镁、铁和铝在碱溶液与 EDTA 的络合能力。
（3）能否采用络合滴定法进行测定？
（4）查阅可能采取的分析方法。
2. 建议先查阅文献，复习总结学习过的知识。
3. 拟定实验方案，选择快、准、省的分析方法，研究测定最佳条件。
4. 拟定好的方案经老师审阅后，方可实施。

实验一百一十七　苯酚相转移催化合成水杨醛及香豆素

【实验目的】
1. 培养学生查阅文献，设计方案，解决问题，独立工作的能力。
2. 学习芳香醛的合成方法，Perkin 缩合反应和相转移催化反应。
3. 掌握巩固回流、蒸馏、分馏、分离与萃取、水蒸气蒸馏、减压蒸馏、重结晶等实验技能。

【实验要求】
1. 查阅资料，了解香豆素的性质和应用。
2. 查阅有关参考资料，结合实验室条件设计出合成路线。
3. 设计并写出规范的实验报告。

【实验指导与建议】
香豆素为无色或白色结晶或晶体粉末，有类似香草精的愉快香味。难溶于冷水，能溶于沸水，易溶于甲醇、乙醇、乙醚、氯仿、石油醚、油类。有挥发性，能随水蒸气蒸馏并能升华。

香豆素是一种重要的香料，常用作定香剂、脱臭剂，配制香水和香料，也用作饮料、食品、香烟、塑料制品、橡胶制品等的增香剂。

1. 设计合成路线方案时，主要考虑以下几个问题。
（1）有几种合成路线？选择一种最佳方案。
（2）列出各合成路线所需要的实验仪器及所需试剂。
（3）如何鉴定产品质量？
（4）拟出具体实验步骤。
2. 提交合成方案，经指导老师审批后可着手准备实验。

【数据记录与处理】
计算香豆素的合成产率，鉴定产品质量。

实验一百一十八　各类有机化合物的性质

【实验目的】

1. 通过实验设计，复习总结醇、酚、醚、醛、酮、羧酸等有机物的学习内容。
2. 进一步学会鉴别醇、酚、醚、醛、酮、羧酸等有机物。

【实验要求】

1. 归纳总结醇、酚、醚、醛、酮、羧酸等的主要化学性质，并设计实验加以验证。
2. 进一步设计实验对醇、酚、醚、醛、酮、羧酸、氨基酸、蛋白质进行鉴别试验。
3. 实验完成后写出规范的实验报告。

【实验指导与建议】

1. 设计方案时，注意以下几个问题。
（1）归纳总结醇、酚、醚、醛、酮、羧酸的主要化学性质。
（2）查阅资料，寻求验证这些物质重要的化学性质的方法。
2. 建议先查阅文献，复习总结学习过的知识。
3. 拟定实验方案。
4. 拟定好的方案经老师审阅后，方可实施。

实验一百一十九　原电池电动势的测定与应用

【实验目的】

1. 掌握电位差计的测定原理和原电池电动势的测定方法。
2. 加深对可逆电极、可逆电池、盐桥等概念的理解。
3. 测定所给两种电池的电动势。
4. 了解可逆电池电动势测定的应用。

【实验要求】

1. 查阅有关参考资料，结合实验室条件，设计以下电池的电池电动势测定方法。

$$Hg|Hg_2Cl_2|KCl(饱和)\|AgNO_3(0.02mol \cdot L^{-1})|Ag$$

2. 查阅有关参考资料，结合实验室条件，设计电池测定 $HAc(c_1)$-$NaAc(c_2)$ 溶液的 pH 值。
3. 设计用对消法测电池电动势的装置，将该装置测量的结果与 EM-3D 电动势测量仪测量的结果进行比较。
4. 设计并写出规范的实验报告。

【实验指导与建议】

1. 原电池的电池电动势与电极电势的关系。
2. 电池电动势不能直接用伏特计来测量，为什么？
3. 设计方案时，主要考虑如何选用电极、测量仪器及仪器使用方法。

4. 建议先复习总结学习过的知识。

5. 拟定好的方案经老师审阅后，方可实施。

实验一百二十　从铅锌尾矿中回收铅、锌及含量的测定

【实验目的】

1. 了解铅锌尾矿的污染和综合利用现状，增加清洁生产与循环经济及绿色环保意识。

2. 掌握从铅锌尾矿中回收铅、锌的方法以及分离、提纯的技能。

3. 进一步掌握铅、锌含量的测定方法。

【实验要求】

1. 查阅文献资料，了解铅锌尾矿的污染和综合利用现状。

2. 设计回收铅锌尾矿中铅、锌的方法。

3. 针对回收铅锌中含有的杂质，设计提纯铅、锌的方法。

4. 选择合适的方法测定铅、锌的含量。

5. 设计并写出规范的实验报告。

【实验指导与建议】

铅锌尾矿中存在着大量有价值的金属元素，其中含铅 0.8%～1.0%、锌 1%左右、银 15～30g·t^{-1}、硫 10%～28%、铁 11%～25%、氧化铝 3%～6%、氧化钙 12%～15%、二氧化硅 15%～32%。此外还含有一定数量的金、汞、镓、锗、铟、铋等贵金属和稀散金属元素。在矿石日趋贫化、环境意识日益增强的今天，尾矿的回收利用有重要的现实意义。

学生综合应用所学知识，通过查找有关资料，设计回收利用铅锌尾矿中的铅、锌及铅、锌含量测定的方法。

1. 设计方案时，主要考虑以下几个问题。

(1) 查找资料，了解从铅锌尾矿中回收铅、锌现有的各种方法，分析比较这些方法。

(2) 考虑能否在回收过程中直接制备出硬脂酸铅、七水硫酸锌等化工产品。

(3) 回收的铅锌粗产品中杂质的去除方法。

(4) 产品中铅、锌纯度的测定。

2. 建议先查阅文献，复习总结学习过的相关知识。

3. 拟定实验方案，选择最佳回收方案，同时考虑仪器药品价廉易得、操作简便、不污染环境等诸因素。

4. 拟定好的方案经老师审阅后，方可实施。

7 附录

附录1 常用酸、碱溶液的浓度

酸或碱	密度 ρ/g·L^{-1}	质量分数 $w/10^{-2}$	物质的量浓度 c/mol·L^{-1}	酸或碱	密度 ρ/g·L^{-1}	质量分数 $w/10^{-2}$	物质的量浓度 c/mol·L^{-1}
硫酸	1.84	98~96	18	醋酸	1.05	95~100	17.5
	1.18	25	3		1.04	35	6
	1.06	9	1		1.02	12	2
盐酸	1.19	38	12	氢氟酸	1.13	40	23
	1.10	20	6	氢溴酸	1.38	40	7
	1.03	7	2				
硝酸	1.40	65	14	氢碘酸	1.70	60	8
	1.20	32	6	氢氧化钠	1.36	33	11
	1.07	12	2		1.09	8	2
磷酸	1.70	85	15	氨水	0.88	35	18
	1.05	9	1		0.91	25	13.5
高氯酸	1.75	72	12		0.96	10	6
	1.12	20	2		0.99	3.5	2

附录2 实验室中某些试剂的配制

试剂名称	浓度/mol·L^{-1}	配制方法
硫化钠溶液	1	称取240g Na$_2$S·9H$_2$O、40g NaOH 溶于适量水中,稀释至1L 混匀
氯化亚锡溶液	0.25	称取56.4g SnCl$_2$·2H$_2$O 溶于100mL 浓 HCl 中,加水稀释至1L,在溶液中放几粒纯锡(亦可将锡溶解于一定量的浓 HCl 中配制)
三氯化铁溶液	0.5	称取135.2g FeCl$_3$·6H$_2$O 溶于100mL 6mol·L^{-1}HCl 中,加水稀释至1L
硫酸亚铁溶液	0.25	称取69.5g FeSO$_4$·7H$_2$O 溶于适量水中,加入 5mL 18mol·L^{-1} H$_2$SO$_4$,再加水稀释至1L,并放入小铁钉数枚
亚硫酸钠溶液	0.1	称取12.6g Na$_2$SO$_3$ 溶于适量水中,加入1mL 浓 H$_2$SO$_4$,稀释至1mL
碘水	0.01	将2.5g I$_2$ 和3g KI 溶解在尽可能少量的水中,待 I$_2$ 完全溶解后稀释至1mL
硝酸铅溶液	0.25	将83g Pb(NO$_3$)$_2$ 溶于少量水中,加入 15mL 6mol·L^{-1} HNO$_3$,再加水稀释至1L
淀粉溶液	0.5 (质量分数)	称取可溶性淀粉1g 和 HgCl$_2$ 5mg 置于烧杯中,加少许水调成糊状,然后倾入200mL 沸水中,继续煮沸至溶液完全透明

附录3 不同温度下水的饱和蒸气压

温度 T/℃	饱和蒸气压 p/Pa	温度 T/℃	饱和蒸气压 p/Pa	温度 T/℃	饱和蒸气压 p/Pa
1	656.7	15	1704.9	29	4005.4
2	705.8	16	1817.7	30	4242.8
3	757.9	17	1937.2	31	4492.3
4	813.4	18	2063.9	32	4754.7
5	872.3	19	2196.8	33	5030.1
6	935.0	20	2337.8	34	5319.3
7	1001.6	21	2486.5	35	5622.9
8	1072.6	22	2643.4	36	5941.2
9	1147.8	23	2808.8	37	6275.1
10	1227.8	24	2983.4	38	6625.0
11	1312.4	25	3167.2	39	6991.7
12	1402.3	26	3360.9	40	7375.9
13	1497.3	27	3564.9		
14	1598.0	28	3779.6		

附录4 几种常用缓冲溶液的配制

缓冲溶液组成	$pK_a^\ominus$	缓冲液 pH	缓冲溶液配制方法
氨基乙酸-HCl	2.35 ($pK_{a,1}^\ominus$)	2.3	取氨基乙酸 150g 溶于 500mL 水中后,加浓 HCl 80mL,水稀至 1L
H_3PO_4-柠檬酸盐		2.5	取 $Na_2HPO_4 \cdot 12H_2O$ 113g 溶于 200mL 水后,加柠檬酸 387g,溶解,过滤后,稀至 1L
一氯乙酸-NaOH	2.86	2.8	取 200g 一氯乙酸溶于 200mL 水中,加 NaOH 40g,溶解后,稀至 1L
邻苯二甲酸氢钾-HCl	2.95 ($pK_{a,1}^\ominus$)	2.9	取 500g 邻苯二甲酸氢钾溶于 500mL 水中,加浓 HCl 80mL,稀至 1L
甲酸-NaOH	3.76	3.7	取 95g 甲酸和 NaOH 40g 于 500mL 水中,溶解,稀至 1L
NaAc-HAc	4.74	4.7	取无水 NaAc 83g 溶于水中,加冰 HAc 60mL,稀至 1L
六亚甲基四胺-HCl	5.15	5.4	取六亚甲基四胺 40g 溶于 200mL 水中,加浓 HCl 10mL,稀至 1L
Tris-HCl(三羟甲基氨甲烷)	8.21	8.2	取 25g Tris 试剂溶于水中,加浓 HCl 8mL,稀至 1L
NH_3-NH_4Cl	9.26	9.2	取 NH_4Cl 54g 溶于水中,加浓氨水 63mL,稀至 1L

注:1. 缓冲液配制后可用 pH 试纸检查。如 pH 值不对,可用共轭酸或碱调节。pH 值欲调节精确时,可用 pH 计调节。

2. 若需增加或减少缓冲液的缓冲容量时,可相应增加或减少共轭酸碱对物质的量,再进行调节。

附录5 常见物质的颜色

1. 盐类

物质	颜色	物质	颜色	物质	颜色
Ag_3AsO_3	黄色	$Co[Hg(SCN)_4]$	蓝色	$Li_3PO_4 \cdot 5H_2O$	白色
Ag_3AsO_4	褐色	$Co(OH)Cl$	蓝色	$MgCO_3$	白色
$AgBr$	淡黄色	$Co_3(PO_4)_2$	紫色	MgC_2O_4	白色
$AgCN$	白色	CoS	黑色	MgF_2	白色
Ag_2CO_3	白色	$CrPO_4$	灰绿色	$MgHPO_4$	白色
$Ag_2C_2O_4$	白色	$CuBr$	白色	$MgNH_4AsO_4$	白色
$AgCl$	白色	$CuCN$	白色	$MgNH_4PO_4$	白色
Ag_2CrO_4	砖红色	$CuCl$	白色	$Mg_2(OH)_2CO_3$	白色
AgI	黄色	$Cu_2[Fe(CN)_6]$	红棕色	$Mg_3(PO_4)_2$	白色
$AgNO_2$	白色	$Cu_3[Fe(CN)_6]_2$	绿色	$MnCO_3$	白色
$AgPO_3$	白色	CuI	白色	MnC_2O_4	白色
Ag_3PO_4	黄色	$Cu(IO_3)_2$	淡蓝色	$Mn_3(PO_4)_2$	白色
$Ag_4P_2O_7$	白色	$Cu_2(OH)_2CO_3$	淡蓝色	MnS	肉红色
Ag_2S	黑色	$Cu_2(OH)_2SO_4$	淡蓝色	$(NH_4)_3AsO_4 \cdot 12MoO_3 \cdot 6H_2O$	黄色
$AgSCN$	白色	$Cu_3(PO_4)_2$	淡蓝色	$(NH_4)_3PO_4 \cdot 12MoO_3 \cdot 6H_2O$	黄色
Ag_2SO_3	白色	CuS	黑色	$NaBiO_3$	土黄色
Ag_2SO_4	白色	Cu_2S	深棕色	$Na[Sb(OH)_6]$	白色
$Ag_2S_2O_3$	白色(易分解)	$CuSCN$	白色	$NaZn(UO_2)_3(Ac)_9 \cdot 9H_2O$	淡黄绿色
$AlPO_4$	白色	$FeCO_3$	白色(不稳定)	$NiCO_3$	绿色
As_2S_3	黄色	$FeC_2O_4 \cdot 2H_2O$	黄色	$Ni_2(OH)_2SO_4$	绿色
As_2S_5	黄色	$Fe_2[Fe(CN)_6]$	白色	$Ni_3(PO_4)_2$	绿色
$BaCO_3$	白色	$Fe_3[Fe(CN)_6]_2$(腾氏蓝)	蓝色	NiS	黑色
BaC_2O_4	白色	$Fe_4[Fe(CN)_6]_3$(普鲁士蓝)	蓝色	$PbBr_2$	白色
$BaCrO_4$	黄色	$FePO_4$	淡黄色	$PbCO_3$	白色
$BaHPO_4$	白色	FeS	黑色	PbC_2O_4	白色
$Ba_3(PO_4)_2$	白色	Hg_2Cl_2	白色	$PbCl_2$	白色
$BaSO_3$	白色	$HgCl_2 \cdot 2HgS$	白色	$PbCrO_4$	黄色
$BaSO_4$	白色	$HgCrO_4$	黄色	PbI_2	黄色
BaS_2O_3	白色	Hg_2CrO_4	红褐色	$Pb_3(PO_4)_2$	白色
$3Be(OH)_2 \cdot BeCO_3$	白色	HgI_2	红色	$Pb(OH)_2 \cdot 2PbCO_3$	白色
BiI_3	棕色	Hg_2I_2	绿色	PbS	黑色
$BiOCl$	白色	$HgNH_2Cl$	白色	$PbSO_4$	白色
$Bi(OH)CO_3$	白色	$3Hg(NO_3)_2 \cdot 2HgS$	白色	$SbOCl$	白色
$BiONO_3$	白色	$HgO \cdot HgNH_2I$	红褐色	Sb_2S_3	橙红色
$BiPO_4$	白色	$HgO \cdot HgNH_2NO_3$	白色	Sb_2S_5	橙红色
Bi_2S_3	棕黑色	HgS	黑色	$Sn(OH)Cl$	白色
$CaCO_3$	白色	Hg_2S	黑色	SnS	棕色
CaC_2O_4	白色	$Hg(SCN)_2$	白色	SnS_2	土黄色
CaF_2	白色	$Hg_2(SCN)_2$	白色	$SrCO_3$	白色
$CaHPO_4$	白色	Hg_2SO_4	白色	SrC_2O_4	白色
$Ca_3(PO_4)_2$	白色	$K[B(C_6H_5)_4]$	白色	$SrCrO_4$	黄色
$CaSO_3$	白色	$KClO_4$	白色	$SrHPO_4$	白色
$CaSO_4$	白色	$KHC_4H_4O_6$	白色	$Sr_3(PO_4)_2$	白色
$CaSiO_3$	白色	$K_2Na[Co(NO_2)_6]$	黄色	$SrSO_4$	白色
$CdCO_3$	白色	$K_3[Co(NO_2)_6]$	黄色	$ZnCO_3$	白色
CdC_2O_4	白色	$K_2[PtCl_6]$	黄色	$Zn[Hg(SCN)_4]$	白色
$Cd_3(PO_4)_2$	白色	Li_2CO_3	白色	$3Zn(OH)_2 \cdot 2ZnCO_3$	白色
CdS	黄色	LiF	白色	$Zn_3(PO_4)_2$	白色
				ZnS	白色

2. 氧化物、酸和碱

物质	颜色	物质	颜色	物质	颜色
Ag_2O	暗棕色	$Cr(OH)_3$	灰蓝色	$MnO(OH)_2$	棕褐色
Al_2O_3	白色	CuO	黑色	NiO	暗绿色
$Al(OH)_3$	白色	Cu_2O	黄、橙、绿色	Ni_2O_3	黑色
As_2O_3	白色	$Cu(OH)_2$	浅蓝色	$Ni(OH)_2$	浅绿色
Au_2O_3	棕色	FeO	黑色	$Ni(OH)_3$	黑色
$Au(OH)_3$	黄棕色	Fe_2O_3	红色	PbO_2	棕色
B_2O_2	白色	$Fe(OH)_2$	白色	Pb_3O_4	红色
BaO	白色	$Fe(OH)_3$	红棕色	$Pb(OH)_2$	白色
BeO	白色	PbO	黄	Sb_2O_3	白色
$Be(OH)_2$	白色	H_3AsO_3	白色	$Sb(OH)_3$	白色
Bi_2O_3	黄色	H_3BO_3	白色	SnO	黑、绿色
$Bi(OH)_3$	白色	H_2MoO_4	白色	SnO_2	白色
CaO	白色	$H_2MoO_4 \cdot H_2O$	黄色	$Sn(OH)_2$	白色
$Ca(OH)_2$	白色	H_2SiO_3	白色	$Sn(OH)_4$	白色
CdO	棕色	H_2WO_4	黄色	SrO	白色
$Cd(OH)_2$	白色	$H_2WO_4 \cdot xH_2O$	白色	$Sr(OH)_2$	白色
CoO	灰绿色	HgO	黄、红色	TiO_2	白色
Co_2O_3	褐色	Hg_2O	黑色	V_2O_5	橙黄、砖红色
$Co(OH)_2$	粉红色	MgO	白色	ZnO	白色
$Co(OH)_3$	棕黑色	$Mg(OH)_2$	白色	$Zn(OH)_2$	白色
CrO_3	深红色	MnO_2	棕		
Cr_2O_3	绿色	$Mn(OH)_2$	白色		

3. 离子的颜色（水溶液中）

物质	颜色	物质	颜色	物质	颜色
Ag^+	无色	$C_2O_4^{2-}$	无色	Fe^{2+}	淡绿色
$[Ag(CN)_2]^-$	无色	Ca^{2+}	无色	Fe^{3+}	无色(高浓度时为淡紫色)
$[Ag(NH_3)_2]^+$	无色	$[Cd(CN)_4]^{2-}$	无色	$[Fe(CN)_6]^{3-}$	黄棕色
$[Ag(S_2O_3)_2]^{3-}$	无色	$[Cd(NH_3)_4]^{2+}$	无色	$[Fe(CN)_6]^{4-}$	黄绿色
Al^{3+}	无色	Cl^-	无色	$[Fe(C_2O_4)_3]^{3-}$	黄绿色
AlO_2^-	无色	ClO_3^-	无色	$[FeCl_6]^{3-}$	黄色
AsO_3^{3-}	无色	ClO^-	无色	$[FeF_6]^{3-}$	无色
AsO_3^{3-}	无色	Co^{2+}	玫瑰红色	$[Fe(HPO_4)_2]^-$	无色
AsS_3^{3-}	无色	$[Co(CN)_6]^{3-}$	黄	$[FeSCN]^{2+}$	血红色
AsS_4^{3-}	无色	$[Co(CN)_6]^-$	棕色	H^+	无色
Au^{3+}	黄色	$[Co(NH_3)_6]^{2+}$	橙黄色	HCO_3^-	无色
$B_4O_7^{2-}$	无色	$[Co(NH_3)_6]^{3+}$	暗红色	$HC_2O_4^-$	无色
Ba^{2+}	无色	$[Co(SCN)_4]^{2-}$	黄色(戊醇、乙醚中较稳定)	$HC_4H_4O_6^-$	无色
Be^{2+}	无色			HPO_3^{2-}	无色
Bi^{3+}	无色	Cr^{2+}	蓝色	HPO_4^{2-}	无色
Br^-	无色	Cr^{3+}	蓝紫色	$H_2PO_4^-$	无色
BrO^-	无色	$[Cr(NH_3)_6]^{3+}$	黄色	HSO_3^-	无色
BrO_3^-	无色	CrO_2^-	绿色	HSO_4^-	无色
CH_3COO^-	无色	CrO_4^{2-}	黄色	Hg^{2+}	无色
$C_4H_4O_6^{2-}$	无色	$Cr_2O_7^{2-}$	橙色	Hg_2^{2+}	无色
CN^-	无色	Cu^+	无色	$[HgBr_4]^{2-}$	无色
$[Cu(NH_3)_2]^+$	无色	Cu^{2+}	淡蓝色	$[HgCl_4]^{2-}$	无色
$[Cu(NH_3)_4]^{2+}$	深蓝色	$[CuBr_4]^{2-}$	绿色	$[HgI_4]^{2-}$	无色
CuO_2^{2-}	蓝色	$[CuCl_4]^{2-}$	黄色	$[Hg(SCN)_4]^{2-}$	无色
CO_3^{2-}	无色	F^-	无色		

续表

物质	颜色	物质	颜色	物质	颜色
I^-	无色	PO_4^{3-}	无色	SnO_2^{2-}	无色
I_3^-	棕色	$P_2O_7^{4-}$	无色	SnO_3^{2-}	无色
IO_3^-	无色	Pb^{2+}	无色	$[SnS_2]^{3-}$	无色
K^+	无色	$[PbCl_4]^{2-}$	无色	Sr^{2+}	无色
Li^+	无色	PbO_2^{2-}	无色	Ti^{3+}	紫色
Mg^{2+}	无色	S^{2-}	无色	Ti^{4+}	无色
Mn^{2+}	浅粉红色	SCN^-	无色	UO_2^{2+}	黄色发绿色荧光
MnO_4^-	紫色	SO_3^{2-}	无色		
MnO_4^{2-}	绿色	SO_4^{2-}	无色	V^{2+}	紫色
MoO_4^{2-}	无色	$S_2O_3^{2-}$	无色	V^{3+}	绿色
NH_4^+	无色	$S_2O_8^{2-}$	无色	VO^{2+}	蓝色
NO_2^-	无色	$S_4O_6^{2-}$	无色	VO_3^-	黄色
NO_3^-	无色	Sb^{3+}	无色	WO_4^{2-}	无色
Na^+	无色	SbO_2^-	无色	Zn^{2+}	无色
Ni^{2+}	绿色	SbO_3^{3-}	无色	$[Zn(NH_3)_4]^{2+}$	无色
$[Ni(CN)_4]^{2-}$	黄色	$[SbS_3]^{3-}$	无色	ZnO_2^{2-}	无色
$[Ni(NH_3)_6]^{2+}$	蓝紫色	$[SbS_4]^{3-}$	无色		
OH^-	无色	SiO_3^{2-}	无色		
PO_3^-	无色	Sn^{2+}	无色		

附录6 常用基准物质的干燥条件和应用

基准物质 名称	分子式	干燥后的组成	干燥条件/℃	标定对象
碳酸氢钠	$NaHCO_3$	Na_2CO_3	270～300	酸
碳酸钠	$Na_2CO_3 \cdot 10H_2O$	Na_2CO_3	270～300	酸
硼砂	$Na_2B_4O_7 \cdot 10H_2O$	$Na_2B_4O_7 \cdot 10H_2O$	放在含 NaCl 和蔗糖饱和溶液的干燥器中	酸
碳酸氢钾	$KHCO_3$	K_2CO_3	270～300	酸
草酸	$H_2C_2O_4 \cdot 2H_2O$	$H_2C_2O_4 \cdot 2H_2O$	室温空气干燥	碱或 $KMnO_4$
邻苯二甲酸氢钾	$KHC_8H_4O_4$	$KHC_8H_4O_4$	110～120	碱
重铬酸钾	$K_2Cr_2O_7$	$K_2Cr_2O_7$	140～150	还原剂
溴酸钾	$KBrO_3$	$KBrO_3$	130	还原剂
碘酸钾	KIO_3	KIO_3	130	还原剂
铜	Cu	Cu	室温干燥器中保存	还原剂
三氧化二砷	As_2O_3	As_2O_3	室温干燥器中保存	氧化剂
草酸钠	$Na_2C_2O_4$	$Na_2C_2O_4$	130	氧化剂
碳酸钙	$CaCO_3$	$CaCO_3$	110	EDTA
锌	Zn	Zn	室温干燥器中保存	EDTA
氧化锌	ZnO	ZnO	900～1000	EDTA
氯化钠	$NaCl$	$NaCl$	500～600	$AgNO_3$
氯化钾	KCl	KCl	500～600	$AgNO_3$
硝酸银	$AgNO_3$	$AgNO_3$	280～290	氯化物

附录7 常用酸碱指示剂

指示剂	变色范围(pH)	酸色	碱色	配制方法
甲基橙	3.1～4.4	红	黄	0.1g 溶于 100mL 水中
甲基红	4.4～6.2	红	黄	0.1g 溶于 100mL 乙醇(60%)
石蕊	5.0～8.0	红	蓝	0.5g 溶于 100mL 水中
溴百里酚蓝	6.0～7.6	黄	蓝	0.1g 溶于 100mL 乙醇(20%)
酚酞	8.0～9.6	无色	红	0.5g 溶于 100mL 乙醇(90%)
百里酚酞	9.4～10.6	无色	蓝	0.1g 溶于 100mL 乙醇(90%)

附录 8　常用 pH 范围指示剂

指示剂	M	MIn 色	In 色	配制方法
钙指示剂	Ca Mg	酒红 酒红	蓝 蓝	与 NaCl 配成 1∶100 的固体混合物
铬黑 T	Al Bi Ca Cd Mg Mn Ni Pb Zn	红	蓝	0.5g 溶于 25mL 三乙醇胺及 75mL 乙醇 或与 NaCl 配成 1∶100 的固体混合物
二甲酚橙	Bi Cd Pb Zn	红 粉红 红紫 红	黄 黄 黄 黄	0.5g 溶于 100mL 乙醇
酸性铬蓝 K	Ca Mg	红 红	蓝 蓝	0.1g 溶于 100mL 乙醇
磺基水杨酸	Fe(Ⅲ)	红紫	黄	1g 溶于 100mL 水中

附录 9　常用氧化还原指示剂

指示剂	$\varphi^{\ominus}/V$	氧化型色	还原型色	配制方法
二苯胺	+0.76	紫	无色	1g 溶于 100mL H_2SO_4
二苯胺磺酸钠	+0.85	红紫	无色	0.2g 溶于 100mL 水中
邻苯氨基苯甲酸	+0.89	红紫	无色	0.2g 溶于 100mL 水中

附录 10　常用干燥剂及适用范围

干燥剂	性质	与水作用产物	适用范围	非适用范围	备注
$CaCl_2$	中性	$CaCl_2 \cdot H_2O$ $CaCl_2 \cdot 2H_2O$ $CaCl_2 \cdot 6H_2O$ (30℃以上失水)	烃、卤代烃、烯、酮、醚、硝基化合物、中性气体、氯化氢	醇、胺、氨、酚、酯、酸、酰胺及某些醛、酮	吸水量大，作用快，效力不高，是良好的初步干燥剂，价廉，含有碱性杂质氢氧化钙
Na_2SO_4	中性	$Na_2SO_4 \cdot 7H_2O$ $Na_2SO_4 \cdot 10H_2O$ (33℃以上失水)	酯、醇、醛、酮、酸、腈、酰胺、卤代烃、硝基化合物等及不能用氯化钙干燥的化合物		吸水量大，作用慢，效力低，是良好的初步干燥剂
$MgSO_4$	中性	$MgSO_4 \cdot H_2O$ $MgSO_4 \cdot 7H_2O$ (48℃以上失水)	酯、醇、醛、酮、酸、腈、酰胺、卤代烃、硝基化合物等及不能用氯化钙干燥的化合物		较硫酸钠作用快、效力高
$CaSO_4$	中性	$CaSO_4 \cdot 1/2H_2O$ 加热 2～3h 失水	烷烃、芳香烃、醚、醇、醛、酮		吸水量小，作用快，效力高，可先用吸水量大的干燥剂作初步干燥后再用
K_2CO_3	碱性	$K_2CO_3 \cdot 3/2H_2O$ $K_2CO_3 \cdot 2H_2O$	醇、酮、酯、胺、杂环等碱性化合物	酚、酸及其它酸性化合物	
H_2SO_4	强酸性	$H_3^+OHSO_4^-$	脂肪烃、烷基卤化物	烯、醚、醇及弱酸性化合物	脱水效力高

续表

干燥剂	性质	与水作用产物	适用范围	非适用范围	备注
KOH、NaOH	强碱性		胺、杂环等碱性化合物	酯、醇、醛、酮、酸、酚、酸性化合物	快速有效
金属钠	强碱性	$H_2 + NaOH$	醚、三级胺、烃中痕量水	碱土金属或对碱敏感物、氯化烃(有爆炸危险)、醇	效力高,作用慢,需经初步干燥后才可用,干燥后需蒸馏
P_2O_5	酸性	HPO_3 $H_4P_2O_7$ H_3PO_4	醚、烃、卤代烃、腈中痕量水、酸溶液、二硫化碳	醇、酸、胺、酮、碱性化合物、氯化氢、氟化氢	吸水效力高,干燥后需蒸馏
CaH_2	碱性	$H_2+Ca(OH)_2$	碱性、中性、弱酸性化合物	对碱敏感的化合物	效力高,作用慢,先经初步干燥后再用,干燥后需蒸馏
CaO、BaO	碱性	$Ca(OH)_2$ $Ba(OH)_2$	低级醇类、胺		效力高,作用慢,干燥后需蒸馏
分子筛(3Å、4Å)	中性		各类有机物,不饱和烃气体		快速高效,经初步干燥后再用
硅胶			保干剂	氟化氢	

附录11 常用的物理常数

物理量	数值	物理量	数值
真空中的光速	$2.99792458 \times 10^8 \, m \cdot s^{-1}$	摩尔气体常数	$8.31441 \, J \cdot mol^{-1} \cdot K^{-1}$
电子电荷	$1.6021892 \times 10^{-19} \, C$	阿伏伽德罗(Avogadro)常数	$6.022045 \times 10^{23} \, mol^{-1}$
电子静止质量	$9.109534 \times 10^{-31} \, kg$	里德泊(Rydberg)常数	$1.097373177 \times 10^7 \, m^{-1}$
玻尔(Bohr)半径	$5.2917706 \times 10^{-11} \, m$	普朗克(Planck)常数	$6.626176 \times 10^{-34} \, J \cdot s$
摩尔体积(理想气体,0℃,101.325kPa)	$22.41383 \times 10^{-3} \, m^3 \cdot mol^{-1}$	玻耳兹曼(Boltzmann)常数	$1.380662 \times 10^{-23} \, J \cdot K^{-1} \cdot mol^{-1}$
		法拉第(Faraday)常数	$9.648456 \times 10^4 \, C \cdot mol^{-1}$

附录12 我国高压气体钢瓶常用的标记

气体类别	瓶身颜色	标字颜色	腰带颜色	气体类别	瓶身颜色	标字颜色	腰带颜色
氮气(N_2)	黑色	黄色	棕色	二氧化碳气(CO_2)	黑色	黄色	绿色
氧气(O_2)	天蓝色	黑色	—	氯气(Cl_2)	黄绿色	黄色	绿色
氢气(H_2)	深绿色	红色	—	乙炔气(C_2H_2)	白色	红色	—
空气	黑色	白色	—	其它一切可燃气体	黑色	黄色	—
氨气(NH_3)	黄色	黑色	—	其它一切非可燃气体	红色	白色	—

使用钢瓶时的注意事项：① 钢瓶应放在阴凉、干燥、远离热源（如阳光、暖气、炉火）的地方，盛可燃性气体钢瓶必须与氧气分开存放；②绝对不可使油或其它易燃物、有机物沾在气体钢瓶上（特别是气门嘴和减压器处），也不得用棉、麻等物堵漏，以防燃烧引起事故；③使用钢瓶中的气体时，要用减压器（气压表），可燃性气体钢瓶的气门是逆时针拧紧的，即螺纹是反扣的（如氢气、乙炔气），非燃或助燃性气体钢瓶的气门是顺时针拧紧的，即螺纹是正扣的。各种气体的气压表不得混用。钢瓶内的气体绝不能全部用完！

附录 13 原子量表

元素	符号	相对原子质量	元素	符号	相对原子质量	元素	符号	相对原子质量
银	Ag	107.8682	铪	Hf	178.49	铷	Rb	85.468
铝	Al	26.98154	汞	Hg	200.59	铼	Re	186.207
氩	Ar	39.948	钬	Ho	164.9303	铑	Rh	102.9055
砷	As	74.9216	碘	I	126.9045	钌	Ru	101.07
金	Au	196.9665	铟	In	114.82	硫	S	32.066
硼	B	10.811	铱	Ir	192.22	锑	Sb	121.76
钡	Ba	137.33	钾	K	39.098	钪	Sc	44.9559
铍	Be	9.01218	氪	Kr	83.80	硒	Se	78.96
铋	Bi	208.9804	镧	La	138.9055	硅	Si	28.0855
溴	Br	79.904	锂	Li	6.941	钐	Sm	150.36
碳	C	12.011	镥	Lu	174.967	锡	Sn	118.71
钙	Ca	40.078	镁	Mg	24.305	锶	Sr	87.62
镉	Cd	112.41	锰	Mn	54.938	钽	Ta	180.9479
铈	Ce	140.12	钼	Mo	95.94	铽	Tb	158.9254
氯	Cl	35.453	氮	N	14.0067	锝	Tc	98.9062
钴	Co	58.9332	钠	Na	22.98977	碲	Te	127.60
铬	Cr	51.996	铌	Nb	92.9064	钍	Th	232.0381
铯	Cs	132.9054	钕	Nd	144.24	钛	Ti	47.867
铜	Cu	63.546	氖	Ne	20.179	铊	Tl	204.383
镝	Dy	162.50	镍	Ni	58.693	铥	Tm	168.9342
铒	Er	167.26	镎	Np	237.0482	铀	U	238.0289
铕	Eu	151.96	氧	O	15.9994	钒	V	50.9415
氟	F	18.9984	锇	Os	190.23	钨	W	183.84
铁	Fe	55.845	磷	P	30.97376	氙	Xe	131.29
镓	Ga	69.723	铅	Pb	207.2	钇	Y	88.9059
钆	Gd	157.25	钯	Pd	106.42	镱	Yb	173.04
锗	Ge	72.61	镨	Pr	140.9077	锌	Zn	65.39
氢	H	1.00794	铂	Pt	195.08	锆	Zr	91.224
氦	He	4.0026	镭	Ra	226.0254			

附录 14 常见化合物的分子量表

化 合 物	相对分子质量	化 合 物	相对分子质量
Ag_3AsO_4	462.52	As_2O_3	197.84
$AgBr$	187.77	As_2O_5	229.84
$AgCN$	133.89	As_2S_3	246.02
$AgCl$	143.32	$BaCO_3$	197.34
Ag_2ArO_4	331.73	BaC_2O_4	225.35
AgI	234.77	$BaCl_2$	208.24
$AgNO_3$	169.87	$BaCl_2 \cdot 2H_2O$	244.27
$AgSCN$	165.95	$BaCrO_4$	253.32
$AlCl_3$	133.34	BaO	153.33
$AlCl_3 \cdot 6H_2O$	241.43	$Ba(OH)_2$	171.34
$Al(C_9H_6ON)_3$ (8-羟基喹啉铝)	459.44	$BaSO_4$	233.39
$Al(NO_3)_3$	213.00	$Bi(NO_3)_3$	395.00
$Al(NO_3)_3 \cdot 9H_2O$	375.13	$Bi(NO_3)_3 \cdot 5H_2O$	485.07
Al_2O_3	101.96	CO	28.01
$Al(OH)_3$	78.00	CO_2	44.01
$Al_2(SO_4)_3$	342.14	$CO(NH_2)_2$	60.06
$Al_2(SO_4)_3 \cdot 18H_2O$	666.41	$CaCO_3$	100.09

续表

化 合 物	相对分子质量	化 合 物	相对分子质量
CaC_2O_4	128.10	HF	20.006
$CaCl_2$	110.99	HI	127.91
$CaCl_2 \cdot 6H_2O$	219.08	HNO_2	47.013
CaO	56.08	HNO_3	63.013
$Ca(OH)_2$	74.09	H_2O	18.015
$Ca_3(PO_4)_2$	310.18	H_2O_2	34.015
$CaSO_4$	136.14	H_3PO_4	98.00
$Ce(NH_4)_2(NO_3)_6 \cdot 2H_2O$	584.26	H_2S	34.08
$Ce(NH_4)_4(SO_4)_4 \cdot 2H_2O$	632.53	H_2SO_3	82.07
CH_3COOH	60.052	H_2SO_4	98.07
$Co(NO_3)_2$	182.94	$HgCl_2$	271.50
$Co(NO_3)_2 \cdot 6H_2O$	291.03	Hg_2Cl_2	472.09
CoS	90.99	HgI_2	454.40
$CrCl_3$	158.36	HgS	232.65
$CrCl_3 \cdot 6H_2O$	266.45	$HgSO_4$	296.65
Cr_2O_3	151.99	Hg_2SO_4	497.24
CuSCN	121.62	$Hg_2(NO_3)_2$	525.19
CuI	190.45	$Hg_2(NO_3)_2 \cdot 2H_2O$	561.22
$Cu(CO_3)_2$	187.56	$Hg(NO_3)_2$	324.60
$Cu(NO_3)_2 \cdot 3H_2O$	241.60	HgO	216.59
$Cu(NO_3)_2 \cdot 6H_2O$	295.65	$KAl(SO_4)_2 \cdot 12H_2O$	474.38
CuO	79.545	KBr	119.00
Cu_2O	143.09	$KBrO_3$	167.00
CuS	95.61	KCl	74.551
$CuSO_4$	159.60	$KClO_3$	122.55
$CuSO_4 \cdot 5H_2O$	249.68	$KClO_4$	138.55
$FeCl_3$	162.21	KCN	65.116
$FeCl_3 \cdot 6H_2O$	270.30	K_2CO_3	138.21
$Fe(NH_4)(SO_4)_2 \cdot 12H_2O$	482.18	$KHC_2O_4 \cdot H_2O$	146.14
$Fe(NH_4)_2(SO_4)_2 \cdot 6H_2O$	392.13	$KHC_2O_4 \cdot H_2C_2O_4 \cdot 2H_2O$	254.19
$Fe(NO_3)_3$	241.86	$KHC_4H_4O_6$(酒石酸钾)	188.18
$Fe(NO_3)_3 \cdot 6H_2O$	349.95	$KHC_8H_4O_4$(邻苯二甲酸氢钾)	204.22
FeO	71.846	$KHSO_4$	136.16
Fe_2O_3	159.69	K_2SO_4	174.25
Fe_3O_4	231.54	KI	166.00
$Fe(OH)_3$	106.87	KIO_2	214.00
FeS	87.91	$KIO_3 \cdot HIO_3$	389.91
$FeSO_4$	151.90	$KMnO_4$	158.03
$FeSO_4 \cdot 7H_2O$	278.01	$KNaC_4H_4O_6 \cdot 4H_2O$(酒石酸钾钠)	282.22
H_3AsO_3	125.94	KNO_2	85.104
H_3AsO_4	141.94	KNO_3	101.10
H_3BO_3	61.83	K_2O	94.196
HBr	80.912	KOH	56.106
HCN	27.026	KSCN	97.18
HCOOH	46.026	$KFe(SO_4)_2 \cdot 12H_2O$	503.24
$HC_7H_5O_2$(苯甲酸)	122.12	K_2CrO_4	194.19
H_2CO_3	62.025	$K_2Cr_2O_7$	294.18
$H_2C_2O_4$	90.035	$K_3Fe(CN)_6$	329.25
$H_2C_2O_4 \cdot 2H_2O$	126.07	$K_4Fe(CN)_6$	368.35
HCl	36.461	$MgCO_3$	84.31

续表

化 合 物	相对分子质量	化 合 物	相对分子质量
$MgCl_2$	95.211	Na_2O	61.979
$MgCl_2 \cdot 6H_2O$	203.30	Na_2O_2	77.978
$MgNH_4PO_4$	137.31	$NaOH$	40.00
$MgNH_4PO_4 \cdot 6H_2O$	245.41	Na_3PO_4	163.94
MgO	40.304	Na_2S	78.04
$Mg(OH)_2$	58.32	$NaSCN$	81.07
$Mg_2P_2O_7$	222.55	Na_2SO_3	126.04
$MgSO_4 \cdot 7H_2O$	246.47	Na_2SO_4	142.04
$MnCO_3$	114.95	$Na_2S_2O_3$	158.10
$MnCl_2 \cdot 4H_2O$	197.91	$Na_2S_2O_3 \cdot 5H_2O$	248.17
$Mn(NO_2)_2 \cdot 6H_2O$	287.04	$NiCl_2 \cdot 6H_2O$	237.69
MnO	70.937	NiO	74.69
MnO_2	86.937	$Ni(NO_3)_2 \cdot 6H_2O$	290.79
MnS	87.00	NiS	90.75
$MnSO_4$	151.00	$NiSO_4 \cdot 7H_2O$	280.85
$MnSO_4 \cdot 7H_2O$	277.10	P_2O_5	141.94
NH_3	17.03	$Pb(C_2H_3O_2)_2$(乙酸铅)	325.30
$NH_4C_2H_3O_2$(乙酸盐)	77.08	$Pb(C_2H_3O_2)_2 \cdot 3H_2O$	379.30
$(NH_4)_2C_2O_4 \cdot H_2O$	142.11	$PbCrO_4$	323.20
NH_4Cl	53.491	$PbMoO_4$	367.1
NH_4F	37.04	$Pb(NO_3)_2$	331.2
$(NH_4)_2HPO_4$	132.06	PbO	223.2
$(NH_4)_6Mo_7O_{24} \cdot 4H_2O$	1235.86	PbO_2	239.2
NH_4NO_3	80.043	PbS	239.3
NH_4SCN	76.12	$PbSO_4$	303.3
$(NH_4)_2SO_4$	132.13	SO_2	64.06
NH_4VO_3	116.98	SO_3	80.06
NO	30.006	Sb_2O_3	291.50
NO_2	46.006	SiO_2	60.084
$Na_2B_4O_7 \cdot 10H_2O$	381.37	$SnCl_2 \cdot 2H_2O$	225.63
$NaBiO_3$	279.97	SnO_2	150.69
$NaC_2H_3O_2$(乙酸钠)	82.034	SnS	150.75
$NaC_2H_3O_2 \cdot 3H_2O$	136.08	$Sr(NO_3)_2$	211.63
$NaCN$	49.007	$Sr(NO_3)_2 \cdot 4H_2O$	283.69
Na_2CO_3	105.99	$TiCl_3$	154.24
$Na_2CO_3 \cdot 10H_2O$	286.14	TiO_2	79.88
$Na_2C_2O_4$	134.00	V_2O_5	181.88
$NaCl$	58.443	WO_3	231.85
$NaHCO_3$	84.007	$Zn(NO_3)_2$	189.39
NaH_2PO_4	119.98	$Zn(NO_3)_2 \cdot 6H_2O$	297.48
Na_2HPO_4	141.96	ZnO	81.38
$Na_2HPO_4 \cdot 2H_2O$	177.99	$Zn(OH)_2$	99.39
$Na_2HPO_4 \cdot 12H_2O$	358.14	ZnS	97.44
$Na_2H_2Y \cdot 2H_2O$	372.24	$ZnSO_4$	161.44
$NaNO_2$	68.995	$ZnSO_4 \cdot 7H_2O$	287.54
$NaNO_3$	84.995		

参 考 文 献

[1] 刘汉标，石建新，邹小勇编．基础化学实验．北京：科学出版社，2008.
[2] 方志杰主编．大学化学实验．北京：化学工业出版社，2007.
[3] 柯以侃主编．大学化学实验．第2版．北京：化学工业出版社，2010.
[4] 顾月姝主编．基础化学实验（Ⅲ）-物理化学实验．北京：化学工业出版社，2007.
[5] 南京大学化学实验教学组编．大学化学实验．北京：高等教育出版社，1999.
[6] 王伦，方宾主编．化学实验．北京：高等教育出版社，2003.
[7] 北京师范大学无机教研室主编．无机化学实验．第3版．北京：高等教育出版社，2001.
[8] 大连理工大学无机化学教研室编．无机化学实验．第2版．北京：高等教育出版社，2004.
[9] 北京大学普通化学教研室编．普通化学实验．第3版．北京：北京大学出版社，2012.
[10] 曾昭琼主编．有机化学实验．第3版．北京：高等教育出版社，2000.
[11] 王玉良主编．有机化学实验．第2版．北京：化学工业出版社，2014.
[12] 孙尔康，徐维清，邱金恒编．物理化学实验．南京：南京大学出版社，1998.
[13] 复旦大学等编．物理化学实验．第3版．北京：高等教育出版社，2004.
[14] 东北师范大学等编．物理化学实验．第2版．北京：高等教育出版社，1989.
[15] 武汉大学主编．分析化学实验．北京：高等教育出版社，2003.
[16] 李梦龙，蒲雪梅主编．分析化学数据手册．北京：化学工业出版社，2009.
[17] 倪静安等主编．无机及分析化学实验．北京：高等教育出版社，2007.
[18] 南京大学《无机及分析化学实验》编写组．无机及分析化学实验．北京：高等教育出版社，2007.
[19] 武汉大学化学与分子科学学院实验中心编写．无机及分析化学实验．第2版．武汉：武汉大学出版社，2004.
[20] 刘约权，李贵深主编．实验化学．第2版．北京：高等教育出版社，2000.
[21] 霍翼川主编．化学综合设计实验．北京：化学工业出版社，2008.
[22] 张水华主编．食品分析实验．北京：化学工业出版社，2006.

元素周期表

IUPAC 2013

氧化态(单质的氧化态为0，未列入；常见的为红色)

以 $^{12}C=12$ 为基准的原子量(注✦的是半衰期最长同位素的原子量)

示例：+2 +3 +4 +5 +6 · 95 Am 镅▲ $5f^77s^2$ 243.06138(2)✦ —— 原子序数；元素符号(红色的为放射性元素)；元素名称(注▲的为人造元素)；价层电子构型

s区元素　p区元素　d区元素　ds区元素　f区元素　稀有气体

周期＼族	1 ⅠA	2 ⅡA	3 ⅢB	4 ⅣB	5 ⅤB	6 ⅥB	7 ⅦB	8 ⅧB(Ⅷ)	9 ⅧB(Ⅷ)	10 ⅧB(Ⅷ)	11 ⅠB	12 ⅡB	13 ⅢA	14 ⅣA	15 ⅤA	16 ⅥA	17 ⅦA	18 ⅧA(0)	电子层
1	−1 +1 · 1 H 氢 $1s^1$ 1.008																	2 He 氦 $1s^2$ 4.002602(2)	K
2	+1 · 3 Li 锂 $2s^1$ 6.94	+2 · 4 Be 铍 $2s^2$ 9.0121831(5)											+3 · 5 B 硼 $2s^22p^1$ 10.81	−4 +2 +4 · 6 C 碳 $2s^22p^2$ 12.011	−3 −2 −1 +1 +2 +3 +4 +5 · 7 N 氮 $2s^22p^3$ 14.007	−2 −1 · 8 O 氧 $2s^22p^4$ 15.999	−1 · 9 F 氟 $2s^22p^5$ 18.998403163(6)	10 Ne 氖 $2s^22p^6$ 20.1797(6)	L K
3	−1 +1 · 11 Na 钠 $3s^1$ 22.98976928(2)	+2 · 12 Mg 镁 $3s^2$ 24.305											+3 · 13 Al 铝 $3s^23p^1$ 26.9815385(7)	−4 +2 +4 · 14 Si 硅 $3s^23p^2$ 28.085	−3 −2 +1 +3 +5 · 15 P 磷 $3s^23p^3$ 30.973761998(5)	−2 +2 +4 +6 · 16 S 硫 $3s^23p^4$ 32.06	−1 +1 +3 +5 +7 · 17 Cl 氯 $3s^23p^5$ 35.45	18 Ar 氩 $3s^23p^6$ 39.948(1)	M L K
4	−1 +1 · 19 K 钾 $4s^1$ 39.0983(1)	+2 · 20 Ca 钙 $4s^2$ 40.078(4)	+3 · 21 Sc 钪 $3d^14s^2$ 44.955908(5)	−1 0 +2 +3 +4 · 22 Ti 钛 $3d^24s^2$ 47.867(1)	0 ±1 +2 +3 +4 +5 · 23 V 钒 $3d^34s^2$ 50.9415(1)	−3 0 ±1 ±2 +3 +4 +5 +6 · 24 Cr 铬 $3d^54s^1$ 51.9961(6)	−2 0 ±1 +2 ±3 +4 +5 +6 +7 · 25 Mn 锰 $3d^54s^2$ 54.938044(3)	−2 0 ±1 +2 +3 +4 +5 +6 · 26 Fe 铁 $3d^64s^2$ 55.845(2)	0 ±1 +2 +3 +4 +5 · 27 Co 钴 $3d^74s^2$ 58.933194(4)	0 ±1 +2 +3 +4 · 28 Ni 镍 $3d^84s^2$ 58.6934(4)	+1 +2 +3 +4 · 29 Cu 铜 $3d^{10}4s^1$ 63.546(3)	+1 +2 · 30 Zn 锌 $3d^{10}4s^2$ 65.38(2)	+1 +3 · 31 Ga 镓 $4s^24p^1$ 69.723(1)	+2 +4 · 32 Ge 锗 $4s^24p^2$ 72.630(8)	−3 +3 +5 · 33 As 砷 $4s^24p^3$ 74.921595(6)	−2 +2 +4 +6 · 34 Se 硒 $4s^24p^4$ 78.971(8)	−1 +1 +3 +5 +7 · 35 Br 溴 $4s^24p^5$ 79.904	+2 +4 · 36 Kr 氪 $4s^24p^6$ 83.798(2)	N M L K
5	−1 +1 · 37 Rb 铷 $5s^1$ 85.4678(3)	+2 · 38 Sr 锶 $5s^2$ 87.62(1)	+3 · 39 Y 钇 $4d^15s^2$ 88.90584(2)	+1 +2 +3 +4 · 40 Zr 锆 $4d^25s^2$ 91.224(2)	0 ±1 +2 +3 +4 +5 · 41 Nb 铌 $4d^45s^1$ 92.90637(2)	0 ±1 ±2 +3 +4 +5 +6 · 42 Mo 钼 $4d^55s^1$ 95.95(1)	0 ±1 +2 +3 +4 +5 +6 +7 · 43 Tc 锝▲ $4d^55s^2$ 97.90721(3)✦	0 +1 +2 +3 +4 +5 +6 +7 +8 · 44 Ru 钌 $4d^75s^1$ 101.07(2)	0 ±1 +2 +3 +4 +5 +6 · 45 Rh 铑 $4d^85s^1$ 102.90550(2)	0 +1 +2 +3 +4 · 46 Pd 钯 $4d^{10}$ 106.42(1)	+1 +2 +3 · 47 Ag 银 $4d^{10}5s^1$ 107.8682(2)	+1 +2 · 48 Cd 镉 $4d^{10}5s^2$ 112.414(4)	+1 +3 · 49 In 铟 $5s^25p^1$ 114.818(1)	+2 +4 · 50 Sn 锡 $5s^25p^2$ 118.710(7)	−3 +3 +5 · 51 Sb 锑 $5s^25p^3$ 121.760(1)	−2 +2 +4 +6 · 52 Te 碲 $5s^25p^4$ 127.60(3)	−1 +1 +3 +5 +7 · 53 I 碘 $5s^25p^5$ 126.90447(3)	+2 +4 +6 +8 · 54 Xe 氙 $5s^25p^6$ 131.293(6)	O N M L K
6	−1 +1 · 55 Cs 铯 $6s^1$ 132.90545196(6)	+2 · 56 Ba 钡 $6s^2$ 137.327(7)	57~71 La~Lu 镧系	+1 +2 +3 +4 · 72 Hf 铪 $5d^26s^2$ 178.49(2)	0 ±1 +2 +3 +4 +5 · 73 Ta 钽 $5d^36s^2$ 180.94788(2)	0 ±1 ±2 +3 +4 +5 +6 · 74 W 钨 $5d^46s^2$ 183.84(1)	0 ±1 +2 +3 +4 +5 +6 +7 · 75 Re 铼 $5d^56s^2$ 186.207(1)	0 ±1 +2 +3 +4 +5 +6 +7 +8 · 76 Os 锇 $5d^66s^2$ 190.23(3)	0 ±1 +2 +3 +4 +5 +6 · 77 Ir 铱 $5d^76s^2$ 192.217(3)	0 +2 +3 +4 +5 +6 · 78 Pt 铂 $5d^96s^1$ 195.084(9)	+1 +2 +3 +5 · 79 Au 金 $5d^{10}6s^1$ 196.966569(5)	+1 +2 +3 · 80 Hg 汞 $5d^{10}6s^2$ 200.592(3)	+1 +3 · 81 Tl 铊 $6s^26p^1$ 204.38	+2 +4 · 82 Pb 铅 $6s^26p^2$ 207.2(1)	−3 +3 +5 · 83 Bi 铋 $6s^26p^3$ 208.98040(1)	−2 +2 +4 +6 · 84 Po 钋 $6s^26p^4$ 208.98243(2)✦	±1 +5 +7 · 85 At 砹 $6s^26p^5$ 209.98715(5)✦	+2 · 86 Rn 氡 $6s^26p^6$ 222.01758(2)✦	P O N M L K
7	+1 · 87 Fr 钫▲ $7s^1$ 223.01974(2)✦	+2 · 88 Ra 镭 $7s^2$ 226.02541(2)✦	89~103 Ac~Lr 锕系	104 Rf 𬬻▲ $6d^27s^2$ 267.122(4)✦	105 Db 𬭊▲ $6d^37s^2$ 270.131(4)✦	106 Sg 𬭳▲ $6d^47s^2$ 269.129(3)✦	107 Bh 𬭛▲ $6d^57s^2$ 270.133(2)✦	108 Hs 𬭶▲ $6d^67s^2$ 270.134(2)✦	109 Mt 鿏▲ $6d^77s^2$ 278.156(5)✦	110 Ds 𫟼▲ 281.165(4)✦	111 Rg 𬬭▲ 281.166(6)✦	112 Cn 鿔▲ 285.177(4)✦	113 Nh 鿭▲ 286.182(5)✦	114 Fl 𫓧▲ 289.190(4)✦	115 Mc 镆▲ 289.194(6)✦	116 Lv 𫟷▲ 293.204(4)✦	117 Ts 鿬▲ 293.208(6)✦	118 Og 鿫▲ 294.214(5)✦	Q P O N M L K

★ 镧系	+3 · 57 La★ 镧 $5d^16s^2$ 138.90547(7)	+2 +3 +4 · 58 Ce 铈 $4f^15d^16s^2$ 140.116(1)	+3 +4 · 59 Pr 镨 $4f^36s^2$ 140.90766(2)	+2 +3 +4 · 60 Nd 钕 $4f^46s^2$ 144.242(3)	+3 · 61 Pm 钷▲ $4f^56s^2$ 144.91276(2)✦	+2 +3 · 62 Sm 钐 $4f^66s^2$ 150.36(2)	+2 +3 · 63 Eu 铕 $4f^76s^2$ 151.964(1)	+3 · 64 Gd 钆 $4f^75d^16s^2$ 157.25(3)	+3 +4 · 65 Tb 铽 $4f^96s^2$ 158.92535(2)	+3 +4 · 66 Dy 镝 $4f^{10}6s^2$ 162.500(1)	+3 · 67 Ho 钬 $4f^{11}6s^2$ 164.93033(2)	+3 · 68 Er 铒 $4f^{12}6s^2$ 167.259(3)	+2 +3 · 69 Tm 铥 $4f^{13}6s^2$ 168.93422(2)	+2 +3 · 70 Yb 镱 $4f^{14}6s^2$ 173.045(10)	+3 · 71 Lu 镥 $4f^{14}5d^16s^2$ 174.9668(1)
★ 锕系	+3 · 89 Ac★ 锕 $6d^17s^2$ 227.02775(2)✦	+3 +4 · 90 Th 钍 $6d^27s^2$ 232.0377(4)	+3 +4 +5 · 91 Pa 镤 $5f^26d^17s^2$ 231.03588(2)	+2 +3 +4 +5 +6 · 92 U 铀 $5f^36d^17s^2$ 238.02891(3)	+3 +4 +5 +6 +7 · 93 Np 镎 $5f^46d^17s^2$ 237.04817(2)✦	+3 +4 +5 +6 +7 · 94 Pu 钚 $5f^67s^2$ 244.06421(4)✦	+2 +3 +4 +5 +6 · 95 Am 镅▲ $5f^77s^2$ 243.06138(2)✦	+3 +4 · 96 Cm 锔▲ $5f^76d^17s^2$ 247.07035(3)✦	+3 +4 · 97 Bk 锫▲ $5f^97s^2$ 247.07031(4)✦	+2 +3 +4 · 98 Cf 锎▲ $5f^{10}7s^2$ 251.07959(3)✦	+2 +3 · 99 Es 锿▲ $5f^{11}7s^2$ 252.0830(3)✦	+2 +3 · 100 Fm 镄▲ $5f^{12}7s^2$ 257.09511(5)✦	+2 +3 · 101 Md 钔▲ $5f^{13}7s^2$ 258.09843(3)✦	+2 +3 · 102 No 锘▲ $5f^{14}7s^2$ 259.1010(7)✦	+3 · 103 Lr 铹▲ $5f^{14}6d^17s^2$ 262.110(2)✦